高精度地震数据采集方法：
地震组合法

桂志先　朱广生　王晓阳　段天友　著

科 学 出 版 社

北 京

内 容 简 介

全书讨论 6 种线性组合和 10 种面积组合，阐明线性组合"方向特性"的物理实质，指出过去关于线性组合的一些误解或不严谨观点；首次详细介绍等腰梯形加权组合响应和脉冲波线性组合响应；系统介绍 10 种面积组合中 9 种的普适性组合响应函数，并从理论上分析各种面积组合的特点和优缺点，分析鸟爪形组合等"异形面积组合"的固有缺陷及其衰减干扰波的优势；指出某些异形组合的等效检波器位置的不确定性，并可能存在异常点。

本书可供大学地球物理、勘查技术与工程等专业教学和科研使用，并可供地球物理勘探工程师参考阅读。

图书在版编目（CIP）数据

高精度地震数据采集方法：地震组合法 / 桂志先等著. -- 北京：科学出版社，2024.6. -- ISBN 978-7-03-078986-0

Ⅰ. P315.63

中国国家版本馆 CIP 数据核字第 20240AT727 号

责任编辑：孙寓明　刘　畅/责任校对：高　嵘
责任印制：彭　超/封面设计：苏　波

科 学 出 版 社 出版

北京东黄城根北街 16 号
邮政编码：100717
http://www.sciencep.com

武汉市首壹印务有限公司印刷
科学出版社发行　各地新华书店经销
*

开本：787×1092　1/16
2024 年 6 月第 一 版　　印张：17 1/4
2024 年 6 月第一次印刷　　字数：417 000
定价：198.00 元
（如有印装质量问题，我社负责调换）

前言

　　1921年德国人明特罗普创建了世界上第一个地震勘探队和地震勘探公司，开创了石油勘探的地震工业时代。20世纪30年代早期，检波器简单线性地震组合法便开始应用于实际生产，30年代末已得到广泛应用。50年代矩形面积组合已广泛应用。

　　检波器组合和震源组合激发从几何地震学角度看原理是一样的。早在1924年，美国的大西洋炼油公司（Atlantic Refining Company）在墨西哥的坦皮科东南地区用黄色炸药爆炸激发地震波时，采用了多个炮井同时激发的方法，显然这就是震源组合激发，虽然当时没有明确的术语。苏联地球物理学家在20世纪30～40年代中期深入讨论过组合爆炸是否合理的问题。

　　苏联学者兹维达也夫指出，地震勘探组合法是苏联科学家伏尤茨基首创，伏尤茨基因此在1934年6月11日获得苏联第42640号"创作证书"，并于1935～1937年进行了野外试验并付诸实际运用。苏联地球物理学家甘布尔采夫1938年的著作完整地提出了适用于地震勘探组合法的理论。美国学者艾伦（Allen）认为：20世纪30年代初期，美洲电磁型检波器的发展，使每个地震道联结多个检波器成为可能。阿德列伊（Adlei）和克拉斯诺维（Krasnow）指出（地震仪的）记录道数已从地震勘探早期常用的6道增加到10道或12道。他们还引述了关于自动能量控制的理论，每道联结多个检波器，相邻道混波以消除水平方向传播的噪声。到30年代末，仪器系统一般达到12道，每道达到6个或更多检波器，道间混波，可实现100%的能量控制。1995年谢里夫（Sheriff）等指出1933年就有人实际采用了这种方法，到1937年即得到了普遍应用。谢里夫指出"这种方法"即为检波器组合法。无论是苏联学者还是美国学者首先提出检波器组合法，事实是20世纪30年代末，地震勘探组合法，包括检波器组合和震源组合已在地震勘探中广泛应用。到20世纪40年代，地震组合法已成为地震数据采集的一种常规方法。磁带地震仪出现后，特别是数字地震仪问世后，地震组合法也是地震数据处理中的一种重要方法。因此，凡是勘探地震学教科书，或地球物理勘探的经典著作，无不涉及地震组合法。

　　1958年，傅存博、谢明道翻译了苏联兹维达也夫的《地震勘探组合法》，这是迄今为止国内唯一见到的专门论述地震组合法专著。

　　《地震勘探组合法》这本专著是兹维达也夫1950年不幸英年早逝留下的一本遗稿，由苏联地球物理和地球化学勘探科学研究所委托安托科利斯基硕士整理出版。中译本约7.7万字，最核心内容是检波器组合理论。兹维达也夫在该书中明确指出，其地震勘探组合理论是建立在一定的假设下：地震记录仪器系统可以看作线性系统，地震波是单频平面简谐波，该平面简谐波是在理想均匀介质中传播的。此外，根据他的具体叙述过程及结论可以看出还有一个隐含的条件，即在研究涉及范围内，波的传播介质是理想的完全弹性介质，换句话说，检波器组合里所有检波器接收到的同一个地震波（例如同一个面波，或同一个界面的反射波）波形及振幅完全一样。在这些假设条件下，兹维达也夫给出了检波器组合的"方向性系数"，又称"方向特性函数"，以及对应的"方向特性曲线"。实际上，兹维达

·i·

也夫（1958）书中给出的仅仅是今天普遍称为"检波器简单线性组合"的响应特性函数公式，书中没有涉及面积组合，也没有涉及其他线性组合的方法。

尽管兹维达也夫的《地震勘探组合法》仅仅阐述了简单线性组合，然而60多年来，凡论述地震组合法者，大多都沿用了兹维达也夫关于地震组合合法的假设条件、方向特性函数及其图示方法。尤其是国内的著名教科书，包括近十多年出版的教科书，尽管有的作者没有明确说明地震组合法的基本假设等。在国外，顾尔维奇在论述地震组合法时，针对地震面波，完全沿用兹维达也夫的假设条件，而在针对弱微震，即现在称之为"无规则干扰"或"随机干扰"时，顾尔维奇将弱微震当作脉冲波来处理，这就深入了一大步。谢里夫像兹维达也夫一样明确将地震波假设为正弦波，并使用了叠加法。多布林（Dobrin）实际上也是将地震波假设为简谐波来分析检波器组合法。国内有的教科书将地震波作为更具普适性的波函数（显然不是简单的正弦波）来处理，有的教科书将组合响应函数的物理意义解释为归一化后组合输出地震脉冲的振幅谱与单个检波器输出地震脉冲振幅谱的比值。这些都更接近实际情况，但他们的理论基础仍然建立在兹维达也夫的地震组合的假设条件下（简谐波假设除外）。由此可见兹维达也夫地震组合法的影响之大。

本书是作者在长期教学和科研的基础上撰写的。本书详细分析简单线性组合，阐明简单线性组合"方向特性"的物理实质，指出过去关于简单线性组合的一些误解或不严谨观点。本书首次给出等腰梯形加权组合响应函数和复合线性组合响应函数。本书的重点内容是10种面积组合，其中多半是首次给出普适性组合响应函数，并从理论上分析各种面积组合的特点和优缺点。明确指出平行四边形面积组合和矩形面积组合效果最优，而鸟爪形组合等绝大多数"异形组合"虽然具有削弱干扰波的优势方向，但同时带着固有缺陷。星形面积组合和圆环形面积组合也是效果不佳的面积组合。本书中给出的"口"字形面积组合等是考虑含有"口"字形面积组合的其他面积组合方法和震源组合的需要。

在本书撰写过程中，作者曾与中国石油天然气集团有限公司熊金良教授、中国石油集团东方地球物理勘探有限责任公司采集技术支持部倪宇东总工程师、中国石油集团东方地球物理勘探有限责任公司海上勘探部全海燕总工程师、中国地质大学（北京）王彦春教授、中国石油集团东方地球物理勘探有限责任公司采集技术支持部王梅生高级工程师进行过相关学术讨论，并得到他们真诚热情的帮助，在此表示衷心的感谢。长江大学的王鹏副教授、中国地质大学（北京）的胡瑞卿博士为本书计算了大量数据和绘制了大量图件；长江大学的王文攀硕士、龚屹硕士、姚铭硕士等也为本书做了大量的计算和绘图工作，在此一并表示衷心的感谢。

受条件和时间限制，本书没有能够搜集到相应实际生产资料以做进一步分析，基本上是纯理论研究，如果能对实际生产中的地震勘探组合设计、数据采集试验、数据处理及其结果分析等相关专业的教学和科研工作带来裨益，作者及团队将深感欣慰。

限于作者水平，书中难免有不足之处，敬请读者批评指正。

作　者

2023 年 6 月 28 日于武汉

目 录

第1章 地震检波器线性组合

地震勘探检波器组合和震源组合的文献很多，但专门论述地震组合法的中文专著却只有傅存博、谢明道翻译兹维达也夫的《地震勘探组合法》（兹维达也夫，1958）。地震勘探的专著和教科书都有专门章节论述地震组合法，但因版面或学时的限制，论述都很简略，不能涵盖生产中实际使用的主要组合方式，尤其是各种面积组合方式。

地震勘探的初期，通常每个地震道用一个检波器接收地震波，并且每次仅在单个炮点激发一次。后来，学者发展了地震勘探组合法，即震源组合和检波器组合方法。在野外组合检波是将分布在一定范围内的多个检波器联结起来，将其接收到的地震信号叠加在一起作为一道地震信号记录下来；室内数据处理中的组合，则是将若干相邻记录道的信号按一定权系数叠加起来作为一道新的记录道信号。震源组合则是将分布在一定范围内的多个震源同时激发的波作为一个震源激发的波，或将同一炮点（或不同炮点）不同时刻激发的波的激发时间对齐后叠加在一起，作为同一炮点同一时刻激发的波记录下来。组合法的目的是相对增强有效波而压制干扰波，提高信噪比。

反射波法地震勘探中的有效波是反射波。来自地下深处的反射波传到地表时，由于低降速带的存在，近似垂直地面到达接收点，而地震面波等干扰波的传播方向则是沿地表传播的，并且传播速度很低。组合法能相对加强垂直或近于垂直地表传播的波，相对削弱沿地表或相近方向传播的较低视速度波，并可衰减随机干扰，提高信噪比。

检波器组合分为线性组合和面积组合两大类。同一组内的检波器等间隔布置在一条直线上，称为线性组合。检波器沿直测线等间隔布置则称为简单线性组合，如图 1.1 所示。面积组合检波器地面展布如图 1.2 所示，是将同一组内的检波器在地面（水平面）上一定范围内按一定图案布置，通常有矩形［图 1.2（a）］、圆环形［图 1.2（b）］、平行四边形、鸟爪形等。

图 1.1 简单线性组合检波器地面展布图

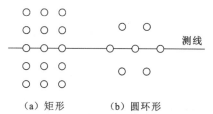

（a）矩形　　（b）圆环形

图 1.2 矩形面积组合和圆环形面积组合
检波器地面展布图

从几何地震学观点看，震源组合提高信噪比的原理与检波器组合基本相同，下文以检波器组合为主，叙述各种组合方法的原理、特点和实际使用问题。

本书约定，地震记录仪器系统可以看作线性系统，在一个组合内地震波可看成平面波，传播介质是理想均匀完全弹性介质。同组合内各个检波器技术参数完全相同（特殊情况另行说明），检波器接收地震波后输出信号波形完全相同，只有波至时间的差别。

1.1 检波器简单线性组合

检波器沿直测线等间隔分布的组合称为简单线性组合（朱广生 等，2005；何樵登，1986；陆基孟 等，1982；兹维达也夫，1958）。设一个检波器简单线性组合，共用 n 个检波器沿测线等间隔布置，相邻检波器间距记为 Δx，称为组内距（组合距），首尾检波器间距离，称为组长（基距、跨距），n 称为检波点数（组合点数、组合个数）。

1.1.1 简谐波简单线性组合响应

苏联早期文献是将地震波看作简谐波来讨论检波器组合问题（兹维达也夫，1958），国外文献大多数也是一直将地震波作为简谐波来讨论检波器组合（Sheriff et al.，1995；Waters，1978；Dobrin，1960）。虽然将地震波看作简谐波的假设与地震波实际相差太大，但其核心结论一直沿用至今，因此有必要首先在此假设下讨论组合问题，以深入理解地震勘探组合理论。

将各检波器顺序编号为 $1,2,\cdots,n$，则中间一个序号为 $(n+1)/2$。如果 n 是偶数，则可将 $(n+1)/2$ 理解为"若在这 n 个检波器排列中点上也安置一个检波器，其序号应编为 $(n+1)/2$"。地下有一平面波以入射角 γ 入射到测线（图 1.1.1）。波依次传到 $1\sim n$ 号检波器。设 1 号检波器输出的地震波振动函数为 $\sin(\omega t)$，则 2 号检波器输出的地震波振动函数为 $\sin(\omega t - \omega\Delta t)$，3 号检波器输出的地震波振动函数为 $\sin(\omega t - 2\omega\Delta t)$，$\cdots$，中点第 $(n+1)/2$ 号检波器输出的地震波振动函数为 $\sin\left[\omega t - \dfrac{(n-1)\omega\Delta t}{2}\right]$，$\cdots$，第 n 号检波器输出的地震波振动函数为 $\sin[\omega t - (n-1)\omega\Delta t]$。$\Delta t$ 是相邻两个检波器的波至时差：

$$\Delta t = \frac{\Delta x}{V^*} = \frac{\Delta x \sin\gamma}{V} \tag{1.1.1}$$

式中：V 为波在地下介质中的传播速度；V^* 为波沿地面测线方向的视速度。这样，简单线性组合总输出信号的振动函数 $F_\Sigma(\omega t)$ 为

$$F_\Sigma(\omega t) = A\{\sin(\omega t) + \sin(\omega t - \omega\Delta t) + \sin(\omega t - 2\omega\Delta t) + \cdots + \sin[\omega t - (n-1)\omega\Delta t]\}$$
$$= A\sum_{i=1}^{n}\sin[\omega t - (i-1)\omega\Delta t] \tag{1.1.2}$$

$$F_\Sigma(\omega t)/A = \sum_{i=1}^{n}\sin[\omega t - (i-1)\omega\Delta t] = \sin(\omega t)\sum_{i=1}^{n}\cos[(i-1)\omega\Delta t] - \cos(\omega t)\sum_{i=1}^{n}\sin[(i-1)\omega\Delta t]$$

$$= \sin(\omega t) + \sin(\omega t)\frac{\sin\dfrac{(n-1)\omega\Delta t}{2}\cos\dfrac{n\omega\Delta t}{2}}{\sin\dfrac{\omega\Delta t}{2}} - \cos(\omega t)\frac{\sin\dfrac{(n-1)\omega\Delta t}{2}\sin\dfrac{n\omega\Delta t}{2}}{\sin\dfrac{\omega\Delta t}{2}} \tag{1.1.3}$$

$$= \left\{\sin\left[\omega t - \frac{(n-1)\omega\Delta t}{2}\right]\right\}\frac{\sin\dfrac{n\omega\Delta t}{2}}{\sin\dfrac{\omega\Delta t}{2}}$$

证明过程详见附录 1。

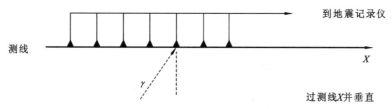

图 1.1.1　检波器简单线性组合示意图

图中地面测线与 X 轴重合，每个小三角形表示一个检波器

上式推导过程中利用了下面两个"三角级数求和公式"：

$$\sum_{i=1}^{n}\sin(i\beta)=\frac{\sin\frac{n\beta}{2}\sin\frac{(n+1)\beta}{2}}{\sin\frac{\beta}{2}} \tag{1.1.4a}$$

$$\sum_{i=1}^{n}\cos(i\beta)=\frac{\sin\frac{n\beta}{2}\cos\frac{(n+1)\beta}{2}}{\sin\frac{\beta}{2}} \tag{1.1.4b}$$

根据式（1.1.4a）和式（1.1.4b），还可得到下面两组三角级数求和公式，这组公式在下面章节中将得到多次使用：

$$\sum_{i=1}^{n}\sin(\alpha+i\beta)=\frac{\sin\frac{n\beta}{2}\sin\left[\alpha+\frac{(n+1)\beta}{2}\right]}{\sin\frac{\beta}{2}} \tag{1.1.5a}$$

$$\sum_{i=1}^{n}\cos(\alpha-i\beta)=\frac{\sin\frac{n\beta}{2}\cos\left[\alpha-\frac{(n+1)\beta}{2}\right]}{\sin\frac{\beta}{2}} \tag{1.1.5b}$$

$$\sum_{i=1}^{n}\cos(\alpha+i\beta)=\frac{\sin\frac{n\beta}{2}\cos\left[\alpha+\frac{(n+1)\beta}{2}\right]}{\sin\frac{\beta}{2}} \tag{1.1.6a}$$

$$\sum_{i=1}^{n}\sin(\alpha-i\beta)=\frac{\sin\frac{n\beta}{2}\sin\left[\alpha-\frac{(n+1)\beta}{2}\right]}{\sin\frac{\beta}{2}} \tag{1.1.6b}$$

由式（1.1.3）得

$$F_{\Sigma}(\omega t)=\left\{A\sin\left[\omega t-\frac{(n-1)\omega\Delta t}{2}\right]\right\}\frac{\sin\frac{n\omega\Delta t}{2}}{\sin\frac{\omega\Delta t}{2}} \tag{1.1.7}$$

正弦波 n 个检波器简单线性组合，实质上是将各检波器先后输出的正弦波叠加。式（1.1.7）中 $A\sin\left[\omega t-\frac{(n-1)\omega\Delta t}{2}\right]$ 为组合中点检波器单独输出信号。式（1.1.7）表明，正弦波简单线性组合得到的仍然是一个正弦波，但其振幅被放大到原来的 $\dfrac{\sin\dfrac{n\omega\Delta t}{2}}{\sin\dfrac{\omega\Delta t}{2}}$ 倍，相位则与组合的中点检波器单独输出信号相同。

当把地震波看作余弦波时，组合输出信号 $F_\Sigma(\omega t)$ 便可写为

$$F_\Sigma(\omega t)=A\sum_{i=1}^{n}\cos[\omega t-(i-1)\omega\Delta t] \tag{1.1.8}$$

用分析正弦波简单线性组合的同样方法便可得到

$$F_\Sigma(\omega t)=\left\{A\cos\left[\omega t-\frac{(n-1)\omega\Delta t}{2}\right]\right\}\frac{\sin\dfrac{n\omega\Delta t}{2}}{\sin\dfrac{\omega\Delta t}{2}} \tag{1.1.9}$$

式（1.1.7）和式（1.1.9）说明：当地震波为简谐波时，简单线性组合输出信号也是简谐波，其相位与中点检波器输出信号相位相同。因此，可以将简单线性组合看成中点上一个等效检波器，其输出信号的振幅等于单个检波器输出信号振幅的 $\dfrac{\sin\dfrac{n\omega\Delta t}{2}}{\sin\dfrac{\omega\Delta t}{2}}$ 倍，相位与中点检波器输出信号的相位相同。当 n 为偶数时，组合中点无检波器，则可理解为如果在中点安置一个检波器，则该检波器输出信号的振动函数就为 $A\sin\left[\omega t-\dfrac{(n-1)\omega\Delta t}{2}\right]$ 或 $A\cos\left[\omega t-\dfrac{(n-1)\omega\Delta t}{2}\right]$。将简单线性组合输出信号的振幅记为 A_Σ，则有

$$A_\Sigma=A\frac{\sin\dfrac{n\omega\Delta t}{2}}{\sin\dfrac{\omega\Delta t}{2}} \tag{1.1.10}$$

当 $\Delta t=0$ 时：

$$\left[\sin\frac{n\omega\Delta t}{2}\Big/\sin\frac{\omega\Delta t}{2}\right]_{\Delta t=0}=n \tag{1.1.11}$$

式（1.1.11）等号左边方括号的下标是强调等号右端 n 为 $\Delta t=0$ 条件下的结果。显然，n 是简单线性组合对单个检波器输出信号振幅放大倍数的最大值。将简单线性组合输出信号振幅的最大值记为 $A_{\Sigma M}$，将 $\dfrac{A_\Sigma}{A_{\Sigma M}}$ 记为 φ，则有

$$A_{\Sigma M}=nA \tag{1.1.12}$$

$$\varphi=\frac{A_\Sigma}{A_{\Sigma M}}=\sin\frac{n\omega\Delta t}{2}\Big/n\sin\frac{\omega\Delta t}{2} \tag{1.1.13}$$

$$|\varphi|=\frac{1}{n}\left|\sin\frac{n\omega\Delta t}{2}\Big/\sin\frac{\omega\Delta t}{2}\right| \tag{1.1.14}$$

兹维达也夫（1958）是在没有给出任何说明的情况下，直接从由式（1.1.3）给出式（1.1.7）；顾尔维奇（1959，1957）采用矢量叠加的图解法证明式（1.1.7）。兹维达也夫（1958）称 φ 为"方向性系数"，国内教科书中通常将 φ 和 $|\varphi|$ 都称为简单线性组合的"方向特性"或"方

向特性函数"（陆基孟 等，2009，1982；朱广生 等，2005；何樵登，1986），国外文献多称之为"response"（Sheriff et al.，1995；Waters，1978；Dobrin，1960），中译本常译为"响应"或"相对响应"，也偶尔使用"组合方向性函数（array directivity function）"。实际上英语单词"response"除对应汉语"响应"外，也可译为"响应曲线""特性曲线""回应""回答""反应"等。可见"方向特性""响应""相对响应"等的含义是一致的。为叙述简洁，本书只将 $|\varphi|$ 称为"方向特性"或"响应""相对响应"。因这几个术语在本书中使用频率很高，书又是多人合作撰写，这些术语在书中都经常出现，特地在此多用一点笔墨予以说明。

1.1.2 检波器组合"方向特性"的本质

虽然用简谐波表示地震波与实际情况相差甚远，但半个多世纪来，兹维达也夫提出的"方向性系数"这一术语却在全世界得到普遍认同，其原因是什么？本小节用频谱理论来讨论这个问题。

地震波远不是无始无终的简谐波，在地震勘探中涉及的地震波类型很多，实际上是一种复杂的脉冲波，现将其振动函数记为一般函数形式 $f(t)$。如图 1.1.1 所示，设各个检波器输出信号的振动函数为 $f_i(t)$，其中 1 号检波器输出地震波的振动函数为 $f_1(t)$，频谱为 $g_1(j\omega)$，2 号，3 号，$\cdots$，n 号检波器输出信号依次比 1 号检波器滞后 Δt，$2\Delta t$，$\cdots$，$(n-1)\Delta t$。Δt 由式（1.1.1）定义。

根据频谱的时延定理（董敏煜，2006；陆基孟 等，1982；罗伯特 等，1980），2 号，3 号，$\cdots$，n 号检波器输出信号的振动函数及其频谱分别为

2 号检波器：振动函数 $f_2(t) = f_1(t-\Delta t)$，频谱 $g_1(j\omega)e^{-j\omega\Delta t}$

3 号检波器：振动函数 $f_3(t) = f_1(t-2\Delta t)$，频谱 $g(j\omega)e^{-j\omega 2\Delta t}$

$\cdots$

n 号检波器：振动函数 $f_n(t) = f_1[t-(n-1)\Delta t]$，频谱 $g_1(j\omega)e^{-j\omega(n-1)\Delta t}$

将检波器组合输出的总振动函数记为 $F(t)$，频谱记为 $G(j\omega)$，则有

$$F_{\Sigma}(t) = \sum_{i=1}^{n} f_i(t) = \sum_{i=0}^{n-1} f_1(t-i\Delta t) \tag{1.1.15}$$

$$G(j\omega) = \sum_{i=0}^{n-1} g_1(j\omega)e^{-j\omega i\Delta t} = g_1(j\omega)\sum_{i=0}^{n-1} e^{-j\omega i\Delta t} \tag{1.1.16}$$

显然，$\sum\limits_{i=0}^{n-1} e^{-j\omega i\Delta t}$ 是一个等比级数的前 n 项和：

$$\sum_{i=0}^{n-1} e^{-j\omega i\Delta t} = \frac{1-e^{-j\omega\Delta t}e^{-j(n-1)\omega\Delta t}}{1-e^{-j\omega\Delta t}} = \frac{1-e^{-jn\omega\Delta t}}{1-e^{-j\omega\Delta t}} = \frac{e^{-j\frac{n\omega\Delta t}{2}}\left(e^{j\frac{n\omega\Delta t}{2}}-e^{-j\frac{n\omega\Delta t}{2}}\right)}{e^{-j\frac{\omega\Delta t}{2}}\left(e^{j\frac{\omega\Delta t}{2}}-e^{-j\frac{\omega\Delta t}{2}}\right)}$$

$$= e^{-j\frac{(n-1)\omega\Delta t}{2}}\frac{e^{j\frac{n\omega\Delta t}{2}}-e^{-j\frac{n\omega\Delta t}{2}}}{e^{j\frac{\omega\Delta t}{2}}-e^{-j\frac{\omega\Delta t}{2}}} = \frac{\sin\frac{n\omega\Delta t}{2}}{\sin\frac{\omega\Delta t}{2}}e^{-j\frac{(n-1)\omega\Delta t}{2}} \tag{1.1.17}$$

则

$$G(\mathrm{j}\omega) = g_1(\mathrm{j}\omega)\mathrm{e}^{-\mathrm{j}\frac{n-1}{2}\omega\Delta t}\frac{\sin\dfrac{n\omega\Delta t}{2}}{\sin\dfrac{\omega\Delta t}{2}} \tag{1.1.18}$$

令

$$P(\mathrm{j}\omega) = \frac{\sin\dfrac{n\omega\Delta t}{2}}{\sin\dfrac{\omega\Delta t}{2}} \tag{1.1.19}$$

则

$$G(\mathrm{j}\omega) = P(\mathrm{j}\omega)g_1(\mathrm{j}\omega)\mathrm{e}^{-\mathrm{j}\omega\frac{n-1}{2}\Delta t} \tag{1.1.20}$$

式中: $g_1(\mathrm{j}\omega)\mathrm{e}^{-\mathrm{j}\omega\frac{n-1}{2}\Delta t}$ 为中点检波器独自输出信号的频谱,将其记为 $g_c(\mathrm{j}\omega)$; n 为偶数时,检波器组合中点上并无检波器,则 $g_1(\mathrm{j}\omega)\mathrm{e}^{-\mathrm{j}\omega\frac{n-1}{2}\Delta t}$ 可理解为"若在中点上布置一个检波器,其应有的输出信号频谱"。因此:

$$G(\mathrm{j}\omega) = P(\mathrm{j}\omega)g_c(\mathrm{j}\omega) \tag{1.1.21}$$

式(1.1.21)表明,组合后总输出信号的频谱等于中点检波器独自输出信号频谱乘以复变系数 $P(\mathrm{j}\omega)$, $P(\mathrm{j}\omega)$ 为 ω 和 Δt 的函数,即 $P(\mathrm{j}\omega)$ 的物理意义是检波器组合对中点单个检波器输出信号频谱的放大倍数。因此可以将检波器简单线性组合的总输出信号看作中点处的输出信号。也就是说,可以将一个简单线性组合看作其中点上的一个等效检波器,等效检波器输出信号的频谱与该简单线性组合输出信号频谱相同。由此可知,简单线性组合等效检波器的位置就是该组合的中点,这样,组合后总输出信号振幅谱为

$$|G(\mathrm{j}\omega)| = |P(\mathrm{j}\omega)||g_c(\mathrm{j}\omega)| \tag{1.1.22}$$

将 $P(\mathrm{j}\omega)$ 的模 $|P(\mathrm{j}\omega)|$ 记为 P :

$$P = \left|\frac{\sin\left(\dfrac{n\omega\Delta t}{2}\right)}{\sin\left(\dfrac{\omega\Delta t}{2}\right)}\right| \tag{1.1.23}$$

式(1.1.22)等号左边是组合总输出信号的振幅谱,右边的 $|g_c(\mathrm{j}\omega)|$ 是中点检波器输出信号的振幅谱。由于到达其他检波器的波只比到 1 号检波器延迟若干 Δt ,并无波形及振幅差别,所以各个检波器输出信号的振幅谱是相同的,与 1 号检波器输出信号振幅谱一样,皆等于 $|g_c(\mathrm{j}\omega)|$ 。因此式(1.1.22)表示,简单线性组合总输出信号的振幅谱等于单个检波器输出信号振幅谱乘以 P 。也就是说,组合的作用相当于将单个检波器输出信号振幅谱放大 P 倍。

取 $\Delta t \to 0$ 时 P 的极限:

$$P = \lim_{\Delta t \to 0}\left|\frac{\sin\left(\dfrac{n\omega\Delta t}{2}\right)}{\sin\left(\dfrac{\omega\Delta t}{2}\right)}\right| = n \tag{1.1.24}$$

式(1.1.24)表明在 $\Delta t = 0$ 时 P 与圆频率 ω 无关,当波垂直地面传播时,此时波同时到

达各检波器，$\Delta t = 0$，因此检波器组的输出信号是由各个检波器输出信号同相叠加的，所以检波器组合输出的地震波振幅将为单个检波器输出振幅的 n 倍。这种波通过检波器组合后得到最大加强。n 为 P 的最大值，不难理解当 $\Delta t \neq 0$ 时，$P < n$，并随 ω 和 Δt 而变化。

为比较 n 不同时，简单线性组合的特性，需对 P 作归一化处理，将 P 除以其最大值 n，并令

$$\varphi = \frac{P}{n} = \frac{1}{n} \frac{\sin \frac{n\omega\Delta t}{2}}{\sin \frac{\omega\Delta t}{2}} \tag{1.1.25}$$

$$|\varphi| = \frac{P}{n} = \frac{1}{n} \left| \frac{\sin \frac{n\omega\Delta t}{2}}{\sin \frac{\omega\Delta t}{2}} \right| \tag{1.1.26}$$

显然，式（1.1.26）与式（1.1.14）完全一样，但式（1.1.14）中 $|\varphi|$ 的含义是假设地震波是简谐波，经简单线性组合后式（1.1.14）的 $|\varphi|$ 表示归一化后简单线性组合对单个检波器输出信号振幅的放大倍数。式（1.1.26）是将地震波函数看作一般函数形式得到的结果，式（1.1.26）的 $|\varphi|$ 表示归一化后简单线性组合对单个检波器输出信号振幅谱的放大倍数。式（1.1.26）的结论更具普适性，也更接近地震波特征。由此可知，简单线性组合"方向特性"或称简单线性组合"响应"的 $|\varphi|$ 是归一化后的简单线性组合对单个检波器输出信号振幅谱的放大倍数，这才是简单线性组合"方向特性"或称组合"响应"的本质。

检波器组合早期目的是利用干扰波与有效波传播方向（具体表现为沿检波器组的视速度）差异来相对压制干扰波，下面先分析检波器组合的方向特性。

1.1.3 简单线性组合的方向特性

研究简单线性组合方向特性，就是在圆频率 ω 不变情况下，分析 $|\varphi|$ 与波入射方向的关系。式（1.1.26）表明在 $\Delta t = 0$ 时 $|\varphi| = 1$ 与组合参数无关。在理想情况下，有效波是垂直地面传播的，因此在理想情况下有效波的 $|\varphi| = 1$，而干扰波的 $\Delta t \neq 0$，$|\varphi| < 1$，所以 $|\varphi|$ 可表征理想情况下干扰波相对削弱的程度。先固定 ω 看 $|\varphi|$ 随 Δt 变化特点。考虑：

$$\frac{\omega\Delta t}{2} = \pi f \Delta t = \frac{\pi f \Delta x}{V^*} = \frac{\omega\Delta x}{2V^*} = \frac{\pi\Delta x}{TV^*} = \frac{\pi\Delta t}{T} = \frac{\pi\Delta x}{\lambda^*} \tag{1.1.27}$$

式中：f 为频率；T 为周期；λ^* 为波沿地面测线的视波长，则 $|\varphi|$ 可写为

$$|\varphi| = \frac{1}{n} \left| \frac{\sin \frac{n\omega\Delta t}{2}}{\sin \frac{\omega\Delta t}{2}} \right| = \frac{1}{n} \left| \frac{\sin(n\pi f \Delta t)}{\sin(\pi f \Delta t)} \right| = \frac{1}{n} \left| \frac{\sin \frac{n\pi\Delta t}{T}}{\sin \frac{\pi\Delta t}{T}} \right| = \frac{1}{n} \left| \frac{\sin \frac{n\pi f \Delta x}{V^*}}{\sin \frac{\pi f \Delta x}{V^*}} \right| = \frac{1}{n} \left| \frac{\sin \frac{n\pi\Delta x}{\lambda^*}}{\sin \frac{\pi\Delta x}{\lambda^*}} \right| \tag{1.1.28}$$

式（1.1.28）可统一写为

$$|\varphi| = \frac{1}{n} \left| \frac{\sin(n\pi y)}{\sin(\pi y)} \right| \tag{1.1.29}$$

$$y = \frac{f\Delta x}{V^*} = f\Delta t = \frac{\Delta x}{TV^*} = \frac{\Delta t}{T} = \frac{\Delta x}{\lambda^*} \tag{1.1.30}$$

以 $|\varphi|$ 为纵坐标、$\dfrac{\Delta t}{T}$（或 $f\Delta t$，$\dfrac{f\Delta x}{V^*}$，$\dfrac{\Delta x}{\lambda^*}$）为横坐标作 $|\varphi|$ - $\dfrac{\Delta t}{T}$ 关系图，如图 1.1.2 和图 1.1.3 所示，此即检波器简单线性组合响应图，或称"方向特性曲线"。

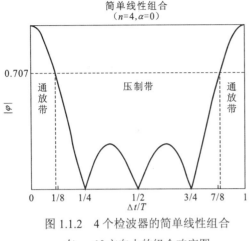

图 1.1.2　4 个检波器的简单线性组合
在 $\alpha=0°$ 方向上的组合响应图

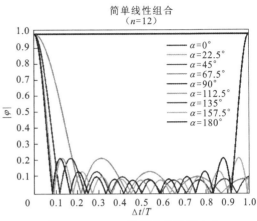

图 1.1.3　$n=12$ 的简单线性组合在
9 个不同方向上的组合响应图

扫描封底二维码见彩图

显然，$|\varphi|$ 为 $\dfrac{\Delta t}{T}$ 的周期函数，周期为 1（参见下文）。本书只分析 $0\leqslant\dfrac{\Delta t}{T}\leqslant 1$ 的区间情况。当 $\dfrac{\Delta t}{T}=0$ 或 1 时，$|\varphi|=1$，达最大值。$\dfrac{\Delta t}{T}=0$ 时最大值称为一次极值，$\dfrac{\Delta t}{T}=1$ 时最大值称为二次极值或旁极值。方向特性曲线与横轴交点 $|\varphi|=0$，称为零点。在压制带内方向特性曲线有高低不一的"波瓣"，称为"次瓣"，其极值都小于 1，称为"压制带内极值"。

通常将 $0\leqslant\dfrac{\Delta t}{T}\leqslant 1$ 区间内左边一个 $1\geqslant|\varphi|\geqslant\dfrac{1}{\sqrt{2}}$ 的区间称为"主通放带"，简称"主通带"，波落入这个区间，都能较好地相对加强。主通带所在的波瓣称为"主瓣"。主通带右边界的纵坐标为 $|\varphi|=\dfrac{1}{\sqrt{2}}$，横坐标 $\dfrac{\Delta t}{T}\approx\dfrac{1}{2n}$；$0\leqslant\dfrac{\Delta t}{T}\leqslant 1$ 区间内右边一个 $1\geqslant|\varphi|\geqslant\dfrac{1}{\sqrt{2}}$ 的区间称为"旁通放带"或"二次通放带"，简称"旁通带"或"二次通带"，波落入这个区间，也能较好地相对加强。旁通带所在的波瓣称为"旁瓣"。旁通带的左边界坐标为 $|\varphi|=\dfrac{1}{\sqrt{2}}$，$\dfrac{\Delta t}{T}\approx\dfrac{2n-1}{2n}$。$0\leqslant\dfrac{\Delta t}{T}\leqslant 1$ 区间内纵坐标 $|\varphi|<\dfrac{1}{\sqrt{2}}$ 的区间称为"压制带"。

简单线性组合的 $|\varphi|$ - $\dfrac{\Delta t}{T}$ 图是周期性曲线，因此具有无数个 $1\geqslant|\varphi|\geqslant\dfrac{1}{\sqrt{2}}$ 区间，除 $0\leqslant\dfrac{\Delta t}{T}\leqslant 1$ 区间外，其余 $1\geqslant|\varphi|\geqslant\dfrac{1}{\sqrt{2}}$ 区间统统称为"旁通带"、"旁瓣"或"伪瓣"。

有的文献在 $0\leqslant\dfrac{\Delta t}{T}\leqslant 1$ 区间内划出两个过渡带，这种分带方法的压制带左右边界分别位于最左、最右一个 $|\varphi|=\dfrac{1}{n}$ 点。左边一个过渡带位于主通带与压制带之间，其左边界是主通带的右边界，其右边界是压制带的左边界；右边一个过渡带位于压制带与旁通带之间，

其左边界是压制带的右边界，其右边界是旁通带的左边界。

需要强调指出，组合检波的方向特性不仅对干扰波，而且对有效波也同样起作用，只要其 $\Delta t \neq 0$。只不过有效波 Δt 一般近似为零而处于主通放带内，得到相对加强而已。

1.1.4 简单线性组合响应的基本特点

1. 简单线性组合方向特性函数是周期函数

式（1.1.26）、式（1.1.28）和式（1.1.29）已给出简单线性组合方向特性函数，如式（1.1.29）：

$$|\varphi| = \frac{1}{n} \left| \frac{\sin(n\pi y)}{\sin(\pi y)} \right|$$

式中：分子、分母都是周期为 1 的周期函数，因此：

$$\left| \sin[n\pi(y+1)] \right| = \left| \sin(n\pi y + n\pi) \right| = \left| \sin(n\pi y) \right| \tag{1.1.31}$$

$$\left| \sin[\pi(y+1)] \right| = \left| \sin(\pi y) \right| \tag{1.1.32}$$

这样

$$|\varphi| = \frac{1}{n} \left| \frac{\sin[n\pi(y+1)]}{\sin[\pi(y+1)]} \right| = \frac{1}{n} \left| \frac{\sin(n\pi y)}{\sin(\pi y)} \right| \tag{1.1.33}$$

即 $|\varphi|$ 是周期为 1 的周期函数，因此简单线性组合方向特性曲线是周期性曲线。

当 $y=0$ 时，用洛必达法则可得 $\left| \frac{\sin(n\pi y)}{\sin(\pi y)} \right| = n$，于是 $|\varphi|=1$；同样用洛必达法则，当 $y=1$ 时可得 $\left| \frac{\sin(n\pi y)}{\sin(\pi y)} \right| = n$，$|\varphi|=1$。

2. 简单线性组合每个周期内方向特性曲线是左右对称的

在 $0 \leqslant y \leqslant 1$ 的周期内，方向特性曲线的左半部横坐标 Y_L 为 $0 \leqslant Y_L \leqslant 0.5$，在横轴上与 Y_L 对称点的横坐标是 $Y_R = 1 - Y_L$。将方向特性曲线上 Y_L 和 Y_R 对应的 $|\varphi|$ 分别记为 $|\varphi|_L$ 和 $|\varphi|_R$：

$$|\varphi|_L = \frac{1}{n} \left| \frac{\sin(n\pi y_L)}{\sin(\pi y_L)} \right| \tag{1.1.34}$$

由于式（1.1.29）的分子、分母都是周期函数，有

$$|\varphi|_R = \frac{1}{n} \left| \frac{\sin(n\pi y_R)}{\sin(\pi y_R)} \right| = \frac{1}{n} \left| \frac{\sin[n\pi(1-y_L)]}{\sin[\pi(1-y_L)]} \right| = \frac{1}{n} \left| \frac{\sin(n\pi y_L)}{\sin(\pi y_L)} \right| = |\varphi|_L \tag{1.1.35}$$

式（1.1.34）和式（1.1.35）表明 $|\varphi|$ 在一个周期内，简单线性组合方向特性曲线是左右对称的。

3. 主通放带右边界横坐标近似为 $1/(2n)$

根据主通放带的定义，其右边界纵坐标 $|\varphi| = \sqrt{2}/2 = 0.7071$，横坐标的理论近似值是 $1/(2n)$。那么，横坐标的这个近似值是否足够精确？理论近似值与实际值对比见表 1.1.1。首先从表中可见，只有 $n=2$ 的理论近似值与实际值相同，除此之外理论近似值小于实际

值，$n=3$ 的误差最大，达到 $\Delta t / T = 0.0114$，也就是说理论近似值得到的通放带边界误差达到地震波视周期的 0.0114 倍，这个误差是不可忽视的。随 n 的增大误差缓慢降低。我国东部地区的检波点数 n 一般为 10 左右，西部地区的 n 会更大。地震数据采集参数设计时需要评估这种误差带来的风险。

表 1.1.1　简单线性组合主通放带边界理论近似值 $1/(2n)$ 与实际值对比表

值	检波点数 n							
	2	3	4	5	6	7	8	9
实际值	0.2500	0.1553	0.1138	0.0901	0.0747	0.0639	0.0557	0.0495
理论近似值	0.2500	0.1667	0.1250	0.1000	0.0833	0.0714	0.0625	0.0555
绝对误差	0	0.0114	0.0112	0.0099	0.0086	0.0075	0.0068	0.0061
检波点数	10	11	12	13	14	15	16	17
实际值	0.0445	0.0404	0.0370	0.0342	0.0317	0.0296	0.0277	0.0261
理论近似值	0.0500	0.0455	0.0417	0.0385	0.0357	0.0333	0.0313	0.0294
绝对误差	0.0050	0.0051	0.0047	0.0043	0.0040	0.0037	0.0036	0.0033
检波点数	18	19	20	25	30	40	50	
实际值	0.0246	0.0234	0.0222	0.0178	0.0148	0.0111	0.0089	
理论近似值	0.0278	0.0263	0.0250	0.0200	0.0167	0.0125	0.0100	
绝对误差	0.0031	0.0030	0.0028	0.0023	0.0019	0.0014	0.0011	

当 n 很大时，$\pi/(2n)$ 很小，则此时有

$$\sin[\pi/(2n)] \approx \pi/(2n) \text{ （弧度）} \tag{1.1.36}$$

$$|\varphi| = \left| \frac{1}{n\sin[\pi/(2n)]} \right| \approx \frac{1}{n[\pi/(2n)]} = \frac{2}{\pi} = 0.6366 \tag{1.1.37}$$

表 1.1.2 给出了不同检波点数 n 的简单线性组合主通放带边界纵坐标，以 $y=1/(2n)$ 作为主通放带的边界横坐标，只有 $n=2$ 时的纵坐标 $|\varphi| < 0.7071$。其余 n 对应的 $y=1/(2n)$ 的主通放带宽度比应有宽度宽。实际生产中 n 都大于 2，因此在实际生产中以 $y=1/(2n)$ 为主通放带边界的横坐标，通放带的宽度大于应有宽度。这说明由理论近似值估算的主通放带边界存在将一些视速度较高的干扰波放进通放带内的风险，数据采集参数设计时应设法规避。

表 1.1.2　根据主通放带边界横坐标理论近似值得到的主通放带边界纵坐标

项目	n												
	2	3	4	5	6	7	8	9	10	15	20	50	100
$|\varphi|$	0.707	0.667	0.653	0.647	0.644	0.642	0.641	0.640	0.639	0.638	0.637	0.637	0.637

4. 一个周期内 $|\varphi|$ 有 $n-1$ 个零点

y 在 0～1 内（$|\varphi|$ 的一个周期内），$\sin(n\pi y)$ 有 $n/2$ 个周期，包括首尾两个零点在内共有 $n+1$ 个零点，易知这些零点的横坐标为 $y = 0, \dfrac{1}{n}, \dfrac{2}{n}, \dfrac{3}{n}, \cdots, \dfrac{n-1}{n}, 1$。在 $0 < y < 1$ 区间，

$0<|\sin(\pi y)|\leqslant 1$，只在首尾有两个零点，而 $\sin(n\pi y)$ 的首尾两点也是零点，根据洛必达法则在这两点 $|\varphi|=1$（参见 1.1.4 小节 1.部分内容）。$\sin(\pi y)$ 除首尾两点外都是不大于 1 的有限值，因此 $\sin(n\pi y)$ 的零点数决定了 $|\varphi|=\dfrac{1}{n}\left|\dfrac{\sin(n\pi y)}{\sin(\pi y)}\right|$ 零点数，故 $|\varphi|$ 在 y 值为 $0\sim1$ 有 $n-1$ 个零点。由此在 $y=0\sim1$ 的区间内方向特性曲线有 $n-1$ 个零点。

5. 一个周期中压制带内有 $n-2$ 个极值点

前文已证明当 $y=0$ 和 $y=1$ 时，$|\varphi|=1$。

在 $\dfrac{1}{n}\leqslant y\leqslant\dfrac{n-1}{n}$ 区间内，$|\sin(n\pi y)|$ 有 $n-1$ 个零点，$|\sin(n\pi y)|$ 有 $\dfrac{n}{2}-1$ 个周期。y 在 $0\sim1$ 内 $|\sin(n\pi y)|$ 不计首尾共有 $n-1$ 个零点，在这些零点之间，$|\sin(n\pi y)|$ 共有 $n-2$ 个周期，并有 $n-2$ 个极值。当 $y=\dfrac{2i+1}{2n}$ 时（i 为压制带内的极值序号，从左至右依次为 $1,2,\cdots,n-2$）：

$$\left|\sin(n\pi y)\right|=\left|\sin\left(n\pi\times\frac{2i+1}{2n}\right)\right|=\left|\sin\left(i\pi+\frac{\pi}{2}\right)\right|=\left|\sin\left(\frac{\pi}{2}\right)\right|=1 \qquad (1.1.38)$$

即在 $\dfrac{1}{n}\leqslant y\leqslant\dfrac{n-1}{n}$ 区间内，$|\sin(n\pi y)|$ 共有 $n-2$ 个极大值 1。而 $|\sin(\pi y)|$ 在 y 值为 $0\sim1$ 内，只有 1 个周期。前文已证明 $y=0$ 和 $y=1$ 时，$\left|\dfrac{\sin(n\pi y)}{\sin(\pi y)}\right|=n$。这样在 $0\leqslant y\leqslant1$ 区间，$\left|\dfrac{\sin(n\pi y)}{\sin(\pi y)}\right|$ 共有 n 个极大值，$|\varphi|$ 共有 n 个极大值（含主极值和旁极值）。因此，方向特性曲线共有 n 个波瓣，首尾两个分别是主瓣和旁瓣。压制带内共有 $n-2$ 个次瓣，共有 $n-2$ 个极值。

6. 一个周期中压制带内极值点的横坐标

由于 $|\varphi|$ 的分母中 $\sin(\pi y)$ 不是常数，这 $n-2$ 个极值对应的横坐标并不严格为 $y=2i+1/(2n)$（$i=1,2,\cdots,n-2$），在 $|\sin(n\pi y)|$ 极值左右附近 $\sin(\pi y)$ 的变化不大，所以可以认为这 $n-2$ 个极值的横坐标近似为 $y=2i+1/(2n)$。实际计算表明，近似值精度很高，在 $n>8$ 时，误差就很小了。理论近似值一般略大于实际计算值，并且压制带内两边极值横坐标误差最大，向中间逐渐减小（表 1.1.3）。

表 1.1.3 简单线性组合方向特性曲线压制带内极值坐标

n	压制带内值		压制带内极值序号								
			1	2	3	4	5	6	7	8	9
3	横坐标 Y	实际计算值	0.500 0								
		理论近似值	0.500 0								
	纵坐标 $|\varphi|$	实际计算值	0.333 3								
		理论近似值	0.333 3								
4	横坐标 Y	实际计算值	0.366 0								
		理论近似值	0.375 0								

n	压制带内值		压制带内极值序号								
			1	2	3	4	5	6	7	8	9
4	纵坐标 $|\varphi|$	实际计算值	0.272 2								
		理论近似值	0.212 2								
5	横坐标 Y	实际计算值	0.290 0	0.500 0							
		理论近似值	0.300 0	0.500 0							
	纵坐标 $|\varphi|$	实际计算值	0.250 0	0.200 0							
		理论近似值	0.212 2	0.200 0							
6	横坐标 Y	实际计算值	0.241 0	0.414 0							
		理论近似值	0.250 0	0.417 0							
	纵坐标 $|\varphi|$	实际计算值	0.239 2	0.172 7							
		理论近似值	0.212 2								
7	横坐标 Y	实际计算值	0.206 0	0.354 0	0.500 0						
		理论近似值	0.214 0	0.357 0	0.500 0						
	纵坐标 $|\varphi|$	实际计算值	0.233 0	0.158 9	0.142 9						
		理论近似值	0.212 2		0.142 9						
8	横坐标 Y	实际计算值	0.180 0	0.309 0	0.436 0						
		理论近似值	0.187 5	0.312 5	0.437 5						
	纵坐标 $|\varphi|$	实际计算值	0.229 2	0.150 9	0.127 5						
		理论近似值	0.212 2								
9	横坐标 Y	实际计算值	0.159 6	0.274 4	0.387 5	0.500 0					
		理论近似值	0.166 7	0.277 8	0.388 9	0.500 0					
	纵坐标 $|\varphi|$	实际计算值	0.226 6	0.145 7	0.118 3	0.111 1					
		理论近似值	0.212 2			0.111 1					
10	横坐标 Y	实际计算值	0.144 0	0.247 0	0.348 0	0.449 0					
		理论近似值	0.150 0	0.250 0	0.350 0	0.450 0					
	纵坐标 $|\varphi|$	实际计算值	0.225 0	0.142 1	0.112 4	0.101 2					
		理论近似值	0.212 2								
12	横坐标 Y	实际计算值	0.119 0	0.205 0	0.290 0	0.374 0	0.458 0				
		理论近似值	0.125 0	0.208 3	0.291 7	0.375 0	0.458 3				
	纵坐标 $|\varphi|$	实际计算值	0.222 4	0.137 7	0.105 3	0.090 3	0.084 1				
		理论近似值	0.212 2								

注：①本表数据均指地震波沿测线方向传播时的计算结果；②$|\bar{\varphi}|$ 为 $|\varphi|$ 的实际平均值；③表中只列出横坐标在 0～0.5 的数据。

7. 压制带内最高次瓣峰值近似为 $|\varphi| \approx 2/(3\pi)$

前文已指出，简单线性组合压制带内一共有 $n-2$ 个次瓣极值，其极值从两边向中间逐渐减小（图 1.1.4 和表 1.1.3）；其横坐标从左到右近似为 $3/(2n), 5/(2n),\cdots, (2n-3)/(2n)$。

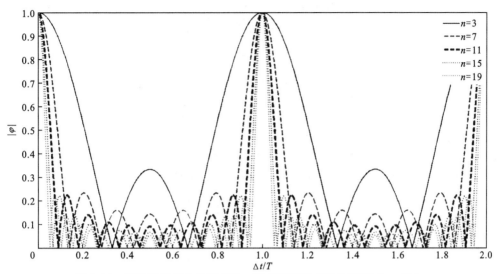

图 1.1.4　简单线性组合检波点数 n 对方向特性曲线的影响（$\alpha=0°$）

注意压制带内两边次瓣的高度随 n 的变化特点；扫描封底二维码见彩图

其中左右边上两个极值的绝对值最大，其横坐标为 $3/(2n)$ 和 $(2n-3)/(2n)$ 时，将左边极值的近似横坐标 $y=3/(2n)$ 代入式（1.1.29）：

$$|\varphi|=\frac{1}{n}\left|\frac{\sin(n\pi y)}{\sin(\pi y)}\right|\approx\frac{1}{n}\left|\frac{\sin\left(n\pi\dfrac{3}{2n}\right)}{\sin\left(\pi\dfrac{3}{2n}\right)}\right|=\frac{1}{n}\left|\frac{\sin\left(\dfrac{3\pi}{2}\right)}{\sin\left(\dfrac{3\pi}{2n}\right)}\right|=\left|\frac{-1}{n\sin\left(\dfrac{3\pi}{2n}\right)}\right| \tag{1.1.39}$$

当 n 很大时，$y=3\pi/(2n)$ 很小，$\sin[3\pi/(2n)]\approx 3\pi/(2n)$（弧度数）因此有

$$|\varphi|\approx\left|\frac{-1}{n\sin[3\pi/(2n)]}\right|\approx\left|\frac{1}{3n\pi/(2n)}\right|=2/(3\pi)\approx 0.212\,2 \tag{1.1.40}$$

当 $y=(2n-3)/(2n)$ 时，将其代入式（1.1.29）可以得到同样的结果 $|\varphi|\approx 2/(3\pi)$。因为简单线性组合响应曲线左右对称，所以最右边的次瓣极值也近似为 $2/(3\pi)=0.212\,2$。实际计算结果显示，当 $n\geqslant12$ 时，压制带内最大极值的理论值为 $0.212\,2$，与真值 $0.222\,4$ 相对误差仅为 4.6%（表 1.1.3）。

8. 压制带内 $|\varphi|$ 平均值近似为 $1/n$

国内一般教科书认为简单线性组合压制带内 $|\varphi|$ 的平均值近似为 $1/n$（朱广生 等，2005；何樵登，1986；陆基孟 等，1982），实际上这是个粗略的估计，表 1.1.4 给出了实际计算结果。表中数据显示出两个最明显特点：一是压制带内 $|\varphi|$ 的实际平均值随 n 的增大而逐渐降低的特点清晰明确；二是有过渡带的情况下压制带内 $|\varphi|$ 的实际平均值全比无过渡带情况下的实际平均值小。

表 1.1.4　简单线性组合压制带$|\varphi|$的平均值

n	$1/n$	有过渡带			无过渡带		
		$|\bar{\varphi}|$	$|\bar{\varphi}|-(1/n)$	相对误差/%	$|\bar{\varphi}|$	$|\bar{\varphi}|-(1/n)$	相对误差/%
2	0.500 0	0.255 8	-0.244 2	95.5	0.372 9	-0.127 1	34.1
3	0.333 3	0.200	-0.133 0	66.5	0.289 3	-0.044 0	15.2
4	0.250 0	0.167	-0.083 0	49.7	0.237 4	-0.012 6	5.3
5	0.200 0	0.144	-0.055 8	38.8	0.203 0	0.003 0	1.5
6	0.166 7	0.128 8	-0.037 8	29.3	0.178 3	0.011 3	6.3
7	0.142 9	0.116 1	-0.026 8	23.2	0.159 7	0.016 7	10.5
8	0.125 0	0.106 0	-0.019 0	17.9	0.145 0	0.020 0	13.8
9	0.111 1	0.099 0	-0.012 0	11.0	0.133 2	0.022 1	16.7
10	0.100 0	0.091 7	-0.008 3	9.1	0.124 7	0.024 7	19.8
11	0.090 9	0.085 9	-0.005 1	5.8	0.114 9	0.024 0	20.9
12	0.083 3	0.081 0	-0.002 3	2.9	0.107 8	0.024 5	22.6
13	0.076 9	0.076 6	-0.000 3	0.4	0.101 7	0.024 7	24.3
14	0.071 4	0.066 5	-0.004 9	7.4	0.096 1	0.024 5	25.7
15	0.066 7	0.063 4	-0.003 3	5.2	0.092 9	0.026 2	28.2
20	0.050 0	0.051 8	0.001 8	3.5	0.074 6	0.024 6	32.9
25	0.040 0	0.044 2	0.004 2	9.5	0.062 1	0.022 1	35.6
30	0.033 3	0.038 8	0.005 5	14.2	0.054 0	0.020 7	38.3
40	0.025 0	0.031 5	0.006 5	20.6	0.043 2	0.018 2	42.1
50	0.020 0	0.027 5	0.007 5	27.3	0.036 2	0.016 2	44.8

如表 1.1.4 所示，无论是否有过渡带，用 $1/n$ 作为压制带内$|\varphi|$的平均值，相对误差相当大，大多数相对误差大于 10%，只有小部分小于 10%。而且相对误差与 n 的关系复杂，并非 n 越大相对误差越小。

1.1.5　组合参数及波的传播方向的影响

简单线性组合参数有检波点数 n、组内距 Δx 及组长 δx 共三个。由于 $\delta x = (n-1)\Delta x$，独立的参数只有两个，所以只要讨论 n 和 Δx 的影响就够了。

1. 检波点数 n 的影响

通放带右边界约为 $1/(2n)$，可见检波点数 n 越大，通放带越窄，旁通带同样越窄，压制带越宽（图 1.1.6）。这就是说，组合内检波器个数越多，对干扰波压制范围越宽，可以压制视速度变化范围更宽的干扰波，n 越大，沿地面方向具有较高视速度的干扰也将落入压制带。而且 n 越大，压制带内极值越小，即压制带内$|\varphi|$的平均值越小，压制效果越好。这些都是 n 增大的好处。但是，n 增大使组长 δx 增大，因此带来负面作用，有关负面作用的内容将在 1.1.7 小节中讨论。

2. 组内距 Δx 的影响

只改变 Δx 而不改变 n，方向特性曲线形状是不变的，但 Δx 增大可使给定沿地面视波长 λ^* 的波向压制带内移动，这等于相对地使通放带变窄，压制带变宽，也就等于将方向特性曲线向原点作横向压缩。对于视波长为 λ^* 的波，原有的组内距满足 $\frac{\Delta x}{\lambda^*} = \frac{1}{2n}$，即它原处在通放带边界上，则当 Δx 增大时，$\frac{\Delta x}{\lambda^*}$ 随之增大，该波将落入压制带。

上述讨论表明，增大 n 和增大 Δx 都可增强简单线性组合的方向效应，从而增强了对干扰波的压制，对简单线性组合讲，要增强衰减干扰波效果也只能是增大 n 或（和）Δx，而增大 n 的效果更好。但像 n 的增大一样，Δx 的增大也使组长 δx 增大，同样会带来负面后果，有关问题也将在 1.1.7 小节中讨论。

3. 方位角 α 的影响

这一小节要讨论在波的不同传播方向上组合响应的变化。对于简单线性组合，检波器是沿测线布置的，对侧面方向（包括垂直测线方向和非垂直测线方向）传播来的波，相当于组合点数 n 不变，有效组内距缩小了的简单线性组合（图 1.1.5）。当波垂直测线方向传播时，也就是垂直简单线性组合检波器的排列方向传播时，无论它沿地面视速度多低，都将同时到达各检波器，则组内相邻检波器波至时差 $\Delta t = 0$，因此简单线性组合对它无压制作用。然而对其他侧面方向来的干扰，根据等效变换原理，相邻检波器波至时差 $\Delta t \neq 0$，简单线性组合对它就具有一定的压制能力。波的传播方向越接近于测线方向，简单线性组合对它的压制能力越强，越接近于垂直测线方向，线性组合对它的压制能力越低。

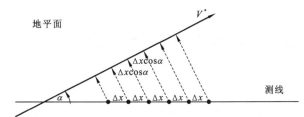

图 1.1.5　简单线性组合组内距与波的传播方向关系图

波沿地面以视速度 V^* 传播，传播方向与测线夹角为 α，如图中箭头所示

当地震波不是沿测线方向传播，而是与测线有个角度 α 时（图 1.1.7），需要对简单线性组合响应式（1.1.26）～式（1.1.29）等作简单修正，即将式中 Δx 乘以系数 $\cos\alpha$（或将 Δt 乘以系数 $\cos\alpha$）得

$$|\varphi| = \frac{1}{n}\left|\frac{\sin\left(\dfrac{n\omega\Delta t\cos\alpha}{2}\right)}{\sin\left(\dfrac{\omega\Delta t\cos\alpha}{2}\right)}\right| = \frac{1}{n}\left|\frac{\sin(n\pi f\Delta t\cos\alpha)}{\sin(\pi f\Delta t\cos\alpha)}\right| = \frac{1}{n}\left|\frac{\sin\dfrac{n\pi\Delta t\cos\alpha}{T}}{\sin\dfrac{\pi\Delta t\cos\alpha}{T}}\right|$$

$$(1.1.41)$$

$$= \frac{1}{n}\left|\frac{\sin\left(\dfrac{n\pi f\Delta x\cos\alpha}{V^*}\right)}{\sin\left(\dfrac{\pi f\Delta x\cos\alpha}{V^*}\right)}\right| = \frac{1}{n}\left|\frac{\sin\left(\dfrac{n\pi\Delta x\cos\alpha}{\lambda^*}\right)}{\sin\left(\dfrac{\pi\Delta x\cos\alpha}{\lambda^*}\right)}\right|$$

根据式（1.1.41）绘制方向特性曲线，进而可详细分析α的影响。图 1.1.6 是 $n=7$ 的简单线性组合方向特性曲线随波的传播方向变化图，可见随α增大而逐渐增大，通放带随之变宽，通放带边界明显右移，旁通带右移得更明显。压制带内序号相同的次瓣宽度也随α增大而逐渐增大，但高度不变。当$\alpha=90°$ 或 $180°$ 时，通放带无限宽，无论对什么波也不管其视速度多小，$|\varphi|$ 都等于 1，即简单线性组合此时对它毫无衰减作用。这就是说，简单线性组合对α非 $90°$ 和非 $270°$ 方向侧面传播来的地震波仍然具有强弱不等的衰减能力。至于简单线性组合衰减侧面来波的能力与各种面积组合比较参见相关面积组合内容。

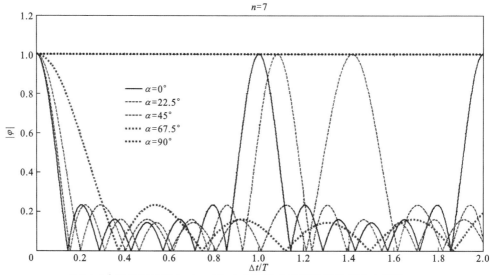

图 1.1.6　简单线性组合（$n=7$）方向特性曲线随波的传播方向变化

扫描封底二维码见彩图

1.1.6　检波器组合的频率特性及其副作用

1. 频率特性

当波垂直地面入射时，λ^* 为 ∞，组内相邻检波器波至时差 $\Delta t=0$，此时无论脉冲波的谐波分量角频率ω多大，总有$|\varphi|=1$，即各谐波分量都得到同等加强，这等于将脉冲波的视振幅增大为原来的 n 倍而波形不变。但也只有在垂直入射时脉冲波组合后的波形才不变化。

从图 1.1.6 方向特性曲线可见，其横轴为 $\dfrac{\Delta t}{T}$（或 $f\Delta t$ 等），对不同频率的谐波分量，检波器组合的方向作用效果是不同的。

式（1.1.20）和式（1.1.21）说明简单线性组合输出的地震波频谱等于中点检波器独自输出信号的频谱乘以 $P(j\omega)$，$P(j\omega)$ 是方向和频率的函数。不同频率的谐波分量 $P(j\omega)$ 的值是不同的，因而组合对不同谐波分量频谱的放大倍数不等，组合检波系统相当于一个频率滤波器。所以组合后输出的地震波形不同于单个检波器输出的地震波形，即地震波组合后波形畸变。为了更直观地看出组合检波器对地震脉冲波频率的滤波作用，可根据式（1.1.29），以 n 或 Δt 为参数，作 $\varphi(f)$-f 曲线（图 1.1.7 和图 1.1.8），前者固定 n 画出不

同 Δt 的 $\varphi(f)$-f 曲线，后者固定 Δt 画出不同 n 的 $\varphi(f)$-f 曲线。由于地震有效波的频带处于较低频段（一般不超过 200 Hz），在实际生产中使用的组合个数一般较多（如东部地区常用 $n=9$ 或更大，西部地区 n 增大到数十甚至更多），而有效波的视速度较高，所以，如图 1.1.7 所示，组合对地震有效波而言，相当于低通滤波器，对地震波的高频成分有不同程度的衰减作用。图 1.1.7 说明，Δt 越大，通放带越窄，即压制的频率范围越宽。$\Delta t = \dfrac{\Delta x}{V^*}$，因此组内距 Δx 越大，频率滤波作用越强烈。如图 1.1.8 所示，检波点数越多，通放带越窄，压制带越宽，且压制带内极值越小。即 n 越大，频率滤波作用越强烈。

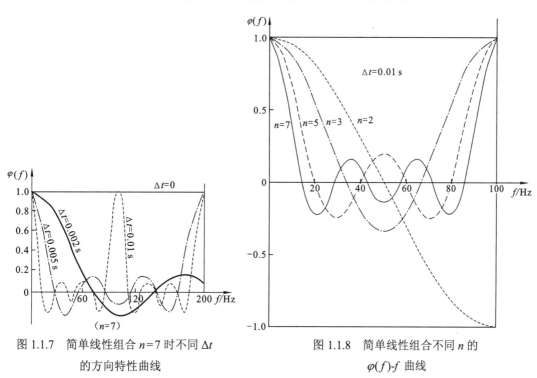

图 1.1.7 简单线性组合 $n=7$ 时不同 Δt 的方向特性曲线

图 1.1.8 简单线性组合不同 n 的 $\varphi(f)$-f 曲线

2. 组合检波频率特性的负面影响

1）降低地震分辨率

为提高地震勘探精度，近代地震勘探一直致力于提高地震分辨率。但是，由于组合检波系统有低通滤波作用，它会滤掉地震波的高频成分，使地震波频谱变窄，波形展宽，降低了地震分辨率。n 越大，Δx 越大，组长越长，通放带越窄，低通滤波作用越强烈，脉冲波形展宽越严重，对地震分辨率的损害越严重。也就是说，为加强组合检波压制干扰波的能力，须以降低地震分辨率为代价。要提高地震分辨率，应减小 n 和 Δx，缩短组长。而要加强简单线性组合对干扰波的压制能力，势必要增大 n 和 Δx，结果增大了组内距，降低了地震勘探的分辨率，这是简单线性组合的一个严重缺点。

2）使有效波畸变

简单线性组合既然相当于频率滤波器，那么它对地震脉冲不同频率成分的作用是不同的，有的频率成分被相对增强，有的被相对削弱，这样，组合后的地震波波形与组合前就不一样，这对压制干扰波固然无害，但对有效波却是有害的。n 或 Δx 越大，组合的方向特性越强，滤波作用越强，波形畸变越严重。

沿地面方向视速度 V^* 越小的波，组合检波的频率滤波作用越强。对于反射波，炮检距越大，视速度越低，故大炮检距的反射波比小炮检距的反射波畸变严重。浅层反射波比深层反射波的视速度低，故浅层反射波比深层反射波的畸变严重，同理，大视倾角反射比小视倾角反射受到的损害严重。畸变最大的是浅层大炮检距的接收道。因此采用大炮检距观测系统时，应慎重考虑组内距 Δx 和 n 对波形的影响，尤其是浅层目的层。

1.1.7　简单线性组合的缺点

简单线性组合的优点是使用方便，受施工条件限制小，成本低，但它有几个严重的缺点。

1）不能压制垂直测线方向传播的干扰波

当干扰波沿垂直测线方向传播，即沿垂直组合中检波器的排列方向传播时，无论它沿地面视速度有多低，都将同时到达组合内各检波器，组内相邻检波器波至时差 $\Delta t = 0$，因而简单线性组合对它无压制作用。对从非垂直测线方向来的侧面干扰波，简单线性组合的压制能力都将有不同程度的降低。干扰波传播方向越接近垂直检波器排列的方向，简单线性组合对它的压制能力越低（图 1.1.6）。

2）大组内距或大组长会削弱大炮检距浅层反射波和中、深层大倾角反射波

这个问题关系到浅层反射波及中、深层反射波记录质量问题。由前面的讨论可知，要使有效波不受压制，有效波必须满足条件：

$$\frac{\Delta x}{\lambda^*} \leqslant \frac{1}{2n}, \quad 即 \ n\Delta x \leqslant \frac{\lambda^*}{2} \tag{1.1.42}$$

当采用大组内距、多检波器组合或大组长线性组合时，就可能不满足上述条件，从而使有效波落入压制带。由于浅层反射的速度较低，对于大炮检距接收道，波对地面入射角较大，致使波沿测线的视速度降低。因此浅层反射波，尤其是大炮检柜（多次覆盖往往需要使用大炮检距）浅层反射波就很容易落入压制带，从而降低信噪比。

李庆忠等（1984）注意到检波器组合损害浅层反射波的问题，并给出了典型的实例。

3）$n \geqslant 12$ 时再增大 n 对提高组合衰减干扰波能力的作用甚小，但负面影响依然存在

简单线性组合重要特点之一是，组合内检波点数足够大时，压制带内最大极值近似为 $|\varphi| \approx 2/(3\pi) = 0.2122$。实际计算结果显示，当 $n = 12$ 时，压制带内最大极值的理论值（0.2122）与真值（0.2224）相对误差仅为 4.6%。故当 $n \geqslant 12$ 时，压制带内最大极值的理论值（0.2122）与真值相对误差小于 4.6%（表 1.1.3 和图 1.1.4）。此时再增大检波点数 n，对提高衰减干扰波的效果很小，然而 n 增大使组内距增大，由此引起的所有负面作用仍然都会发生。如增大组内距 Δx，同样会导致组长增长，由此引起的各种负面作用同样都会发生。由于保护浅层反射波的需要，以及简单线性组合压制带内最大极值几乎固定，提高简单线性组合衰减干扰波的力度困难。

应该指出，不仅是简单线性组合检波，下文要论述的其他组合方式，皆具有低通频率滤波作用，方向特性越好，频率滤波作用越强，对分辨率的损害及造成有效波的畸变也越严重，这是在采集阶段对原始波场特征的损害，且对后续的室内处理是有害的，尤其是对储层描述，烃的检测都极为不利。这正是组合检波的严重缺点。正因如此，在地震仪器具有足够的带道能力条件下，在地震数据采集阶段，采用高密度采集方法，可以采用检波点数 n 较小的检波器组合，然后在室内做后续处理，以达到既保护原始波场又提高信噪比的目的。在一些特殊需要情况下，完全弃用检波器组合，采用一些特殊方法，每个记录道只用 1 个检波器，例如江汉油田物探处在西北黄土高原某地区就不用检波器组合，而是将单个检波器安置在深约 1 m 的坑中。低速干扰波用多次覆盖次数加以消除，也可取得良好效果。

需要注意的是，即使在当前地震仪器具有很高带道能力条件下，目前地震仪器的动态范围实际上也是有限的，在低信噪比地区，完全不用检波器组合有漏掉中、深层弱反射波的风险。李庆忠（2015）及李庆忠等（2008，2007）指出，追求单点接收，取消检波器组合目前是不恰当的。

1.2 地震脉冲波简单线性组合

1.1 节证明了简单线性组合响应 $|\varphi|$ 的本质是归一化后的组合对单个检波器输出信号振幅谱的放大倍数。只有对严格定义下的简谐波，这个比值才表示简单线性组合输出信号的振幅与单个检波器输出信号振幅的比值，也只有对简谐波才有旁通带的麻烦。本节用指数衰减余弦波模拟地震脉冲波来讨论简单线性组合，以给出更符合地震勘探实际情况的组合响应。

早年间黄洪泽（1964）就对脉冲波组合响应做过研究，显然是用作图法进行的，因此没有给出脉冲波组合方向特性解析表达式。尽管如此，他得出了一些重要结论，其中最重要的一条指出"脉冲波和谐波通放带基本一致"。伊萨夫（1964）也曾研究过脉冲波组合问题，但其主要是论述了脉冲波组合对有效波的畸变问题，没有涉及脉冲波组合响应旁通带的问题。李庆忠在研究了大量计算数据后指出"伪门（指旁通带）的峰值对脉冲波来说一般不到 1，但仍然有 0.6～0.9 左右"（李庆忠，1983b；胜利油田地质处，1974）。Sheriff 等（1995）给出的组合响应图中钟形频谱的组合响应曲线与本节的脉冲波组合特性曲线相似，也显示没有旁通带。朱广生（1981）用衰减余弦波模拟地震脉冲波，给出了组合前后能量比的解析表达式，深入讨论了不同组合参数，不同脉冲波参数对能量比的影响。研究结果揭示，能量比曲线比较平稳，并逐渐趋于 $1/n$，并明确指出对于地震波，不存在旁通带问题。王永刚等（2003）也对脉冲波组合作了相关研究，得出的主要结论有两点：一是脉冲波组合只有一个通放带，不存在旁通带；二是脉冲波组合与简谐波组合所得的特性曲线相比，两者的通放带宽度基本一致。

检波器组合是根据组合中各检波器输出的信号存在一定的相位差，利用这些信号干涉来提高信噪比。检波器组合是一种人工干涉系统。在理想情况下，对于有效波，干涉信号间的相位差为零或近似为零，干涉后有最大的输出能量 E_{max}，而对于噪声，认为其相位差比有效波大，互相干涉后输出能量小于 $E_{\max}$，由此提高信噪比。噪声互相干涉后具体输出能量的大小由其相位差及波函数的参数确定。

1.2.1 检波器组合输出信号的能量

脉冲波检波器简单线性组合如图 1.2.1 所示，共有 n 个检波器沿测线等间距布置，依信号到达的先后顺序编号为 $1, 2, 3, \cdots, n$，组内距为 Δx，波沿测线传播视速度为 V^*，则第 $i+1$ 个检波器输出信号比第 i 个滞后 $\Delta t = \dfrac{\Delta x}{V^*}$。

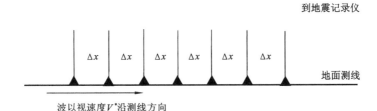

图 1.2.1　脉冲波检波器简单线性组合示意图

设第 1 个检波器输出信号的波函数为 $f_1(t) = f(t)$，其频谱为 $g_1(\mathrm{j}\omega)$，振幅谱为 $g_1(\omega)$。

$$S_1(\mathrm{j}\omega) = \int_{-\infty}^{\infty} f(t)\,\mathrm{e}^{-\mathrm{j}\omega t}\,\mathrm{d}t \tag{1.2.1}$$

检波器组合里任一检波器输出信号的波函数 $f_i(t)$、频谱 $g_i(\mathrm{j}\omega)$、振幅谱 $g_i(\omega)$ 分别为

$$f_i(t) = f(t - \Delta t_i) \tag{1.2.2}$$

$$\Delta t_i = (i-1)\Delta t \tag{1.2.3}$$

$$g_i(\mathrm{j}\omega) = g_1(\mathrm{j}\omega)\mathrm{e}^{-\mathrm{j}\omega\Delta t_i} \tag{1.2.4}$$

$$g_i(\omega) = \left| g_i(\mathrm{j}\omega) \right| = g_1(\omega) \tag{1.2.5}$$

式中：Δt_i 为第 i 个检波器相对第 1 个检波器输出信号的滞后时间。

以 $F_\Sigma(t)$ 表示检波器组合所有 n 个检波器输出信号叠加后的波函数，对应频谱记为 $G_\Sigma(\mathrm{j}\omega)$，振幅谱记为 $G_\Sigma(\omega)$，根据频谱运算法则（董敏煜，2006；陆基孟 等，1982；罗伯特 等，1980）有

$$F_\Sigma(t) = \sum_{i=1}^{n} f_i(t) = \sum_{i=1}^{n} f(t - \Delta t_i) \tag{1.2.6}$$

$$G_\Sigma(\mathrm{j}\omega) = \sum_{i=1}^{n} g_i(\mathrm{j}\omega) = g_1(\mathrm{j}\omega)\sum_{i=1}^{n}\mathrm{e}^{-\mathrm{j}\omega\Delta t_i} \tag{1.2.7}$$

令 $K(\mathrm{j}\omega) = \sum_{i=1}^{n}\mathrm{e}^{-\mathrm{j}\omega\Delta t_i}$，并将其模记为 $K(\omega)$：

$$K(\omega) = \left| \sum_{i=1}^{n}\mathrm{e}^{-\mathrm{j}\omega\Delta t_i} \right| \tag{1.2.8}$$

则

$$G_\Sigma(\omega) = \left| G_\Sigma(\mathrm{j}\omega) \right| = \left| g_1(\mathrm{j}\omega) \right|\left| \sum_{i=1}^{n}\mathrm{e}^{-\mathrm{j}\omega\Delta t_i} \right| = g_1(\omega)K(\omega) \tag{1.2.9}$$

可以证明

$$K(\omega) = \left| \sum_{i=1}^{n} e^{-j\omega\Delta t_i} \right| = \left| \sum_{i=1}^{n} e^{-j\omega(i-1)\Delta t} \right| = \left| \sqrt{n + \sum_{\substack{m=1 \\ m \neq i}}^{n} \left\{ \sum_{i=1}^{n} \cos[\omega(\Delta t_i - \Delta t_m)] \right\}} \right| \tag{1.2.10}$$

式中：Δt_i、Δt_m 分别为第 i 个、第 m 个检波器相对第 1 个检波器输出信号的滞后时间。

但在 1.1.2 小节的式（1.1.18）中：

$$\sum_{i=1}^{n} e^{-j\omega(i-1)\Delta t} = e^{-j\frac{(n-1)\omega\Delta t}{2}} \frac{\sin\frac{n\omega\Delta t}{2}}{\sin\frac{\omega\Delta t}{2}} \tag{1.2.11}$$

因此有

$$\left| \sum_{i=1}^{n} e^{-j\omega(i-1)\Delta t} \right| = \left| e^{-j\frac{(n-1)\omega\Delta t}{2}} \right| \left| \frac{\sin\frac{n\omega\Delta t}{2}}{\sin\frac{\omega\Delta t}{2}} \right| = \left| \frac{\sin\frac{n\omega\Delta t}{2}}{\sin\frac{\omega\Delta t}{2}} \right| \tag{1.2.12}$$

式（1.2.12）的结果与式（1.2.10）结果看似矛盾，其实二者是一致的，并无矛盾，可以证明（证明过程详见附录 2）：

$$K(\omega) = \left| \sqrt{n + \sum_{\substack{m=1 \\ m \neq i}}^{n} \left\{ \sum_{i=1}^{n} \cos[\omega(\Delta t_i - \Delta t_m)] \right\}} \right| = \left| \frac{\sin\frac{n\omega\Delta t}{2}}{\sin\frac{\omega\Delta t}{2}} \right| \tag{1.2.13}$$

将式（1.2.10）中 $\Delta t_i - \Delta t_m$ 记为 Δt_{im}：

$$\Delta t_{im} = \Delta t_i - \Delta t_m \tag{1.2.14}$$

则

$$K(\omega) = \left| \sqrt{n + \sum_{\substack{m=1 \\ m \neq i}}^{n} \left[\sum_{i=1}^{n} \cos(\omega\Delta t_{im}) \right]} \right| \tag{1.2.15}$$

$$G_{\Sigma}(\omega) = g_1(\omega) \left| \sqrt{n + \sum_{\substack{m=1 \\ m \neq i}}^{n} \left[\sum_{i=1}^{n} \cos(\omega\Delta t_{im}) \right]} \right| \tag{1.2.16}$$

由式（1.2.16）可见，经检波器简单线性组合后信号相互叠加干涉，组合后的振幅谱 $G_{\Sigma}(\omega)$ 与第 1 个检波器输出信号振幅谱 $g_1(\omega)$ 有关，与组合的检波点数 n 及各检波器输出信号的时差 Δt_{im} 有关。由式（1.2.5）可知，各个检波器单独输出信号的振幅谱是相等的，都等于第 1 个检波器输出信号的振幅谱 $g_1(\omega)$。如果把 $g_1(j\omega)$ ［或 $g_1(\omega)$ ］当作检波器组合干涉系统的输入，将 $G_{\Sigma}(j\omega)$ 或 $G_{\Sigma}(\omega)$ 当作该干涉系统的输出，则 $K(j\omega)$ 或 $K(\omega)$ 可看作该干涉系统的特征函数。

因为 $K(\omega)$ 是 ω 的函数，显然一个脉冲信号通过该系统后，不同频率成分的谐波分量的振幅放大倍数和相位移都是不同的，表明该系统输出与输入信号的波形不相同，即发生畸变，但 $\Delta t = 0$ 的情况除外。决定特征函数 $K(\omega)$ 特点的主要因素是检波器组合的 Δt。

由于组合输出信号发生畸变，讨论检波器组合提高信噪比效果时，用比较信号输出振幅与输入振幅的方法不如用比较输出能量与输入能量的方法。图 1.2.2 是三个检波器简单线性组合效果示意图，三个检波器输出信号叠加后波形畸变。有三个波形相同的脉冲信号相互干涉，除 Δt 为零情况外，干涉后波形都要发生畸变，难以确定图 1.2.2（b）中哪一个视振幅可代表组合后振幅。

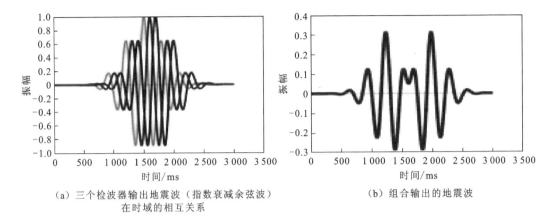

（a）三个检波器输出地震波（指数衰减余弦波）　　　（b）组合输出的地震波
在时域的相互关系

图 1.2.2　三个检波器简单线性组合效果示意图

相邻检波器波至时差 10 ms，难以确定图（b）中哪一个视振幅可代表组合后振幅

有时为了讨论的简便，假设检波器组合的输入信号为简谐波，此时 $K(\omega)$ 便可理解为组合后简谐波振幅的放大倍数。这种简化并非不可，但应指出，地震勘探中所研究的地震波是脉冲波，用简谐波代替它讨论组合效果与实际出入大，所得结论也易引起误解。因此，本节用输出能量与输入能量的变化讨论检波器组合的效果。根据能量定理（董敏煜，2006；陆基孟 等，1982；罗伯特 等，1980），一个信号的能量 E 可写为

$$E = \frac{1}{2\pi} \int_{-\infty}^{\infty} g^2(\omega)\mathrm{d}\omega \tag{1.2.17}$$

式中：$g(\omega)$ 为信号的振幅谱。则第 1 个检波器输出信号能量 E_1 可写为

$$E_1 = \frac{1}{2\pi} \int_{-\infty}^{\infty} g_1^2(\omega)\mathrm{d}\omega \tag{1.2.18}$$

式中：$g_1(\omega)$ 为第 1 个检波器输出信号的振幅谱。由式（1.2.5）和式（1.2.18）可知，E_1 为任意单个检波器输出信号的能量。同样，检波器组合后输出信号的能量 E_Σ 可写为

$$E_\Sigma = \frac{1}{2\pi} \int_{-\infty}^{\infty} G_\Sigma^2(\omega)\mathrm{d}\omega = \frac{1}{2\pi} \int_{-\infty}^{\infty} g_1^2(\omega)K^2(\omega)\mathrm{d}\omega \tag{1.2.19}$$

由三个能量表达式[式（1.2.17）～式（1.2.19）]可知，若要写出脉冲信号能量的具体表达式，要求先给出脉冲信号振幅谱具体表达式，因而必须首先给出脉冲信号的具体函数表达式。本节用包络呈指数衰减的余弦波来近似表示地震脉冲波（图 1.2.3），其函数表达式如式（1.2.20）所示。在地震勘探中，这种包络呈指数衰减的余弦波能较好地近似表示地震脉冲波（李庆忠 等，1984；胜利油田地质处，1974）：

$$f(t) = A_0 \mathrm{e}^{-\beta^2 t^2} \cos(\omega_0 t) \tag{1.2.20}$$

式中：A_0 为最大振幅；ω_0 为视角频率；β 决定脉冲包络形状，影响脉冲波振幅衰减的快慢，三者皆为常数。

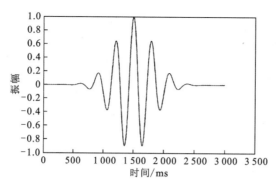

图 1.2.3　衰减余弦波脉冲波形示意图

脉冲波参数 $\omega_0 = 2\pi/0.03\ \mathrm{s}^{-1}$，$\beta^2 = 500\ \mathrm{s}^{-2}$

1.2.2　单个检波器输出指数衰减余弦波能量及简单线性组合输出指数衰减余弦波总能量

当用式（1.2.20）近似表示地震脉冲波时，组合前第 1 个检波器输出信号频谱 $g_1(\mathrm{j}\omega)$ 为

$$
\begin{aligned}
g_1(\mathrm{j}\omega) &= \int_{-\infty}^{\infty} f(t)\mathrm{e}^{-\mathrm{j}\omega t}\mathrm{d}t = \int_{-\infty}^{\infty} A_0 \mathrm{e}^{-\mathrm{j}\omega t}\mathrm{e}^{-\beta^2 t^2}\cos(\omega_0 t)\mathrm{d}t \\
&= A_0 \int_{-\infty}^{\infty} \mathrm{e}^{-\beta^2 t^2}\cos(\omega_0 t)\cos(\omega t)\mathrm{d}t - \mathrm{j}A_0 \int_{-\infty}^{\infty} \mathrm{e}^{-\beta^2 t^2}\cos(\omega_0 t)\sin(\omega t)\mathrm{d}t \\
&= \frac{A_0\sqrt{\pi}}{2\beta}\left[\mathrm{e}^{-\frac{(\omega+\omega_0)^2}{4\beta^2}} + \mathrm{e}^{-\frac{(\omega-\omega_0)^2}{4\beta^2}}\right]
\end{aligned}
\tag{1.2.21}
$$

式（1.2.21）表明，第 1 个检波器输出信号的频谱 $g_1(\mathrm{j}\omega)$ 为实数，这样，其振幅谱可写为

$$
g_1(\omega) = \left|g_1(\mathrm{j}\omega)\right| = \left|\frac{A_0\sqrt{\pi}}{2\beta}\left[\mathrm{e}^{-\frac{(\omega+\omega_0)^2}{4\beta^2}} + \mathrm{e}^{-\frac{(\omega-\omega_0)^2}{4\beta^2}}\right]\right|
\tag{1.2.22}
$$

$$
g_1^2(\omega) = \frac{A_0^2\pi}{4\beta^2}\left[\mathrm{e}^{-\frac{(\omega+\omega_0)^2}{4\beta^2}} + \mathrm{e}^{-\frac{(\omega-\omega_0)^2}{4\beta^2}}\right]^2
\tag{1.2.23}
$$

这样，可写出第 1 个检波器输出信号的能量 E_1（推导过程详见附录 3）为

$$
E_1 = \frac{1}{2\pi}\int_{-\infty}^{\infty} g_1^2(\omega)\mathrm{d}\omega = \frac{1}{2\pi}\int_{-\infty}^{\infty}\frac{A_0^2\pi}{4\beta^2}\left[\mathrm{e}^{-\frac{(\omega+\omega_0)^2}{4\beta^2}} + \mathrm{e}^{-\frac{(\omega-\omega_0)^2}{4\beta^2}}\right]^2 \mathrm{d}\omega = \frac{A_0^2\sqrt{2\pi}}{4\beta}\left(1 + \mathrm{e}^{-\frac{\omega_0^2}{2\beta^2}}\right)
\tag{1.2.24}
$$

前文已经说明，组合前任意单个检波器输出信号的能量都与第 1 个检波器输出能量相等，因此用式（1.2.20）表示地震脉冲波时，组合前任 1 单个检波器输出信号的能量都可用式（1.2.24）表示。

通过检波器简单线性组合后，n 个检波器输出信号相互干涉、叠加后的输出能量 E_Σ，可根据式（1.2.15）、式（1.2.19）及式（1.2.23）写出式（1.2.25）（推导过程详见附录 4）：

$$E_{\Sigma} = \frac{1}{2\pi} \int_{-\infty}^{\infty} g_1^2(\omega)[K(\omega)]^2 \mathrm{d}\omega = nE_1 + \frac{A_0^2 \sqrt{2\pi}}{4\beta} \sum_{\substack{m=1 \\ m \neq i}}^{n} \left\{ \sum_{i=1}^{n} \left[\cos(\omega_0 \Delta t_{im}) + \mathrm{e}^{\frac{\omega_0^2}{2\beta^2}} \right] \mathrm{e}^{-\frac{\beta^2 \Delta t_{im}}{2}} \right\} \quad (1.2.25)$$

1.2.3 脉冲波简单线性组合输出总能量 E_{Σ} 与单个检波器输出能量 E_1 的比值

在地震勘探中，用式（1.2.16）表示地震脉冲波时，ω_0 和 β 取值分别为 $\omega_0 = \frac{2\pi}{0.03}\,\mathrm{s}^{-1}$，$\beta^2 = 500\,\mathrm{s}^{-2}$，此时 $\frac{\omega_0^2}{2\beta^2} \approx 43.8$，$\mathrm{e}^{-\frac{\omega_0^2}{2\beta^2}} = 0.2539 \times 10^{-6} \approx 0$。

若考虑面波 ω_0 更小些，如 $\omega_0 = \frac{2\pi}{0.05}\,\mathrm{s}^{-1}$（视周期更长，为 50 ms）；同时考虑只有一个强振幅的地震脉冲，其 β^2 更大，如 $\beta^2 = 1000\,\mathrm{s}^{-2}$，此时 $\frac{\omega_0^2}{2\beta^2} \approx 7.9$，$\mathrm{e}^{-\frac{\omega_0^2}{2\beta^2}} = 0.0003723$，即使在此情况下仍可认为

$$\mathrm{e}^{-\frac{\omega_0^2}{2\beta^2}} \approx 0 \quad (1.2.26)$$

因此，式（1.2.25）可简化为

$$E_{\Sigma} = nE_1 + \frac{A_0^2 \sqrt{2\pi}}{4\beta} \sum_{\substack{m=1 \\ m \neq i}}^{n} \left\{ \sum_{i=1}^{n} \left[\mathrm{e}^{-\frac{\beta^2 \Delta t_{im}^2}{2}} \cos(\omega_0 \Delta t_{im}) \right] \right\} \quad (1.2.27)$$

将式（1.2.26）代入式（1.2.24），则 E_1 简化为

$$E_1 = \frac{A_0^2 \sqrt{2\pi}}{4\beta} \quad (1.2.28)$$

由式（1.2.27）和式（1.2.28）可得

$$\frac{E_{\Sigma}}{E_1} = n + \sum_{\substack{m=1 \\ m \neq i}}^{n} \left\{ \sum_{i=1}^{n} \left[\mathrm{e}^{-\frac{\beta^2 \Delta t_{im}^2}{2}} \cos(\omega_0 \Delta t_{im}) \right] \right\} \quad (1.2.29)$$

式（1.2.29）就是脉冲波简单线性组合后输出总能量与单个检波器输出能量的比值。

1.2.4 脉冲波简单线性组合提高信噪比的能力

当 $\Delta t_{im} = 0$ 时，组合内所有检波器输出信号都同相，$\mathrm{e}^{-\frac{\beta^2 \Delta t_{im}^2}{2}} = 1$，在 $\cos(\omega_0 \Delta t_{im}) = 1$ 这种情况下，有

$$\frac{E_{\Sigma}}{E_1} = n + \sum_{\substack{m=1 \\ m \neq i}}^{n} \left\{ \sum_{i=1}^{n} \left[\mathrm{e}^{-\frac{\beta^2 \Delta t_{im}^2}{2}} \cos(\omega_0 \Delta t_{im}) \right] \right\} = n + \sum_{\substack{m=1 \\ m \neq i}}^{n} \left\{ \sum_{i=1}^{n} (1) \right\} = n^2 \quad (1.2.30)$$

上式中两次求和为 $n(n-1)$，所以要减去 1，是因为二次求和时不应有 $m=i$ 的情况。这

种情况下，检波器组合总输出能量 E_Σ 达最大值，为单个检波器输出能量的 n^2 倍。为了比较不同 n 的组合效果，将式（1.2.29）做归一化处理，将 E_Σ / E_1 除以组合总输出能量最大值 n^2，并记为 P_g：

$$P_g = \frac{E_\Sigma / E_1}{n^2} = \frac{1}{n} + \frac{1}{n^2} \sum_{\substack{m=1 \\ m \neq i}}^{n} \left\{ \sum_{i=1}^{n} \left[e^{-\frac{\beta^2 \Delta t_{im}^2}{2}} \cos(\omega_0 \Delta t_{im}) \right] \right\} \qquad (1.2.31)$$

容易理解，$P_g \leqslant 1$，也就是说，一般情况下 $\Delta t_{im} \neq 0$，各个检波器输出信号不同相，相互干涉后总能量就达不到最大值 n^2，从而相对于最大值有一定的衰减。P_g 反映了脉冲波简单线性组合对 $\Delta t_{im} \neq 0$ 时波的能量衰减强度，它表征脉冲波简单线性组合提高信噪比的能力，因此，P_g 可称为脉冲波简单线性组合的能量衰减系数。根据式（1.2.3）和式（1.2.14），有

$$\Delta t_{im} = \Delta t_i - \Delta t_m = (i - m) \Delta t \qquad (1.2.32)$$

式中：$\Delta t = \dfrac{\Delta x}{V^*}$，其中 Δx 为检波器简单线性组合的组内距；V^* 为地震波沿地面检波器组排列方向的视速度。

将式（1.2.32）代入式（1.2.31）得脉冲波简单线性组合的能量衰减系数：

$$P_g = \frac{E_\Sigma / E_1}{n^2} = \frac{1}{n} + \frac{1}{n^2} \sum_{\substack{m=1 \\ m \neq i}}^{n} \left\{ \sum_{i=1}^{n} \left[e^{-\frac{\beta^2 (i-m)^2 \Delta t^2}{2}} \cos[\omega_0 (i - m) \Delta t] \right] \right\} \qquad (1.2.33)$$

式（1.2.32）为描述脉冲波简单线性组合衰减干扰波能力的表达式，也就是脉冲波简单线性组合响应函数。

根据式（1.2.33），以 n、β 和 ω_0 为参数，以 Δt 为自变量计算能量衰减系数 P_g，画出 P_g-Δt 曲线，称为脉冲波组合能量衰减曲线。它可表征给定 β 和 ω_0 的脉冲波以不同视速度通过组合（给定 n 和 Δx）后的能量衰减情况，表示脉冲波简单线性组合的衰减干扰波特性。在理想情况下，可以认为有效波同时到达组合内的各个检波器，V^* 无穷大，$\Delta t = 0$，此时 $P_g = 1$。凡是 $\Delta t_{im} \neq 0$ 的波，通过检波器组合后 $P_g < 1$，这个波相对于理想情况下的有效波便发生能量衰减。例如，地震面波是沿地表传播，V^* 较低，Δt 较大，因而组合后受到相对削弱。

式（1.2.33）表明，脉冲波组合能量衰减系数 P_g 是检波器组合参数 n 和 Δx 的函数，也是地震脉冲波 β、ω_0 和 V^* 等参数的函数，这些参数的变化都会影响组合的效果，P_g-Δt 曲线的形状特征随之发生变化。

1.2.5　脉冲波组合能量衰减曲线的特点

图 1.2.4（a）为脉冲波简单线性组合（$n=7$）能量衰减曲线（脉冲波参数：$\beta^2 = 500\ \text{s}^{-2}$，$\omega_0 = 2\pi/0.03\ \text{s}^{-1}$），纵坐标为 P_g，横坐标为 Δt。图中点 T_1 是曲线上一个纵坐标 $P_g = 0.7071$ 的点，T_2 是曲线上最左一个纵坐标 $P_g = 1/n$ 的点，通过点 T_2 平行于横轴的红色横线是 $P_g = 1/7$，可见能量衰减曲线是随 Δt 增大而趋于 $P_g = 1/n$ 的直线。

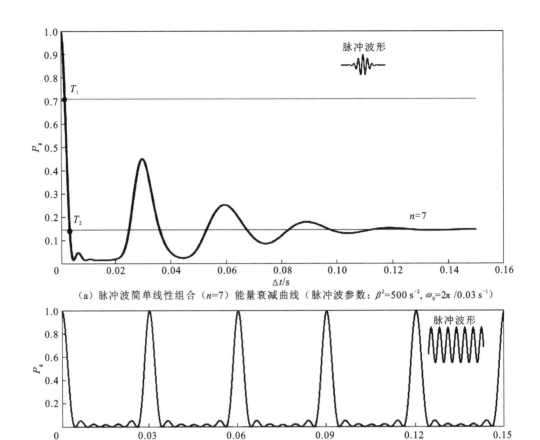

（a）脉冲波简单线性组合（$n=7$）能量衰减曲线（脉冲波参数：$\beta^2=500\ \mathrm{s}^{-2}$，$\omega_0=2\pi/0.03\ \mathrm{s}^{-1}$）

（b）脉冲波简单线性组合（$n=7$）特性曲线（脉冲波参数：$\beta=0$，$\omega_0=2\pi/0.03\ \mathrm{s}^{-1}$）

图 1.2.4　脉冲波简单线性组合（$n=7$）能量衰减曲线与特性曲线

参数 $\beta=0$ 时的脉冲波已变化为简谐波（图中脉冲波形是向左右无限延长的，因图面限制只画出一段）

扫描封底二维码见彩图

分析不同参数的 P_g-Δt 曲线（图 1.2.4 和图 1.2.5），可以看出 P_g-Δt 曲线有如下特点：当 $\Delta t=0$ 时，$P_g=1$ 为曲线的最大值；当 Δt 从 0 开始逐渐增大时，P_g 值急剧降低到 $P_g=1/n$ 以下，直至下降到一个极小点，然后 P_g 随 Δt 继续增大，最后小幅上下波动，曲线出现一个低而平稳的区间，直到 Δt 约为 0.02 s（约为 0.8 个视周期），曲线再次快速上升形成最高峰值的次瓣，随后出现第 2 个、第 3 个、$\cdots$、第 n 个明显的次瓣，其峰值一个比一个低，并逐渐趋于直线 $P_g=1/n$。

当 $n=3$、$\beta^2=500\ \mathrm{s}^{-2}$、$\omega_0=2\pi/0.03\ \mathrm{s}^{-1}$ 时，最高次瓣 P_g 接近 0.8。而当 $n>3$ 时，这些次瓣峰值 P_g 皆小于 0.707 1（图 1.2.5）。

即使 $n=3$，但当 β 和 ω_0 较大时，其最高次瓣峰值也会小于 0.707 1。沿用简谐波简单线性组合响应曲线定义通放带和压制带的方法，将脉冲波简单线性组合能量衰减曲线上一个 $P_g=0.7071$ 的点 T_1 定义为通放带边界。从 T_1 向左至 $P_g=1$ 为通放带，T_1 也是压制带的边界。通放带以右都是压制带，不存在旁通带。

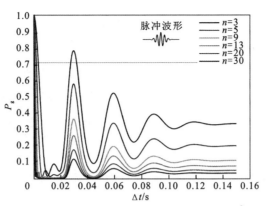

图 1.2.5　检波器个数 n 对脉冲波组合特性曲线的影响（脉冲波参数：$\beta^2 = 500\ \text{s}^{-2}$，$\omega_0 = 2\pi/0.03\ \text{s}^{-1}$）

扫描封底二维码见彩图

　　曲线次瓣大体为周期性出现，周期近似为脉冲波视周期 $\dfrac{2\pi}{\omega_0}$，将图 1.2.4 上的次瓣峰值与图 1.2.6 中简谐波简单线性组合旁通带峰值对比便可看出这个特点。能量衰减曲线另一个明显的特点是没有零点（$\beta = 0$ 的极限情况除外），P_g 总是大于零。这是由于 $P_g = \dfrac{E_\Sigma / E_1}{n^2}$ 是归一化后组合总输出能量与单个检波器输出能量的比值，组合总输出能量不可能为零，而单个检波器输出能量不可能是无限大的，所以 P_g 不可能为零（图 1.2.6）。

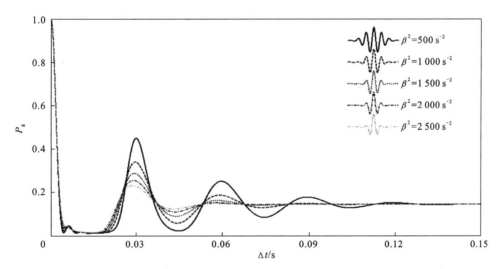

图 1.2.6　$n=7$ 时不同 β^2 的脉冲波简单线性组合能量衰减曲线（$\omega_0 = 2\pi/0.03\ \text{s}^{-1}$）

扫描封底二维码见彩图

1.2.6　组合参数及脉冲波参数对能量衰减曲线的影响

1. 检波点数 n 和组内距 Δx 对脉冲波组合能量衰减曲线的影响

　　如同简谐波特性曲线一样，脉冲波组合能量衰减曲线受到检波器组合检波点数 n 和组

内距 Δx 的明显影响。n 越大，通放带越窄，压制带边界左移（图 1.2.5），最高次瓣（如 $n=3$ 时最高次瓣高于 $1/n$）幅度降低，曲线更快趋于直线 $P_g=1/n$。

图 1.2.5 中通放带都很窄，看不清具体变化细节。进一步的研究中将通放带局部放大，清晰地看出当 ω_0 从 $2\pi/0.02\,\mathrm{s}^{-1}$ 变化到 $2\pi/0.06\,\mathrm{s}^{-1}$ 时，通放带宽度随检波点数 n 的增大而变窄，即使在脉冲波参数 β 大范围变化情况下（β^2 从 $500\,\mathrm{s}^{-2}$ 变化到 $2\,500\,\mathrm{s}^{-2}$）这一规律始终不变，具体计算数据也证明这一特点。

2. 脉冲波参数 β 对脉冲波简单线性组合能量衰减曲线的影响

图 1.2.6 是 $\omega_0=\dfrac{2\pi}{0.03}\,\mathrm{s}^{-1}$，检波点数 $n=7$ 时不同 β^2 的脉冲波简单线性组合能量衰减曲线。β^2 值分别为 $500\,\mathrm{s}^{-2}$、$1\,000\,\mathrm{s}^{-2}$、$1\,500\,\mathrm{s}^{-2}$、$2\,000\,\mathrm{s}^{-2}$、$2\,500\,\mathrm{s}^{-2}$，其对应的脉冲波形由三个明显强波峰变化到只有一个强波峰，基本涵盖了实际地震勘探的 β 范围。由图可见以下几点。

（1）β 增大时特性曲线更快地趋于 $1/n$ 直线，这种变化明显。同时次瓣幅度随 β 增大而降低，但降低幅度不大，换言之 β 对压制带内 P_g 平均值影响不大，而次瓣峰值横坐标略有减小。

（2）图 1.2.6 中的 5 条曲线通放带几乎重合，已无法分辨 β 引起的曲线通放带宽度变化特点。

（3）进一步研究指出，随着 n 的增大 β 值对能量衰减曲线特征的影响明显变弱，不仅表现在通放带的宽度上，而且表现在对整个曲线特征的影响上。随着 n 的增大通放带变窄，并且重合得更严重。

（4）通放带的局部放大图和具体计算数据的进一步研究揭示，随着 β 增大通放带变窄，边界微微左移，变化微乎其微。例如 β^2 由 500 增大到 2 500 时，脉冲波形从三个强波峰变化到一个强波峰，而压制带边界向左移动仅为通放带平均宽度的 4.9%，相当于周期的 0.22%。因此可以认为 β 对通放带与压制带边界的影响可忽略不计，尤其当 n 较大时更是如此。也就是说，地震波是否落入通放带或压制带几乎与 β 值无关，即与脉冲波的强波峰数多少无关。

（5）在 $\beta=0$ 的极限情况下根据式（1.2.16），则 $f(t)=A_0\cos(\omega_0 t)$。这说明参数 $\beta=0$ 时的脉冲波已蜕变为简谐波，图 1.2.7（a）就是按照脉冲波参数 $\beta=0$，$\omega_0=2\pi/0.03\,\mathrm{s}^{-1}$，组合参数 $n=7$，根据式（1.2.29）画出的脉冲波简单线性组合能量衰减曲线。图中还画出了脉冲波形，它原本应该向左右无限延伸的，因图面限制只画出一小段。图 1.2.7（b）是 $n=7$ 的简谐波简单线性组合特性曲线图。将两图对比可见前者有旁通带，且与通放带一样高，并可看到当两图的周期对齐后，两图的通放带和旁通带的幅度及横坐标完全相同，二者次瓣的横坐标也相同，但二者的次瓣高度相差很大，前者高度仅为后者的平方数，具体计算数据也证明，前者次瓣峰值等于后者次瓣峰值的平方。这是因为后者纵坐标是振幅比，前者纵坐标是能量比。这样就将脉冲波简单线性组合与简谐波简单线性组合统一起来，表明前者仅仅是特例，是 $\beta = 0$ 的极限情况，在此极限情况下 P_g 已变为归一化后的振幅平方的比值。

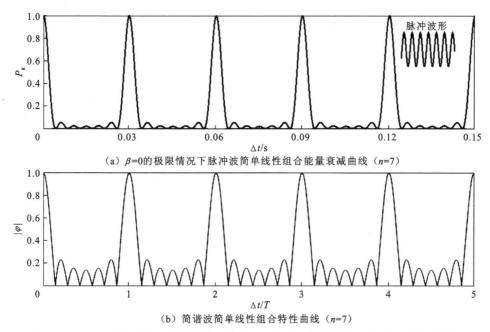

（a）$\beta=0$ 的极限情况下脉冲波简单线性组合能量衰减曲线（$n=7$）

（b）简谐波简单线性组合特性曲线（$n=7$）

图 1.2.7　$n=7$ 时脉冲波简单线性组合能量衰减曲线与简谐波简单线性组合特性曲线

3. 脉冲波参数 ω_0 对组合能量衰减曲线的影响

图 1.2.8 为 $n=7$，$\beta^2 = 500\,\mathrm{s}^{-2}$ 时 ω_0 分别为 $\dfrac{2\pi}{0.06}\,\mathrm{s}^{-1}$、$\dfrac{2\pi}{0.05}\,\mathrm{s}^{-1}$、$\dfrac{2\pi}{0.04}\,\mathrm{s}^{-1}$、$\dfrac{2\pi}{0.03}\,\mathrm{s}^{-1}$、$\dfrac{2\pi}{0.02}\,\mathrm{s}^{-1}$ 的脉冲波简单线性组合能量衰减曲线图。图中 ω_0 的变化范围与常规地震勘探的地震波频带基本一致。

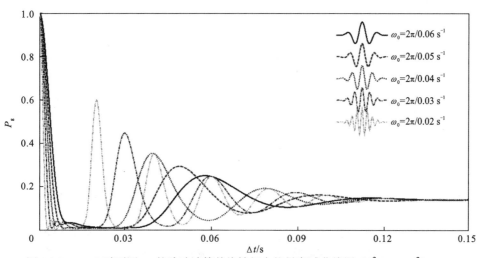

图 1.2.8　$n=7$ 时不同 ω_0 的脉冲波简单线性组合能量衰减曲线图（$\beta^2 = 500\,\mathrm{s}^{-2}$）

由图可见以下几点。

（1）ω_0 对组合特征曲线的影响明显比 β 的影响大。

（2）ω_0 变大时，能量衰减曲线通放带变窄，压制带边界左移，压制带范围变大，使更高视速度的地震波落入压制带。同时压制带内曲线起伏变大。也就是说 ω_0 越大的波越易落入压制带，这表明检波器组合具有低通滤波器性质。这一点在简谐波组合特性曲线图上是看不到的，在脉冲波能量衰减曲线图中显示得很明确。

（3）由图 1.2.8 可明显看出，当 ω_0 由 $2\pi/0.02\,\mathrm{s}^{-1}$ 逐渐减小到 $2\pi/0.06\,\mathrm{s}^{-1}$ 时，通放带随之逐渐变宽，同时，压制带内最高次瓣幅度明显降低，并更快地趋于直线 $1/n$。这表明，落入压制带内 ω_0 越小的波受到的压制越强烈。

（4）进一步研究指出，当 n 较小时，（3）阐明的现象更明显，当 n 增大时这种现象变弱。

ω_0 对组合特性曲线的影响虽然比 β 的影响明显，但在同一个工区内 ω_0 的变化一般不大，因此在有限范围的工区内，ω_0 对组合效果的实际影响不大，在使用较大 n 的组合时更是这样。

综合 β 和 ω_0 对脉冲波组合能量衰减曲线的影响看出，对曲线通放带的影响，β 的影响是很小的，ω_0 的实际影响可能也不大，尤其当检波点数 n 较大时更是如此。可以认为脉冲波参数对通放带宽度实际影响不大。影响组合的效果主要是检波器组合本身的参数 n 和 Δx。通放带宽度的问题正是检波器组合设计时人们非常关心的问题。

检波器组合具有低通滤波的特点令人遗憾，因为人们使用检波器组合主要目的之一是压制低速面波，同时不伤害有效波。但面波的 ω_0 较低，反射波等有效波的 ω_0 较高，因而同一个检波器组合对面波具有较宽通放带，而对有效波却具有较窄通放带，这对提高信噪比是不利的。而检波器组合对落入压制带内的地震波、ω_0 较低的地震波受到的压制更强些，这是有利的一面。

1.2.7　脉冲波组合响应与简谐波组合响应通放带的对比

为将脉冲波简单线性组合响应函数自变量由 Δt 改换为 $\dfrac{\Delta t}{T}$，组合响应函数便由式（1.2.33）变换成

$$P_{\mathrm{g}}=\frac{1}{n}+\frac{1}{n^2}\sum_{\substack{m=1\\m\neq i}}^{n}\left\{\sum_{i=1}^{n}\left[\mathrm{e}^{-\frac{4\pi^2\beta^2(i-m)^2\left(\frac{\Delta t}{T}\right)^2}{2\omega_0^2}}\cos\left[2\pi(i-m)\frac{\Delta t}{T}\right]\right]\right\} \tag{1.2.34}$$

根据式（1.2.34）便可以 β、ω_0 等为参数，以 $\dfrac{\Delta t}{T}$ 为自变量绘制脉冲波组合能量衰减曲线。图 1.2.9 就是示例，每一例都画出 $n=7$ 的脉冲波组合能量衰减曲线（图中三幅小图），为了全面显示脉冲波能量衰减的特点，三幅小图各画出 5 个周期。如图 1.2.9 所示，在横坐标约为一个视周期处出现最高峰值次瓣，从通放带边界起随着横坐标增大，P_{g} 急剧降低

到最小值，在 $\Delta t/T = 0.1 \sim 0.8$，能量衰减曲线有一个宽而平稳的低 P_g 值区间，这个区间恰恰对应实际干扰波通常所在区间。这说明常用参数的检波器组合一般都能够将干扰波置于压制带，至于对干扰波压制强度是否足够大主要取决于检波器数是否足够多。

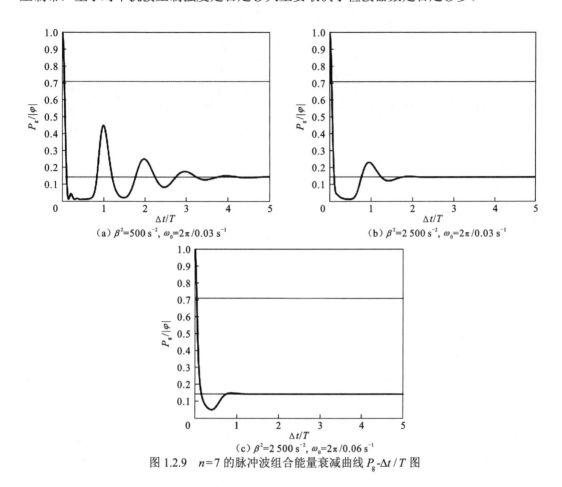

（a）$\beta^2 = 500 \text{ s}^{-2}$，$\omega_0 = 2\pi/0.03 \text{ s}^{-1}$

（b）$\beta^2 = 2\,500 \text{ s}^{-2}$，$\omega_0 = 2\pi/0.03 \text{ s}^{-1}$

（c）$\beta^2 = 2\,500 \text{ s}^{-2}$，$\omega_0 = 2\pi/0.06 \text{ s}^{-1}$

图 1.2.9　$n=7$ 的脉冲波组合能量衰减曲线 P_g-$\Delta t/T$ 图

图 1.2.10 中 6 幅小图都是 $n=7$ 的脉冲波简单线性组合能量衰减曲线 P_g-$\dfrac{\Delta t}{T}$ 和简谐波简单线性组合特性曲线 $|\varphi|$-$\dfrac{\Delta t}{T}$ 的对比图。小图（e）和（f）完全一样，原因是将这 2 幅图的脉冲波参数代入式（1.2.34）中的 $e^{-\frac{4\pi^2\beta^2(i-m)^2\left(\frac{\Delta t}{T}\right)^2}{2\omega_0^2}}$，都有 $e^{-0.9(i-m)^2\left(\frac{\Delta t}{T}\right)^2}$，因此得到的能量衰减系数 P_g 相同。这 6 幅图有 4 个显著特点：一是简谐波简单线性组合通放带宽度都比脉冲波简单线性组合通放带宽；二是简谐波组合具有旁通带，而脉冲波组合没有旁通带；三是简谐波组合压制带的 $|\varphi|$ 平均值都比脉冲波组合的 P_g 平均值高得多；四是在 $\Delta t/T = 0.1 \sim 0.8$，脉冲波能量衰减曲线有一个宽而平稳的 P_g 低值区间，而简谐波组合没有。

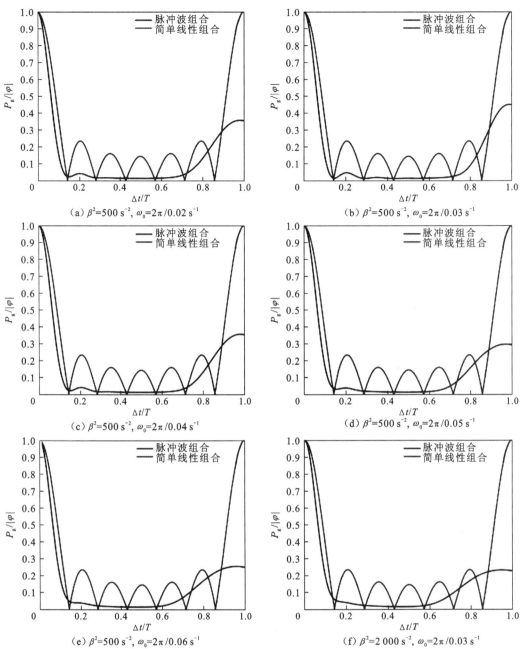

图 1.2.10　$n=7$ 的脉冲波简单线性组合能量衰减曲线和简谐波简单线性组合特性曲线

脉冲波简单线性组合响应（蓝色曲线）与简谐波简单线性组合响应（红色曲线）；扫描封底二维码见彩图

表 1.2.1 给出了 $n=7$ 时脉冲波简单线性组合响应与简谐波简单线性组合响应随 β^2 及 ω_0 变化的具体数据。这个例子证明简谐波简单线性组合通放带比脉冲波简单线性组合的通放带宽，而简谐波简单线性组合压制带内 $|\varphi|$ 的平均值比脉冲波简单线性组合能量衰减系数 P_g 的平均值高得多。

表 1.2.1 　$n=7$ 的脉冲波简单线性组合响应与简谐波简单线性组合响应随 β^2 及 ω_0 的变化

组合参数			通放带的边界			脉冲波压制带内 P_g 的平均值与简谐波压制带内 $|\varphi|$ 的平均值对比		
n	β^2/s^{-2}	ω_0/s^{-1}	脉冲波 $\left(\dfrac{\Delta t}{T}\right)_1$	简谐波 $\left(\dfrac{\Delta t}{T}\right)_2$	差 $\left(\dfrac{\Delta t}{T}\right)_1-\left(\dfrac{\Delta t}{T}\right)_2$	脉冲波 P_g	简谐波 $|\varphi|$	差 $P_g-|\varphi|$
7	500	$2\pi/0.02$	0.045 9		-0.017 9	0.104 11		-0.055 58
		$2\pi/0.03$	0.045 9		-0.017 9	0.102 93		-0.056 76
		$2\pi/0.04$	0.045 8		-0.018 0	0.102 11		-0.057 58
		$2\pi/0.05$	0.045 7		-0.018 1	0.101 68		-0.058 01
		$2\pi/0.06$	0.045 5		-0.018 3	0.101 72		-0.057 97
	1 000	$2\pi/0.02$	0.045 9		-0.017 9	0.103 12		-0.056 57
		$2\pi/0.03$	0.045 8		-0.018 0	0.101 96		-0.057 73
		$2\pi/0.04$	0.045 4		-0.018 4	0.101 67		-0.058 02
		$2\pi/0.05$	0.045 4		-0.018 4	0.102 53		-0.057 16
		$2\pi/0.06$	0.045 1		-0.018 7	0.105 34		-0.054 35
	1 500	$2\pi/0.02$	0.045 8		-0.018 0	0.102 48		-0.057 21
		$2\pi/0.03$	0.045 7		-0.018 1	0.101 64		-0.058 05
		$2\pi/0.04$	0.045 4	0.063 9	-0.018 4	0.102 38	0.159 7	-0.057 31
		$2\pi/0.05$	0.045 0		-0.018 8	0.105 83		-0.053 86
		$2\pi/0.06$	0.044 6		-0.019 2	0.112 98		-0.046 71
	2 000	$2\pi/0.02$	0.045 8		-0.018 0	0.102 11		-0.057 58
		$2\pi/0.03$	0.045 5		-0.018 3	0.101 72		-0.057 97
		$2\pi/0.04$	0.045 2		-0.018 6	0.104 12		-0.055 57
		$2\pi/0.05$	0.044 7		-0.019 1	0.111 02		-0.048 67
		$2\pi/0.06$	0.044 1		-0.019 7	0.121 95		-0.037 74
	2 500	$2\pi/0.02$	0.045 7		-0.018 1	0.101 83		-0.057 86
		$2\pi/0.03$	0.045 4		-0.018 4	0.102 13		-0.057 56
		$2\pi/0.04$	0.045 0		-0.018 8	0.106 77		-0.052 92
		$2\pi/0.05$	0.044 4		-0.019 4	0.117 20		-0.042 49
		$2\pi/0.06$	0.043 7		-0.020 1	0.130 59		-0.029 10
平均值	—	—	0.045 3	0.063 9	-0.018 5	0.106 39	0.159 7	-0.053 6

当然，$n=7$ 这个例子只是个例。计算 225 种不同参数的脉冲波简单线性组合的通放带宽度（包括 $n=7$ 的 25 种组合），数据分析结果显示，脉冲波简单线性组合通放带宽度平均值为简谐波简单线性组合通放带宽度平均值的 71%。但二者之差的绝对值不超过组合响应曲线一个周期的 4.48%。当 $n\geqslant 7$ 时，二者之差的绝对值小于组合响应曲线一个周期的

1.86%。当 $n > 13$ 时，二者之差的绝对值小于组合响应曲线一个周期的 0.1%。

上述分析说明，简谐波简单线性组合的通放带边界横坐标总是小于 $1/2n$（表 1.1.1）。因此，简谐波简单线性组合的通放带边界横坐标介于 $\Delta t/T = 1/2n$ 与脉冲波简单线性组合的通放带边界的横坐标之间。若以简谐波简单线性组合通放带的边界代替脉冲波简单线性组合通放带的边界进行检波器组合设计，能更可靠地将高速干扰波置于压制带内，但可能损害浅层大炮检距反射波和中深层大倾角反射波。虽然脉冲波简单线性组合的通放带宽度与简谐波简单线性组合的通放带宽度相差的绝对值并不大，大量计算结果显示，当 $n > 5$ 时仅为组合特性曲线一个周期的 0.4%～2.0%，因此用后者代替前者产生的负面影响实际可能不大，但仍然需要关注。

1.3　检波器组合对地震勘探随机干扰的统计效应

1.3.1　地震勘探随机干扰概述

讨论地震勘探中的随机干扰（或称无规则干扰）的组合统计效应，需要先明确这种干扰是什么性质的波。在勘探地震学教科书中，陆基孟等（1982）对地震勘探中的随机干扰及组合的统计效应作出了最为详细的论述，并首次明确指出地震勘探中的随机干扰是"具有各态历经性质的平稳随机过程"，但没有做进一步的说明。

地震勘探中的随机干扰来自两部分：一部分是自然存在的微震，在地震勘探震源激发前它就存在，其特点与地下地质结构相关；另一部分是地震勘探震源激发的同时生成的，它的特点与地形地貌、近地表地下结构密切相关。

自然存在的微震是指即使没发生地震（天然地震）也始终存在于地球表层的地震频率的运动。大量的研究文献表明，它是由人类的日常活动和某些自然现象引起的。人类日常活动引起的这类微震又称"文化噪声"，如工厂里机器的运转，汽车、火车等各种车辆的行进及人畜的活动等。自然现象引起的这类微震又称"地球本底噪声"，如下雨、刮风、江河湖泊水体的运动、海洋水体的运动、大气压力的变化、低量级天然地震等。自然存在的微震的振幅通常非常小，其位移的数量级在 10^{-4}～10^{-2} mm。尽管它很弱，但对地震学者来说是一种令人烦恼的噪声（Hiroshi，2004），对地震勘探工程师来说，它同样是一种令人讨厌的干扰波。

2004 年 Okada 等在其 *The Microtremor Survey Method*（《微震勘测法》）里说明，地震学家根据采集到的大量数据的计算分析结果指出，自然存在的微震符合平稳随机过程的特性，更严格地说，是平稳遍历过程。在一定空间范围内，这种微震在时间和空间上都是随机的（Okada et al.，2004）。Okada 等（2004）进一步指出，自然存在的微震是在时间和空间域中随机的震源以一系列机械振动的方式产生的，并通过各种地质介质传播。因此，它的记录有非常复杂的波形，没有简单的数学方程式能描述它。所以，在一个特定时间和位置的这种微震的振幅是不能预测的。它确实是一种随机现象（冯德益 等，1986）。

地震学家严谨的基础理论研究成果，将地震勘探组合理论中随机干扰的主要部分的假设置于坚实的理论基础之上。

冯德益等（1986）在对国内外大量文献分析后指出，这类令人烦恼的噪声"有明显的地区性差异，在大型工业城市附近这类噪声水平很高。一般地，在结晶基岩处记录的噪声水平低，在沉积岩特别是未固化的沉积层处记录的噪声水平高，在有厚沉积层的地区，噪声水平很高"。冯德益等（1986）指出，噪声水平与深度密切相关，噪声水平随深度增加而降低，而且不同地区噪声水平随深度增加降低的程度不同。比较我国东部地区、西北沙漠地区及黄土高原地区的随机干扰差异，与冯德益等（1986）上述的分析结果大体一致。

1.3.2　地震勘探随机干扰的相干半径

地震勘探中随机干扰是各态历经平稳随机过程，因此其振幅平均值为零。随机干扰随时间 t 而变，也随接收道的位置坐标 x 而变，是位置坐标 x 和时间 t 的函数 $\varsigma(x,t)$。在某个接收点上，如 $x=x_r$，它是随时间 t 变化的波形记录（振动图）$\varsigma(x_r,t)$；如在记录上将任一固定时间 $t=t_r$ 的各检波器的随机干扰幅值记录下来，画成一条曲线 $\varsigma(x,t_r)$，则为随机干扰的波剖面。因为地震随机干扰是各态历经平稳随机过程，所以 $\varsigma(x_r,t)$ 和 $\varsigma(x,t_r)$ 的统计特性是相同的，即各个数字特征是相同的。将任意两个随机变量 ζ_1、ζ_2 的相关系数记为 $R_{1,2}$，则有

$$R_{1,2} = \frac{E(\zeta_1 - E\zeta_1)(\zeta_2 - E\zeta_2)}{\sqrt{E(\zeta_1 - E\zeta_1)^2 E(\zeta_2 - E\zeta_2)^2}} = \frac{E(\zeta_1 - E\zeta_1)(\zeta_2 - E\zeta_2)}{\sigma_1 \sigma_2} \quad (1.3.1)$$

式中：E 为数学期望；σ_1、σ_2 为均方差。

由于地震随机干扰是各态历经平稳随机过程，平均值为零，故两个检波器所接收的随机干扰的统计特征是一样的，所以有 $\sigma_1 = \sigma_2 = \sigma$，$\sigma_1 \sigma_2 = \sigma^2 = D$，$D$ 为方差。于是式（1.3.1）便可写成

$$R_{1,2} = \frac{E\zeta_1\zeta_2}{D} \quad (1.3.2)$$

当根据容量为 n 的子样（它是对 ζ_1，ζ_2 进行 n 次观察得到的）计算 $R_{1,2}$ 时，可用

$$R_{1,2} = \frac{\frac{1}{n}\sum_{i=1}^{n} \zeta_{1i}\zeta_{2i}}{D} \quad (1.3.3)$$

用式（1.3.3）来具体计算相关系数时，实际上是用子样的数字特征去代替随机变量的数字特征，因而有个条件，即 n 要足够大。

当 $R_{1,2} \approx 0$ 时，这两个检波器接收到的随机干扰是不相关的。

地震勘探的实际资料说明，在地震勘探中，在一定条件下才可认为两个检波器分别记录下来的随机干扰是不相关的，这个条件就是两个检波器的距离要达到一定值，这个距离值称为相关半径。也就是说，两个检波器距离若大于相关半径，则二者所接收到的随机干扰就可认为是互不相关的；若两个检波器的距离小于相关半径，则二者接收到的随机干扰就不能认为是独立的，而是有一定的相关性，即 $|R_{1,2}|$ 具有一个不为零的值。

当然，到底 $|R_{1,2}|$ 的值多大就可认为近似为零，这是人为规定的，一般规定 $|R_{1,2}| = 0.1$ 时，就可近似看成零。不同地区的相关半径不相同，例如西北某地为 8 m，江苏花申庄附

近约为 16 m。由于估算相关半径需要进行野外试验等作业，很少列入常规地震勘探内容，目前见诸文献的资料很少。根据我国东部某地盒子波数据计算得到的相关半径为 5 m。

1.3.3 检波器组合的统计效应

设检波器组合检波点数为 n（不管是线性组合还是面积组合，只考虑其检波点数），各检波器接收到的有效信号以 B 表示，振幅以 A 表示，随机干扰以 ζ_i 表示。本小节讨论组合前后有效波与随机干扰的信噪比变化。

因为随机干扰的瞬时幅值是随机的，大小并不确定，所以不能用随机干扰的瞬时值去同有效波振幅 A 比较。但其均方差 σ 却是一个常数，并且各个检波器接收到的随机干扰的 σ 值相同。σ 可说明随机变量偏离数学期望值（近似看成平均值）的幅度大小，地震随机干扰的平均值为零。因此，用有效波的振幅 A 与随机干扰的均方差 σ 的比值作为信噪比 K。组合前随机干扰的数字特征可写为：平均值 $\bar{\zeta}=0$，方差 $D=E\zeta^2$，均方差 $\sigma=\sqrt{D}$。

因各检波器接收到的随机干扰的 $\bar{\zeta}$、D、σ 皆相同，故其下角标可以取消，则组合前的信噪比 K 可写为 $K=\dfrac{A}{\sigma}$。

组合后随机干扰平均值用 ζ_Σ 表示，则有

$$\zeta_\Sigma = \sum_{i=1}^{n} \zeta_i \tag{1.3.4}$$

式中：n 为组合的检波点数（若是震源组合，则 n 为炮点数）。

下面分两种情况具体讨论 ζ_Σ，先讨论各检波器所接收的随机干扰为相互独立的情况，然后讨论随机干扰为非相互独立的情况。

1. 随机干扰为相互独立的且 n 足够大的情况

在各检波器所接收的随机干扰可看成是相互独立的情况下，组合后随机干扰的振幅方差 D_Σ 为

$$D_\Sigma = E\left(\sum_{i=1}^{n} \zeta_i\right)^2 = \sum_{i=1}^{n} E\zeta_i^2 = nD \tag{1.3.5}$$

则组合后随机干扰的振幅均方差 σ_Σ 为

$$\sigma_\Sigma = \sqrt{D_\Sigma} = \sqrt{nD} = \sqrt{n}\sigma \tag{1.3.6}$$

对于有效波，理想情况下，组合后振幅 A_Σ 为 $A_\Sigma = nA$，则组合后信噪比 K_Σ 为

$$K_\Sigma = \frac{A_\Sigma}{\sigma_\Sigma} = \frac{nA}{\sqrt{n}\sigma} = \sqrt{n}\frac{A}{\sigma} = \sqrt{n}K \tag{1.3.7}$$

式（1.3.7）说明，若随机干扰是相互独立的，组合的检波点（或炮点）数 n 足够大，则其组合后的均方差提高为原来的 $\sqrt{n}$ 倍，在理想情况下，有效波振幅增强为原来的 n 倍时，则组合后信噪比提高为原来的 $\sqrt{n}$ 倍。

2. 随机干扰为非相互独立的且 n 足够大的情况

在此情况下，随机干扰组合后方差不再是组合前的 $\sqrt{n}$ 倍了，而是

$$D_{\Sigma} = E\left(\sum_{i=1}^{n}\zeta_i\right)^2 = E(\zeta_1 + \zeta_2 + \cdots + \zeta_n)^2 = E\left(\sum_{i=1}^{n}\zeta_i^2 + \sum_{\substack{i=1 \\ i \neq j}}^{n}\sum_{j=1}^{n}\zeta_i\zeta_j\right) = \sum_{i=1}^{n}E\zeta_i^2 + \left(\sum_{\substack{i=1 \\ i \neq j}}^{n}\sum_{j=1}^{n}E\zeta_i\zeta_j\right) \quad (1.3.8)$$

由式（1.3.2），则有

$$D_{\Sigma} = nD + D\sum_{\substack{i=1 \\ i \neq j}}^{n}\sum_{j=1}^{n}R_{ij} = nD\left(1 + \frac{1}{n}\sum_{\substack{i=1 \\ i \neq j}}^{n}\sum_{j=1}^{n}R_{ij}\right) \quad (1.3.9)$$

令 $\beta = \dfrac{1}{n}\displaystyle\sum_{\substack{i=1 \\ i \neq j}}^{n}\sum_{j=1}^{n}R_{ij}$，则有

$$D_{\Sigma} = nD(1 + \beta) \quad (1.3.10)$$

这样组合后随机干扰的均方差 σ_{Σ} 为

$$\sigma_{\Sigma} = \sqrt{D_{\Sigma}} = \sqrt{n(1+\beta)D} = \sigma\sqrt{n(1+\beta)} \quad (1.3.11)$$

可见组合后随机干扰的均方差是 β 和 n 的函数，也就是各检波器接收的随机干扰的相关系数 R_{ij} 和组合的检波点数 n 的函数。理想情况下组合后有效波的振幅 $A_{\Sigma} = nA$，则组合后的信噪比 K_{Σ} 为

$$K_{\Sigma} = \frac{A_{\Sigma}}{\sigma_{\Sigma}} = \frac{nA}{\sigma\sqrt{(1+\beta)n}} = \frac{\sqrt{n}}{\sqrt{1+\beta}}K \quad (1.3.12)$$

可见，当组合内检波器距离小于相关半径时，各检波器接收的随机干扰就不能认为是互相独立的，但 n 足够大，则组合后的信噪比就不是提高 $\sqrt{n}$ 倍，而是小于 $\sqrt{n}$ 倍。只有当检波器间距离大于相关半径、各检波器接收的随机干扰认为是相互独立的，并且 n 足够大时，有 $R_{ij} = 0$，$\beta = 0$，信噪比才提高为原来的 $\sqrt{n}$ 倍。式（1.3.7）是式（1.3.12）统计效应的表达式，但为使问题明确一些，对随机干扰分别做分析。

最后要强调的是，上述检波器组合的统计响应的结论与检波器组合图形无关，只决定于组合的检波器数 n，因此上述结论既适用于检波器线性组合，也适用于检波器面积组合。

第2章 检波器线性加权组合

简单线性组合的优点是使用方便,受施工条件限制小,成本较低,但因其固有的缺点,当检波点数 $n \geqslant 12$ 时,想再提高衰减干扰波的力度是很困难的。Parr 等(1955)提出了加权组合的思想,并给出了按锥形(taper)分布的加权组合方法,实际上就是后来中文文献中的等腰三角形加权组合。Holzman(1963)提出了切比雪夫多项式最佳检波器组合,随后又出现牛顿二项式系数分布加权组合(孟宪波,1965)及复合线性组合(朱广生 等,2005)等,这些加权组合也都是线性组合。这几种组合大多可在国内教科书(朱广生 等,2005;何樵登,1986;陆基孟 等,1982)中找到。切比雪夫多项式最佳检波器组合和牛顿二项式系数分布加权组合野外施工都十分复杂,在实际地震数据采集中几乎无人使用,复合线性组合也只是在教科书中简单提及(朱广生 等,2005)。迄今为止,真正在实际生产中采用的只有等腰三角形加权组合,江苏第六物探大队 645 队(1975)曾报道在实际地震数据采集中进行等腰三角形加权组合与简单线性组合对比试验,证明前者优于后者。20 世纪 70 年代本书作者曾在湖北江陵地区地震数据采集中将等腰三角形加权组合用于实际生产,提高了信噪比,改善了地震记录质量,并减小了炮井深度,降低了炸药量,提高了数据采集效率,降低了施工成本。

等腰三角形加权组合又称等腰三角形不等灵敏度组合,它与简单线性组合一样,检波器沿测线等间隔布置,但各检波点上放置的检波器灵敏度按等腰三角形分布。实际生产中布置不等灵敏度检波器采用简便办法:所用每个检波器所有技术参数(包括灵敏度)都相同,某一检波点上需要灵敏度为 1 的检波器时,就放一个检波器;检波点需用灵敏度为 m 的检波器时,则放 m 个检波器。若在室内进行不等灵敏度组合时,可按设计参数对各叠加道加权后再叠加,就构成不等灵敏度组合了。

2.1 等腰三角形加权组合

等腰三角形加权组合有 n_d 个检波点沿测线等间隔分布,相邻检波点间距为 Δx(组内距),位于中心检波点检波器的灵敏度最高记为 m,从中心向两端依次下降,到端点灵敏度最小为 1,并左右对称(图 2.1.1)。它的参数除 n_d、m 外,还有灵敏度总和 n_n、组内距 Δx、组长 δx,这 5 个参数中只有 2 个是独立的,由于其灵敏度分布的独特结构,n_d 必定是个奇数,n_n 必定是正实数的平方。灵敏度总和 n_n 也是每个等腰三角形加权组合使用的检波器总数。容易得出这 5 个参数如下关系:

$$n_n = m + 2\sum_{i=-1}^{m-1} i = m^2 \tag{2.1.1}$$

$$n_d = 2m - 1 \tag{2.1.2}$$

$$\delta x = (n_d - 1)\Delta x \tag{2.1.3}$$

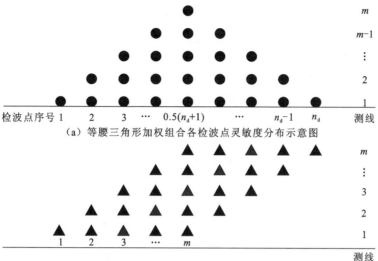

（a）等腰三角形加权组合各检波点灵敏度分布示意图

（b）等腰三角形加权组合分解为m组简单线性组合示意图

图 2.1.1　等腰三角形加权组合法地面检波器展布示意图

图中●数目代表等腰三角形组合各检波点上灵敏度分布，1 个黑圆点代表 1 个灵敏度单位，

▲代表 1 个单位灵敏度的检波器。扫描封底二维码见彩图

　　根据式（2.1.1）～式（2.1.3），知道 m、n_d 和 n_n 三个参数中的任意一个并知道 Δx 和 δx 中的任一个便可知道其他三个参数。

2.1.1　等腰三角形加权组合响应

　　为求得等腰三角形加权组合响应函数，陆基孟等（1982）将等腰三角形组合分解为 m 组简单线性组合，它们的中心点都在原等腰三角形组合的中点，各简单线性组合的检波点数分别为 1,3,5,…,m。先给出各个简单线性组合输出信号的频谱，继而得出整个等腰三角形加权组合输出信号的频谱，进而得到等腰三角形加权组合响应函数。

　　本小节也将等腰三角形加权组合图 2.1.1（a）分解为 m 个简单线性组合，并且这 m 个简单线性组合具有相同的检波点数 m，但它们的中心点不重合，而是沿测线依次间隔 1 个组内距 Δx［图 2.1.1（b）］。图 2.1.1（a）中黑色●代表等腰三角形组合各个检波点灵敏度分布。每个检波点上的所有黑圆点应该都在测线检波点上，为清晰看出灵敏度数特意将其分开画。图 2.1.1（b）是将等腰三角形组合分解为 m 个简单线性组合示意图。黑色▲代表 1 个单位灵敏度的检波器，红色检波器表示它位于对应简单线性组合的中心点。同图 2.1.1（a）一样，所有 m 个简单线性组合都应该画在测线上，为了显示有 m 个简单线性组合才特意分开画。

　　设一个等腰三角形组合检波点数 n_d，组内距 Δx，它可分解为 m 个简单线性组合［图 2.1.1（b）］，每个简单线性组合具有相同的检波点数 m。为叙述方便，将这些简单线性组合从下到上依次称为组合 1、组合 2、…、组合 m。则组合 1 的检波点序号与原等腰三角形组合检波点序号相同（图 2.1.1）。根据式（1.1.18）可直接写出组合 1 输出信号的频谱 $G_1(j\omega)$：

$$G_1(\mathrm{j}\omega) = g_1(\mathrm{j}\omega)\mathrm{e}^{-\mathrm{j}\omega\frac{m-1}{2}\Delta t}\frac{\sin\left(\omega\frac{m\Delta t}{2}\right)}{\sin\left(\omega\frac{\Delta t}{2}\right)} = g_{c1}(\mathrm{j}\omega)\frac{\sin\left(\omega\frac{m\Delta t}{2}\right)}{\sin\left(\omega\frac{\Delta t}{2}\right)} \tag{2.1.4}$$

式中：$\Delta t = \dfrac{\Delta x}{V^*}$，其中 V^* 为波沿地面测线方向的视速度；$g_1(\mathrm{j}\omega)$ 为等腰三角形加权组合第 1 个检波点单个检波器输出信号的频谱；$g_{c1}(\mathrm{j}\omega)$ 为组合 1 中点单个检波器输出信号的频谱：

$$G_{c1}(\mathrm{j}\omega) = g_1(\mathrm{j}\omega)\mathrm{e}^{-\mathrm{j}\omega\frac{m-1}{2}\Delta t} \tag{2.1.5}$$

组合 2、组合 3、$\cdots$、组合 m 输出信号的频谱 $G_2(\mathrm{j}\omega)$，$G_3(\mathrm{j}\omega)$，$\cdots$，$G_m(\mathrm{j}\omega)$ 可分别写为

$$G_2(\mathrm{j}\omega) = g_{c2}(\mathrm{j}\omega)\frac{\sin\left(\omega\frac{m\Delta t}{2}\right)}{\sin\left(\omega\frac{\Delta t}{2}\right)}, \quad \text{式中 } g_{c2}(\mathrm{j}\omega) = g_{c1}(\mathrm{j}\omega)\mathrm{e}^{-\mathrm{j}\omega\Delta t} = g_1(\mathrm{j}\omega)\mathrm{e}^{-\mathrm{j}\omega\left(\frac{m-1}{2}+1\right)\Delta t};$$

$$G_3(\mathrm{j}\omega) = g_{c3}(\mathrm{j}\omega)\frac{\sin\left(\omega\frac{m\Delta t}{2}\right)}{\sin\left(\omega\frac{\Delta t}{2}\right)}, \quad \text{式中 } g_{c3}(\mathrm{j}\omega) = g_{c1}(\mathrm{j}\omega)\mathrm{e}^{-\mathrm{j}\omega 2\Delta t} = g_1(\mathrm{j}\omega)\mathrm{e}^{-\mathrm{j}\omega\left(\frac{m-1}{2}+2\right)\Delta t};$$

$$\cdots$$

$$G_i(\mathrm{j}\omega) = g_{ci}(\mathrm{j}\omega)\frac{\sin\left(\omega\frac{m\Delta t}{2}\right)}{\sin\left(\omega\frac{\Delta t}{2}\right)}, \quad \text{式中 } g_{ci}(\mathrm{j}\omega) = g_{c1}(\mathrm{j}\omega)\mathrm{e}^{-\mathrm{j}\omega(i-1)\Delta t} = g_1(\mathrm{j}\omega)\mathrm{e}^{-\mathrm{j}\omega\left(\frac{m-1}{2}+i-1\right)\Delta t};$$

$$G_m(\mathrm{j}\omega) = g_{cm}(\mathrm{j}\omega)\frac{\sin\left(\omega\frac{m\Delta t}{2}\right)}{\sin\left(\omega\frac{\Delta t}{2}\right)}, \quad \text{式中 } g_{cm}(\mathrm{j}\omega) = g_{c1}(\mathrm{j}\omega)\mathrm{e}^{-\mathrm{j}\omega(m-1)\Delta t} = g_1(\mathrm{j}\omega)\mathrm{e}^{-\mathrm{j}\omega\frac{3(m-1)}{2}\Delta t};$$

$g_{c2}(\mathrm{j}\omega)$，$\cdots$，$g_{cm}(\mathrm{j}\omega)$ 分别为组合 2、$\cdots$、组合 m 中点的单个检波器输出信号的频谱。

由 1.1 节讨论可知，每个简单线性组合都相当于其中点的一个等效检波器，这个等效检波器输出信号的频谱就是简单线性组合输出信号的频谱。这样，等腰三角形加权组合问题简化为 m 个等效检波器组合问题，而这 m 个等效检波器又构成一个简单线性组合，其检波点数也为 m，组内距也等于 Δx，并且它们的中点就是原等腰三角形加权组合中间检波点 [图 2.1.1（b）]，将该检波点单个检波器输出的信号频谱记为 $g_{cc}(\mathrm{j}\omega)$，则这个中间检波点等效检波器输出信号的频谱为

$$g_{cc}(\mathrm{j}\omega) = g_1(\mathrm{j}\omega)\mathrm{e}^{-\mathrm{j}\omega\left(\frac{n_d+1}{2}-1\right)\Delta t} = g_1(\mathrm{j}\omega)\mathrm{e}^{-\mathrm{j}\omega(m-1)\Delta t} \tag{2.1.6}$$

将等腰三角形加权组合总输出信号的频谱记为 $G_{\mathrm{IT}}(\mathrm{j}\omega)$，则

$$G_{\mathrm{IT}}(\mathrm{j}\omega) = \sum_{i=1}^{m} G_i(\mathrm{j}\omega) = \sum_{i=1}^{m} g_{c1}(\mathrm{j}\omega)\mathrm{e}^{-\mathrm{j}\omega(i-1)\Delta t}\frac{\sin\left(\omega\frac{m\Delta t}{2}\right)}{\sin\left(\omega\frac{\Delta t}{2}\right)} = g_{c1}(\mathrm{j}\omega)\frac{\sin\left(\omega\frac{m\Delta t}{2}\right)}{\sin\left(\omega\frac{\Delta t}{2}\right)}\sum_{i=1}^{m}\mathrm{e}^{-\mathrm{j}\omega(i-1)\Delta t} \tag{2.1.7}$$

式（2.1.7）中：

$$\sum_{i=1}^{m} e^{-j\omega(i-1)\Delta t} = \frac{1-e^{-j\omega(m-1)\Delta t}e^{-j\omega\Delta t}}{1-e^{-j\omega\Delta t}} = \frac{e^{-j\frac{m\omega\Delta t}{2}}\left(e^{j\frac{m\omega\Delta t}{2}}-e^{-j\frac{m\omega\Delta t}{2}}\right)}{e^{-j\frac{\omega\Delta t}{2}}\left(e^{j\frac{\omega\Delta t}{2}}-e^{-j\frac{\omega\Delta t}{2}}\right)} = \frac{\sin\frac{m\omega\Delta t}{2}}{\sin\frac{\omega\Delta t}{2}}e^{-j\frac{(m-1)\omega\Delta t}{2}} \quad (2.1.8)$$

将式（2.1.8）结果代入式（2.1.7）得

$$G_{IT}(j\omega) = g_{c1}(j\omega)e^{-j\frac{(m-1)\omega\Delta t}{2}}\left[\frac{\sin\left(\frac{m\omega\Delta t}{2}\right)}{\sin\left(\frac{\omega\Delta t}{2}\right)}\right]^2 \quad (2.1.9)$$

将式（2.1.5）结果代入式（2.1.9）并考虑式（2.1.6），则

$$G_{IT}(j\omega) = g_1(j\omega)e^{-j\frac{(m-1)\omega\Delta t}{2}}e^{-j\frac{(m-1)}{2}\omega\Delta t}\left[\frac{\sin\left(\frac{m\omega\Delta t}{2}\right)}{\sin\left(\frac{\omega\Delta t}{2}\right)}\right]^2 = g_{cc}(j\omega)\left[\frac{\sin\left(\frac{m\omega\Delta t}{2}\right)}{\sin\left(\frac{\omega\Delta t}{2}\right)}\right]^2 \quad (2.1.10)$$

式（2.1.10）的结果证明，等腰三角形加权组合输出信号的频谱等于其中间检波点单个

检波器（权系数为 1）输出信号的频谱乘以系数 $\left[\dfrac{\sin\left(\dfrac{m\omega\Delta t}{2}\right)}{\sin\left(\dfrac{\omega\Delta t}{2}\right)}\right]^2$，这个系数是个实数，表明

等腰三角形加权组合输出信号与中间检波点单个检波器输出信号是同相的。因此等腰三角形加权组合的等效检波器位置就是该组合的中间检波点。

$$|G_{IT}(j\omega)| = |g_1(j\omega)|\left|\frac{\sin\left(\frac{m\omega\Delta t}{2}\right)}{\sin\left(\frac{\omega\Delta t}{2}\right)}\right|^2 = |g_{cc}(j\omega)|\left|\frac{\sin\left(\frac{m\omega\Delta t}{2}\right)}{\sin\left(\frac{\omega\Delta t}{2}\right)}\right|^2 \quad (2.1.11)$$

式中：$|g_1(j\omega)|$ 为等腰三角形加权组合第 1 个检波点单个检波器输出信号的振幅谱，也是组合里任意单个检波器输出信号的振幅谱，式（2.1.11）表明，等腰三角形加权组合输出信号

的振幅谱是单个检波器输出信号的振幅谱的 $\left|\dfrac{\sin\left(\dfrac{m\omega\Delta t}{2}\right)}{\sin\left(\dfrac{\omega\Delta t}{2}\right)}\right|^2$ 倍。将 $\left|\dfrac{\sin\left(\dfrac{m\omega\Delta t}{2}\right)}{\sin\left(\dfrac{\omega\Delta t}{2}\right)}\right|^2$ 记为 P_{IT}：

$$P_{IT} = \left|\frac{\sin\left(\frac{m\omega\Delta t}{2}\right)}{\sin\left(\frac{\omega\Delta t}{2}\right)}\right|^2 \quad (2.1.12)$$

可见 P_{IT} 为正实数，表示等腰三角形加权组合对单个检波器输出信号振幅谱的放大倍数。
当 $\Delta t = 0$ 时，$\Delta\varphi = 0$，P_{IT} 达到其最大值 m^2，类似于式（1.1.21），将 P_{IT} 除以其最大值 m^2
并记为 $|\varphi_{IT}|$：

$$|\varphi_{IT}| = \frac{P_{IT}}{m^2} = \frac{1}{m^2}\left|\frac{\sin\frac{m\omega\Delta t}{2}}{\sin\frac{\omega\Delta t}{2}}\right|^2 = \frac{1}{m^2}\left|\frac{\sin\frac{m\pi\Delta t}{T}}{\sin\frac{\pi\Delta t}{T}}\right|^2 \quad (2.1.13)$$

$|\varphi_{IT}|$ 即为等腰三角形加权组合响应函数，它的物理含义是归一化后等腰三角形加权组合对单个检波器输出信号振幅谱的放大倍数。

根据式（2.1.13）作出的 $|\varphi_{IT}|$-$\dfrac{\Delta t}{T}$ 图就是等腰三角形加权组合响应图，或称为方向特性曲线。

2.1.2　组合参数及波的传播方向的影响

图 2.1.2 是不同 m 的等腰三角形加权组合响应图，图中 6 条曲线组合参数是：检波点数 n_d 分别是 5、7、9、13、15、21，对应的 m 分别为 3、4、5、7、8、11。可以清楚地看到，随着 m 逐渐增大，曲线通放带宽度逐渐变窄，压制带内次瓣增加，次瓣极值逐渐降低，说明增大 m 可有效提高衰减干扰波的能力和稳定性。但通放带宽度变窄，会削弱大炮检距浅层反射波及中深层大倾角反射波。同时 m 的增大意味着整个组长 δx 增大，也会加重对浅层反射波和中深层大倾角反射波的损害。

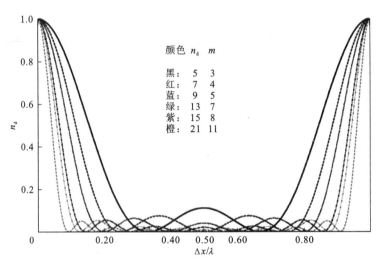

图 2.1.2　等腰三角形加权组合响应随 n_d 的变化

扫描封底二维码见彩图

图 2.1.2 显示出在一个完整周期内有 m 个波瓣，左右两边是包含主通带和旁通带在内的主瓣和旁瓣，主瓣与旁瓣之间是 $m-2$ 个次瓣，波瓣极值从两边向中间逐渐降低。当 m 为奇数时，中间次瓣极值 $|\varphi|=\dfrac{1}{m^2}$；当 m 为偶数时，$\dfrac{\Delta t}{T}=\xi+0.5$（$\xi$ 为自然数）时 $|\varphi|=0$。

Δx 的影响隐含在横坐标 $\dfrac{\Delta t}{T}$ 中，不易直接看出来。当地震波的传播方向及 V^*、T 等其他参数不变时，Δx 增大使 $\dfrac{\Delta t}{T}$ 增大，致使地震波被推向 $\dfrac{\Delta t}{T}$ 较大处，这就相当于将曲线向 $\dfrac{\Delta t}{T}$ 减小的方向作横向压缩，也就是说 Δx 增大相当于使通放带变窄，增强了衰减较高速度干扰波的能力。像简单线性组合一样，对于地震波，不存在旁通带问题，只需考虑避免 Δx 过大削弱大炮检距浅层反射波及中深层大倾角反射波，而不必担心干扰波被推入旁通带。

波的传播方向不同对组合响应曲线的影响也像简单线性组合一样，当α从 0° 逐渐增大到 90° 时，通放带右边界随之右移，宽度变大。当α=90° 时，通放带宽度无限大，方向特性曲线变成一条平行于横轴的直线，此时等腰三角形加权组合对α=90° 的波没有任何压制能力。

2.1.3　等腰三角形加权组合与简单线性组合比较

图 2.1.3 是等腰三角形加权组合响应与简单线性组合响应曲线对比图，二者的检波点数都是 11。图中黑色实线是等腰三角形加权组合响应曲线，红色虚线是简单线性组合响应曲线。由图可见，前者通放带比后者宽，前者次瓣高度比后者低得多，而且前者次瓣高度间差别较小。这些差别说明等腰三角形加权组合对落入压制带内的波压制能力比简单线性组合强得多，并且更为稳定。等腰三角形加权组合因其通放带较宽，容易将较高速度干扰波放入通放带内。但也正因其通放带较宽，对保护大炮检距浅层反射波和中深层大倾角反射波有利。简单线性组合却相反，尤其当组长较大时。

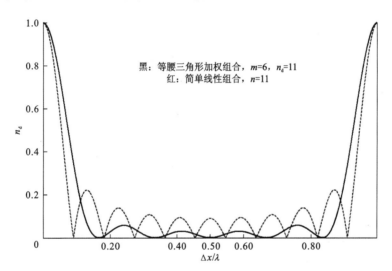

图 2.1.3　等腰三角形加权组合响应与简单线性组合响应对比

扫描封底二维码见彩图

等腰三角形加权组合的另一个缺点是其统计效应比起用同样多的单个检波器的其他组合方式弱，其原因是使用这种组合时须将若干单个检波器放在一起。

采用等腰三角形加权组合时，由于检波器数目较多，所以常采用串并联结，此时要特别注意检波器联结方式，不要使检波器产生的感生电流在组合内部因产生的均衡电流而损耗。

2.2　等腰梯形加权组合

图 2.2.1 是等腰梯形加权组合法地面检波器展布示意图。李庆忠（1983b）曾讨论过等腰梯形加权组合，但没有给出组合响应函数，也没有描述等腰梯形加权组合的特点。本节

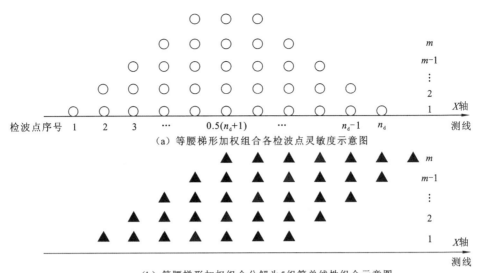

（a）等腰梯形加权组合各检波点灵敏度示意图

（b）等腰梯形加权组合分解为5组简单线性组合示意图

图 2.2.1 等腰梯形加权组合法地面检波器展布示意图

图（a）中符号〇的数目代表灵敏度，本图中间序号为 $0.5(n_d+1)$ 的检波点及左右两个检波点灵敏度都是 5，最高，首尾两个检波点灵敏度都为 1，最低；图（b）中每组 7 个检波点，各检波点的检波器灵敏度都为 1（以一个▲表示，其中红色者表示中间的检波器）。所有 5 组检波器都是沿测线布置，为了清晰特意将各组检波器分开画。扫描封底二维码见彩图

给出的等腰梯形加权组合响应函数是本书首次提出的，并详细讨论它的特点及其与其他组合的关系和对比，指出等腰梯形加权组合性能优于等腰三角形加权组合。

2.2.1 等腰梯形加权组合的参数及其相互关系

设等腰梯形加权组合（又称等腰梯形不等灵敏度组合，以下简称为等腰梯形组合）有 n_d 个检波点沿测线等间隔布置 [图 2.2.1（a）]，每个检波点上各有一个权系数不同的检波器，各检波点的检波器权系数分布左右对称，两端检波点权系数为 1，向中间逐渐增大，中间有两个或两个以上检波点的权系数最大，以 m 表示，各检波点间距为 Δx。例如，图 2.2.1（a）中等腰梯形加权组合共有检波点数 $n_d=11$，权系数从左到右依次为 1、2、3、4、5、5、5、4、3、2、1，最大权系数 $m=5$。中部具有最大权系数的检波点数 $n_u=3$。

如图 2.2.1（a）所示，实际生产中使用的检波器的所有技术参数都相同，其权系数都为 1，可称之为权系数为 1 的单位检波器，图 2.2.1（a）中 1 个圆圈 "〇" 代表 1 个单位检波器，圆圈数目代表对应检波点上检波器的权系数。将圆圈划分为 m 行，并从下到上依次编号为第 $1,2,\cdots,m$ 行。如将第 1 行的最右边的 $m-1$ 个单位检波器都平行上移到第 m 行，则第 1 行只余下 n_d-m+1 个单位检波器，而第 m 行单位检波器数也变成 n_d-m+1；将第 2 行的最右边 $m-3$ 个单位检波器都平行上移到第 $m-1$ 行，则第 2 行余下 n_d-m+1 个单位检波器，第 $m-1$ 行单位检波器数也变成 n_d-m+1，等等。这样，原来数目不等的 m 行单位检波器变成单位检波器数相等的 m 行，每一行都有 n_d-m+1 个单位检波器，每行单位检波器间距仍然保持为 Δx。当 m 为奇数时，其中间一行单位检波器数恰好为 n_d-m+1，不用增减变化。当 m 为偶数时，每一行单位检波器数都变化为 n_d-m+1。也就是说任意一个等腰梯形加权

组合都可分解成 m 组、检波点数都为 $n_d - m + 1$ 的简单线性组合，如图 2.2.1（b）所示。将 $n_d - m + 1$ 记为 n_L。

除 n_d、m、n_u、n_L、Δx 5 个参数外，等腰梯形组合还有 2 个参数，即等腰梯形组合的灵敏度总和 n_n 和组长 δx。7 个参数中独立的只有 3 个。由这 7 个参数的物理意义可知，它们都是正整数。从图 2.2.1 最容易直接看出来的参数是 n_d 和 m。其余 5 个参数与 n_d 和 m 的关系如下：

$$n_u = n_d - 2(m-1) = n_d - 2m + 2 \tag{2.2.1}$$

$$n_n = n_u m + 2 \sum_{i=1}^{\frac{n_d - n_u}{2}} i = (n_d - 2m + 2)m + 2 \sum_{i=1}^{\frac{n_d - n_u}{2}} i = (n_d - 2m + 2)m + 2 \sum_{i=1}^{m-1} i = m(n_d - m + 1) \tag{2.2.2}$$

$$n_L = n_d - m + 1 \tag{2.2.3}$$

由式（2.2.2）和 n_L 的定义有

$$n_n = m n_L \tag{2.2.4}$$

根据这些组合参数的物理意义容易知道它们都是正整数，而且 $n_L \geqslant 2$，不然就不能构成最简单的线性加权组合。因此由式（2.2.3）可知 $n_d > n_L$，$n_d > n_u$。n_d、m、n_u、n_L、n_n 这 5 个参数中独立的只有 2 个，只要知道其中任意 2 个，就能计算出其余几个。而必须知道 Δx 才能计算出组长 δx。因 n_L、m 都是正整数，式（2.2.3）便可得

$$n_d > m - 1 \tag{2.2.5}$$

$$\delta x = (n_d - 1)\Delta x \tag{2.2.6}$$

2.2.2　等腰梯形加权组合响应

为叙述方便，将分解得到的各简单线性组合的检波点序号从左至右依次编为 $1, 2, \cdots,$ n_L 号。m 组简单线性组合中的第 1 组的 1 号检波器位于原等腰梯形组合的检波点 1。其余各简单线性组合的 1 号检波器依次向右移 Δx［图 2.2.1（b）］。

第 1 章已经给出，简单线性组合输出信号的频谱等于其第 1 个检波点的检波器输出信号的频谱乘以一个复变系数。设第 1 组简单线性组合的第 1 个单位检波器输出信号的波函数为 $f(t)$，对应的频谱为 $g_0(\mathrm{j}\omega)$，则可写出第 1 组简单线性组合输出信号的频谱 $G_1(\mathrm{j}\omega)$ 为

$$G_1(\mathrm{j}\omega) = g_0(\mathrm{j}\omega) \mathrm{e}^{-\mathrm{j}\omega \frac{n_L - 1}{2} \Delta t} \frac{\sin \dfrac{\omega n_L \Delta t}{2}}{\sin \dfrac{\omega \Delta t}{2}} \tag{2.2.7}$$

式中：$\Delta t = \dfrac{\Delta x}{V^*}$，其中 V^* 为地震波沿地面测线方向的视速度，而 $g_0(\mathrm{j}\omega)\mathrm{e}^{-\mathrm{j}\omega \frac{n_L - 1}{2}\Delta t}$ 恰是第 1 组简单线性组合中点处一个单位检波器输出信号的频谱。式（2.2.7）又可表述为"第 1 组简单线性组合输出信号的频谱等于中点处检波器输出信号的频谱乘以一个系数 $\dfrac{\sin \dfrac{\omega n_L \Delta t}{2}}{\sin \dfrac{\omega \Delta t}{2}}$"。

这样，第 1 组简单线性组合相当于其中点处一个等效检波器，这个等效检波器输出信号的频谱等于 $G_1(\mathrm{j}\omega)$。以 $g_{c1}(\mathrm{j}\omega)$ 表示第 1 组简单线性组合中点处检波器输出信号的频谱，

式（2.2.7）便改写为

$$G_1(j\omega) = g_{c1}(j\omega)\frac{\sin\frac{\omega n_{\mathrm{L}}\Delta t}{2}}{\sin\frac{\omega\Delta t}{2}} \tag{2.2.8}$$

式中：$g_{c1}(j\omega) = g_0(j\omega)\mathrm{e}^{-j\omega\frac{n_{\mathrm{L}}-1}{2}\Delta t}$。

同样可写出其余各组简单线性组合输出信号的频谱 $G_2(j\omega)$，$G_3(j\omega)$，$\cdots$，$G_m(j\omega)$：

$$G_2(j\omega) = g_{c2}(j\omega)\frac{\sin\frac{\omega n_{\mathrm{L}}\Delta t}{2}}{\sin\frac{\omega\Delta t}{2}} \tag{2.2.9}$$

$$G_3(j\omega) = g_{c3}(j\omega)\frac{\sin\frac{\omega n_{\mathrm{L}}\Delta t}{2}}{\sin\frac{\omega\Delta t}{2}} \tag{2.2.10}$$

$$\cdots$$

$$G_m(j\omega) = g_{cm}(j\omega)\frac{\sin\frac{\omega n_{\mathrm{L}}\Delta t}{2}}{\sin\frac{\omega\Delta t}{2}} \tag{2.2.11}$$

式（2.2.9）～式（2.2.11）中 $g_{c2}(j\omega)$，$g_{c3}(j\omega)$，$\cdots$，$g_{cm}(j\omega)$ 分别表示第 $2,3,\cdots,m$ 组简单线性组合中点处单位检波器输出信号的频谱。由 m 组简单线性组合中点的 m 个等效检波器又构成一个简单线性组合。这样，等腰梯形加权组合便转化为一个简单线性组合，其检波点数为 m，各等效检波器输出信号的频谱分别是 $G_1(j\omega)$，$G_2(j\omega)$，$G_3(j\omega)$，$\cdots$，$G_m(j\omega)$，因此，原等腰梯形加权组合总输出信号的频谱 $G_{\mathrm{E}}(j\omega)$ 为

$$G_{\mathrm{E}}(j\omega) = \sum_{k=1}^{m} G_k(j\omega) = \sum_{k=1}^{m} g_{ck}(j\omega)\frac{\sin\frac{\omega n_{\mathrm{L}}\Delta t}{2}}{\sin\frac{\omega\Delta t}{2}} \tag{2.2.12}$$

易知各简单线性组合中点间距为 Δx [图 2.2.1（b）]，则相邻中点的波至时间由左到右依次滞后 $\Delta t = \dfrac{\Delta x}{V^*}$，第 $1, 2, 3, \cdots, m$ 组简单线性组合中点处单位检波器输出信号的频谱分别为 $g_{c1}(j\omega)$，$g_{c1}(j\omega)\mathrm{e}^{-j\omega\Delta t}$，$g_{c1}(j\omega)\mathrm{e}^{-j\omega 2\Delta t}$，$\cdots$，$g_{c1}(j\omega)\mathrm{e}^{-j\omega(m-1)\Delta t}$：

$$\sum_{k=1}^{m} g_{ck}(j\omega) = \sum_{i=1}^{m} g_{c1}(j\omega)\mathrm{e}^{-j\omega(k-1)\Delta t} = g_{c1}(j\omega)\mathrm{e}^{-j\omega\frac{m-1}{2}\Delta t}\frac{\sin\frac{\omega m\Delta t}{2}}{\sin\frac{\omega\Delta t}{2}} \tag{2.2.13}$$

式中：$g_{c1}(j\omega)\mathrm{e}^{-j\omega\frac{m-1}{2}\Delta t}$ 正是 m 个简单线性组合等效检波器中点处单位检波器输出信号的频谱，也就是原等腰梯形组合中点处单位检波器输出信号的频谱。如 m 为偶数，则可理解为如在这个中点处安置一个单位检波器，输出信号的频谱就是 $g_{c1}(j\omega)\mathrm{e}^{-j\omega\frac{m-1}{2}\Delta t}$。将式（2.2.13）代入式（2.2.12）得

$$G_{\mathrm{E}}(\mathrm{j}\omega) = \frac{\sin\dfrac{\omega n_{\mathrm{L}}\Delta t}{2}}{\sin\dfrac{\omega \Delta t}{2}} \sum_{k=1}^{m} g_{ck}(\mathrm{j}\omega) = g_{c1}(\mathrm{j}\omega)\mathrm{e}^{-\mathrm{j}\omega\frac{m-1}{2}\Delta t}\frac{\sin\dfrac{n_{\mathrm{L}}\omega\Delta t}{2}}{\sin\dfrac{\omega \Delta t}{2}}\frac{\sin\dfrac{m\omega\Delta t}{2}}{\sin\dfrac{\omega \Delta t}{2}} \qquad (2.2.14)$$

式（2.2.14）表明，等腰梯形组合输出信号的频谱等于该等腰梯形组合中点处单位检波

器输出信号的频谱 $g_{c1}(\mathrm{j}\omega)\mathrm{e}^{-\mathrm{j}\omega\frac{m-1}{2}\Delta t}$ 乘以系数 $\dfrac{\sin\dfrac{n_{\mathrm{L}}\omega\Delta t}{2}}{\sin\dfrac{\omega \Delta t}{2}}\dfrac{\sin\dfrac{m\omega\Delta t}{2}}{\sin\dfrac{\omega \Delta t}{2}}$ ，可见这个系数是个实数，

这说明等腰梯形组合输出信号与该等腰梯形组合中点处单位检波器输出信号同相。因此，
可以将等腰梯形加权组合看成中点处一个等效检波器，其输出信号的频谱等于中点处单个

检波器输出信号的频谱的 $\dfrac{\sin\dfrac{n_{\mathrm{L}}\omega\Delta t}{2}}{\sin\dfrac{\omega \Delta t}{2}}\dfrac{\sin\dfrac{m\omega\Delta t}{2}}{\sin\dfrac{\omega \Delta t}{2}}$ 倍，相位与中点处单个检波器输出信号的相位

相同。也就是说，等腰梯形加权组合的等效检波器位置就是它的所有检波点的中点。

以 G_{E} 表示等腰梯形组合输出信号的振幅谱，根据式（2.2.14）便得

$$G_{\mathrm{E}} = |G_{\mathrm{E}}(\mathrm{j}\omega)| = |g_{c1}(\mathrm{j}\omega)|\left|\frac{\sin\dfrac{\omega n_{\mathrm{L}}\Delta t}{2}}{\sin\dfrac{\omega \Delta t}{2}}\right|\left|\frac{\sin\dfrac{\omega m\Delta t}{2}}{\sin\dfrac{\omega \Delta t}{2}}\right| \qquad (2.2.15)$$

根据 $g_{c1}(\mathrm{j}\omega) = g_0(\mathrm{j}\omega)\mathrm{e}^{-\mathrm{j}\omega\frac{n_{\mathrm{L}}-1}{2}\Delta t}$ 得

$$|g_{c1}(\mathrm{j}\omega)| = |g_0(\mathrm{j}\omega)|\left|\mathrm{e}^{-\mathrm{j}\omega\frac{n_{\mathrm{L}}-1}{2}\Delta t}\right| = g_0 \qquad (2.2.16)$$

式中：$g_0 = |g_{c1}(\mathrm{j}\omega)|$，表示第 1 组简单线性组合的第 1 个单位检波器输出信号的振幅谱，
容易理解等腰梯形加权组合所有单位检波器输出信号的振幅谱都等于 g_0。

将式（2.2.16）代入式（2.2.15）得

$$G_{\mathrm{E}} = g_0\left|\frac{\sin\dfrac{n_{\mathrm{L}}\omega\Delta t}{2}}{\sin\dfrac{\omega \Delta t}{2}}\right|\left|\frac{\sin\dfrac{m\omega\Delta t}{2}}{\sin\dfrac{\omega \Delta t}{2}}\right| \qquad (2.2.17)$$

则等腰梯形加权组合后输出信号的振幅谱与组合前灵敏度为 1 的单位检波器输出信号的振
幅谱的比值 $\dfrac{G_{\mathrm{E}}}{g_0}$ 为

$$\frac{G_{\mathrm{E}}}{g_0} = \left|\frac{\sin\dfrac{n_{\mathrm{L}}\omega\Delta t}{2}}{\sin\dfrac{\omega \Delta t}{2}}\right|\left|\frac{\sin\dfrac{m\omega\Delta t}{2}}{\sin\dfrac{\omega \Delta t}{2}}\right| \qquad (2.2.18)$$

$$\lim_{\Delta t\to 0}\left(\frac{G_{\mathrm{E}}}{g_0}\right) = \lim_{\Delta t\to 0}\left\{\left|\frac{\sin\dfrac{n_{\mathrm{L}}\omega\Delta t}{2}}{\sin\dfrac{\omega \Delta t}{2}}\right|\left|\frac{\sin\dfrac{m\omega\Delta t}{2}}{\sin\dfrac{\omega \Delta t}{2}}\right|\right\} = mn_{\mathrm{L}} = n_{\mathrm{n}} \qquad (2.2.19)$$

即 $\dfrac{G_E}{g_0}$ 的最大值为 $mn_L = n_n$，以 $|\varphi_E|$ 表示归一化后等腰梯形加权组合输出信号的振幅谱与组合前灵敏度为 1 的单位检波器输出信号的振幅谱的比值，则有

$$|\varphi_E| = \frac{G_E}{n_n g_0} = \frac{1}{mn_L} \left| \frac{\sin\dfrac{n_L \omega \Delta t}{2}}{\sin\dfrac{\omega \Delta t}{2}} \frac{\sin\dfrac{m\omega \Delta t}{2}}{\sin\dfrac{\omega \Delta t}{2}} \right| \tag{2.2.20}$$

为计算绘图及对比等方便，将式（2.2.20）改写为 $\dfrac{\Delta t}{T}$ 的函数：

$$|\varphi_E| = \frac{1}{mn_L} \left| \frac{\sin\dfrac{n_L \pi \Delta t}{T}}{\sin\dfrac{\pi \Delta t}{T}} \frac{\sin\dfrac{m\pi \Delta t}{T}}{\sin\dfrac{\pi \Delta t}{T}} \right| = \frac{1}{m(n_d - m + 1)} \left| \frac{\sin\dfrac{(n_d - m + 1)\pi \Delta t}{T}}{\sin\dfrac{\pi \Delta t}{T}} \frac{\sin\dfrac{m\pi \Delta t}{T}}{\sin\dfrac{\pi \Delta t}{T}} \right| \tag{2.2.21}$$

以 $\Delta t / T$ 为自变量，m、n_d 为参数便可根据式（2.2.21）计算绘制等腰梯形加权组合响应曲线，进而可分析等腰梯形组合特点、组合参数的影响，并与其他组合方法比较。

沿用国内教科书（张明学，2010；朱广生 等，2005；何樵登，1986；陆基孟 等，1982）常用术语，$|\varphi_E|$ 就是等腰梯形加权组合响应，故式（2.2.20）和式（2.2.21）可称为等腰梯形加权组合响应函数。

2.2.3 等腰梯形加权组合特例

当 $n_L = m$ 时，式（2.2.20）变化为

$$|\varphi_E| = \frac{1}{mn_L} \left| \frac{\sin\dfrac{\omega n_L \Delta t}{2}}{\sin\dfrac{\omega \Delta t}{2}} \frac{\sin\dfrac{\omega m \Delta t}{2}}{\sin\dfrac{\omega \Delta t}{2}} \right| = \frac{1}{m^2} \left| \frac{\sin\dfrac{m\omega \Delta t}{2}}{\sin\dfrac{\omega \Delta t}{2}} \right|^2 \tag{2.2.22}$$

这正是等腰三角形组合响应［参见式（2.2.13）］，因此可以说等腰三角形加权组合是等腰梯形加权组合特例，条件是 $n_L = m$，此时有

$$n_n = mn_L = m^2 = n_L^2 \tag{2.2.23}$$

如要式（2.2.23）成立，n_n 必须是一个整数的平方。换言之，当灵敏度总和 n_n 是一个整数的平方时，等腰梯形加权组合转化为等腰三角形加权组合。$n_L = m$ 的物理意义是等腰梯形加权组合最大灵敏度的检波点只有 1 个，这种情况下的等腰梯形加权组合已转变为等腰三角形加权组合。

此外，等腰梯形加权组合又是平行四边形面积组合的特例，也是鱼骨形组合（herring bone array）及鸟爪形组合（crow's foot array）的特例，平行四边形面积组合将在第 3 章讨论，图形奇异的鱼骨形面积组合和鸟爪形面积组合将在第 4 章讨论。具有等腰梯形加权组合的知识，便能更深入理解等腰三角形加权组合、复合线性组合，以及平行四边形面积组合、鱼骨形面积组合、鸟爪形面积组合的特点。

2.2.4　等腰梯形加权组合响应特点概述

由式（2.2.21）容易知道 $|\varphi_E|$ 是 $\Delta t/T$ 的周期性函数，周期为 1。$|\varphi_E|$ 也是两个组合参数 n_L 和 m 的函数。图 2.2.2 中的红线是等腰梯形加权组合响应曲线，该组合的检波点数 n_d = 8，各检波点权系数分别为 1、2、3、4、4、3、2、1，最大灵敏度 m = 4。由于 $|\varphi_E|$ 是 $\Delta t/T$ 的周期性函数，其曲线具有周期性，周期 $\Delta t/T$ = 1。在同一周期内曲线左右对称。

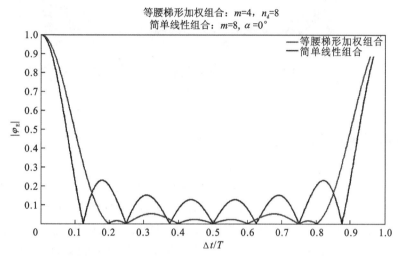

图 2.2.2　等腰梯形加权组合响应与简单线性组合响应对比图

扫描封底二维码见彩图

沿用描述简单线性组合响应曲线的术语（通放带、压制带、旁通带及主瓣、旁瓣、次瓣等）描述等腰梯形加权组合响应曲线特点。等腰梯形加权组合一个周期分为通放带、压制带、旁通带。进一步研究揭示，曲线具有周期性及左右对称的特点是等腰梯形加权组合特性曲线的共同特征。图 2.2.2 中的等腰梯形加权组合响应曲线的压制带有 6 个高低起伏变化的次瓣。

2.2.5　组合参数 m 的影响

当等腰梯形加权组合的检波点数 n_d 保持不变时，最大灵敏度 m 越大，通放带宽度越宽，压制带内 $|\varphi_E|$ 的平均值越小，这些特点说明，最大灵敏度 m 增大，防止速度较高干扰波进入通放带的能力降低，但同时提高了对落入压制带内的干扰波的压制强度。图 2.2.3 为 n_d = 14 时 5 个不同 m 的等腰梯形加权组合响应曲线对比图，可以看出当 m 由 2 逐渐增大到 6 时，通放带和旁通带的宽度从 $\Delta t/T$ = 0.033 9 依次变宽为 0.036 1、0.038 4、0.040 4、0.041 7，虽然宽度变化不大但规律性明显。随着 m 的增大，压制带内 $|\varphi_E|$ 平均值从 0.051 8 依次变为 0.038 9、0.028 4、0.020 9、0.013 6。压制带内每条曲线有数目不等的次瓣，m = 2,3,4,5,6 对应的次瓣数分别为 12、10、12、8、10，它们变化多端，但左右对称特征清晰。

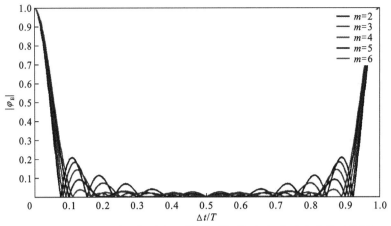

图 2.2.3　$n_d=14$ 时 5 个不同 m 的等腰梯形加权组合响应曲线对比图

扫描封底二维码见彩图

2.2.6　组合参数检波点数 n_d 的影响

当等腰梯形加权组合的最大灵敏度 m 保持不变时,检波点数 n_d 越大,通放带宽度越窄,压制带内 $|\varphi_E|$ 平均值越大,但变化很小。压制带内次瓣的左右对称特征清晰,而高低变化复杂,各条曲线次瓣数不等。这些特点说明,检波点数 n_d 增大能将更高速度的干扰波置于压制带内,但对落入压制带内的干扰波压制强度略有降低。图 2.2.4 为 $m=4$ 时 5 条不同检波点数 n_d 的等腰梯形加权组合响应曲线对比图,可以看出当 n_d 由 10 逐渐增大到 14 时,通放带和旁通带宽度随之变窄,虽然宽度变化不大但规律性明显。在压制带内, n_d 为 10、11、12、13、14 曲线的次瓣数分别为 8、6、10、10、12 个。它们变化复杂,但左右对称特征清晰,其中左右两边的两个次瓣的高度都随 n_d 的增大而变高,但所有次瓣的高度都小于 0.15。

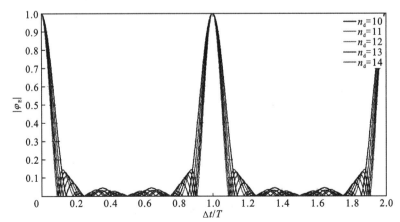

图 2.2.4　$m=4$ 时 5 条不同检波点数 n_d 的等腰梯形加权组合响应曲线对比图

扫描封底二维码见彩图

2.2.7 等腰梯形加权组合参数 n_L 与 m 的奇偶性

等腰梯形加权组合参数 n_L 与 m 的奇偶性及其搭配关系决定了组合响应曲线的波瓣数。在 n_L 与 m 搭配为奇奇、奇偶、偶奇时，组合响应曲线波瓣数最大值是 n_d，但只要 n_L 是 m 的整数倍时，或 n_L 与 m 有公约数并且有 $\dfrac{i_L}{n_L}=\dfrac{i_m}{m}$ 、 $i_L=1,2,3,\cdots,(L-1)$ 及 $i_m=1,2,3,\cdots,(m-1)$ 时，组合响应曲线就会减少 1 至多个波瓣。当 n_L 与 m 都是偶数时，组合响应曲线波瓣数最大值是 n_d-1，但当 n_L 是 m 的整数倍，且 $m\geqslant4$ 或 n_L 与 m 有公约数，且最大公约数 $\geqslant4$，并有 $\dfrac{i_L}{n_L}=\dfrac{i_m}{m}$ 且 $\dfrac{i_L}{n_L}=\dfrac{i_m}{m}\neq0.5$ 时，组合响应曲线的波瓣数就会减少 1 至多个。当 n_L 与 m 都是偶数时，多数情况下每个周期内有 n_d-1 个波瓣，当 n_L 与 m 搭配为奇奇、奇偶、偶奇时，多数情况下每个周期内出现 n_d 个波瓣，在少数时候会发生波瓣数减少。等腰梯形组合转化成等腰三角形组合后组合响应曲线的特点也发生变化。

2.2.8 等腰梯形加权组合与等腰三角形加权组合性能比较

图 2.2.5 为等腰梯形加权组合响应与等腰三角形加权组合响应对比图，前者检波点数为 14，共有单位检波器 56 个；后者检波点数为 15，有单位检波器 64 个。如图 2.2.5 所示，等腰梯形加权组合与等腰三角形加权组合通放带几乎重合，具体计算数据显示前者通放带宽度（0.042 8）略宽于后者（0.040 2），等腰梯形加权组合压制带内 $|\varphi_E|$ 平均值（0.012 9）略低于等腰三角形加权组合压制带内 $|\varphi_{IT}|$ 平均值（0.015 0）。这表明，等腰梯形加权组合在比等腰三角形加权组合少用 8 个单位检波器，组长缩短 1 个组内距的情况下，保持通放带宽度无有效变化，压制带内平均值有所降低，提高了衰减干扰波的能力。换言之如果将等腰三角形加权组合中间检波点处 8 个单位检波器全部去掉，其衰减干扰波的能力会有所提高。

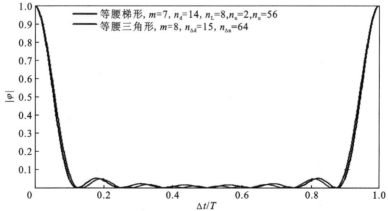

图 2.2.5 等腰梯形加权组合（$n_d=14$）与等腰三角形加权组合（$n_{\Delta d}=15$）响应对比图

扫描封底二维码见彩图

图 2.2.6 为等腰梯形加权组合响应与等腰三角形加权组合响应对比图,前者检波点数是8,单位检波器数为 20;后者检波点数为 9,单位检波器数为 25。等腰梯形加权组合通放带的宽度(0.072 0)比等腰三角形加权组合通放带的宽度(0.065 0)宽。在压制带内,等腰梯形加权组合$|\varphi_E|$的平均值为 0.022 0,小于等腰三角形加权组合$|\varphi_\Pi|$的平均值 0.026 4。这说明等腰三角形加权组合阻止高速干扰波进入通放带能力稍强于等腰梯形加权组合;对于落入压制带内干扰波的衰减强度,等腰梯形加权组合的更强些。而且等腰梯形加权组合比等腰三角形加权组合少用 5 个检波器,其检波器的组长比等腰三角形加权组合的组长小1 个组内距。这说明,将本例的等腰三角形加权组合中间检波点的 5 个单位检波器都去掉,就变成本例的等腰梯形加权组合,其压制干扰波的能力比原等腰三角形加权组合还要强,付出的代价仅仅是通放带宽度略大一些。

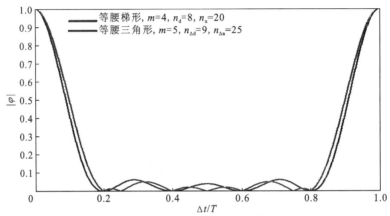

图 2.2.6 等腰梯形加权组合响应(n_d=8)与等腰三角形加权组合($n_{\Delta d}$=9)响应对比图

扫描封底二维码见彩图

图 2.2.7 为等腰梯形加权组合响应与等腰三角形加权组合响应对比图,前者单位检波器数为 24,后者单位检波器数为 25,二者检波点数都是 9。如图 2.2.7 所示,两种组合通放带几乎重合,具体计算数据指出,实际上等腰梯形加权组合通放带的宽度(0.063 5)比等腰三角形加权组合通放带的宽度(0.065 0)略窄。等腰梯形加权组合压制带内$|\varphi_E|$的平均

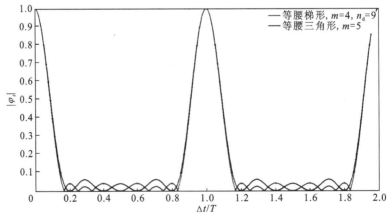

图 2.2.7 等腰梯形加权组合(n_d=9)响应与等腰三角形加权组合响应对比图

扫描封底二维码见彩图

值为 0.021 8，低于等腰三角形加权组合 $|\varphi_{IT}|$ 的平均值 0.026 4。这说明无论是将干扰波置于压制带内的能力，还是对落入压制带内干扰波的压制能力，等腰梯形加权组合都强于等腰三角形加权组合，并且等腰梯形加权组合还比等腰三角形加权组合少用一个检波器。

上述三个例子说明，等腰梯形加权组合衰减干扰波、提高信噪比的性能优于等腰三角形加权组合，并能减少检波器数量，缩短检波器组长，付出的代价仅仅是通放带宽度稍有增大，而且有时并不需要付出这一代价。进一步研究揭示，这一结论具有普适性，并且当这两种组合中间检波点的灵敏度 m 更大时，二者通放带宽度差别更小，等腰梯形加权组合压制带内 $|\varphi|$ 的平均值依然低于等腰三角形加权组合压制带内 $|\varphi|$ 的平均值，甚至更低一些。

2.2.9　等腰梯形加权组合与简单线性组合性能比较

2.1 节已经证明检波点数相同的等腰三角形加权组合与简单线性组合比较，前者将较高速度干扰波置于压制带内的能力不如后者，前者对落入压制带内干扰波的压制力度比后者强得多。2.2.8 小节已证明等腰梯形加权组合的性能优于等腰三角形加权组合的性能，故可推知等腰梯形加权组合的性能优于简单线性组合的性能。图 2.2.2 为等腰梯形加权组合响应与简单线性组合响应对比图，二者的检波点数都是 8。如图 2.2.2 所示，前者的通放带宽度比后者宽。二者的次瓣数都是 6，前者的次瓣高度比后者低得多。说明前者将较高速度干扰波置于压制带内的能力不如后者，前者对落入压制带内干扰波的压制力度比后者强得多。这个例子和更多例子分析结果都支持上述推论。

2.2.10　小结

（1）等腰梯形加权组合最大灵敏度 m 增大，可提高落入压制带内的干扰波的压制强度，但阻止速度较高干扰波进入通放带的能力略有降低。检波点数 n_d 增大，可将更高速度的干扰波置于压制带，对落入压制带内的干扰波的压制强度却略有降低。

（2）等腰梯形加权组合响应曲线是左右对称的曲线，压制带内的波瓣高低起伏，而且次瓣高度都较低。组合参数 n_L 和 m 的奇偶性及其搭配关系决定了组合响应曲线的波瓣数。

（3）等腰梯形加权组合衰减干扰波提高信噪比的性能优于等腰三角形组合衰减干扰波提高信噪比的性能：如果去掉等腰三角形加权组合的中间检波点的 m 个检波器，则形成的等腰梯形加权组合衰减干扰波的能力优于原等腰三角形加权组合衰减干扰波的能力，而二者通放带宽度没有实质性变化，或等腰梯形加权组合通放带仅比原等腰三角形加权组合的略宽一点。

（4）相比于等腰三角形加权组合，等腰梯形加权组合可用较少检波器和较短组合长度并获得较强衰减干扰波能力。

（5）等腰三角形加权组合是等腰梯形加权组合的特例。等腰梯形加权组合响应式（2.2.20）或式（2.2.21）同样适用于等腰三角形加权组合响应的计算。

（6）在检波点数相同的情况下，等腰梯形加权组合将视速度较高的干扰波置于压制带内的能力不如简单线性组合，但对已落入压制带内干扰波的衰减力度比简单线性组合强得多。

2.3 切比雪夫多项式加权组合

切比雪夫多项式加权组合法是 Holzman（1963）首先提出的一种地震勘探加权组合法。但因野外作业难以实现工业化生产，一直未能在地震数据采集中推广使用，于 20 世纪末在地震数据采集设计中获得实际工业应用。

2.3.1 切比雪夫多项式加权组合原理

设组合组长（或基距）关于中点对称的一维离散组合的响应方程（Holzman，1963）（即方向特性）为

$$S_n(\psi) = \sum_{k=0}^{[m/2]} \varepsilon_{m-2k} a_k \cos[(m-2k)(\psi/2)] \tag{2.3.1}$$

其中：

$$\psi = \frac{2\pi}{\lambda} d \sin\theta + \alpha \tag{2.3.2}$$

式中：d 为组内距；θ 为方位角；α 为传播相位；λ 为波长，$\lambda = v/f$；$m = n-1$ 表示 n 个检波器组合可以用 m 个多项式加权求和来描述；a_k 为加权系数；$[m/2]$ 中的方括号表示取整数，$m/2$ 表示具有中点对称性的 m 个求和项简化为 $m/2$ 个求和项；ε_{m-2k} 为纽曼系数，是为了使 m 个多项式加权求和与 $m/2$ 个多项式加权求和的结果相等而增加的一个系数项，其表达式为

$$\varepsilon_{m-2k} = \begin{cases} 1, & m-2k=0 \\ 2, & m-2k \neq 0 \end{cases} \tag{2.3.3}$$

纽曼系数取值与检波器组合个数的关系，如图 2.3.1 所示。

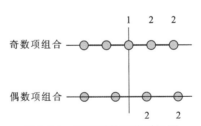

图 2.3.1 纽曼系数取值说明图

2.3.2 切比雪夫多项式概述

检波器线性组合特性如同一个低通滤波器，为了便于设计低通滤波器（即容易控制通带和阻带的宽度及振幅值的大小），将 n 个检波器线性组合描述成 $m = n-1$ 阶多项式的线性组合。为了便于计算式（2.3.1）中的余弦项，设任意复数 z 的三角表达式为

$$z = |z|(\cos\omega + j\sin\omega) \tag{2.3.4}$$

当 $|z|=1$ 时，则 z^m 可由棣莫弗定理表示为

$$z^m = (\cos\omega + j\sin\omega)^m = \cos(m\omega) + j\sin(m\omega) \tag{2.3.5}$$

由于式（2.3.1）中含有 cos 项，因此要考虑 $\cos(m\omega)$ 的计算，由倍角公式得

$$\cos(m\omega) = \sum_{k=0}^{[m/2]} (-1)^k C_m^{2k} (\cos^{m-2k}\omega)\sin^{2k}\omega \tag{2.3.6}$$

令 $\psi/2 = \omega$，$x = \cos\omega$，将 x 代入式（2.3.6）右端，则 $\cos(m\omega)$ 可以用第一类切比雪夫多项式表示为

$$\cos(m\omega) = \sum_{k=0}^{[m/2]} (-1)^k C_m^{2k} (x^{m-2k})(1-x^2)^{2k} = T_m(x) \tag{2.3.7}$$

于是式（2.3.1）可表示为

$$G_n(x) = \sum_{k=0}^{[m/2]} \varepsilon_{m-2k} a_k T_{m-2k}(x) \tag{2.3.8}$$

由于 $|x = \cos\omega| \leqslant 1$，不能构成低通滤波器所需范围，将 x 放大 σ 倍，即令 $u = \sigma x$，则式（2.3.8）变为

$$T_m(\sigma x) = \sum_{k=0}^{[m/2]} \varepsilon_{m-2k} a_k T_{m-2k}(\sigma x) \tag{2.3.9}$$

式（2.3.9）的多项式可由如下递推公式得到：

$$\begin{aligned}
& T_0(u) = 1 \\
& T_1(u) = u \\
& \quad \cdots \\
& T_{m+1}(u) = 2u T_m(u) - T_{m-1}(u)
\end{aligned} \tag{2.3.10}$$

根据切比雪夫多项式的正交性，可得权系数计算公式为

$$a_k = \frac{2}{n} \sum_{s=0}^{[m/2]} \varepsilon_s T_m\left(\sigma\cos\frac{s\pi}{n}\right) T_{m-2k}\left(\cos\frac{s\pi}{n}\right) \tag{2.3.11}$$

当已知干扰波的最小波长 λ_s 和最大波长 λ_L 时，则可算出以下参数。

组内距：

$$d = \frac{\lambda_s \lambda_L}{\lambda_s + \lambda_L} \tag{2.3.12}$$

压制带宽度：

$$\beta = \frac{\lambda_s + \lambda_L}{\lambda_s} = \frac{\lambda_L}{d} \tag{2.3.13}$$

扩展因子：

$$\sigma = \sec(\pi d / \lambda_L) = \frac{1}{\cos(\pi d / \lambda_L)} \tag{2.3.14}$$

通带幅度：

$$R = T_m(\sigma) \tag{2.3.15}$$

检波器个数：

$$n = \frac{\cosh^{-1} R}{\cosh^{-1}\sigma} + 1 \tag{2.3.16}$$

2.3.3 切比雪夫多项式组合的计算举例

假设已知干扰波最大波长和最小波长分别为 $\lambda_L = 40\,\mathrm{m}$、$\lambda_s = 10\,\mathrm{m}$，则可求得以下参数。

组内距：

$$d = 400 / 50 = 8 \qquad (2.3.17)$$

扩展因子：

$$\sigma = \frac{1}{\cos(\pi d / \lambda_L)} = \frac{1}{\cos(\pi / 5)} = 1.24 \qquad (2.3.18)$$

通带幅度：给定 m，可按式（2.3.10）递推。

令 $R = 29.5$，检波器个数：

$$n = \frac{\cosh^{-1} R}{\cosh^{-1} \sigma} + 1 = \frac{\cosh^{-1}(29.5)}{\cosh^{-1}(1.24)} + 1 \approx 7 \qquad (2.3.19)$$

加权系数：用 $n/4$ 乘以式（2.3.11），则加权系数的矩阵表达式为

$$
\begin{pmatrix} a_0 \\ a_1 \\ a_2 \\ a_3 \end{pmatrix} =
\begin{pmatrix}
\frac{1}{2}T_6(\cos 0) & T_6\left(\cos\frac{\pi}{7}\right) & T_6\left(\cos\frac{2\pi}{7}\right) & T_6\left(\cos\frac{3\pi}{7}\right) \\
\frac{1}{2}T_4(\cos 0) & T_4\left(\cos\frac{\pi}{7}\right) & T_4\left(\cos\frac{2\pi}{7}\right) & T_4\left(\cos\frac{3\pi}{7}\right) \\
\frac{1}{2}T_2(\cos 0) & T_2\left(\cos\frac{\pi}{7}\right) & T_2\left(\cos\frac{2\pi}{7}\right) & T_2\left(\cos\frac{3\pi}{7}\right) \\
\frac{1}{2}T_0(\cos 0) & T_0\left(\cos\frac{\pi}{7}\right) & T_0\left(\cos\frac{2\pi}{7}\right) & T_0\left(\cos\frac{3\pi}{7}\right)
\end{pmatrix}
\times
\begin{pmatrix}
T_6(\sigma\cos 0) \\
T_6\left(\sigma\cos\frac{\pi}{7}\right) \\
T_6\left(\sigma\cos\frac{2\pi}{7}\right) \\
T_6\left(\sigma\cos\frac{3\pi}{7}\right)
\end{pmatrix}
\qquad (2.3.20)
$$

$$
\begin{pmatrix} a_0 \\ a_1 \\ a_2 \\ a_3 \end{pmatrix} =
\begin{pmatrix}
0.5 & -0.901\,0 & 0.623\,5 & -0.222\,5 \\
0.5 & -0.222\,5 & -0.901\,0 & 0.623\,5 \\
0.5 & 0.623\,5 & -0.222\,5 & -0.901\,0 \\
0.5 & 1 & 1 & 1
\end{pmatrix}
\times
\begin{pmatrix}
29.521\,4 \\
8.910\,9 \\
-0.556\,5 \\
0.106\,3
\end{pmatrix}
=
\begin{pmatrix}
6.361\,3 \\
13.345\,7 \\
20.344\,7 \\
23.221\,4
\end{pmatrix}
\qquad (2.3.21)
$$

得标准化后权系数为：274—575—876—1000—876—575—274。

这个组合是 7 个检波器的线性组合，阻带幅度为 $1/R$ 时，各检波器的灵敏度为标准化后权系数，其方向特性曲线如图 2.3.2 所示。

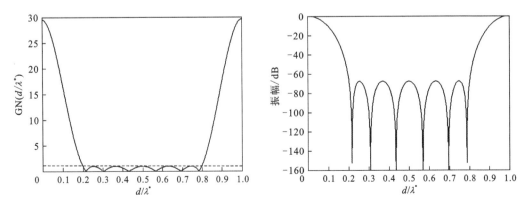

图 2.3.2 检波器线性组合方向特性曲线图

GN 为振幅，d/λ^* 为距离比质波长

2.3.4 切比雪夫多项式加权组合响应曲线特点

切比雪夫多项式加权组合响应曲线有如下特点。

（1）切比雪夫多项式加权组合阻带峰值具有相同值，不超过通带峰值的 $1/R$，可用来计算其信噪比。

（2）阻带内有 $n-1$ 个零点，零点间隔不相等：

$$x_{0k} = \frac{1}{\sigma} \cos\left[\frac{(2k-1)\pi}{2m}\right], \quad k=1,2,\cdots,m \tag{2.3.22}$$

（3）阻带内有 $n-2$ 个极点：

$$x_{pk} = \frac{1}{\sigma} \cos\left[\frac{k\pi}{m}\right], \quad k=1,2,\cdots,m-1 \tag{2.3.23}$$

（4）n 个检波器组合的方向特性可用 $n-1$ 阶切比雪夫多项式表示。

（5）检波器组合基距：$(n-1)d > \lambda_L$。

（6）切比雪夫多项式加权组合方向特性曲线左右对称，通放带峰值为 R；选择适当灵敏度，R 可为 $1\sim\infty$ 任意大，但 R 为 ∞ 时，通放带无限宽。即组合的长度应大于干扰波的最大波长。

切比雪夫多项式加权组合组内距相等，组内各检波器的权系数以中点为对称，各检波器的权系数为切比雪夫多项式加权组合的加权系数。这种组合由于检波器权系数分布特殊，一直没能在野外数据采集中实现工业化应用。20 世纪末地球物理学家利用切比雪夫多项式加权组合特有的性质，得到关于干扰波的传播方向、视速度、能量和信噪比等参数，用以指导检波器组合和观测系统的设计。上述优点引起国内物探工程师的注意（凌云 等，2000；詹世凡 等，2000）。

2.4　复合线性组合

复合线性组合是朱广生等（2005）提出的。这种方法是将若干子线性组合叠加而成的线性组合，所有子组合检波器皆沿 x 轴（测线）布置。简单的复合线性组合的子组合都是检波点数相同的简单线性组合，并且各子组合的组内距 Δx 都相等，如图 2.4.1 所示。当各子组合间错开的距离为子组合的组内距 Δx 的倍数时，实际上是一种线性加权组合；若非整数倍时，则是各检波点权系数不同和/或组内距不等的加权组合[图 2.4.1（a）]。复合线性组合可达到加强对干扰波的压制水平，又不至于拉长组长的要求。一般组内距不等的复合线性组合统计效应比一般加权组合的好。

应该指出的是，上述各节加权组合仍是线性组合，它仍存在线性组合的最大缺点，即不能压制垂直测线方向来的干扰波。

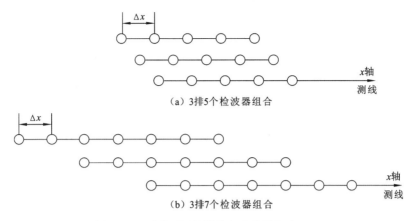

（a）3排5个检波器组合

（b）3排7个检波器组合

图 2.4.1　两种不同的简单复合线性组合

各个子组合都是沿 x 轴（测线）布置，并互相叠合；为了看清各个子组合相对位置关系特将它们分开表示

2.4.1　复合线性组合响应

比较简单的复合线性组合是由 m 组简单线性组合（子组合）复合而成，每个子组合具有相同的组内距 Δx 和检波点数 n，相邻子组合中点错开距离 $d\Delta x$ 相等（d 为自然数）。将子组合输出信号的频谱记为 $G_{Zi}(j\omega)$。根据 1.1.2 小节中关于等效检波器概念及式（1.1.14）和式（1.1.16），每个子组合相当于其中点处的一个等效检波器，该等效检波器输出信号频谱为 $G_{Zi}(j\omega)$，$G_{Zi}(j\omega)$ 是该子组合中点处单个检波器输出信号的频谱 $g_{Zi}(j\omega)$ 的 $P_{Zi}(j\omega)$ 倍：

$$G_{Zi}(j\omega) = P_{Zi}(j\omega)g_{Zi}(j\omega) \tag{2.4.1}$$

其中：

$$P_{Zi}(j\omega) = \frac{\sin\dfrac{n\omega\Delta t}{2}}{\sin\dfrac{\omega\Delta t}{2}} \tag{2.4.2}$$

式中：$\Delta t = \dfrac{\Delta x}{V^{*}}$，$V^{*}$ 为波沿测线方向传播的视速度。式（2.4.2）说明 $P_{Zi}(j\omega)$ 与子组合的序号 i 无关，因此下面讨论中去掉 $P_{Zi}(j\omega)$ 下标中的"i"，式（2.4.1）可改写为

$$G_{Zi}(j\omega) = P_Z(j\omega)g_{Zi}(j\omega) \tag{2.4.3}$$

整个复合线性组合总输出信号的频谱 $G_{F}(j\omega)$ 为

$$G_{F}(j\omega) = \sum_{i=1}^{m} P_Z(j\omega)g_{Zi}(j\omega) = P_Z(j\omega)\sum_{i=1}^{m} g_{Zi}(j\omega) \tag{2.4.4}$$

设第 1 个子组合中点处单个检波器输出信号的频谱为 $g_{Z1}(j\omega)$，则第 2 个子组合中点处单个检波器输出信号的频谱为 $g_{Z1}(j\omega)\mathrm{e}^{-j\omega\Delta t_m}$，式中 $\Delta t_m = \dfrac{d\Delta x}{V^{*}} = d\Delta t$。

第 3 个子组合中点单个检波器输出信号的频谱为 $g_{Z1}(j\omega)\mathrm{e}^{-j\omega 2\Delta t_m}$。

……

第 m 个子组合中点单个检波器输出信号的频谱为 $g_{Z1}(j\omega)\mathrm{e}^{-j\omega(m-1)\Delta t_m}$。

这样，复合线性组合总输出信号的频谱 $G_F(j\omega)$ 为

$$G_F(j\omega) = P_Z(j\omega)\sum_{i=1}^{m}g_{Zi}(j\omega) = P_Z(j\omega)\sum_{i=0}^{m-1}g_{Z1}(j\omega)e^{-j\omega i\Delta t_m} = P_Z(j\omega)g_{Z1}(j\omega)\sum_{i=0}^{m-1}e^{-j\omega i\Delta t_m} \quad (2.4.5)$$

根据式（1.1.16）和式（1.1.18）得

$$\sum_{i=0}^{n-1}e^{-j\omega i\Delta t} = \frac{\sin\dfrac{n\omega\Delta t}{2}}{\sin\dfrac{\omega\Delta t}{2}}e^{-j\frac{(n-1)\omega\Delta t}{2}} \quad (2.4.6)$$

这样可直接写出式（2.4.5）中的 $\displaystyle\sum_{i=0}^{m-1}e^{-j\omega i\Delta t_m}$：

$$\sum_{i=0}^{m-1}e^{-j\omega i\Delta t_m} = \frac{\sin\dfrac{m\omega\Delta t_m}{2}}{\sin\dfrac{\omega\Delta t_m}{2}}e^{-j\frac{(m-1)\omega\Delta t_m}{2}} \quad (2.4.7)$$

将式（2.4.7）代入式（2.4.5）得

$$G_F(j\omega) = P_Z(j\omega)g_{Z1}(j\omega)\sum_{i=0}^{m-1}e^{-j\omega i\Delta t_m} = P_Z(j\omega)\frac{\sin\dfrac{m\omega\Delta t_m}{2}}{\sin\dfrac{\omega\Delta t_m}{2}}g_{Z1}(j\omega)e^{-j\frac{(m-1)\omega\Delta t_m}{2}} \quad (2.4.8)$$

式中：$g_{Z1}(j\omega)e^{-j\frac{(m-1)\omega\Delta t_m}{2}}$ 恰是中间子组合的中点处单个检波器输出信号的频谱，也就是整个复合线性组合中点处单个检波器输出信号的频谱，将其记为 $g_{Zc}(j\omega)$：

$$g_{Zc}(j\omega) = g_{Z1}(j\omega)e^{-j\omega\frac{(m-1)}{2}\Delta t_m} \quad (2.4.9)$$

$$G_F(j\omega) = P_Z(j\omega)\frac{\sin\dfrac{m\omega\Delta t_m}{2}}{\sin\dfrac{\omega\Delta t_m}{2}}g_{Zc}(j\omega) = \frac{\sin\dfrac{n\omega\Delta t}{2}}{\sin\dfrac{\omega\Delta t}{2}}\frac{\sin\dfrac{m\omega\Delta t_m}{2}}{\sin\dfrac{\omega\Delta t_m}{2}}g_{Zc}(j\omega) = P_F(j\omega)g_{Zc}(j\omega) \quad (2.4.10)$$

式中：

$$P_F(j\omega) = \frac{\sin\dfrac{n\omega\Delta t}{2}}{\sin\dfrac{\omega\Delta t}{2}}\frac{\sin\dfrac{m\omega\Delta t_m}{2}}{\sin\dfrac{\omega\Delta t_m}{2}} = \frac{\sin\dfrac{n\omega\Delta t}{2}}{\sin\dfrac{\omega\Delta t}{2}}\frac{\sin\dfrac{m\omega d\Delta t}{2}}{\sin\dfrac{\omega d\Delta t}{2}} \quad (2.4.11)$$

则复合线性组合总输出信号的振幅谱 $|G_F(j\omega)|$ 为

$$|G_F(j\omega)| = |P_F(j\omega)||g_{Zc}(j\omega)| = P_F g_{Zc} \quad (2.4.12)$$

式中：$P_F = |P_F(j\omega)|$，g_{Zc} 为复合线性组合中点处单个检波器输出信号的振幅谱，$g_{Zc} = |g_{Zc}(j\omega)|$。

当 $\Delta x \to 0$ 或 $V^* \to \infty$ 时，$\Delta t \to 0$，$P_F \to mn$，将 $\dfrac{P_F(j\omega)}{mn}$ 记为 φ_F；$\dfrac{|P_F(j\omega)|}{mn}$ 记为 $|\varphi_F|$：

$$\varphi_F = \frac{1}{mn}\frac{\sin\dfrac{n\omega\Delta t}{2}}{\sin\dfrac{\omega\Delta t}{2}}\frac{\sin\dfrac{m\omega d\Delta t}{2}}{\sin\dfrac{\omega d\Delta t}{2}} \quad (2.4.13)$$

$$|\varphi_F| = \frac{1}{mn} \left| \frac{\sin \frac{n\omega\Delta t}{2}}{\sin \frac{\omega\Delta t}{2}} \frac{\sin \frac{m\omega d\Delta t}{2}}{\sin \frac{\omega d\Delta t}{2}} \right| \tag{2.4.14}$$

式（2.4.14）就是子组合具有相同的组内距 Δx 和检波点数 n 的复合线性组合响应函数。

2.4.2 复合线性组合特例

1. 特例一

当相邻子组合中点错开距离等于子组合一个组内距 Δx 时，相邻子组合中点错开距离等于子组合一个组内距 Δx 时 $d=1$，将 $d=1$ 代入式（2.4.14）得

$$|\varphi_F| = \frac{1}{mn} \left| \frac{\sin \frac{n\omega\Delta t}{2}}{\sin \frac{\omega\Delta t}{2}} \frac{\sin \frac{m\omega d\Delta t}{2}}{\sin \frac{\omega d\Delta t}{2}} \right| = \frac{1}{mn} \left| \frac{\sin \frac{n\omega\Delta t}{2}}{\sin \frac{\omega\Delta t}{2}} \frac{\sin \frac{m\omega\Delta t}{2}}{\sin \frac{\omega\Delta t}{2}} \right| \tag{2.4.15}$$

因 $d=1$，故整个复合线性组合的检波点数 n_d 为

$$n_d = n + (m-1) = m + n - 1 \tag{2.4.16}$$

回顾 2.2 节等腰梯形加权组合响应式（2.2.20）及其相关参数式（2.2.3）：

$$|\varphi_E| = \frac{1}{mn_L} \left| \frac{\sin \frac{n_L\omega\Delta t}{2}}{\sin \frac{\omega\Delta t}{2}} \frac{\sin \frac{m\omega\Delta t}{2}}{\sin \frac{\omega\Delta t}{2}} \right| \tag{2.4.17}$$

其中：

$$n_L = n_d - m + 1 \tag{2.4.18}$$

式中：n_d 为等腰梯形加权组合的检波点数。

则

$$n_d = m + n_L - 1 \tag{2.4.19}$$

式（2.4.16）中的 n_d 是 $d=1$ 时等腰梯形加权组合的检波点数，其中 n_L 是等腰梯形加权组合分解出的各简单线性组合的检波点数，与复合线性组合各个子组合的检波点数意义一样。式（2.4.16）中的 n_d 是 $d=1$ 时复合线性组合的检波点数，可见式（2.4.16）与式（2.4.19）中的 n_d 完全相同。同样容易知道二式中自变量 Δt 意义也相同。由此可以看出，$d=1$ 时的复合线性组合已变化为等腰梯形加权组合，或者说等腰梯形加权组合是复合线性组合的一个特例。

2. 特例二

当相邻子组合中点错开距离等于子组合一个组内距并且 $m=n$ 时，相邻子组合中点错开距离等于子组合组内距并且子组合的组数 m 与子组合的检波点数 n 相等时，及 $d=1$，并且 $m=n$，将 $d=1$ 和 $m=n$ 代入式（2.4.14）得

$$|\varphi_F| = \frac{1}{m^2} \left| \frac{\sin \dfrac{m\omega\Delta t}{2}}{\sin \dfrac{\omega d\Delta t}{2}} \right|^2 \qquad (2.4.20)$$

将整个复合线性组合的检波点数记为 n_d，则易知

$$n_d = n + m - 1 = 2m - 1 \qquad (2.4.21)$$

$$m = \frac{n_d + 1}{2} \qquad (2.4.22)$$

回顾 2.1.1 小节等腰三角形加权组合响应式（2.1.13）：

$$|\varphi_{IT}| = \frac{1}{m^2} \left| \frac{\sin \dfrac{m\omega\Delta t}{2}}{\sin \dfrac{\omega\Delta t}{2}} \right|^2 \qquad (2.4.23)$$

式（2.1.13）中等腰三角形加权组合的检波点数 n_d 与检波器最高权系数（最高灵敏度）m 关系式（2.1.2）给出：

$$n_d = 2m - 1 \qquad (2.4.24)$$

则 $m = \dfrac{n_d + 1}{2}$。

可见式（2.4.20）和式（2.1.13）中参数 m 的物理概念及大小完全相同，同样易知二式中 Δt 也相同。

式（2.4.20）和式（2.1.14）完全相同，式中的参数、自变量也完全相同，这就是说当复合线性组合的相邻子组合中点错开距离等于子组合一个组内距并且 $m=n$ 时，这种复合线性组合已变化为等腰三角形加权组合。或者说，等腰三角形加权组合是复合线性组合的一个特例。

第3章 检波器常用面积组合

在第1章中已经指出，检波器线性组合对侧面传播来的干扰波压制不力，甚至对垂直测线方向传播的干扰波完全不能压制。出于实际生产的需要，出现了检波器面积组合，最早实际使用的面积组合可能是矩形面积组合。

李庆忠（1983a，1983b）对震源激发地震波时产生的次生干扰波做过深入精辟的研究，多次指出侧面干扰来自四面八方，是普遍存在的，并且是最主要的干扰波。李庆忠（1983a，1983b）和胜利油田地质处（1974）明确指出压制侧面干扰最有效的方法是面积组合，包括检波器面积组合和震源面积组合，并对实际工作中"甚至有人连各种组合方向特性曲线的理论计算都不相信"表示忧虑。

长期以来，对面积组合理论研究不多，其主要原因有二：一是重视不够；二是过去计算工具能力很低，计算机远不像今天发达，计算各种面积组合响应理论曲线工作量非常大，容易出错，特别是计算检波器参数更困难，鱼骨形组合等异形面积组合尤其困难。正因如此，有时对面积组合效果只凭想当然而产生误解。

21世纪初盒子波引起较大的注意，由盒子波可抽取各种各样面积组合，包括一些异形面积组合，如"回"字形与"吕"字形等，但对这些面积组合的理解都缺少理论研究的支持，对长期以来出现在实际生产试验报告中的圆形面积组合和星形面积组合也缺乏足够理解，对鸟爪形组合、鱼骨形组合等尚无理论研究成果面世。因此有必要对这些面积组合作理论上的探讨。

3.1 检波器面积组合等效变换原理

面积组合等效变换原理是分析各种面积组合的基本方法，这种方法的思想在 Lombardi（1955）的论文中就已经出现，陆基孟等（1982）明确给出了面积组合等效变换原理的概念，并详细叙述了等效变换的方法。

等效变换方法是基于平面波的假定，即在组合检波器所分布的面积内，地震波可看作平面波，将面积组合内各检波器位置投影到波在地面的传播方向上，这样就将面积组合问题转化为线性组合问题了，这就是等效变换方法。这种投影方法相当于将检波器沿等时面移动，因此移动后波至时间不变，所以结果是等效的。根据波传播方向上的检波器分布情况，将面积组合分解为几组线性组合或（和）线性加权组合，然后，用已有线性组合公式便可得到面积组合响应函数。但应注意 n 和 ΔX 的不同，以及中心点是否重合。

图3.1.1所示为25个检波器的正方形面积组合，当波的传播方向与测线成45°角时（对角线方向），可将各检波器位置投影到45°对角线上，于是看到它相当于检波点数为9的1、2、3、4、5、4、3、2、1的等腰三角形加权组合。因此该正方形面积组合对沿对角线方向传来的波，相当于上述加权组合。也就是说，对该方向的波，正方形面积组合的方向特性曲线就是等腰三角形加权组合的方向特性曲线。

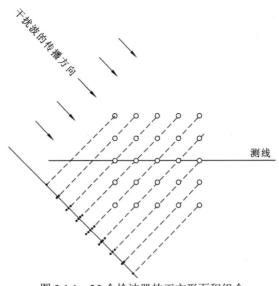

图 3.1.1　25 个检波器的正方形面积组合

　　对平行测线方向传播的波而言,该正方形面积组合相当于 5 个检波器的简单线性组合。对垂直测线方向传播的波而言,该正方形面积组合也相当于 5 个检波器的简单线性组合。

　　应该强调的是,检波器平面展布图和参数给定的面积组合,对不同方向来的干扰波压制效果是不同的,甚至差别很大。归根结底,任何一种面积组合,对某个方向来的干扰波的压制效果,都是按照等效变换原理化为线性组合,只是不同的面积组合对某个方向的干扰波化成的等效线性组合的参数和复杂程度不同而已。

3.2　矩形面积组合

　　取坐标如图 3.2.1 所示,测线平行 X 轴。矩形面积组合行数为 m,行距为 Δy（又称纵向检波点距）,每行检波点数为 n（又称列数）,间距 Δx（又称横向检波点距）,并定义 $R = \Delta y / \Delta x$,称之为纵横检波点距比。这种矩形面积组合简称为 $m \times n$ 矩形面积组合。地震波沿地面 AB 方向以视速度 V^* 传播,AB 方位角为 α,由 X 轴正方向（测线方向）逆时针旋转到 AB 正方向的方位角 α 为正,如图 3.2.1 所示 α 就是正值。

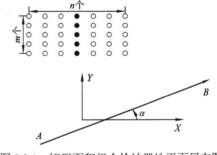

图 3.2.1　矩形面积组合检波器地平面展布图

3.2.1　矩形面积组合响应

　　矩形面积组合中的每一行或每一列都可看成一个简单线性组合。将任意第 i 行的 n 个检波器投影到 AB 方向上,则在 AB 方向上的 n 个投影点是等间距的,间距为 $\Delta x \cos \alpha$。根据等效变换原理,对沿 AB 方向传播的地震波,这 n 个投影点上的 n 个检波器的简单线性组合等效于原来位置上 n 个检波器的简单线性组合。

将第 i 行中点处单个检波器输出信号的频谱记为 $g_{ci}(\mathrm{j}\omega)$，将第 i 行的 n 个检波器简单线性组合输出信号的频谱为 $G_i(\mathrm{j}\omega)$，由式（1.1.18）～式（1.1.20）可知，$G_i(\mathrm{j}\omega)$ 等于 $g_{ci}(\mathrm{j}\omega)$ 乘以复变系数 $P_x(\mathrm{j}\omega)$：

$$G_i(\mathrm{j}\omega) = P_x(\mathrm{j}\omega)g_{ci}(\mathrm{j}\omega) \tag{3.2.1}$$

$$P_x(\mathrm{j}\omega) = \frac{\sin\left(\dfrac{n\omega\Delta t_x}{2}\cos\alpha\right)}{\sin\left(\dfrac{\omega\Delta t_x}{2}\cos\alpha\right)} \tag{3.2.2}$$

式中：

$$\Delta t_x = \frac{\Delta x}{V^*} \tag{3.2.3}$$

这样，第 i 行 n 个检波器组合可以用该行中点处一个等效检波器来代替，这个等效检波器输出信号的频谱就是 $G_i(\mathrm{j}\omega)$。矩形面积组合有 m 行检波器，共有 m 个等效检波器分别位于各行中点处，它们输出信号的频谱为各行中点处单个检波器输出信号的频谱乘以复变系数 $P_x(\mathrm{j}\omega)$。于是 m 行检波器转化为一列位于各行中点处的 m 个等效检波器。矩形面积组合问题便转化为 m 个等效检波器的简单线性组合问题。将矩形面积组合输出信号的频谱记为 $G_{\mathrm{Re}}(\mathrm{j}\omega)$，根据频谱线性叠加定理（董敏煜，2006；陆基孟 等，1982；罗伯特 等，1980）：

$$G_{\mathrm{Re}}(\mathrm{j}\omega) = \sum_{i=1}^{m} G_i(\mathrm{j}\omega) = P_x(\mathrm{j}\omega)\sum_{i=1}^{m} g_{ci}(\mathrm{j}\omega) \tag{3.2.4}$$

$\sum_{i=1}^{m} g_{ci}(\mathrm{j}\omega)$ 表示各行中点处一列单个检波器的简单线性组合输出信号的频谱的和，将这一列 m 个中点处单个检波器输出信号的频谱记为 $g_{cc}(\mathrm{j}\omega)$，易知这个"中点的中点"就是 mn 个检波器构成的矩形对角线的交点，也就是这个矩形的形心。则 $\sum_{i=1}^{m} g_{ci}(\mathrm{j}\omega)$ 等于 $g_{cc}(\mathrm{j}\omega)$ 乘以复变系数 $P_y(\mathrm{j}\omega)$。

$$\sum_{i=1}^{m} g_{ci}(\mathrm{j}\omega) = P_y(\mathrm{j}\omega)g_{cc}(\mathrm{j}\omega) \tag{3.2.5}$$

根据式（1.1.19）和等效变换原理可写出式（3.2.5）中的复变系数 $P_y(\mathrm{j}\omega)$：

$$P_y(\mathrm{j}\omega) = \frac{\sin\left(\dfrac{m\omega\Delta t_y}{2}\sin\alpha\right)}{\sin\left(\dfrac{\omega\Delta t_y}{2}\sin\alpha\right)} \tag{3.2.6}$$

式中：

$$\Delta t_y = \frac{\Delta y}{V^*} = R\Delta t_x \tag{3.2.7}$$

根据式（3.2.4）和式（3.2.5）有

$$G_{\mathrm{Re}}(\mathrm{j}\omega) = P_x(\mathrm{j}\omega)\sum_{i=1}^{m} g_{ci}(\mathrm{j}\omega) = P_x(\mathrm{j}\omega)P_y(\mathrm{j}\omega)g_{cc}(\mathrm{j}\omega) \tag{3.2.8}$$

令

$$P_{\text{Re}}(\mathrm{j}\omega) = P_x(\mathrm{j}\omega)P_y(\mathrm{j}\omega) = \frac{\sin\dfrac{n\omega\Delta t_x\cos\alpha}{2}}{\sin\dfrac{\omega\Delta t_x\cos\alpha}{2}}\frac{\sin\dfrac{m\omega\Delta t_y\sin\alpha}{2}}{\sin\dfrac{\omega\Delta t_y\sin\alpha}{2}} \tag{3.2.9}$$

则

$$G_{\text{Re}}(\mathrm{j}\omega) = P_{\text{Re}}(\mathrm{j}\omega)g_{cc}(\mathrm{j}\omega) \tag{3.2.10}$$

式（3.2.10）表明，矩形面积组合相当于矩形形心（对角线交点）上一个等效检波器，其输出信号的频谱 $G_{\text{Re}}(\mathrm{j}\omega)$ 为形心上单个检波器输出信号频谱 $g_{cc}(\mathrm{j}\omega)$ 的 $P_{\text{Re}}(\mathrm{j}\omega)$ 倍。将 $G_{\text{Re}}(\mathrm{j}\omega)$ 的振幅谱记为 G_{Re}，将 $g_{cc}(\mathrm{j}\omega)$ 的振幅谱记为 g_{cc}，则矩形面积组合输出信号的振幅谱 G_{Re} 为

$$G_{\text{Re}} = |G_{\text{Re}}(\mathrm{j}\omega)| = |P_{\text{Re}}(\mathrm{j}\omega)||g_{cc}(\mathrm{j}\omega)| = P_{\text{Re}}g_{cc} \tag{3.2.11}$$

式中：P_{Re} 为 $P_{\text{Re}}(\mathrm{j}\omega)$ 的模。由于波以视速度 V^* 沿 AB 方向传播，所以相邻行中点处单个检波器的波至时差为

$$\Delta t_y\sin\alpha = R\Delta t_x\sin\alpha \tag{3.2.12}$$

式中：

$$\Delta t_y = R\Delta t_x \tag{3.2.13}$$

当 $\Delta x\to0$、$\Delta y\to0$ 或/和 $V^*\to\infty$ 时，则 $\Delta t_x\to0$，$\Delta t_y\to0$，$P_{\text{Re}}\to mn$。

将矩形面积组合输出信号的频谱 $G_{\text{Re}}(\mathrm{j}\omega)$ 与矩形形心单个检波器输出信号频谱 $g_{cc}(\mathrm{j}\omega)$ 的 mn 倍之比记为 $\varphi_{\text{Re}}(\mathrm{j}\omega)$，并将 $|\varphi_{\text{Re}}(\mathrm{j}\omega)|$ 的模记为 $|\varphi_{\text{Re}}|$，则

$$\varphi_{\text{Re}}(\mathrm{j}\omega) = \frac{G_{\text{Re}}(\mathrm{j}\omega)}{mng_{cc}(\mathrm{j}\omega)} = \frac{P_{\text{Re}}(\mathrm{j}\omega)}{mn} \tag{3.2.14}$$

$$|\varphi_{\text{Re}}| = |\varphi_{\text{Re}}(\mathrm{j}\omega)| = \frac{|G_{\text{Re}}(\mathrm{j}\omega)|}{|mng_{cc}(\mathrm{j}\omega)|} = \frac{G_{\text{Re}}}{mng_{cc}} = \frac{|P_{\text{Re}}(\mathrm{j}\omega)|}{mn} = \frac{P_{\text{Re}}}{mn} \tag{3.2.15}$$

可见 $|\varphi_{\text{Re}}|$ 为矩形面积组合输出信号的振幅谱与形心上单个检波器输出信号振幅谱 mn 倍的比值。考虑矩形面积组合里所有单个检波器输出信号的振幅谱都相同，而 mn 是 P_{Re} 的最大值，所以 $|\varphi_{\text{Re}}|$ 实质上就是归一化的矩形面积组合输出信号的振幅谱与单个检波器输出信号的振幅谱的比值。$|\varphi_{\text{Re}}|$ 能够准确反映矩形面积组合对单个检波器输出信号的振幅谱的增益，故称之为矩形面积组合响应。将式（3.2.9）代入式（3.2.15）得

$$|\varphi_{\text{Re}}| = \frac{1}{mn}\left|\frac{\sin\dfrac{n\omega\Delta t_x\cos\alpha}{2}}{\sin\dfrac{\omega\Delta t_x\cos\alpha}{2}}\frac{\sin\dfrac{m\omega\Delta t_y\sin\alpha}{2}}{\sin\dfrac{\omega\Delta t_y\sin\alpha}{2}}\right| \tag{3.2.16}$$

式（3.2.16）还可改写为地震波视周期 T 与视波长 λ^* 等的函数形式：

$$\begin{aligned}
|\varphi_{\text{Re}}| &= \frac{1}{mn}\left|\frac{\sin\dfrac{n\omega\Delta t_x\cos\alpha}{2}}{\sin\dfrac{\omega\Delta t_x\cos\alpha}{2}}\frac{\sin\dfrac{m\omega\Delta t_y\sin\alpha}{2}}{\sin\dfrac{\omega\Delta t_y\sin\alpha}{2}}\right| = \frac{1}{mn}\left|\frac{\sin\dfrac{n\omega\Delta t_x\cos\alpha}{2}}{\sin\dfrac{\omega\Delta t_x\cos\alpha}{2}}\frac{\sin\dfrac{m\omega R\Delta t_x\sin\alpha}{2}}{\sin\dfrac{\omega R\Delta t_x\sin\alpha}{2}}\right| \\[2mm]
&= \frac{1}{mn}\left|\frac{\sin(n\pi\dfrac{\Delta t_x}{T}\cos\alpha)}{\sin(\pi\dfrac{\Delta t_x}{T}\cos\alpha)}\frac{\sin\left(m\pi R\dfrac{\Delta t_x}{T}\sin\alpha\right)}{\sin\left(\pi R\dfrac{\Delta t_x}{T}\sin\alpha\right)}\right| = \frac{1}{mn}\left|\frac{\sin\left(m\pi R\dfrac{\Delta x}{\lambda^*}\sin\alpha\right)}{\sin\left(\pi R\dfrac{\Delta x}{\lambda^*}\sin\alpha\right)}\frac{\sin\left(n\pi\dfrac{\Delta x}{\lambda^*}\cos\alpha\right)}{\sin\left(\pi\dfrac{\Delta x}{\lambda^*}\cos\alpha\right)}\right|
\end{aligned}$$

$$\tag{3.2.17}$$

3.2.2　矩形面积组合响应的影响因素

1. 波的传播方向对矩形面积组合响应的影响

将式（3.2.17）中的方位角 α 以 $-\alpha$ 代替得

$$
\begin{aligned}
|\varphi_{\mathrm{Re}}| &= \frac{1}{mn}\left|\frac{\sin\left[n\pi\dfrac{\Delta t_x}{T}\cos(-\alpha)\right]}{\sin\left[\pi\dfrac{\Delta t_x}{T}\cos(-\alpha)\right]}\frac{\sin\left[m\pi R\dfrac{\Delta t_x}{T}\sin(-\alpha)\right]}{\sin\left[\pi R\dfrac{\Delta t_x}{T}\sin(-\alpha)\right]}\right| \\
&= \frac{1}{mn}\left|\frac{\sin\left(n\pi\dfrac{\Delta t_x}{T}\cos\alpha\right)}{\sin\left(\pi\dfrac{\Delta t_x}{T}\cos\alpha\right)}\frac{\sin\left(m\pi R\dfrac{\Delta t_x}{T}\sin\alpha\right)}{\sin\left(\pi R\dfrac{\Delta t_x}{T}\sin\alpha\right)}\right|
\end{aligned}
\tag{3.2.18}
$$

上式说明 $\pm\alpha$ 的矩形面积组合响应完全一样。将式（3.2.16）中的方位角 α 以 $180°\pm\alpha$ 代替：

$$
\begin{aligned}
|\varphi_{\mathrm{Re}}| &= \frac{1}{mn}\left|\frac{\sin\left[n\pi\dfrac{\Delta t_x}{T}\cos(180°\pm\alpha)\right]}{\sin\left[\pi\dfrac{\Delta t_x}{T}\cos(180°\pm\alpha)\right]}\frac{\sin\left[m\pi R\dfrac{\Delta t_x}{T}\sin(180°\pm\alpha)\right]}{\sin\left[\pi R\dfrac{\Delta t_x}{T}\sin(180°\pm\alpha)\right]}\right| \\
&= \frac{1}{mn}\left|\frac{\sin\left(n\pi\dfrac{\Delta t_x}{T}\cos\alpha\right)}{\sin\left(\pi\dfrac{\Delta t_x}{T}\cos\alpha\right)}\frac{\sin\left(m\pi R\dfrac{\Delta t_x}{T}\sin\alpha\right)}{\sin\left(\pi R\dfrac{\Delta t_x}{T}\sin\alpha\right)}\right|
\end{aligned}
\tag{3.2.19}
$$

式（3.2.19）表明，$180°\pm\alpha$ 方向与 α 方向的矩形面积组合响应完全相同。$180°-\alpha$ 表示矩形面积组合响应具有左右对称特点。$180°+\alpha$ 还意味着 $180°\sim360°$ 的矩形面积组合响应随 α 的变化将重复 $0°\sim180°$ 的变化（表 3.2.1）。并容易证明，$360°\pm\alpha$ 与 α 的矩形面积组合响应也完全相同（证明从略）（表 3.2.1）。

表 3.2.1　矩形面积组合通放带宽度和压制带内 $|\varphi_{\mathrm{Re}}|$ 平均值随组合参数 m, n 及方位角 α 的变化

$\alpha/(°)$	$R=1$，$m=5$，$n=7$		$R=1$，$m=5$，$n=9$	
	通放带宽度	压制带 $|\varphi_{\mathrm{Re}}|$ 平均值	通放带宽度	压制带 $|\varphi_{\mathrm{Re}}|$ 平均值
0	0.063 8	0.159 7	0.049 5	0.133 2
22.5	0.066 7	0.067 0	0.052 4	0.057 2
45	0.074 9	0.054 0	0.062 2	0.046 0
67.5	0.085 4	0.069 4	0.079 3	0.060 1
90	0.090 2	0.203 0	0.090 2	0.203 0
112.5	0.085 4	0.069 4	0.079 3	0.060 1
135	0.074 9	0.054 0	0.062 2	0.046 0

$\alpha/(°)$	$R=1$, $m=5$, $n=7$		$R=1$, $m=5$, $n=9$	
	通放带宽度	压制带 $|\varphi_{Re}|$ 平均值	通放带宽度	压制带 $|\varphi_{Re}|$ 平均值
157.5	0.066 7	0.067 0	0.052 4	0.057 2
180	0.063 8	0.159 7	0.049 5	0.133 2
202.5	0.066 7	0.067 0	0.052 4	0.057 2
225	0.074 9	0.054 0	0.062 2	0.046 0
247.5	0.085 4	0.069 4	0.079 3	0.060 1
270	0.090 2	0.203 0	0.090 2	0.203 0
292.5	0.085 4	0.069 4	0.079 3	0.060 1
315	0.074 9	0.054 0	0.062 2	0.046 0
337.5	0.066 7	0.067 0	0.052 4	0.057 2
360	0.063 8	0.159 7	0.049 5	0.133 2

注：表中通放带宽度和压制带 $|\varphi_{Re}|$ 均值是在 $0 \leqslant \Delta t_x / T \leqslant 1$ 区间的计算结果。

上述讨论说明，将式（3.2.17）中的方位角 α 以 $180° \pm \alpha$ 或 $360° \pm \alpha$ 代替时，组合响应 $|\varphi_{Re}|$ 是不变的，这些都是矩形面积组合的检波器平面展布对称性的必然结果。这也意味着矩形面积组合对沿 AB 正方向和沿 AB 反方向传播干扰波的衰减能力相同。

当两个方位角 $\alpha_1 + \alpha_2 = 180°$（即二者互为补角）时，则 $\alpha_1 = 180° - \alpha_2$，根据式（3.2.17）

$$
\begin{aligned}
|\varphi_{Re}| &= \frac{1}{mn} \left| \frac{\sin\left[n\pi\dfrac{\Delta t_x}{T}\cos(180°-\alpha_2)\right]}{\sin\left[\pi\dfrac{\Delta t_x}{T}\cos(180°-\alpha_2)\right]} \frac{\sin\left[m\pi R\dfrac{\Delta t_x}{T}\sin(180°-\alpha_2)\right]}{\sin\left[\pi R\dfrac{\Delta t_x}{T}\sin(180°-\alpha_2)\right]} \right| \\
&= \frac{1}{mn} \left| \frac{\sin\left(n\pi\dfrac{\Delta t_x}{T}\cos\alpha_2\right)}{\sin\left(\pi\dfrac{\Delta t_x}{T}\cos\alpha_2\right)} \frac{\sin\left(m\pi R\dfrac{\Delta t_x}{T}\sin\alpha_2\right)}{\sin\left(\pi R\dfrac{\Delta t_x}{T}\sin\alpha_2\right)} \right| \\
&= \frac{1}{mn} \left| \frac{\sin\left(n\pi\dfrac{\Delta t_x}{T}\cos\alpha_1\right)}{\sin\left(\pi\dfrac{\Delta t_x}{T}\cos\alpha_1\right)} \frac{\sin\left(m\pi R\dfrac{\Delta t_x}{T}\sin\alpha_1\right)}{\sin\left(\pi R\dfrac{\Delta t_x}{T}\sin\alpha_1\right)} \right|
\end{aligned} \tag{3.2.20}
$$

式（3.2.20）说明，方位角 α_1、α_2 互为补角，二者的矩形面积组合响应完全相同。说明对传播方向左右对称的两个地震波矩形面积组合响应是相同的。

表 3.2.1 给出了两组实例。例如表 3.2.1 中 $m=5$，$n=9$，$R=1$ 矩形面积组合，其中 $\alpha=22.5°$ 与 $\alpha=157.5°$ 的通放带宽度都是 0.052 4，压制带内 $|\varphi_{Re}|$ 平均值都是 0.057 2。

图 3.2.2 给出了一个例子，图中纵轴为 $|\varphi_{Re}|$，横轴为 $\Delta t_x / T$，画的是 $m=5$，$n=7$，$R=0.8$ 矩形面积组合在 $0 \leqslant \Delta t_x / T \leqslant 1$ 波的传播方向不同的 $|\varphi_{Re}|$-$(\Delta t_x / T)$ 曲线的变化情况。绘图的

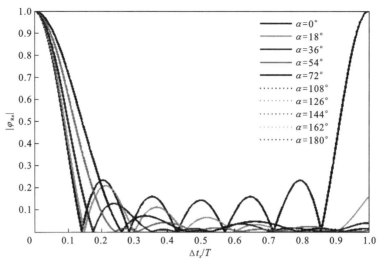

图 3.2.2　10 个不同方向上 $m=5$，$n=7$，$R=0.8$ 矩形面积组合响应

扫描封底二维码见彩图

方位角 α 共有 10 个，但在图中只显示出 5 条曲线，这正是因为 10 个 α 中两两互补，共有 5 对方位角互为补角。

如图 3.2.3 所示，除 $\alpha=0°,180°$ 外，其他方向上旁通带都移出图面外。随着 α 从 0° 逐渐增大到 90°，通放带宽度随之变宽，但压制带内 $|\varphi_{\mathrm{Re}}|$ 的平均值却随着 α 的增大而起伏变化。然而这个例子中通放带宽度规律性变化并非是普适性规律。进一步研究指出一般情况下，尤其当纵横检波点距比 R 较大时，通放带宽度随着 α 增大起伏变化；压制带内 $|\varphi_{\mathrm{Re}}|$ 的平均值也是起伏变化。

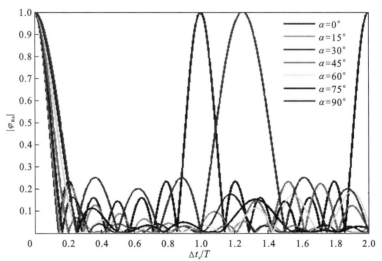

图 3.2.3　7 个不同方向上 $m=5$，$n=7$，$R=0.8$ 矩形面积组合响应

扫描封底二维码见彩图

由上述讨论可知，无论 R、m、n 大小，矩形面积组合响应在整个 $0°\leqslant\alpha\leqslant360°$ 区间可分为两组，每组又可分为两个子区间：$0°\leqslant\alpha\leqslant180°$ 为第一组，$180°\leqslant\alpha\leqslant360°$ 为第二组。第二组矩形面积组合响应随 α 的变化重复第一组矩形面积组合响应随 α 的变化。大量例子的计算数据证明了这个特点。

在 $0°\leqslant\alpha\leqslant180°$ 区间，通放带宽度和压制带内 $|\varphi_{Re}|$ 平均值按 $\alpha=180°$，$157.5°$，$135°$，$112.5°$，$90°$ 的顺序，依次与 $\alpha=0°$，$22.5°$，$45°$，$67.5°$，$90°$ 的顺序的通放带宽度和压制带内 $|\varphi_{Re}|$ 的平均值完全相同。即两个方位角互补的地震波的矩形面积组合响应完全相同（表 3.2.2 和表 3.2.3）。在 $180°\leqslant\alpha\leqslant360°$ 区间，矩形面积组合响应随方位角 α 的变化，同样表现出方位角互补的两个地震波的矩形面积组合响应完全相同的特点。

表 3.2.2　$R=1$ 矩形面积组合行数 m 固定时组合响应随每行检波点数 n 的变化矩形面积组合响应

分带	$\alpha/(°)$									组合参数
	0	22.5	45	67.5	90	112.5	135	157.5	180	
通放带宽度	0.155 3	0.157 0	0.158 8	0.157 0	0.155 3	0.157 0	0.158 8	0.157 0	0.155 3	$m=3$, $n=3$, $R=1$
	0.113 8	0.118 7	0.132 4	0.148 6	0.155 3	0.148 6	0.132 4	0.118 7	0.113 8	$m=3$, $n=4$, $R=1$
	0.090 2	0.095 3	0.112 0	0.139 4	0.155 3	0.139 4	0.112 0	0.095 3	0.090 2	$m=3$, $n=5$, $R=1$
	0.074 7	0.079 5	0.096 4	0.130 0	0.155 3	0.130 0	0.096 4	0.079 5	0.074 7	$m=3$, $n=6$, $R=1$
	0.055 7	0.059 8	0.074 8	0.112 3	0.155 3	0.112 3	0.074 8	0.059 8	0.055 7	$m=3$, $n=8$, $R=1$
	0.049 5	0.053 2	0.067 1	0.104 4	0.155 3	0.104 4	0.067 1	0.053 2	0.049 5	$m=3$, $n=9$, $R=1$
	0.037 0	0.039 9	0.051 1	0.085 1	0.155 3	0.085 1	0.051 1	0.039 9	0.037 0	$m=3$, $n=12$, $R=1$
	0.155 3	0.139 4	0.112 0	0.095 3	0.090 2	0.095 3	0.112 0	0.139 4	0.155 3	$m=5$, $n=3$, $R=1$
	0.113 8	0.110 6	0.101 9	0.093 3	0.090 2	0.093 3	0.101 9	0.110 6	0.113 8	$m=5$, $n=4$, $R=1$
	0.090 2	0.091 0	0.091 9	0.091 0	0.090 2	0.091 0	0.091 9	0.091 0	0.090 2	$m=5$, $n=5$, $R=1$
	0.074 7	0.077 0	0.082 9	0.088 4	0.090 2	0.088 4	0.082 9	0.077 0	0.074 7	$m=5$, $n=6$, $R=1$
	0.063 9	0.066 7	0.074 9	0.085 4	0.090 2	0.085 4	0.074 9	0.066 7	0.063 8	$m=5$, $n=7$, $R=1$
	0.055 7	0.058 7	0.068 1	0.082 4	0.090 2	0.082 4	0.068 1	0.058 7	0.055 7	$m=5$, $n=8$, $R=1$
	0.049 5	0.052 4	0.062 2	0.079 3	0.090 2	0.079 3	0.062 2	0.052 4	0.049 5	$m=5$, $n=9$, $R=1$
	0.037 0	0.039 6	0.048 9	0.070 0	0.090 2	0.070 0	0.048 9	0.039 6	0.037 0	$m=5$, $n=12$, $R=1$
压制带内 $\mid\varphi_{Re}\mid$ 的平均值	0.289 3	0.143 3	0.127 5	0.143 3	0.289 3	0.143 3	0.127 5	0.143 3	0.289 3	$m=3$, $n=3$, $R=1$
	0.237 4	0.121 3	0.097 1	0.142 7	0.289 3	0.142 7	0.097 1	0.121 3	0.237 4	$m=3$, $n=4$, $R=1$
	0.203 0	0.105 2	0.084 4	0.115 5	0.289 3	0.115 5	0.084 4	0.105 2	0.203 0	$m=3$, $n=5$, $R=1$
	0.178 3	0.092 4	0.077 3	0.102 4	0.289 3	0.102 4	0.077 3	0.092 4	0.178 3	$m=3$, $n=6$, $R=1$
	0.145 0	0.075 2	0.064 8	0.090 1	0.289 3	0.090 1	0.064 8	0.075 2	0.145 0	$m=3$, $n=8$, $R=1$
	0.133 2	0.069 2	0.060 8	0.081 0	0.289 3	0.081 0	0.060 8	0.069 2	0.133 2	$m=3$, $n=9$, $R=1$
	0.107 8	0.056 6	0.051 3	0.067 6	0.289 3	0.067 6	0.051 3	0.056 6	0.107 8	$m=3$, $n=12$, $R=1$
	0.289 3	0.115 5	0.084 4	0.105 2	0.203 0	0.105 2	0.084 4	0.115 5	0.289 3	$m=5$, $n=3$, $R=1$
	0.237 4	0.096 8	0.075 5	0.099 2	0.203 0	0.099 2	0.075 5	0.096 8	0.237 4	$m=5$, $n=4$, $R=1$
	0.203 0	0.082 7	0.073 0	0.082 7	0.203 0	0.082 7	0.073 0	0.082 7	0.203 0	$m=5$, $n=5$, $R=1$
	0.178 3	0.074 1	0.058 8	0.074 6	0.203 0	0.074 6	0.058 8	0.074 1	0.178 3	$m=5$, $n=6$, $R=1$
	0.159 7	0.067 0	0.054 0	0.069 4	0.203 0	0.069 4	0.054 0	0.067 0	0.159 6	$m=5$, $n=7$, $R=1$
	0.145 0	0.061 8	0.049 9	0.060 7	0.203 0	0.060 7	0.049 9	0.061 8	0.145 0	$m=5$, $n=8$, $R=1$
	0.133 2	0.057 2	0.046 0	0.060 1	0.203 0	0.060 1	0.046 0	0.057 2	0.133 2	$m=5$, $n=9$, $R=1$
	0.107 8	0.047 7	0.039 5	0.056 0	0.203 0	0.056 0	0.039 5	0.047 7	0.107 8	$m=5$, $n=12$, $R=1$

注：表中通放带宽度和压制带 $|\varphi_{Re}|$ 均值是在 $0\leqslant\Delta t_x/T\leqslant1$ 区间的计算结果。

表 3.2.3　R=1 时矩形面积组合每行检波点数 n 固定时组合响应随行数 m 的变化

分带	α/(°)									组合参数
	0	22.5	45	67.5	90	112.5	135	157.5	180	
通放带宽度	0.090 2	0.095 3	0.112 0	0.139 4	0.155 3	0.139 4	0.112 0	0.095 3	0.090 2	$m=3$，$n=5$，$R=1$
	0.090 2	0.093 3	0.101 9	0.110 6	0.113 8	0.110 6	0.101 9	0.093 3	0.090 2	$m=4$，$n=5$，$R=1$
	0.090 2	0.091 0	0.091 9	0.091 0	0.090 2	0.091 0	0.091 9	0.091 0	0.090 2	$m=5$，$n=5$，$R=1$
	0.090 2	0.088 4	0.082 9	0.077 0	0.074 7	0.077 0	0.082 9	0.088 4	0.090 2	$m=6$，$n=5$，$R=1$
	0.090 2	0.085 4	0.074 9	0.066 7	0.063 8	0.066 7	0.074 9	0.085 4	0.090 2	$m=7$，$n=5$，$R=1$
	0.090 2	0.082 4	0.068 1	0.058 7	0.055 7	0.058 7	0.068 1	0.082 4	0.090 2	$m=8$，$n=5$，$R=1$
	0.090 2	0.079 3	0.062 2	0.052 4	0.049 5	0.052 4	0.062 2	0.079 3	0.090 2	$m=9$，$n=5$，$R=1$
	0.090 2	0.070 0	0.048 9	0.039 6	0.037 0	0.039 6	0.048 9	0.070 0	0.090 2	$m=12$，$n=5$，$R=1$
	0.074 7	0.079 5	0.096 4	0.130 0	0.155 3	0.130 0	0.096 4	0.079 5	0.074 7	$m=3$，$n=6$，$R=1$
	0.074 7	0.078 4	0.089 8	0.105 9	0.113 8	0.105 9	0.089 8	0.078 4	0.074 7	$m=4$，$n=6$，$R=1$
	0.074 7	0.077 0	0.082 9	0.088 4	0.090 2	0.088 4	0.082 9	0.077 0	0.074 7	$m=5$，$n=6$，$R=1$
	0.074 7	0.075 4	0.076 2	0.075 4	0.074 7	0.075 4	0.076 2	0.075 4	0.074 7	$m=6$，$n=6$，$R=1$
	0.074 7	0.073 6	0.069 9	0.065 6	0.063 8	0.065 6	0.069 9	0.073 6	0.074 7	$m=7$，$n=6$，$R=1$
	0.074 7	0.071 7	0.064 3	0.058 0	0.055 7	0.058 0	0.064 3	0.071 7	0.074 7	$m=8$，$n=6$，$R=1$
	0.074 7	0.069 6	0.059 3	0.051 9	0.049 5	0.051 9	0.059 3	0.069 6	0.074 7	$m=9$，$n=6$，$R=1$
	0.074 7	0.063 2	0.047 5	0.039 4	0.037 0	0.039 4	0.047 5	0.063 2	0.074 7	$m=12$，$n=6$，$R=1$
压制带内 $\mid\varphi_{\mathrm{Re}}\mid$ 的平均值	0.203 0	0.105 2	0.084 4	0.115 5	0.289 3	0.115 5	0.084 4	0.105 2	0.203 0	$m=3$，$n=5$，$R=1$
	0.203 0	0.099 2	0.075 5	0.096 8	0.237 4	0.096 8	0.075 5	0.099 2	0.203 0	$m=4$，$n=5$，$R=1$
	0.203 0	0.082 7	0.073 0	0,082 7	0.203 0	0.082 7	0.073 0	0.082 7	0.203 0	$m=5$，$n=5$，$R=1$
	0.203 0	0.074 6	0.058 8	0.074 1	0.178 3	0.074 1	0.058 8	0.074 6	0.203 0	$m=6$，$n=5$，$R=1$
	0.203 0	0.069 4	0.054 0	0.067 0	0.159 7	0.067 0	0.054 0	0.069 4	0.203 0	$m=7$，$n=5$，$R=1$
	0.203 0	0.060 7	0.049 9	0.061 8	0.145 0	0.061 8	0.049 9	0.060 7	0.203 0	$m=8$，$n=5$，$R=1$
	0.203 0	0.060 1	0.046 0	0.057 2	0.133 2	0.057 2	0.046 0	0.060 1	0.203 0	$m=9$，$n=5$，$R=1$
	0.203 0	0.056 0	0.039 5	0.047 7	0.107 8	0.047 7	0.039 5	0.056 0	0.203 0	$m=12$，$n=5$，$R=1$
	0.178 3	0.092 4	0.077 3	0.102 4	0.289 3	0.102 4	0.077 3	0.092 4	0.178 3	$m=3$，$n=6$，$R=1$
	0.178 3	0.086 4	0.066 4	0.083 9	0.237 4	0.083 9	0.066 4	0.086 4	0.178 3	$m=4$，$n=6$，$R=1$
	0.178 3	0.074 1	0.058 8	0.074 6	0.203 0	0.074 6	0.058 8	0.074 1	0.178 3	$m=5$，$n=6$，$R=1$
	0.178 3	0.065 3	0.057 9	0.065 3	0.178 3	0.065 3	0.057 9	0.065 3	0.178 3	$m=6$，$n=6$，$R=1$
	0.178 3	0.062 6	0.049 3	0.059 2	0.159 7	0.059 2	0.049 3	0.062 6	0.178 3	$m=7$，$n=6$，$R=1$
	0.178 3	0.054 6	0.045 1	0.054 4	0.145 0	0.054 4	0.045 1	0.054 6	0.178 3	$m=8$，$n=6$，$R=1$
	0.178 3	0.052 6	0.041 5	0.050 6	0.133 2	0.050 6	0.041 5	0.052 6	0.178 3	$m=9$，$n=6$，$R=1$
	0.178 3	0.046 4	0.036 0	0.042 6	0.107 8	0.042 6	0.036 0	0.046 4	0.178 3	$m=12$，$n=6$，$R=1$

注：表中通放带宽度和压制带 $\mid\varphi_{\mathrm{Re}}\mid$ 均值是在 $0\leqslant\Delta t_x/T\leqslant1$ 区间的计算结果。

图 3.2.3 和图 3.2.4 都是 5×7 矩形面积组合，7 个不同 α 角的 $|\varphi_{\mathrm{Re}}|$-$(\Delta t_x / T)$ 曲线。两图组合参数差别仅在于 Δx 与 Δy 的比值不同，图 3.2.3 中 $R=0.8$，图 3.2.4 中 $R=1$。两者的通放带有明显不同，前者的通放带比后者宽；而且前者压制带的总体幅度比后者略高一些。也就是说在 $\Delta y = \Delta x$ 时矩形面积组合对侧面来的干扰波压制得更好。

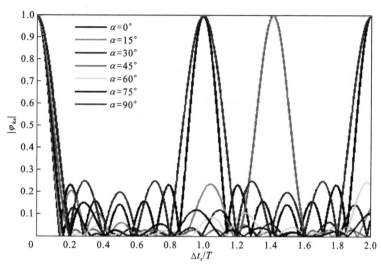

图 3.2.4　7 个不同方向上 $m=5$，$n=7$，$R=1$ 的矩形面积组合响应

扫描封底二维码见彩图

图 3.2.4 和图 3.2.5 都是 $R=1$、$\Delta y = \Delta x$ 矩形面积组合，都是 7 个不同 α 角的 $|\varphi_{\mathrm{Re}}|$-$(\Delta t_x / T)$ 曲线。两图矩形面积组合参数差别是：图 3.2.4 是 5×7 矩形面积组合；图 3.2.5 是 6×6 正方形面积组合。后者的通放带比前者更窄；而且后者压制带内曲线的总体幅度比前者更低。其原因在于正方形比矩形有更好的对称性。由图 3.2.3、图 3.2.4、图 3.2.5 还可看出，矩形面积组合对沿测线传播（$\alpha = 0°$，$\alpha = 180°$）的干扰波和垂直测线传播（$\alpha = 90°$）的干扰波

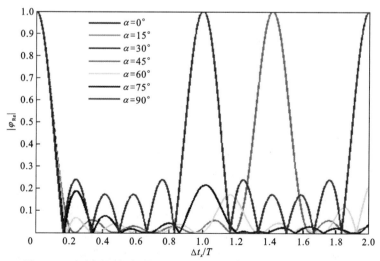

图 3.2.5　7 个不同方向上 $m=n=6$，$R=1$ 的矩形面积组合响应

扫描封底二维码见彩图

压制，不如对侧面其他方向（但非垂直测线方向）来的干扰波压制效果，这是因为在$\alpha=0°$和$\alpha=180°$时仅相当于一行检波器的简单线性组合；在$\alpha=90°$时仅相当于一列检波器的简单线性组合，而矩形面积组合对其他α角方向的地震波相当于更多检波器的复合线性组合。具体计算数据指出，$\alpha=0°$，$\alpha=180°$，$\alpha=360°$时及$\alpha=90°$，$\alpha=270°$矩形面积组合压制带内$|\varphi_{Re}|$平均值总是比其他方向的大，方位角$\alpha=45°$，$\alpha=225°$左右时矩形面积组合压制带内$|\varphi_{Re}|$平均值最小（表3.2.1和表3.2.2）。

2. 矩形面积组合行数m和列数n的影响

首先证明行数和列数互换的甲乙两个矩形面积组合，如甲乙对应方位角互为余角，R都是1，则甲乙矩形面积组合响应相同。

设甲矩形面积组合行数为ξ，列数为ζ，$R=1$，方位角为α_1；乙矩形面积组合行数为ζ，列数为ξ，$R=1$，方位角为$\alpha_2=90°-\alpha_1$。根据式（3.2.17）可得甲乙两个矩形面积组合响应$|\varphi_{Re}|_甲$和$|\varphi_{Re}|_乙$分别为

$$|\varphi_{Re}|_甲=\frac{1}{\xi\zeta}\left|\frac{\sin\left(\zeta\pi\dfrac{\Delta t_x}{T}\cos\alpha_1\right)}{\sin\left(\pi\dfrac{\Delta t_x}{T}\cos\alpha\right)}\frac{\sin\left(\xi\pi\dfrac{\Delta t_x}{T}\sin\alpha_1\right)}{\sin\left(\pi\dfrac{\Delta t_x}{T}\sin\alpha_1\right)}\right| \qquad (3.2.21)$$

$$|\varphi_{Re}|_乙=\frac{1}{\xi\zeta}\left|\frac{\sin\left(\xi\pi\dfrac{\Delta t_x}{T}\cos\alpha_2\right)}{\sin\left(\pi\dfrac{\Delta t_x}{T}\cos\alpha_2\right)}\frac{\sin\left(\zeta\pi\dfrac{\Delta t_x}{T}\sin\alpha_2\right)}{\sin\left(\pi\dfrac{\Delta t_x}{T}\sin\alpha_2\right)}\right|$$

$$=\frac{1}{\xi\zeta}\left|\frac{\sin\left[\xi\pi\dfrac{\Delta t_x}{T}\cos(90°-\alpha_1)\right]}{\sin\left[\pi\dfrac{\Delta t_x}{T}\cos(90°-\alpha_1)\right]}\frac{\sin\left[\zeta\pi\dfrac{\Delta t_x}{T}\sin(90°-\alpha_1)\right]}{\sin\left[\pi\dfrac{\Delta t_x}{T}\sin(90°-\alpha_1)\right]}\right|=|\varphi_{Re}|_甲 \qquad (3.2.22)$$

容易证明$\alpha_2=90°+\alpha_1$时可得到同样结论。

从表3.2.1中已经可以看出，影响矩形面积组合响应的因素不仅有方位角α，还有组合的行数m和每行检波点数n及纵横检波点距比R。为了更清晰揭示m、n对矩形面积组合响应影响，专门制作表3.2.2和表3.2.3，并绘制图3.2.6~图3.2.9。

图3.2.6是方位角$\alpha=22.5°$矩形面积组合行数m不变时，组合响应随每行检波点数n的变化图，图3.2.7是方位角$\alpha=67.5°$矩形面积组合行数m不变时，组合响应随每行检波点数n的变化图。如图3.2.6所示，在m不变、相同方位角α情况下，矩形面积组合的通放带宽度（与通放带边界数值相同）随n的增大而增大，但$\alpha=90°$除外，因$\alpha=90°$时矩形面积组合相当于检波点数为m的简单线性组合，组合响应与n无关，故通放带宽度不变（表3.2.2）。基于同样原因$\alpha=90°$时压制带内$|\varphi_{Re}|$的平均值相当于检波点数为m简单线性组合的压制带内$|\varphi_{Re}|$平均值，并与n无关。除此以外，矩形面积组合压制带内$|\varphi_{Re}|$平均值随n的增大而减小，不论α多大，然而图中压制带内曲线次瓣变化复杂，难以辨明谁高谁低，由表3.2.2可清楚看出上述特点。

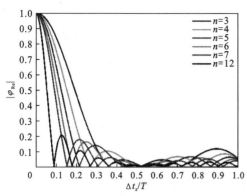

图 3.2.6　α=22.5°矩形面积组合响应随 n 的变化图
m=5，R=1
扫描封底二维码见彩图

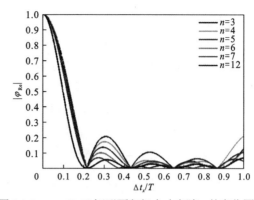

图 3.2.7　α=67.5°矩形面积组合响应随 n 的变化图
m=5，R=1
扫描封底二维码见彩图

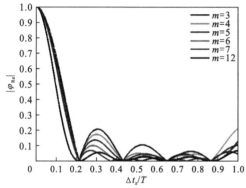

图 3.2.8　α=22.5°矩形面积组合响应随 m 的变化图
m=5，R=1
扫描封底二维码见彩图

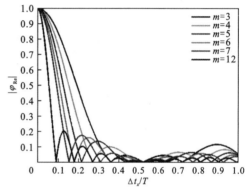

图 3.2.9　α=67.5°矩形面积组合响应随 m 的变化图
m=5，R=1
扫描封底二维码见彩图

　　图 3.2.6 与图 3.2.7 的差别仅仅是方位角 α 由 22.5°变为 67.5°，图 3.2.6 显示出矩形面积组合响应随 n 变化的特点与图 3.2.7 完全一样，只是 α=22.5°时通放带宽度变化比 67.5°时变化大得多，相应压制带内 $|\varphi_{Re}|$ 的平均值变化也是 α=22.5°时变化更大（表 3.2.2）。

　　图 3.2.8 是方位角 α=22.5°矩形面积组合每行检波点数 n 不变时，组合响应随行数 m 的变化图。显然，图 3.2.8 和图 3.2.7 的响应曲线完全一样，原因就是行数和列数互换的 2 种矩形面积组合，如 2 种对应方位角互为余角，R 都是 1，则 2 种矩形面积组合响应相同。

　　图 3.2.9 是方位角 α=67.5°矩形面积组合每行检波点数 n 不变时，组合响应随行数 m 的变化图。如图 3.2.8 所示，n 不变，相同方位角 α 情况下，矩形面积组合的通放带宽度随 m 的增大而变窄，不论 α 多大。但 α=0°除外，α=0°时通放带宽度不变，无论 m 多大。同时压制带内 $|\varphi_{Re}|$ 的平均值随 m 的增大而降低，不论 α 多大，但 α=0°除外。原因是 α=0°时矩形面积组合相当于检波点数为 n 的简单线性组合，组合响应与 m 无关，故通放带宽度不变，压制带内 $|\varphi_{Re}|$ 的平均值也不变（表 3.2.3）。如图 3.2.8 和图 3.2.9 所示，方位角 α 为 67.5°时通放带宽度变化比 22.5°时变化大得多，压制带内 $|\varphi_{Re}|$ 的平均值变化也是 α=67.5°时更大（表 3.2.3）。图 3.2.9 和图 3.2.6 的响应曲线也完全一样，原因同图 3.2.8 与图 3.2.7

的响应曲线一样。

方位角 $\alpha=90°$ 时，当行数 m 及 R 不变，矩形面积组合通放带宽度及压制带内 $|\varphi_{Re}|$ 的平均值都不随 n 变化，不管 m 和 n 多大，也不论二者相对大小。将 $\alpha=90°$ 代入式（3.2.17）就可证明这一特点。但如 R 变化，则 $\alpha=90°$ 时的通放带宽度及压制带内 $|\varphi_{Re}|$ 的平均值都会变化。方位角 $\alpha=0°$ 时，当每行检波点数 n 不变，尽管行数 m 变化，矩形面积组合通放带宽度和压制带内 $|\varphi_{Re}|$ 平均值都不变，不管 m 和 n 多大，也不论二者相对大小，并且这一特点与 R 无关。将 $\alpha=0°$ 代入式（3.2.17）就可证明这一特点。

3. 矩形面积组合纵横检波点距之比 R 对组合特性的影响

表 3.2.4 所示为两个矩形面积组合纵横检波点距比 R 对组合特性的影响。从表 3.2.4 可明显看出除方位角 α 为 $0°$ 和 $180°$ 外，在其他方向上通放带宽度都随 R 的增大而变窄，无一例外。在 α 为 $0°$ 和 $180°$ 方向上，矩形面积组合响应与 R 无关。

表 3.2.4 矩形面积组合通放带宽度和压制带内 $|\varphi_{Re}|$ 平均值随组合参数 R，m，n 及波的传播方位角 α 的变化

组合参数	$\alpha/(°)$	通放带宽度压制带内 $|\varphi_{Re}|$ 平均值	纵横检波点距比 R				
			0.8	1.0	1.2	1.5	2.0
$m=5$ $n=7$	0	通放带宽度	0.063 8	0.063 8	0.063 8	0.063 8	0.063 8
		压制带内 $|\varphi_{Re}|$ 平均值	0.159 7	0.159 7	0.159 7	0.159 7	0.195 7
	22.5	通放带宽度	0.067 5	0.066 7	0.065 7	0.063 9	0.060 5
		压制带内 $|\varphi_{Re}|$ 平均值	0.076 2	0.067 0	0.060 1	0.055 8	0.051 6
	45	通放带宽度	0.079 7	0.074 9	0.070 1	0.063 1	0.053 0
		压制带内 $|\varphi_{Re}|$ 平均值	0.058 8	0.054 0	0.051 4	0.066 1	0.057 2
	67.5	通放带宽度	0.100 2	0.085 4	0.074 0	0.061 1	0.047 1
		压制带内 $|\varphi_{Re}|$ 平均值	0.071 1	0.069 4	0.083 9	0.068 2	0.076 3
	90	通放带宽度	0.112 7	0.090 2	0.075 1	0.060 1	0.045 1
		压制带内 $|\varphi_{Re}|$ 平均值	0.180 6	0.203 0	0.203 1	0.203 0	0.203 1
	112.5	通放带宽度	0.100 2	0.085 4	0.074 0	0.061 1	0.047 1
		压制带内 $|\varphi_{Re}|$ 平均值	0.071 1	0.069 4	0.083 9	0.068 2	0.076 3
	135	通放带宽度	0.079 7	0.074 9	0.070 1	0.063 1	0.053 0
		压制带内 $|\varphi_{Re}|$ 平均值	0.058 8	0.054 0	0.051 4	0.066 1	0.057 2
	157.5	通放带宽度	0.067 5	0.066 7	0.065 7	0.063 9	0.060 5
		压制带内 $|\varphi_{Re}|$ 平均值	0.076 2	0.067 0	0.060 1	0.055 8	0.051 6
	180	通放带宽度	0.063 8	0.063 8	0.063 8	0.063 8	0.063 8
		压制带内 $|\varphi_{Re}|$ 平均值	0.159 7	0.159 7	0.159 7	0.159 7	0.159 7

组合参数	$\alpha/(°)$	通放带宽度压制带内$|\varphi_{Re}|$平均值	纵横检波点距比 R				
			0.8	1.0	1.2	1.5	2.0
$m=5$ $n=9$	0	通放带宽度	0.049 5	0.049 5	0.049 5	0.049 5	0.049 5
		压制带内$|\varphi_{Re}|$平均值	0.133 2	0.133 2	0.133 2	0.133 2	0.133 2
	22.5	通放带宽度	0.052 8	0.052 4	0.051 9	0.051 0	0.049 3
		压制带内$|\varphi_{Re}|$平均值	0.063 7	0.057 2	0.051 1	0.048 1	0.043 8
	45	通放带宽度	0.064 7	0.062 2	0.059 4	0.055 0	0.048 0
		压制带内$|\varphi_{Re}|$平均值	0.050 9	0.046 0	0.043 5	0.051 2	0.047 3
	67.5	通放带宽度	0.090 4	0.079 3	0.069 9	0.058 8	0.046 0
		压制带内$|\varphi_{Re}|$平均值	0.066 1	0.060 1	0.062 4	0.067 0	0.054 6
	90	通放带宽度	0.112 7	0.090 2	0.075 1	0.060 1	0.045 1
		压制带内$|\varphi_{Re}|$平均值	0.180 6	0.203 0	0.203 2	0.203 0	0.203 1
	112.5	通放带宽度	0.090 4	0.079 3	0.069 9	0.058 8	0.046 0
		压制带内$|\varphi_{Re}|$平均值	0.066 1	0.060 1	0.062 4	0.067 0	0.054 6
	135	通放带宽度	0.064 7	0.062 2	0.059 4	0.055 0	0.048 0
		压制带内$|\varphi_{Re}|$平均值	0.050 9	0.046 0	0.043 5	0.051 2	0.047 3
	157.5	通放带宽度	0.052 8	0.052 4	0.051 9	0.051 0	0.049 3
		压制带内$|\varphi_{Re}|$平均值	0.063 7	0.057 2	0.051 1	0.048 1	0.043 8
	180	通放带宽度	0.049 5	0.049 5	0.049 5	0.049 5	0.049 5
		压制带内$|\varphi_{Re}|$平均值	0.133 2	0.133 2	0.133 2	0.133 2	0.133 2

注：表中通放带宽度和压制带内$|\varphi_{Re}|$平均值指的是在 $0 \leqslant \Delta t_x / T \leqslant 1$ 区间的计算结果。

  压制带内$|\varphi_{Re}|$平均值随 R 的变化较为复杂。例如组合 $m=5$，$n=7$，$\alpha=22.5°$ 时压制带内$|\varphi_{Re}|$的平均值随 R 的增大而减小。$\alpha=45°$ 时压制带内$|\varphi_{Re}|$的平均值随 R 的增大呈现减小－增大－减小的变化。$\alpha=67.5°$ 时，$|\varphi_{Re}|$的平均值随着 R 的增大呈现减小－增大－减小－增大的变化。$\alpha=90°$ 时压制带内$|\varphi_{Re}|$的平均值随 R 的增大而呈现增大－减小－增大的变化。在组合参数 $m=5$，$n=9$ 时，$\alpha=22.5°$ 时压制带内$|\varphi_{Re}|$的平均值随 R 的增大而减小。$\alpha=45°$ 和 $\alpha=67.5°$ 时，压制带内$|\varphi_{Re}|$的平均值都是随 R 的增大而呈现减小－增大－减小的变化。$\alpha=90°$ 时压制带内$|\varphi_{Re}|$的平均值随 R 的增大呈现增大－减小－增大的变化，这种变化特点与组合参数 $m=5$，$n=7$ 时的特点一样，不仅如此连 R 对应的具体数据也相同，这是因为这两个矩形面积组合的行数 m 都是 5。

  在 $\alpha=90°$ 方向上，压制带内$|\varphi_{Re}|$的平均值比 $\alpha=0°$，$22.5°$，$45°$，$67.5°$ 的平均值都大。从表 3.2.4 中可发现，$m=5$，$n=7$ 与 $m=5$，$n=9$ 的两种组合在 $\alpha=90°$ 时，R 相同的压制带内$|\varphi_{Re}|$平均值都相同，这是否有误？其实没错，这是因为当 $\alpha=90°$ 时，$|\varphi_{Re}|$只与 m 和 R 相关，而与 n 无关。更多计算结果支持这两个例分析结论。

3.2.3　矩形面积组合与简单线性组合的对比

  1.1 节指出简单线性组合对侧面传播来的干扰波仍然具有一定的衰减能力，而设计面积组合目的就是全方位衰减干扰波，已经知道矩形面积组合具有良好的多方向衰减干扰波的能力，那么简单线性组合与矩形面积组合压制侧面干扰波能力有多大差别？

表3.2.5给出了简单线性组合的检波点数 n 与矩形面积组合每行检波点数相同情况下两种组合响应对比数据。表中数据明确显示简单线性组合通放带都比矩形面积组合的宽，并且通放带宽度差别随 α 增大而增大。在 $0 \leqslant \Delta t / T \leqslant 1$ 区间，简单线性组合压制带内 $|\varphi_{\mathrm{Re}}|$ 的平均值都大于矩形面积组合，而且二者差值随 α 增大而增大，甚至简单线性组合压制带内 $|\varphi_{\mathrm{Re}}|$ 的平均值高达矩形面积组合的 3 倍左右。当 $\alpha=90°$ 时，简单线性组合对干扰波已无任何压制能力，而矩形面积组合对垂直测线方向来的干扰波仍然具有一定的压制能力，其压制能力高低取决于行数 m 和纵横组内距之比 R 的大小。

表 3.2.5　简单线性组合检波点数与矩形面积组合列数相同时两种组合响应的对比

分带	$\alpha/(°)$							组合及其参数
	0	15	30	45	60	75	90	
通放带宽度	0.049 5	0.051 1	0.056 3	0.067 1	0.087 9	0.125 5	0.155 3	矩形面积组合，$m=3$，$n=9$，$R=1$
	0.049 5	0.051 2	0.057 1	0.070 0	0.099 0	0.191 2	∞	简单线性组合，$n=9$
	0.037 0	0.038 3	0.042 4	0.051 1	0.069 1	0.109 0	0.155 3	矩形面积组合，$m=3$，$n=12$，$R=1$
	0.037 0	0.038 3	0.042 8	0.052 4	0.074 1	0.143 0	∞	简单线性组合，$n=12$
	0.055 7	0.057 3	0.062 3	0.071 6	0.086 6	0.104 8	0.113 8	矩形面积组合，$m=4$，$n=8$，$R=1$
	0.055 7	0.057 7	0.064 4	0.078 8	0.111 5	0.215 4	∞	简单线性组合，$n=8$
	0.063 9	0.065 1	0.068 9	0.074 9	0.082 1	0.088 0	0.090 1	矩形面积组合，$m=5$，$n=7$，$R=1$
	0.063 9	0.066 1	0.073 7	0.090 3	0.127 7	0.246 7	∞	简单线性组合，$n=7$
	0.074 7	0.075 1	0.075 8	0.076 2	0.075 8	0.075 1	0.074 7	矩形面积组合，$m=6$，$n=6$，$R=1$
	0.074 7	0.077 4	0.086 3	0.105 7	0.149 4	0.288 7	∞	简单线性组合，$n=6$
压制带内 $|\varphi|$ 的平均值	0.133 2	0.097 4	0.067 7	0.060 8	0.068 7	0.099 8	0.289 3	矩形面积组合，$m=3$，$n=9$，$R=1$
	0.133 2	0.123 1	0.118 4	0.114 3	0.133 2	0.191 5	1.0	简单线性组合，$n=9$
	0.107 8	0.076 7	0.055 0	0.051 3	0.058 0	0.089 4	0.289 3	矩形面积组合，$m=3$，$n=12$，$R=1$
	0.107 8	0.107 8	0.091 0	0.092 2	0.107 8	0.158 9	1.0	简单线性组合，$n=12$
	0.145 0	0.078 1	0.060 8	0.057 6	0.063 2	0.086 0	0.237 4	矩形面积组合，$m=4$，$n=8$，$R=1$
	0.145 0	0.145 0	0.129 1	0.127 8	0.145 1	0.208 7	1.0	简单线性组合，$n=8$
	0.159 7	0.083 2	0.058 2	0.054 0	0.059 1	0.090 2	0.203 0	矩形面积组合，$m=5$，$n=7$，$R=1$
	0.159 7	0.159 7	0.139 9	0.140 9	0.159 7	0.241 7	1.0	简单线性组合，$n=7$
	0.178 4	0.090 0	0.057 8	0.057 7	0.057 8	0.090 0	0.178 4	矩形面积组合，$m=6$，$n=6$，$R=1$
	0.178 4	0.178 4	0.156 1	0.153 8	0.178 3	0.260 3	1.0	简单线性组合，$n=6$

注：表内数据都是在 $0 \leqslant \Delta t_x / T \leqslant 1$ 区间内的计算结果。

上述干扰波不包含随机干扰。如矩形面积组合检波点数 n 足够大，纵横向组内距 Δx、Δy 都足够大，矩形面积组合对随机干扰波可将信噪比提高到原来的 $\sqrt{mn}$ ，而简单线性组合只能将信噪比提高到原来的 $\sqrt{n}$ 倍，显然矩形面积组合衰减随机干扰能力比简单线性组合强。矩形面积组合性能全面优于简单线性组合，相当于 m 排简单线性组合的检波器，但耗费更多的施工时间，需要投入更多数据采集费用，因此是否采用面积组合一直是地震工程师纠结的问题。

需要指出的是，表 3.2.5 的计算区间是 $0 \leqslant \Delta t / T \leqslant 1$，这个区间基本涵盖常规地震勘探感兴趣的干扰波和有效波。简单线性组合对沿不同方位角传播的波，如果在一个完整的压制带内计算其 $|\varphi|$ 的平均值，结果可能不一样（$\alpha = 90°$ 除外，此时 $|\varphi|$ 的平均值达到最大值 1），不论检波点数 n 多大。需要说明的是，上述矩形面积组合与简单线性组合对比结论是在前者使用的检波器数是后者 m 倍条件下得到的。如果使用相同数量的检波器，则结论可能相反。大量例子的计算结果证明上述观点。应强调指出，本书像所有讨论地震组合法的文献一样，是在平面波的前提下讨论地震组合法的，因此简单线性组合的检波点数是不能任意增加的，否则简单线性组合的组长过大，则平面波假设不成立，相应结果也就无意义了。

上述分析是为了强调两点，其一是矩形面积组合不是简单线性组合可以取代的；二是简单线性组合也具有一定的衰减侧面方向（垂直测线方向除外）传播的干扰波能力。

3.2.4　小结

（1）矩形面积组合对侧面各个方向来的干扰波具有全方位的良好的压制能力；对沿测线传播的干扰波和垂直测线传播的干扰波压制能力，不如对侧面（非垂直测线方向）其他方向来的干扰波的压制能力。

（2）正方形面积组合，对各个侧面方向来的干扰波的压制强度变化较小、较平稳，对视速度较高的压制效果也更好。

（3）行数和列数互换的甲乙二矩形面积组合，如甲乙对应方位角互为余角，R 都是 1，则甲乙矩形面积组合响应相同。

（4）虽然简单线性组合对非垂直测线方向侧面来的波具有一定的衰减能力，但矩形面积组合衰减侧面来的干扰波的能力明显全面优于简单线性组合，特别在垂直测线方向及相近方向上。

（5）矩形面积组合（包括正方形面积组合）等效检波器的位置是其形心，即两条对角线的交点，铺设检波器时对角线交点应对准检波点桩号，检波器行与测线平行。

3.3　平行四边形面积组合

取坐标 XOY 如图 3.3.1 所示，测线平行于 X 轴。平行四边形面积组合如图 3.3.1 所示，共有 m 行，行距（又称纵向检波点距）为 Δy，各行平行于 X 轴，行的序号向 Y 轴负方向递增。每行 n 个检波点，同行检波点间距（又称横向检波点距）为 Δx。纵横检波点距之比 $\Delta y / \Delta x = R$，R 为常数。相邻两行平行错开距离为 $c\Delta x$，c 为常数（正整数）。图 3.3.1 的第 $i+1$ 行相对于第 i 行（i 表示任意一行）向 X 轴正方向平行移动；图 3.3.2 是第 $i+1$ 行相对

于第 i 行向 X 轴负方向平行移动 $c\Delta x$。波沿地面 AB 方向以视速度 V^* 传播，AB 方位角为 α，从 X 轴正方向逆时针旋转到直线 AB 方向的 α 角为正值，如图 3.3.1 和图 3.3.2 中的 α 都是正值）。为了叙述方便，图 3.3.1 中平行四边形面积组合称为"I 型"，图 3.3.2 中平行四边形面积组合称为"II 型"。由 $\Delta y / \Delta x = R$，得

$$\Delta y = R\Delta x \qquad\qquad (3.3.1)$$

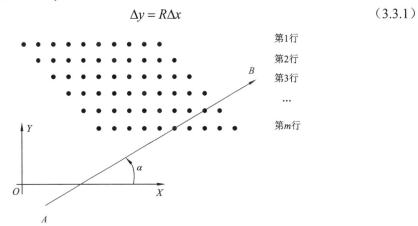

图 3.3.1　平行四边形面积组合（I 型）检波器展布示意图

图面为地平面

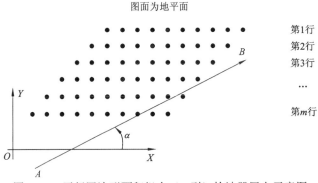

图 3.3.2　平行四边形面积组合（II 型）检波器展布示意图

图面为地平面

3.3.1　平行四边形面积组合响应

1. I 型平行四边形面积组合响应

设第 1 行中点处检波器波至时间为 t，输出地震脉冲的振动函数为 $f_1(t)$，频谱为 $g(\mathrm{j}\omega)$。对于 I 型平行四边形面积组合，如图 3.3.1 所示第 2 行中点处检波器波至时间比第 1 行中点处检波器波至时间滞后一个时间 Δt_v。则第 3，第 4，…，第 m 行中点处检波器波至时间依次比第 1 行中点检波器波至时间滞后 $2\Delta t_\mathrm{v}, 3\Delta t_\mathrm{v}, \cdots, (m-1)\Delta t_\mathrm{v}$。

1.1 节已经阐明，简单线性组合可用其中点处一个等效检波器代替，等效检波器输出信号的频谱等于该简单线性组合输出信号的频谱。这样，平行四边形面积组合便可简化为各行中点处等效检波器构成的简单线性组合，为此先要知道各行检波器组合输出信号的频谱。

根据频谱时延定理（董敏煜，2006；陆基孟 等，1982；罗伯特 等，1980），可以写出

各行中点处检波器输出的振动函数及对应频谱。

第 1 行中点检波器输出的振动函数 $f_1(t)$，输出频谱 $g(j\omega)$。

第 2 行中点检波器输出振动函数 $f_1(t-\Delta t_v)$，输出频谱 $g(j\omega)e^{-j\omega\Delta t_v}$。

第 3 行中点检波器输出振动函数 $f_1(t-2\Delta t_v)$，输出频谱 $g(j\omega)e^{-j\omega 2\Delta t_v}$。

······

第 $\dfrac{m+1}{2}$ 行中点检波器输出振动函数 $f_1\left(t-\dfrac{m-1}{2}\Delta t_v\right)$，输出频谱

$$g(j\omega)e^{-j\omega\frac{m-1}{2}\Delta t_v} \tag{3.3.2}$$

······

第 m 行中点检波器输出振动函数 $f[t-(m-1)\Delta t_v]$，输出频谱 $g(j\omega)e^{-j\omega(m-1)\Delta t_v}$。

令

$$\Delta t_x = \frac{\Delta x}{V^*} \tag{3.3.3}$$

由式（1.1.18）～式（1.1.20）检波器简单线性组合理论可直接写出各行检波器组合输出信号的频谱：

第 1 行检波器组合输出信号的频谱为 $\dfrac{\sin\left(\dfrac{n\omega\Delta t_x}{2}\cos\alpha\right)}{\sin\left(\dfrac{\omega\Delta t_x}{2}\cos\alpha\right)}g(j\omega)$

第 2 行检波器组合输出信号的频谱为 $\dfrac{\sin\left(\dfrac{n\omega\Delta t_x}{2}\cos\alpha\right)}{\sin\left(\dfrac{\omega\Delta t_x}{2}\cos\alpha\right)}g(j\omega)e^{-j\omega\Delta t_v}$

第 3 行检波器组合输出信号的频谱为 $\dfrac{\sin\left(\dfrac{n\omega\Delta t_x}{2}\cos\alpha\right)}{\sin\left(\dfrac{\omega\Delta t_x}{2}\cos\alpha\right)}g(j\omega)e^{-j\omega 2\Delta t_v}$

······

第 $\dfrac{m+1}{2}$ 行检波器组合输出信号的频谱为

$$\frac{\sin\left(\dfrac{n\omega\Delta t_x}{2}\cos\alpha\right)}{\sin\left(\dfrac{\omega\Delta t_x}{2}\cos\alpha\right)}g(j\omega)e^{-j\omega\frac{m-1}{2}\Delta t_v} \tag{3.3.4}$$

······

第 m 行检波器组合输出信号的频谱为 $\dfrac{\sin\left(\dfrac{n\omega\Delta t_x}{2}\cos\alpha\right)}{\sin\left(\dfrac{\omega\Delta t_x}{2}\cos\alpha\right)}g(j\omega)e^{-j\omega(m-1)\Delta t_v}$

根据以上各式并考虑式（1.1.16），可直接写出 I 型平行四边形面积组合总输出信号的

频谱 $G_{PI}(j\omega)$：

$$G_{PI}(j\omega) = \frac{\sin\left(\dfrac{n\omega\Delta t_x}{2}\cos\alpha\right)}{\sin\left(\dfrac{\omega\Delta t_x}{2}\cos\alpha\right)}g(j\omega)\left[1 + e^{-j\omega\Delta t_v} + e^{-2j\omega\Delta t_v} + \cdots + e^{-j(m-1)\omega\Delta t_v}\right]$$
(3.3.5)

$$= g(j\omega)e^{-j\frac{m-1}{2}\omega\Delta t_v} \cdot \frac{\sin\left(\dfrac{n\omega\Delta t_x}{2}\cos\alpha\right)}{\sin\left(\dfrac{\omega\Delta t_x}{2}\cos\alpha\right)}\frac{\sin\left(\dfrac{m\omega\Delta t_v}{2}\right)}{\sin\left(\dfrac{\omega\Delta t_v}{2}\right)}$$

由式（3.3.2）可知，式（3.3.5）中 $g(j\omega)e^{-j\omega\frac{m-1}{2}\Delta t_v}$ 恰是中间行的中点处单个检波器输出信号的频谱，将其记为 $g_c(j\omega)$（m 为偶数时，检波器组中点处并无检波器，则 $g(j\omega)e^{-j\omega\frac{m-1}{2}\Delta t_v}$ 可理解为：若在中点处安置一个检波器，它应有的输出信号的频谱）。I 型平行四边形面积组合的中间行的中点正是平行四边形的形心，即其对角线交点。

$$g_c(j\omega) = g(j\omega)e^{-j\frac{m-1}{2}\omega\Delta t_v}$$
(3.3.6)

$$G_{PI}(j\omega) = g_c(j\omega)\frac{\sin\left(\dfrac{n\omega\Delta t_x}{2}\cos\alpha\right)}{\sin\left(\dfrac{\omega\Delta t_x}{2}\cos\alpha\right)}\frac{\sin\left(\dfrac{m\omega\Delta t_v}{2}\right)}{\sin\left(\dfrac{\omega\Delta t_v}{2}\right)}$$
(3.3.7)

令

$$P_{PI}(j\omega) = \frac{\sin\left(\dfrac{n\omega\Delta t_x}{2}\cos\alpha\right)}{\sin\left(\dfrac{\omega\Delta t_x}{2}\cos\alpha\right)}\frac{\sin\left(\dfrac{m\omega\Delta t_v}{2}\right)}{\sin\left(\dfrac{\omega\Delta t_v}{2}\right)}$$
(3.3.8)

在 II 型平行四边形面积组合（图 3.3.2）情况下，第 $i+1$ 行中点检波器相对于第 i 行（i 表示任意一行）中点检波器波至时间超前，此时可将 Δt_v 看成负值，上述结论仍然成立，式（3.3.2）与式（3.3.7）也无须做任何改变。

下面具体讨论 Δt_v 的计算方法。在图 3.3.1 所示的情况下，为了清晰，将图 3.3.1 中任意相邻两行的中点处检波器关系表示为图 3.3.3，G 为第 i 行检波器的中点，D 为第 $i+1$ 行检波器的中点。GF 是垂直于第 $i+1$ 行检波器的连线并交于 F，则

$$GF = \Delta y$$
(3.3.9)
$$DF = c\Delta x$$
(3.3.10)

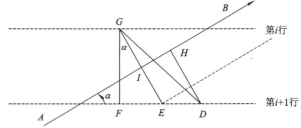

图 3.3.3 I 型平行四边形面积组合任意相邻两行中点检波器位置的几何关系

图中过 E 点的点划线为 AB 的平行线

H 和 I 分别为 D 和 G 在波传播方向 AB 上的投影，GI 延长线与 DF 交于 E，易知 $\angle EGF = \alpha$，因此：

$$EF = \Delta y \tan \alpha \qquad (3.3.11)$$

$$DE = DF - EF = c\Delta x - \Delta y \tan \alpha \qquad (3.3.12)$$

$$HI = DE \cos \alpha = (c\Delta x - \Delta y \tan \alpha)\cos \alpha = \Delta x(c\cos \alpha - R\sin \alpha) \qquad (3.3.13)$$

由上式可得

$$\Delta t_{\mathrm{v}} = HI / V^* = \Delta x(c\cos \alpha - R\sin \alpha) / V^* = \Delta t_x(c\cos \alpha - R\sin \alpha) \qquad (3.3.14)$$

$$\Delta t_{\mathrm{v}} = \Delta t_x(c\cos \alpha - R\sin \alpha) \qquad (3.3.15)$$

或

$$\Delta t_{\mathrm{v}} = \Delta t_y\left(\frac{c}{R}\cos \alpha - \sin \alpha\right) \qquad (3.3.16)$$

式中：

$$\Delta t_x = \frac{\Delta x}{V^*} \qquad (3.3.17)$$

$$\Delta t_y = \frac{\Delta y}{V^*} = R\Delta t_x \qquad (3.3.18)$$

则

$$P_{\mathrm{PI}}(\mathrm{j}\omega) = \frac{\sin\left(\dfrac{n\omega\Delta t_x}{2}\cos \alpha\right)}{\sin\left(\dfrac{\omega\Delta t_x}{2}\cos \alpha\right)} \frac{\sin\left(\dfrac{m\omega\Delta t_x(c\cos \alpha - R\sin \alpha)}{2}\right)}{\sin\left(\dfrac{\omega\Delta t_x(c\cos \alpha - R\sin \alpha)}{2}\right)} \qquad (3.3.19)$$

$$G_{\mathrm{PI}}(\mathrm{j}\omega) = g_{\mathrm{c}}(\mathrm{j}\omega)\cdot \frac{\sin\left(\dfrac{n\omega\Delta t_x}{2}\cos \alpha\right)}{\sin\left(\dfrac{\omega\Delta t_x}{2}\cos \alpha\right)} \frac{\sin\left(\dfrac{m\omega\Delta t_x(c\cos \alpha - R\sin \alpha)}{2}\right)}{\sin\left(\dfrac{\omega\Delta t_x(c\cos \alpha - R\sin \alpha)}{2}\right)} \qquad (3.3.20)$$

$$G_{\mathrm{PI}}(\mathrm{j}\omega) = P_{\mathrm{PI}}(\mathrm{j}\omega)g_{\mathrm{c}}(\mathrm{j}\omega) \qquad (3.3.21)$$

式（3.3.19）表明，$P_{\mathrm{PI}}(\mathrm{j}\omega)$ 物理意义是平行四边形面积组合对平行四边形形心处单个检波器输出信号的频谱的放大倍数。式（3.3.19）表明 $P_{\mathrm{PI}}(\mathrm{j}\omega)$ 是个实数，因此由式（3.3.20）可看出平行四边形面积组合输出信号的频谱与平行四边形形心上单个检波器输出信号的频谱 $g_{\mathrm{c}}(\mathrm{j}\omega) = g(\mathrm{j}\omega)\mathrm{e}^{-\mathrm{j}\frac{m-1}{2}\omega\Delta t_{\mathrm{v}}}$ 同相。这样平行四边形面积组合等效检波器的位置就是平行四边形的形心。将 $|P_{\mathrm{P}}(\mathrm{j}\omega)|$ 记为 P_{P}，将平行四边形面积组合输出信号的振幅谱记为 G_{PI}：

$$G_{\mathrm{PI}} = |G_{\mathrm{PI}}(\mathrm{j}\omega)| = |P_{\mathrm{PI}}(\mathrm{j}\omega)||g_{\mathrm{c}}(\mathrm{j}\omega)| = P_{\mathrm{PI}}g_{\mathrm{c}} \qquad (3.3.22)$$

式中：g_{c} 为平行四边形面积组合形心上单个检波器输出信号的振幅谱。可见 P_{PI} 的物理意义是平行四边形面积组合对形心上单个检波器输出信号振幅谱的放大倍数。

当 $\Delta t_x = \Delta t_y = 0$ 时，$P_{\mathrm{PI}} = mn$，为 P_{PI} 最大值，将 P_{PI} 除以 mn 记为 $|\varphi_{\mathrm{PI}}|$，则

$$|\varphi_{\mathrm{PI}}| = \frac{1}{mn}\left|\frac{\sin\left(\dfrac{n\omega\Delta t_x}{2}\cos \alpha\right)}{\sin\left(\dfrac{\omega\Delta t_x}{2}\cos \alpha\right)} \frac{\sin\left(\dfrac{m\omega\Delta t_x(c\cos \alpha - R\sin \alpha)}{2}\right)}{\sin\left(\dfrac{\omega\Delta t_x(c\cos \alpha - R\sin \alpha)}{2}\right)}\right| \qquad (3.3.23)$$

$|\varphi_{\text{PI}}|$ 就是 I 型平行四边形面积组合的（图 3.3.1）响应函数。式（3.3.23）还可写成如下多种形式，以适应作图和不同组合对比的需要：

$$|\varphi_{\text{PI}}| = \left| \frac{\sin\left(\dfrac{n\pi\Delta x \cos\alpha}{\lambda^*}\right)}{\sin\left(\dfrac{\pi\Delta x \cos\alpha}{\lambda^*}\right)} \frac{\sin\left[\dfrac{m\pi\Delta x(c\cos\alpha - R\sin\alpha)}{\lambda^*}\right]}{\sin\left[\dfrac{\pi\Delta x(c\cos\alpha - R\sin\alpha)}{\lambda^*}\right]} \right|$$

$$= \frac{1}{mn} \left| \frac{\sin\left(\dfrac{n\pi\Delta t_x \cos\alpha}{T}\right)}{\sin\left(\dfrac{\pi\Delta t_x \cos\alpha}{T}\right)} \frac{\sin\left[\dfrac{m\pi\Delta t_x(c\cos\alpha - R\sin\alpha)}{T}\right]}{\sin\left[\dfrac{\pi\Delta t_x(c\cos\alpha - R\sin\alpha)}{T}\right]} \right| \tag{3.3.24}$$

2. II 型平行四边形面积组合响应函数

用分析 I 型平行四边形面积组合响应相同方法，可得到 II 型平行四边形面积组合响应函数：

$$|\varphi_{\text{PII}}| = \frac{1}{mn} \left| \frac{\sin\left(\dfrac{n\omega\Delta t_x}{2}\cos\alpha\right)\sin\left(\dfrac{m\omega\Delta t_x(c\cos\alpha + R\sin\alpha)}{2}\right)}{\sin\left(\dfrac{\omega\Delta t_x}{2}\cos\alpha\right)\sin\left(\dfrac{\omega\Delta t_y(c\cos\alpha + R\sin\alpha)}{2}\right)} \right| \tag{3.3.25}$$

式（3.3.25）也可写成如下多种形式，以适应作图和不同组合对比的需要：

$$|\varphi_{\text{PII}}| = \frac{1}{mn} \left| \frac{\sin\left(\dfrac{n\pi\Delta x \cos\alpha}{\lambda^*}\right)}{\sin\left(\dfrac{\pi\Delta x \cos\alpha}{\lambda^*}\right)} \frac{\sin\left[\dfrac{m\pi\Delta x(c\cos\alpha + R\sin\alpha)}{\lambda^*}\right]}{\sin\left[\dfrac{\pi\Delta x(c\cos\alpha + R\sin\alpha)}{\lambda^*}\right]} \right|$$

$$= \frac{1}{mn} \left| \frac{\sin\left(\dfrac{n\pi\Delta t_x \cos\alpha}{T}\right)}{\sin\left(\dfrac{\pi\Delta t_x \cos\alpha}{T}\right)} \frac{\sin\left[\dfrac{m\pi\Delta t_x(c\cos\alpha + R\sin\alpha)}{T}\right]}{\sin\left[\dfrac{\pi\Delta t_x(c\cos\alpha + R\sin\alpha)}{T}\right]} \right| \tag{3.3.26}$$

3. 平行四边形面积组合响应通用公式

比较 II 型平行四边形面积组合响应式(3.3.25)与 I 型平行四边形面积组合响应式(3.3.23)可以看出，二者差别仅仅是组合参数 R 前的+、−号，式（3.3.25）R 前是+，式（3.3.23）R 前是−号。因此可将式（3.3.23）与式（3.3.25）合并，写为一个通用公式：

$$|\varphi_{\text{P}}| = \frac{1}{mn} \left| \frac{\sin\left(\dfrac{n\omega\Delta t_x \cos\alpha}{2}\right)\sin\left[\dfrac{m\omega\Delta t_x(c\cos\alpha \pm R\sin\alpha)}{2}\right]}{\sin\left(\dfrac{\omega\Delta t_x \cos\alpha}{2}\right)\sin\left[\dfrac{\omega\Delta t_x(c\cos\alpha \pm R\sin\alpha)}{2}\right]} \right| \tag{3.3.27}$$

I 型平行四边形面积组合时式（3.3.27）R 前取−号，II 型平行四边形面积组合 R 前取+号。同样，式（3.3.26）与式（3.3.24）也只是 R 前的+、−号不同，二者也可合并为一个通用公式：

$$|\varphi_{\mathrm{P}}| = \frac{1}{mn} \left| \frac{\sin\left(\dfrac{n\pi\Delta x \cos\alpha}{\lambda^*}\right)}{\sin\left(\dfrac{\pi\Delta x \cos\alpha}{\lambda^*}\right)} \frac{\sin\left[\dfrac{m\pi\Delta x(c\cos\alpha \pm R\sin\alpha)}{\lambda^*}\right]}{\sin\left[\dfrac{\pi\Delta x(c\cos\alpha \pm R\sin\alpha)}{\lambda^*}\right]} \right|$$

$$= \frac{1}{mn} \left| \frac{\sin\left(\dfrac{n\pi\Delta t_x \cos\alpha}{T}\right)}{\sin\left(\dfrac{\pi\Delta t_x \cos\alpha}{T}\right)} \frac{\sin\left[\dfrac{m\pi\Delta t_x(c\cos\alpha \pm R\sin\alpha)}{T}\right]}{\sin\left[\dfrac{\pi\Delta t_x(c\cos\alpha \pm R\sin\alpha)}{T}\right]} \right| \tag{3.3.28}$$

I 型平行四边形面积组合时式（3.3.28）R 前取 − 号，II 型平行四边形面积组合时 R 前取 + 号。

3.3.2 平行四边形面积组合特例

1. 特例 1：$\alpha=0°$ 时

将 $\alpha=0°$ 代入式（3.3.28）得

$$|\varphi_{\mathrm{P}}| = \frac{1}{mn} \left| \frac{\sin\left(\dfrac{n\omega\Delta t_x}{2}\right)}{\sin\left(\dfrac{\omega\Delta t_x}{2}\right)} \frac{\sin\left(\dfrac{m\omega\Delta t_x c}{2}\right)}{\sin\left(\dfrac{\omega\Delta t_x c}{2}\right)} \right| = \frac{1}{mn} \left| \frac{\sin\left(\dfrac{n\pi\Delta x}{\lambda^*}\right)}{\sin\left(\dfrac{\pi\Delta x}{\lambda^*}\right)} \frac{\sin\left(\dfrac{m\pi\Delta t_x c}{\lambda^*}\right)}{\sin\left(\dfrac{\pi\Delta t_x c}{\lambda^*}\right)} \right|$$

$$= \frac{1}{mn} \left| \frac{\sin\left(\dfrac{n\pi\Delta t_x}{T}\right)}{\sin\left(\dfrac{\pi\Delta t_x}{T}\right)} \frac{\sin\left(\dfrac{m\pi\Delta t_x c}{T}\right)}{\sin\left(\dfrac{\pi\Delta t_x c}{T}\right)} \right| \tag{3.3.29}$$

回顾 2.4.1 小节复合线性组合响应式（2.4.14）：

$$|\varphi_{\mathrm{F}}| = \frac{1}{mn} \left| \frac{\sin\left(\dfrac{n\omega\Delta t}{2}\right)}{\sin\left(\dfrac{\omega\Delta t}{2}\right)} \frac{\sin\left(\dfrac{m\omega d\Delta t}{2}\right)}{\sin\left(\dfrac{\omega d\Delta t}{2}\right)} \right| \tag{3.3.30}$$

可以看到式（3.3.29）第一个等号后的式子与式（2.4.14）只有两点差别：其一是前者 Δt_x 比后者多个下标"x"，其实 Δt_x 和 Δt 表示的都是沿测线方向的波至时差，二者实质完全一样；其二是式（3.3.29）中有个参数 c，而式（2.4.14）有个常数 d，这两个常数都表示两个简单线性组合沿测线方向平行错开的距离与组内距之比，二者实质也是一样的。换句话说，这两个式子实质相同。因此 $\alpha=0°$ 时，或者说对沿测线方向传播的波，平行四边形面积组合转化为复合线性组合，可以说复合线性组合是平行四边形面积组合的一种特例。式（3.3.29）还指出 $\alpha=0°$ 和 $\alpha=180°$ 时平行四边形面积组合响应与 R 无关，包括 I 型和 II 型。

2. 特例 2：$\alpha=0°$，$c=1$ 时

将 $\alpha=0°$，$c=1$ 代入式（3.3.28）得

$$\left.|\varphi_{\mathrm{P}}|\right|_{\substack{\alpha=0 \\ c=1}} = \frac{1}{mn} \left| \frac{\sin\left(\dfrac{n\omega\Delta t_x}{2}\right)}{\sin\left(\dfrac{\omega\Delta t_x}{2}\right)} \frac{\sin\left(\dfrac{m\omega\Delta t_x}{2}\right)}{\sin\left(\dfrac{\omega\Delta t_x}{2}\right)} \right| \tag{3.3.31}$$

式（3.3.31）与式（2.2.20）很像，只有两个下标差别：一个差别是前者 Δt_x 比后者的 Δt 多一个下标，事实上二者相同，都是指沿测线（X 轴）方向的波至时差；另一个差别是前者的 n 无下标而后者的 n_L 有个下标，前者 n 表示每行的检波器数，后者 n_L 是指等腰梯形加权组合检波器可重组为 m 行，每行检波器数为 n_L（参见 2.2.2 小节），所以 n 和 n_L 实质上是相同的。这就是说，当 $\alpha=0°$，$c=1$ 时，式（3.3.31）变化为式（2.2.20），平行四边形面积组合退化为等腰梯形加权组合。因此可以说等腰梯形加权组合是平行四边形面积组合的一种特例。

$$|\varphi_E| = \frac{1}{mn_L}\left|\frac{\sin\left(\dfrac{n_L\omega\Delta t}{2}\right)}{\sin\left(\dfrac{\omega\Delta t}{2}\right)} \frac{\sin\left(\dfrac{m\omega\Delta t}{2}\right)}{\sin\left(\dfrac{\omega\Delta t}{2}\right)}\right| \tag{3.3.32}$$

3.3.3 平行四边形面积组合响应与波的传播方位角 α 关系

1. α 由 $180°$ 增大到 $360°$ 时平行四边形面积组合响应随 α 的变化重复 $0°\sim180°$ 的变化

令方位角 $180°\leqslant\alpha\leqslant360°$，并将其代入式（3.3.20）：

$$
\begin{aligned}
|\varphi_P| &= \frac{1}{mn}\left|\frac{\sin\left(\dfrac{n\omega\Delta t_x\cos\alpha}{2}\right)}{\sin\left(\dfrac{\omega\Delta x\cos\alpha}{2}\right)} \frac{\sin\left[\dfrac{m\omega\Delta t_x(c\cos\alpha\pm R\sin\alpha)}{2}\right]}{\sin\left[\dfrac{\omega\Delta t_x(c\cos\alpha\pm R\sin\alpha)}{2}\right]}\right| \\[2mm]
&= \frac{1}{mn}\left|\frac{\sin\left(\dfrac{n\omega\Delta t_x\cos(180°+\alpha)}{2}\right)}{\sin\left(\dfrac{\omega\Delta x\cos(180°+\alpha)}{2}\right)} \frac{\sin\left[\dfrac{m\omega\Delta t_x(c\cos(180°+\alpha)\pm R\sin(180°+\alpha))}{2}\right]}{\sin\left[\dfrac{\omega\Delta t_x(c\cos(180°+\alpha)\pm R\sin(180°+\alpha))}{2}\right]}\right| \\[2mm]
&= \frac{1}{mn}\left|\frac{\sin\left(\dfrac{n\omega\Delta t_x\cos\alpha}{2}\right)}{\sin\left(\dfrac{\omega\Delta x\cos\alpha}{2}\right)} \frac{\sin\left[\dfrac{m\omega\Delta t_x(c\cos\alpha\pm R\sin\alpha)}{2}\right]}{\sin\left[\dfrac{\omega\Delta t_x(c\cos\alpha\pm R\sin\alpha)}{2}\right]}\right|
\end{aligned} \tag{3.3.33}
$$

式（3.3.33）说明，在 $0°\leqslant\alpha\leqslant360°$ 区间，方位角 α 由 $180°$ 增大到 $360°$ 时，平行四边形面积组合（包括 I 型和 II 型）响应随 α 的变化重复 $0°\sim180°$ 时的变化（表 3.3.1）。

表 3.3.1 $m=5$，$n=9$ 的平行四边形面积组合响应随方位角 α 的变化

$\alpha/(°)$	通放带宽度				压制带内 $\|\varphi_{P I}\|$ 及 $\|\varphi_{P II}\|$ 的平均值			
	I 型 $R=1$ $m=5$ $n=9$ $c=1$	II 型 $R=1$ $m=5$ $n=9$ $c=1$	I 型 $R=1.5$ $m=5$ $n=9$ $c=1$	II 型 $R=1.5$ $m=5$ $n=9$ $c=1$	I 型 $R=1$ $m=5$ $n=9$ $c=1$	II 型 $R=1$ $m=5$ $n=9$ $c=1$	I 型 $R=1.5$ $m=5$ $n=9$ $c=1$	II 型 $R=1.5$ $m=5$ $n=9$ $c=1$
0	0.044 0	0.044 0	0.044 0	0.044 0	0.062 4	0.062 4	0.062 4	0.062 4
15	0.048 0	0.042 7	0.049 0	0.041 3	0.048 8	0.056 3	0.050 0	0.053 6
30	0.055 9	0.044 0	0.057 0	0.040 7	0.059 7	0.048 2	0.100 5	0.044 5
45	0.070 0	0.048 0	0.067 8	0.041 9	0.114 3	0.047 3	0.063 7	0.043 2
60	0.092 5	0.055 8	0.075 8	0.045 3	0.072 7	0.054 7	0.054 1	0.053 4

α/(°)	通放带宽度				压制带内 $\lvert\varphi_{PI}\rvert$ 及 $\lvert\varphi_{PII}\rvert$ 的平均值			
	Ⅰ型 $R=1$ $m=5$ $n=9$ $c=1$	Ⅱ型 $R=1$ $m=5$ $n=9$ $c=1$	Ⅰ型 $R=1.5$ $m=5$ $n=9$ $c=1$	Ⅱ型 $R=1.5$ $m=5$ $n=9$ $c=1$	Ⅰ型 $R=1$ $m=5$ $n=9$ $c=1$	Ⅱ型 $R=1$ $m=5$ $n=9$ $c=1$	Ⅰ型 $R=1.5$ $m=5$ $n=9$ $c=1$	Ⅱ型 $R=1.5$ $m=5$ $n=9$ $c=1$
75	0.107 8	0.069 3	0.071 0	0.051 1	0.075 0	0.074 3	0.073 9	0.080 6
90	0.090 2	0.090 2	0.060 1	0.060 1	0.203 0	0.203 0	0.203 0	0.203 0
105	0.069 3	0.107 8	0.051 1	0.071 0	0.074 3	0.075 0	0.080 6	0.073 9
120	0.055 8	0.092 6	0.045 3	0.075 8	0.054 7	0.072 7	0.053 4	0.054 1
135	0.048 0	0.070 0	0.041 9	0.067 8	0.047 3	0.114 2	0.043 2	0.063 7
150	0.044 0	0.055 9	0.040 7	0.057 0	0.048 2	0.059 7	0.044 5	0.100 5
165	0.042 7	0.048 0	0.041 3	0.049 0	0.056 3	0.048 8	0.053 6	0.050 0
180	0.044 0	0.044 0	0.044 0	0.044 0	0.062 4	0.062 4	0.062 4	0.062 4
195	0.048 0	0.042 7	0.049 0	0.041 3	0.048 6	0.056 3	0.050 0	0.053 6
210	0.055 9	0.044 0	0.057 0	0.040 7	0.059 7	0.048 2	0.100 5	0.044 5
225	0.070 0	0.048 0	0.067 8	0.041 9	0.114 3	0.047 3	0.063 7	0.043 2
240	0.092 5	0.055 8	0.075 8	0.045 3	0.072 7	0.054 7	0.054 1	0.053 4
255	0.107 8	0.069 3	0.071 0	0.051 1	0.075 0	0.074 3	0.073 9	0.080 6
270	0.090 2	0.090 2	0.060 1	0.060 1	0.203 0	0.203 0	0.203 0	0.203 0
285	0.069 3	0.107 8	0.051 1	0.071 0	0.074 3	0.075 0	0.080 6	0.073 9
300	0.055 8	0.092 6	0.045 3	0.075 8	0.054 7	0.072 7	0.053 4	0.054 1
315	0.048 0	0.070 0	0.041 9	0.067 8	0.047 3	0.114 3	0.043 2	0.063 7
330	0.044 0	0.055 9	0.040 7	0.057 0	0.048 2	0.059 7	0.044 5	0.100 5
345	0.042 7	0.048 0	0.041 3	0.049 0	0.056 3	0.048 8	0.053 6	0.050 0
360	0.044 0	0.044 0	0.044 0	0.044 0	0.062 4	0.062 4	0.062 4	0.062 4

注：表中通放带宽度和压制带内 $\lvert\varphi_P\rvert$ 的平均值是在 $0\leqslant\Delta t_x/T\leqslant1$ 区间计算所得。

2. 若 α_1 与 α_2 互为补角，则 α_1 时的 Ⅰ 型平行四边形面积组合响应与 α_2 时的 Ⅱ 型平行四边形面积组合响应相同

设在 $0°\leqslant\alpha\leqslant180°$ 区间，$\alpha_1+\alpha_2=180°$，将 $\alpha_2=180°-\alpha_1$ 代入式（3.3.28）：

$$
\begin{aligned}
\lvert\varphi_{PI}\rvert &= \frac{1}{mn}\left\lvert\frac{\sin\left(\dfrac{n\pi\Delta t_x\cos\alpha_2}{T}\right)}{\sin\left(\dfrac{\pi\Delta t_x\cos\alpha_2}{T}\right)}\frac{\sin\left[\dfrac{m\pi\Delta t_x(c\cos\alpha_2-R\sin\alpha_2)}{T}\right]}{\sin\left[\dfrac{\pi\Delta t_x(c\cos\alpha_2-R\sin\alpha_2)}{T}\right]}\right\rvert \\
&= \frac{1}{mn}\left\lvert\frac{\sin\left[\dfrac{n\pi\Delta t_x\cos(180°-\alpha_1)}{T}\right]}{\sin\left[\dfrac{\pi\Delta t_x\cos(180°-\alpha_1)}{T}\right]}\frac{\sin\left\{\dfrac{m\pi\Delta t_x[c\cos(180°-\alpha_1)-R\sin(180°-\alpha_1)]}{T}\right\}}{\sin\left\{\dfrac{\pi\Delta t_x[c\cos(180°-\alpha_1)-R\sin(180°-\alpha_1)]}{T}\right\}}\right\rvert \quad(3.3.34)\\
&= \frac{1}{mn}\left\lvert\frac{\sin\left(\dfrac{n\pi\Delta t_x\cos\alpha_1}{T}\right)}{\sin\left(\dfrac{\pi\Delta t_x\cos\alpha_1}{T}\right)}\frac{\sin\left[\dfrac{m\pi\Delta t_x(c\cos\alpha_1+R\sin\alpha_1)}{T}\right]}{\sin\left[\dfrac{\pi\Delta t_x(c\cos\alpha_1+R\sin\alpha_1)}{T}\right]}\right\rvert=\lvert\varphi_{PII}\rvert
\end{aligned}
$$

式（3.3.34）指出，在 $0° \leqslant \alpha \leqslant 180°$ 区间，如方位角 α_1、α_2 互为补角，则方位角为 α_1 时的 I 型平行四边形面积组合响应与方位角为 α_2 时的 II 型平行四边形面积组合响应相同（表 3.3.1）。

根据前文已知在 $0° \leqslant \alpha \leqslant 360°$ 区间，方位角 α 由 180° 增大到 360°，无论是 I 型还是 II 型平行四边形面积组合响应的变化同样重复 $0° \sim 180°$ 时的变化。因此由式（3.3.34）可推知，在 $180° \leqslant \alpha \leqslant 360°$ 区间如方位角 $\alpha_3 + \alpha_4 = 540°$（这意味着 α_3、α_4 各减去 180° 便互为补角），则容易理解，方位角为 α_3 时的 I 型平行四边形面积组合响应，与方位角为 α_4 时的 II 型平行四边形面积组合响应相同（表 3.3.1）。

由上述讨论可知，组合参数 m、n、c、R 相同的 I 型与 II 型平行四边形面积组合响应关系还可表述为：II 型平行四边形面积组合响应随 α 从 0° 到 360° 的变化重复 I 型平行四边形面积组合响应随 α 从 360° 到 0° 的变化，如表 3.3.1 所示是两个具体例子。更多例子的研究进一步证明了这一特点。

根据平行四边形面积组合响应与方位角 α 关系的上述特点，只要知道了 $0° \leqslant \alpha \leqslant 180°$ 区间 I 型平行四边形面积组合响应，就足以知道 $0° \leqslant \alpha \leqslant 360°$ 区间的 I 型和 II 型平行四边形面积组合响应。

3.3.4　平行四边形面积组合响应与 R 的关系

式（3.3.29）已指出 $\alpha = 0°$ 和 $\alpha = 180°$ 时，无论是 I 型还是 II 型平行四边形面积组合响应都与 R 无关。图 3.3.4～图 3.3.6 分别画出 α 为 30°、45°、60° 方向上，不同 R（$R = 0.80$, 1.00, 1.25, 1.50, 1.75, 2.00）I 型平行四边形面积组合（$m = 3$，$n = 5$，$c = 1$）响应图。

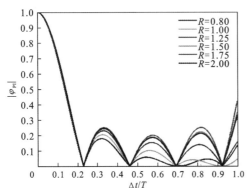
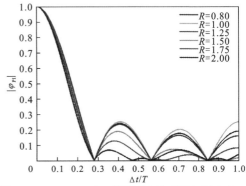

图 3.3.4　$\alpha = 30°$ 时 I 型平行四边形面积组合在 $m = 3$，$n = 5$，$c = 1$ 条件下不同 R 的响应对比图

扫描封底二维码见彩图

图 3.3.5　$\alpha = 45°$ 时 I 型平行四边形面积组合在 $m = 3$，$n = 5$，$c = 1$ 条件下不同 R 的响应对比图

扫描封底二维码见彩图

由上述三图可见，图 3.3.4 和图 3.3.6 中 6 条曲线的通放带几乎重合，难以确定通放带宽度随 R 的变化特点，图 3.3.5 中通放带虽然变化略微大一点但仍难判断谁宽谁窄。尽管如此却说明了 R 对 I 型平行四边形面积组合通放带宽度影响不大。三幅图中压制带内曲线变化也较复杂，难以辨别不同 R 的 $|\varphi_{PI}|$ 平均值大小。

表3.3.2给出了I型平行四边形面积组合（$m=3$，$n=5$，$c=1$）响应随R（$R=0.80$、1.00、1.25、1.50、1.75、2.00）及$0°\leqslant\alpha\leqslant180°$区间内$\alpha$的变化的计算结果。表中具体数据揭示，在不同方向上，通放带宽度随R的变化特点不同。在绝大多数方向上，通放带宽度随R逐渐增大而变窄；有的方向上当R逐渐增大时通放带宽度并非单调变化，而是时大时小跳跃式变化。表3.3.2具体数据明确表示，$\alpha=0°$和$\alpha=180°$方向上，压制带内$|\varphi_{PI}|$的平均值不随R变化。在其他各个方向上，压制带内$|\varphi_{PI}|$的平均值随R的变化特点都相同：当R逐渐增大时，压制带内$|\varphi_{PI}|$的平

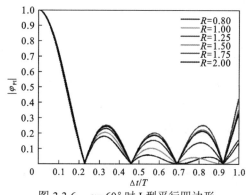

图3.3.6　$\alpha=60°$时I型平行四边形面积组合在$m=3$，$n=5$，$c=1$条件下不同R的响应对比图

扫描封底二维码见彩图

均值时而增大时而减小，并非随R变化而单调变化。上述特点是在$0\leqslant\Delta t_x/T\leqslant1$区间所见。

表3.3.2　I型平行四边形面积组合（$m=3$，$n=5$，$c=1$）响应随R及α的变化

分带	方位角 $\alpha/(°)$	$R=0.80$	$R=1.00$	$R=1.25$	$R=1.50$	$R=1.75$	$R=2.00$
通放带宽度	0	0.079 2	0.079 2	0.079 2	0.079 2	0.079 2	0.079 2
	30	0.100 0	0.101 5	0.103 0	0.103 8	0.104 1	0.103 8
	45	0.126 8	0.127 5	0.126 4	0.123 1	0.118 2	0.112 0
	60	0.176 6	0.167 7	0.152 0	0.135 0	0.119 0	0.105 2
	75	0.233 0	0.188 9	0.149 9	0.123 3	0.104 2	0.090 1
	90	0.194 1	0.155 3	0.124 2	0.103 5	0.482 7	0.077 6
	105	0.139 7	0.120 1	0.102 0	0.088 4	0.077 9	0.069 7
	120	0.107 5	0.097 8	0.087 4	0.078 8	0.071 6	0.065 5
	135	0.090 0	0.084 9	0.079 0	0.073 7	0.068 8	0.064 5
	150	0.081 0	0.078 4	0.075 2	0.072 1	0.069 1	0.066 3
	165	0.077 7	0.076 6	0.075 2	0.073 8	0.072 5	0.071 1
	180	0.079 2	0.079 2	0.079 2	0.079 2	0.079 2	0.079 2
压制带内 $|\varphi_{PI}|$ 的平均值	0	0.113 5	0.113 5	0.113 5	0.113 5	0.113 5	0.113 5
	30	0.097 2	0.105 7	0.141 8	0.172 0	0.182 3	0.168 7
	45	0.168 6	0.182 3	0.161 4	0.114 4	0.098 8	0.084 4
	60	0.177 5	0.130 0	0.107 9	0.107 4	0.111 5	0.108 4
	75	0.164 7	0.130 5	0.142 1	0.142 8	0.140 9	0.161 1
	90	0.266 0	0.289 3	0.317 8	0.289 3	0.271 8	0.289 2
	105	0.144 4	0.141 7	0.143 9	0.162 9	0.183 6	0.197 4
	120	0.109 2	0.105 8	0.116 7	0.111 6	0.113 4	0.105 9
	135	0.108 0	0.097 8	0.092 5	0.081 9	0.094 3	0.104 6
	150	0.107 8	0.102 4	0.098 6	0.090 6	0.086 7	0.090 8
	165	0.158 7	0.148 0	0.130 1	0.111 2	0.106 1	0.110 5
	180	0.113 5	0.113 5	0.113 5	0.113 5	0.113 5	0.113 5

注：表中通放带宽度和压制带内$|\varphi_{PI}|$的平均值是在$0\leqslant\Delta t/T\leqslant1$区间计算所得。

从表 3.3.2 和图 3.3.4～图 3.3.6 这个 I 型平行四边形面积组合响应值随 R 变化的例子看出，不同组合参数与不同方位角 α 的组合响应随 R 增大而变化多端。也就是说，在 $0 \leqslant \Delta t_x / T \leqslant 1$ 区间内，随着 R 的增大，I 型平行四边形面积组合衰减干扰波的能力并非随之单调增强，进一步对 II 型平行四边形面积组合的分析也得出相同结论。大量计算数据证明，上述 R 对平行四边形面积组合响应的影响具有普适性。

3.3.5　平行四边形面积组合响应随 m 和 n 变化

本小节讨论平行四边形面积组合行数 m 和每行检波点数（横向检波点数）n 对组合响应的影响。图 3.3.7 和图 3.3.8 分别是 $\alpha=22.5°$ 和 $\alpha=135°$，$m=5$，$R=1$，$c=1$ 时，不同 $n(n=3, 4, 5, 6, 7, 8)$ 的 I 型平行四边形面积组合响应对比图。图 3.3.7 清晰而明确地显示出，在 m、R 及 c 固定时，随着每行检波点数 n 的增大通放带宽度变窄，但压制带内曲线变化复杂，难以辨明压制带内 $|\varphi_{PI}|$ 的平均值随 n 的变化特点。图 3.3.8 在 m、R 及 c 固定，当每行检波点数 n 的变化时，不仅难以辨明压制带内 $|\varphi_{PI}|$ 的平均值随 n 的变化特点，而且通放带宽度也难以辨明其谁宽谁窄。为此做了专门分析，部分计算结果列于表 3.3.3。如表 3.3.3 所示，如 m、R 及 c 固定，I 型平行四边形面积组合对同一方位角 α 的地震波的通放带宽度随 n 逐渐增大而逐渐变窄，压制带内 $|\varphi_{PI}|$ 的平均值随 n 逐渐增大而逐渐降低，不管 α 多大（$\alpha=90°$ 除外）。在 $\alpha=90°$ 时通放带宽度和压制带内的平均值不变，这是由于在 $\alpha=90°$ 方向上不论是 I 型还是 II 型，平行四边形面积组合都相当于 m 个检波点的简单线性组合，其组合响应只与组合参数 m 和 R 有关而与 n、c 无关。

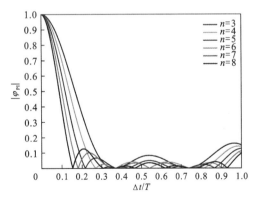 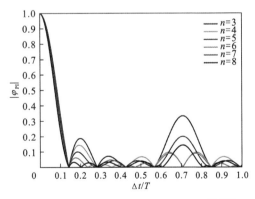

图 3.3.7　$\alpha=22.5°$，$m=5$，$R=1$，$c=1$ 时不同 n 的 I 型平行四边形面积组合响应对比图

扫描封底二维码见彩图

图 3.3.8　$\alpha=135°$，$m=5$，$R=1$，$c=1$ 时不同 n 的 I 型平行四边形面积组合响应对比图

扫描封底二维码见彩图

表3.3.3　m、R、c 不变时 I 型平行四边形面积组合响应随 n 及方位角 α 的变化

分带	$\alpha/(°)$	$m=4,$ $R=c=1$ $n=4$	$m=4,$ $R=c=1$ $n=5,$	$m=4,$ $R=c=1$ $n=6$	$m=4,$ $R=c=1$ $n=7,$	$m=4,$ $R=c=1$ $n=8$	$m=5,$ $R=c=1$ $n=4$	$m=5,$ $R=c=1$ $n=5$	$m=5$ $R=c=1$ $n=6$	$m=5,$ $R=c=1$ $n=7$	$m=5$ $R=c=1$ $n=8,$	$m=5$ $R=c=1$ $n=9$
通放带宽度	0	0.0822	0.0720	0.0635	0.0565	0.0507	0.0720	0.0650	0.0586	0.0530	0.0481	0.0440
	22.5	0.1080	0.0895	0.0761	0.0661	0.0583	0.1009	0.0854	0.0736	0.0644	0.0572	0.0513
	45	0.1610	0.1275	0.1057	0.0903	0.0788	0.1610	0.1275	0.1057	0.0903	0.0788	0.0700
	67.5	0.1749	0.1600	0.1459	0.1331	0.1218	0.1474	0.1384	0.1291	0.1202	0.1117	0.1040
	90	0.1138	0.1138	0.1138	0.1138	0.1138	0.0902	0.902	0.0902	0.0902	0.0902	0.0902
	112.5	0.0841	0.0824	0.0804	0.0782	0.0759	0.0675	0.0666	0.0655	0.0644	0.0631	0.0617
	135	0.0729	0.0692	0.0652	0.0613	0.0574	0.0598	0.0577	0.0554	0.0530	0.0505	0.0480
	157.5	0.0724	0.0663	0.0600	0.0552	0.0505	0.0611	0.0573	0.0535	0.0498	0.0463	0.0431
	180	0.0822	0.0720	0.0635	0.0565	0.0507	0.0720	0.0650	0.0586	0.0530	0.0481	0.0440
压制带内 $\lvert\varphi_T\rvert$ 平均值	0	0.1228	0.0998	0.0878	0.0806	0.0759	0.0998	0.0958	0.0808	0.0721	0.0663	0.0624
	22.5	0.0871	0.0774	0.0688	0.0630	0.0573	0.0857	0.0724	0.0651	0.0580	0.0532	0.0496
	45	0.2224	0.1823	0.1538	0.1409	0.1278	0.2224	0.1823	0.1538	0.1409	0.1278	0.1143
	67.5	0.1186	0.1151	0.1047	0.0910	0.0818	0.1084	0.0956	0.0898	0.0884	0.0782	0.0701
	90	0.2374	0.2374	0.2374	0.2374	0.2374	0.2030	0.2030	0.2030	0.2030	0.2030	0.2030
	112.5	0.1186	0.1217	0.0945	0.0804	0.0800	0.1042	0.1062	0.0839	0.0690	0.0713	0.0661
	135	0.0883	0.0858	0.0677	0.0652	0.0630	0.0740	0.0760	0.0566	0.0572	0.0497	0.0473
	157.5	0.1032	0.0909	0.0807	0.0695	0.0621	0.0908	0.0834	0.0712	0.0661	0.0554	0.0496
	180	0.1228	0.0998	0.0878	0.0806	0.0759	0.0998	0.0958	0.0808	0.0721	0.0663	0.0624

注：表中数据是在 $0 \leqslant \Delta t_x / T \leqslant 1$ 区间计算所得。

　　大量不同组合参数的平行四边形面积组合分析得到的结论与上述分析相同。通放带宽度变化无一例外地符合这一规律，但压制带内 $\lvert\varphi_n\rvert$ 的平均值中有个别数据不严格符合这一规律。进一步分析指出，压制带内 $\lvert\varphi_n\rvert$ 的平均值个别数据异常主要是计算精度问题，其次是压制带内 $\lvert\varphi_n\rvert$ 平均值的计算是在自变量 $0 \leqslant \Delta t_x / T \leqslant 1$ 的有限区间进行的，尽管这个区间基本涵盖地震勘探感兴趣的地震波，但组合参数不同，计算平均值采集的样点数就不同，可能造成计算结果尾数异常。精度又与采样率有关，全书统一使用的采样率是 10^{-4}s，对个别参数的平行四边形面积组合这个采样率略显不足，计算出的压制带内 $\lvert\varphi_n\rvert$ 的平均值的尾数精度不够高，导致个别结果尾数异常。通放带宽度计算是寻找 $\lvert\varphi_P\rvert = \sqrt{2}/2$ 相应的 $\Delta t_x / T$ 值，设定的计算方法与采样率关系微弱，计算误差不大于 10^{-4}s，因此通放带边界值无一例外地严格符合上述规律。

　　图3.3.9和图3.3.10分别是 $\alpha=22.5°$ 和 $\alpha=135°$，$n=5$，$R=1$，$c=1$ 时不同 m（$m=3, 4, 5, 6, 7, 8$）的 I 型平行四边形面积组合响应对比图。这两幅图清晰而明确地显示出，在每行检波点数 n、R 及 c 固定时，随着行数 m 的增大通放带宽度变窄，但仍难以辨明压制带内 $\lvert\varphi_n\rvert$ 的平均值随 m 的变化特点。

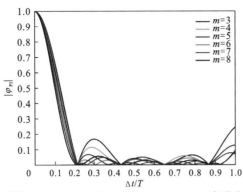
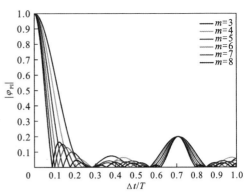

图 3.3.9　$\alpha=22.5°$，$n=5$，$R=1$，$c=1$ 时不同　　　图 3.3.10　$\alpha=135°$，$n=5$，$R=1$，$c=1$ 时不同
m 的 I 型平行四边形面积组合组合响应对比　　　　　　m 的 I 型平行四边形面积组合响应对比图

　　如表 3.3.4 所示，如每行检波点数 n、R 及 c 固定，当行数 m 增大时 I 型平行四边形面积组合通放带宽度变窄，压制带内 $|\varphi_{PI}|$ 的平均值随之减小，无论 α 多大，但 $\alpha=45°$ 除外。同样是在 n、R 及 c 固定的情况下，II 型平行四边形面积组合是在 $\alpha=135°$ 方向上的组合响应不变。简单地说，增大 m 或 n，或二者一起增大，都将增强压制干扰波的力度，只是不同 m、n 匹配关系对传播方向不同波的压制力度的影响不同。足够多例子的计算数据支持上述分析结论。

表 3.3.4　n 和 R、c 不变时 I 型平行四边形面积组合响应随 m 及 α 的变化

分带	$\alpha/(°)$	$n=5$, $R=c=1$ $m=4$	$n=5$, $R=c=1$ $m=5$	$n=5$, $R=c=1$ $m=6$	$n=5$, $R=c=1$ $m=7$	$n=5$, $R=c=1$ $m=8$	$n=6$, $R=c=1$ $m=4$	$n=6$, $R=c=1$ $m=5$	$n=6$, $R=c=1$ $m=6$	$n=6$, $R=c=1$ $m=7$	$n=6$, $R=c=1$ $m=8$	$n=6$, $R=c=1$ $m=9$
通放带宽度	0	0.0720	0.0650	0.0586	0.0530	0.0481	0.0635	0.0586	0.0539	0.0494	0.0455	0.0419
	22.5	0.0895	0.0854	0.0811	0.0766	0.0722	0.0761	0.0736	0.0708	0.0678	0.0647	0.0617
	45	0.1275	0.1275	0.1275	0.1275	0.1275	0.1057	0.1057	0.1057	0.1057	0.1057	0.1057
	67.5	0.1600	0.1384	0.1209	0.1068	0.0955	0.1459	0.1291	0.1146	0.1023	0.0923	0.0837
	90	0.1138	0.9020	0.0747	0.0638	0.0557	0.1138	0.0902	0.0747	0.0638	0.0557	0.0495
	112.5	0.0824	0.0666	0.0555	0.0480	0.0421	0.0804	0.0655	0.0552	0.0476	0.0418	0.0373
	135	0.0692	0.0577	0.0493	0.0429	0.0379	0.0652	0.0554	0.0478	0.0419	0.0372	0.0334
	157.5	0.0663	0.0577	0.0500	0.0442	0.0395	0.0601	0.0535	0.0475	0.0424	0.0382	0.0347
	180	0.0720	0.0650	0.0586	0.0530	0.0481	0.0635	0.0586	0.0539	0.0494	0.0455	0.0419
压制带内 $|\varphi_{PI}|$ 平均值	0	0.0998	0.0958	0.0808	0.0721	0.0663	0.0878	0.0808	0.0785	0.0679	0.0612	0.0566
	22.5	0.0774	0.0724	0.0618	0.0598	0.0568	0.0688	0.0651	0.0551	0.0519	0.0483	0.0461
	45	0.1823	0.1823	0.1823	0.1823	0.1823	0.1538	0.1538	0.1538	0.1538	0.1538	0.1538
	67.5	0.1151	0.0956	0.0855	0.0799	0.0732	0.1047	0.0898	0.0767	0.0707	0.0660	0.0623
	90	0.2374	0.2030	0.1783	0.1597	0.1450	0.2374	0.2030	0.1783	0.1597	0.1450	0.1332
	112.5	0.1217	0.1062	0.0952	0.0859	0.0786	0.0945	0.0839	0.0752	0.0683	0.0626	0.0582
	135	0.0858	0.0760	0.0676	0.0616	0.0565	0.0677	0.0566	0.0513	0.0456	0.0415	0.0388
	157.5	0.0909	0.0834	0.0764	0.0683	0.0631	0.0807	0.0712	0.0626	0.0538	0.0500	0.0471
	180	0.0998	0.0958	0.0808	0.0721	0.0663	0.0878	0.0808	0.0785	0.0679	0.0612	0.0566

注：表中数据是在 $0 \leqslant \Delta t_x / T \leqslant 1$ 区间计算所得。

3.3.6 平行四边形面积组合与矩形面积组合的对比

表 3.3.5 列出了两组 I 型平行四边形面积组合响应与矩形面积组合响应对比数据，其中两种组合差别仅仅是纵横检波点距比 R 不同，一个 $R=1$，另一个 $R=1.5$。如表 3.3.5 所示，当 $R=1$，在 $0°\leqslant\alpha\leqslant180°$ 区间，除 $\alpha=90°$ 外的其他 8 个方向上，I 型平行四边形面积组合在 6 个方向上的通放带宽度比矩形面积组合通放带宽度窄。I 型平行四边形面积组合在 4 个方向上的压制带内 $|\varphi_\mathrm{P}|$ 的平均值比矩形面积组合压制带内 $|\varphi_\mathrm{Re}|$ 的平均值低。当 $R=1.5$ 时 I 型平行四边形面积组合在 5 个方向上的通放带宽度比矩形面积组合通放带宽度窄，在 6 个方向上的压制带内 $|\varphi_\mathrm{P}|$ 的平均值比矩形面积组合压制带内 $|\varphi_\mathrm{Re}|$ 平均值低。

表 3.3.5 I 型平行四边形面积组合响应与矩形面积组合响应对比

$\alpha/(°)$	通放带宽度和压制带内 $|\varphi|$ 平均值	$R=1.0$		$R=1.5$	
		I 型平行四边形 $m=5$，$n=9$，$c=1$	矩形 $m=5$，$n=9$	I 型平行四边形 $m=5$，$n=9$，$c=1$	矩形 $m=5$，$n=9$
0	通放带宽度	0.044 0	0.049 5	0.044 0	0.049 5
	$|\varphi|$ 平均值	0.062 4	0.133 2	0.062 4	0.133 2
22.5	通放带宽度	0.051 3	0.052 4	0.052 6	0.051 0
	$|\varphi|$ 平均值	0.049 6	0.057 2	0.060 7	0.048 1
45	通放带宽度	0.070 0	0.062 2	0.067 8	0.055 0
	$|\varphi|$ 平均值	0.114 3	0.046 0	0.063 6	0.051 2
67.5	通放带宽度	0.104 0	0.079 3	0.075 0	0.058 8
	$|\varphi|$ 平均值	0.070 1	0.060 1	0.062 2	0.067 0
90	通放带宽度	0.090 2	0.090 2	0.060 1	0.060 1
	$|\varphi|$ 平均值	0.203 0	0.203 0	0.203 0	0.203 0
112.5	通放带宽度	0.061 7	0.079 3	0.047 8	0.058 8
	$|\varphi|$ 平均值	0.066 1	0.060 1	0.053 7	0.067 0
135	通放带宽度	0.048 0	0.062 2	0.041 9	0.055 0
	$|\varphi|$ 平均值	0.047 3	0.046 0	0.043 2	0.051 2
157.5	通放带宽度	0.043 1	0.052 4	0.040 8	0.051 0
	$|\varphi|$ 平均值	0049 6	0.057 2	0.044 8	0.048 1
180	通放带边界	0.044 0	0.049 5	0.044 0	0.049 5
	$|\varphi|$ 平均值	0.062 4	0.133 2	0.062 4	0.133 2

注：表中通放带宽度数据是在 $0\leqslant\Delta t_x/T\leqslant1$ 区间计算所得。

由表 3.3.5 可知，I 型平行四边形面积组合衰减干扰波提高信噪比的性能略强于矩形面积组合。进一步研究证明，II 型平行四边形面积组合衰减干扰波提高信噪比的性能同样略强于矩形面积组合，只是 II 型平行四边形面积组合显示出的优势方向与 I 型平行四边形面积组合有所不同。此外，平行四边形面积组合性能相对于矩形面积组合的优势，其代价是沿测线方向上平行四边形面积组合展布范围比矩形面积组合更大。

3.3.7 小结

（1）对沿测线方向传播的波，平行四边形面积组合响应特点仅取决于 n 和 c，与参数 m、R 无关。

（2）对垂直测线方向传播的波，组合响应与 m 个检波点的简单线性组合相同，其特点仅取决于参数 m 和 R，而与组合参数 n 及 c 无关。

（3）方位角 α 由 180° 增大到 360° 时，平行四边形面积组合响应的变化重复由 0° 增大到 180° 时的变化，无论是 I 型组合还是 II 型组合。

（4）在 $0° \leqslant \alpha \leqslant 180°$ 区间，如方位角 α_1、α_2 互为补角，则方位角为 α_1 的 I 型平行四边形面积组合响应与方位角为 α_2 的 II 型平行四边形面积组合响应相同。

（5）当纵横检波点距比 R 增大时，在 $0 \leqslant \Delta t_x / T \leqslant 1$ 区间，平行四边形面积组合衰减干扰波的能力并非随之单调增强，也非单调削弱，而是有时使衰减干扰波的能力增强，有时却会使衰减干扰波的能力削弱，但多数情况下是衰减干扰波的能力随 R 的增大而增强。

（6）若行数 m、R 及 c 固定，当 n 增大时，平行四边形面积组合对同一方位角 α 地震波的通放带宽度随之变小，压制带内 $|\varphi_P|$ 的平均值随之降低。若 n、R 及 c 固定，当 m 增大时，平行四边形面积组合对同一方位角 α 地震波的通放带宽度随之变小，压制带内 $|\varphi_P|$ 的平均值随之降低，无论 α 多大。

（7）平行四边形面积组合和矩形面积组合的检波点数相等时，平行四边形面积组合性能略优于矩形面积组合，但在某些方向上矩形面积组合优于平行四边形面积组合，特别是在 $\alpha=45°$ 左右方向上。

（8）平行四边形面积组合的等效检波器位置在其形心上，即对角线交点上。

3.4　圆环形面积组合

3.4.1　圆环形面积组合响应

圆环形面积组合又称圆形组合，其检波器在地平面展布示意如图 3.4.1 所示。测线沿 X 轴敷设，n_R 个检波器等间距布置在圆周上。圆心为 O，半径为 r，则相邻两个检波器对应的圆内角 $\alpha^* = 2\pi / n_R$。其中第 1 号检波器和圆心 O 位于测线（X 轴）上，并取 O 为坐标原点，Y 轴垂直向上。圆心 O 布置一个检波器或无检波器。图中 AB 是波以视速度 V^* 沿地面传播方向，AB 的方位角为 α。从 X 轴正方向逆时针旋转到 AB 方向的方位角 α 为正。检波器序号逆时针依次编为 1, 2, 3, $\cdots$, n_R 号。第 i 个检波器所在的半径与 AB 夹角为 β_i。

1. 圆环形面积组合响应通式

将圆环半径 r 设为 μr_0，其中 μ 是圆半径变化系数，r_0 为 $\mu=1$ 时的半径，称单位半径，μ 和 r_0 皆为常数、正值。

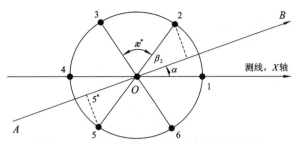

图 3.4.1　圆环形面积组合检波器展布示意图

图面为地平面

第 i 个检波器与圆心在 AB 上投影间的距离为 $r\cos\beta_i$：

$$\beta_i = (i-1)\frac{2\pi}{n_R} - \alpha = \frac{2(i-1)\pi}{n_R} - \alpha \tag{3.4.1}$$

第 i 个检波器波至时间比圆心上检波器波至时间滞后值记为 Δt_i，根据图 3.4.1 有

$$\Delta t_i = \frac{r\cos\beta_i}{V^*} = \frac{\mu r_0}{V^*}\cos\left[\frac{2(i-1)\pi}{n_R} - \alpha\right] = \mu\Delta t\cos\left[\frac{2(i-1)\pi}{n_R} - \alpha\right] \tag{3.4.2}$$

式中：

$$\Delta t = \frac{r_0}{V^*} \tag{3.4.3}$$

设圆心处有 1 个检波器，其输出信号的频谱为 $g_c(j\omega)$。则第 i 个检波器输出信号的频谱 $g_i(j\omega)$ 为

$$g_i(j\omega) = g_c(j\omega)e^{-j\omega\Delta t_i} \tag{3.4.4}$$

将圆环形面积组合总输出信号的频谱记为 $G_R(j\omega)$（圆心处有 1 个检波器），则：

$$\begin{aligned}
G_R(j\omega) &= g_c(j\omega) + \sum_{i=1}^{n_R} g_i(j\omega) = g_c(j\omega) + \sum_{i=1}^{n_R}\left[g_c(j\omega)e^{-j\omega\Delta t_i}\right] \\
&= g_c(j\omega)\left[1 + \sum_{i=1}^{n_R}(e^{-j\omega\Delta t_i})\right] = g_c(j\omega)P_R(j\omega)
\end{aligned} \tag{3.4.5}$$

式中：

$$P_R(j\omega) = \frac{G_R(j\omega)}{g_c(j\omega)} = 1 + \sum_{i=1}^{n_R}e^{-j\omega\Delta t_i} \tag{3.4.6}$$

容易理解，当圆心处无检波器时：

$$G_R(j\omega) = \sum_{i=1}^{n_R}g_i(j\omega) = g_c(j\omega)\sum_{i=1}^{n_R}(e^{-j\omega\Delta t_i}) = g_c(j\omega)P_R(j\omega) \tag{3.4.7}$$

此时

$$P_R(j\omega) = \frac{G_R(j\omega)}{g_c(j\omega)} = \sum_{i=1}^{n_R}e^{-j\omega\Delta t_i} \tag{3.4.8}$$

因此可以认为，式（3.4.6）和式（3.4.8）中的 $P_R(j\omega)$ 表征了圆环形面积组合对圆心处单个检波器输出信号的频谱 $g_c(j\omega)$ 的放大倍数。圆环形面积组合总输出信号的振幅谱 G_R 为

$$G_R = |G_R(j\omega)| = |P_R(j\omega)g_c(j\omega)| = P_R g_c \tag{3.4.9}$$

式中：$g_c = |g_c(j\omega)|$ 为圆心处单个检波器输出信号的振幅谱；P_R 为 $P_R(j\omega)$ 的模。

圆心处有 1 个检波器时：

$$P_R = \left| 1 + \sum_{i=1}^{n_R} e^{-j\omega \Delta t_i} \right| \qquad (3.4.10)$$

圆心处无检波器时：

$$P_R = \left| \sum_{i=1}^{n_R} e^{-j\omega \Delta t_i} \right| \qquad (3.4.11)$$

P_R 的物理意义是圆形面积组合对圆心处单个检波器输出信号的振幅谱的放大倍数。

当圆的半径 $r=0$（或 $V^* \to \infty$）时：

$$\Delta t_i = \frac{r\cos\beta_i}{V^*} = \frac{\mu r_0 \cos\beta_i}{V^*} = 0 \qquad (3.4.12)$$

此时 P_R 达最大值：

$$P_R = n_R + 1 \quad (\text{圆心处有 1 个检波器}) \qquad (3.4.13)$$

$$P_R = n_R \quad (\text{圆心处无检波器}) \qquad (3.4.14)$$

将 $P_R(j\omega)$ 与 P_R 之比记为 $\varphi_R(j\omega)$：

$$\varphi_R(j\omega) = \frac{P_R(j\omega)}{P_R} = \frac{1}{P_R}\left[\frac{G(j\omega)}{g_c(j\omega)} \right] \qquad (3.4.15)$$

圆心处有 1 个检波器时：

$$\varphi_R(j\omega) = \frac{1}{n_R+1}\left(1 + \sum_{i=1}^{n_R} e^{-j\omega \Delta t_i} \right) = \frac{1}{n_R+1}\left[1 + \sum_{i=1}^{n_R} \cos(\omega \Delta t_i) - j\sum_{i=1}^{n} \sin(\omega \Delta t_i) \right] \qquad (3.4.16)$$

圆心处无检波器时：

$$\varphi_R(j\omega) = \frac{1}{n_R}\left(\sum_{i=1}^{n_R} e^{-j\omega \Delta t_i} \right) = \frac{1}{n_R}\left[\sum_{i=1}^{n_R} \cos(\omega \Delta t_i) - j\sum_{i=1}^{n} \sin(\omega \Delta t_i) \right] \qquad (3.4.17)$$

根据式（3.4.16）和式（3.4.17）便可写出圆环形面积组合响应：

$$|\varphi_R| = \frac{1}{n_R+1}\left| \left\{ \left[1 + \sum_{i=1}^{n} \cos(\omega \Delta t_i) \right]^2 + \left[\sum_{i=1}^{n} \sin(\omega \Delta t_i) \right]^2 \right\}^{\frac{1}{2}} \right| \quad (\text{圆心处有 1 个检波器}) \qquad (3.4.18)$$

$$|\varphi_R| = \frac{1}{n_R}\left| \left\{ \left[\sum_{i=1}^{n_R} \cos(\omega \Delta t_i) \right]^2 + \left[\sum_{i=1}^{n_R} \sin(\omega \Delta t_i) \right]^2 \right\}^{\frac{1}{2}} \right| \quad (\text{圆心处无检波器}) \qquad (3.4.19)$$

$\varphi_R(j\omega) = G_R(j\omega)/g_c(j\omega)$ 是圆环形面积组合输出信号的频谱与圆心 O 点处单个检波器输出信号的频谱归一化后的比值，$|\varphi_R|$ 实际上是 $\varphi_R(j\omega)$ 的振幅谱。$P_R(j\omega)$ 是没有作归一化处理时的比值，根据式（3.4.16）和式（3.4.17）便可写出 $\varphi_R(j\omega)$ 的辐角 θ_R：

$$\begin{cases} \theta_R = \left| \arctan \dfrac{\sum\limits_{i=1}^{n_R} \sin(\omega \Delta t_i)}{1 + \sum\limits_{i=1}^{n_R} \cos(\omega \Delta t_i)} \right| \quad (\text{圆心处有1个检波器}) \\[6mm] \theta_R = \left| \arctan \dfrac{\sum\limits_{i=1}^{n_R} \sin(\omega \Delta t_i)}{\sum\limits_{i=1}^{n_R} \cos(\omega \Delta t_i)} \right| \quad (\text{圆心处无检波器}) \end{cases} \qquad (3.4.20)$$

为了比较不同面积组合性能的优缺点，需要将组合响应图的横坐标统一为 $\Delta t / T$，为此须将式（3.4.18）略做变化。将式（3.4.2）代入式（3.4.18）：

$$|\varphi_R| = \frac{1}{n+1}\left|\left\{\left[1+\sum_{i=1}^{n}\cos(\omega\Delta t_i)\right]^2 + \left[\sum_{i=1}^{n}\sin(\omega\Delta t_i)\right]^2\right\}^{\frac{1}{2}}\right|$$

$$= \frac{1}{n_R+1}\left|\left\{\left[1+\sum_{i=1}^{n_R}\cos\left(2\pi\mu\frac{\Delta t}{T}\cos\frac{2(i-1)\pi-n_R\alpha}{n_R}\right)\right]^2 + \left[\sum_{i=1}^{n_R}\sin\left(2\pi\mu\frac{\Delta t}{T}\cos\frac{2(i-1)\pi-n_R\alpha}{n_R}\right)\right]^2\right\}^{\frac{1}{2}}\right|$$

$$（3.4.21）$$

同样将式（3.4.14）略做变化，得到圆心处无检波器时的公式：

$$|\varphi_R| = \frac{1}{n_R}\left|\left\{\left[\sum_{i=1}^{n_R}\cos(\omega\Delta t_i)\right]^2 + \left[\sum_{i=1}^{n_R}\sin(\omega\Delta t_i)\right]^2\right\}^{\frac{1}{2}}\right|$$

$$= \frac{1}{n_R}\left|\left\{\left[\sum_{i=1}^{n_R}\cos\left(2\pi\mu\frac{\Delta t}{T}\cos\frac{2(i-1)\pi-n_R\alpha}{n_R}\right)\right]^2 + \left[\sum_{i=1}^{n_R}\sin\left(2\pi\mu\frac{\Delta t}{T}\cos\frac{2(i-1)\pi-n_R\alpha}{n_R}\right)\right]^2\right\}^{\frac{1}{2}}\right|$$

$$（3.4.22）$$

根据式（3.4.21）和式（3.4.22），便可以 $\Delta t / T$ 为自变量，以 n_R、r_0、μ、V^*、α 为参数绘制 $|\varphi_R|$-$\Delta t / T$ 曲线，即圆环形面积组合响应图。

2. 当圆周上检波器数 n_R 为偶数时

由式（3.4.2）可得

$$\Delta t_i = \frac{r\cos\beta_i}{V^*} = \frac{\mu r_0}{V^*}\cos\left[\frac{2(i-1)\pi}{n_R}-\alpha\right] = \mu\Delta t\cos\left[\frac{2(i-1)\pi}{n_R}-\alpha\right] \qquad （3.4.23a）$$

式中：$\Delta t = r_0 / V^*$。

将第 $(n_R/2)+i$ 号检波器的波至时间滞后于圆心波至时间的值记为 $\Delta t_{(n_R/2)+i}$：

$$\Delta t_{(n_R/2)+i} = \frac{r\cos\beta_{(n_R/2)+i}}{V^*} = \frac{\mu r_0}{V^*}\cos\left\{\frac{2[(n_R/2)+i-1]\pi}{n_R}-\alpha\right\} = \mu\Delta t\cos\left[\pi+\frac{2(i-1)\pi}{n_R}-\alpha\right]$$

$$（3.4.23b）$$

Δt_i 和 $\Delta t_{(n_R/2)+i}$ 有时为正有时为负，这取决于 n_R、检波器序号和 α 的大小及相对关系。按下面 4 种情况可确定 Δt_i 和 $\Delta t_{(n_R/2)+i}$ 的正负及二者相互关系。

（1）当 $\left[\frac{2(i-1)\pi}{n_R}-\alpha\right]$ 为第一象限值，则 $\cos\left[\frac{2(i-1)\pi}{n_R}-\alpha\right]$ 为正数，$\Delta t_i > 0$，$g_i(j\omega) = g_c(j\omega)e^{-j\omega\Delta t_i}$，即第 i 号检波器波至时间滞后于圆心波至时间；此时 $\left[\pi+\frac{2(i-1)\pi}{n_R}-\alpha\right]$ 为第三象限值，$\cos\left[\pi+\frac{2(i-1)\pi}{n_R}-\alpha\right]$ 为负数，$\Delta t_{(n_R/2)+i} < 0$，$g_{(n_R/2)+i}(j\omega) = g_c(j\omega)e^{j\omega|\Delta t_{(n_R/2)+i}|}$，表示第 $(n_R/2)+i$ 号检波器波至时间超前圆心波至时间。

（2）当 $\left[\dfrac{2(i-1)\pi}{n_{\mathrm{R}}}-\alpha\right]$ 为第二象限值，则 $\cos\left[\dfrac{2(i-1)\pi}{n_{\mathrm{R}}}-\alpha\right]$ 为负数，$\Delta t_i<0$，

$g_i(\mathrm{j}\omega)=g_{\mathrm{c}}(\mathrm{j}\omega)\mathrm{e}^{\mathrm{j}\omega|\Delta t_i|}$，即第 i 号检波器波至时间超前圆心波至时间；此时 $\left[\pi+\dfrac{2(i-1)\pi}{n_{\mathrm{R}}}-\alpha\right]$

为第四象限值，$\cos\left[\pi+\dfrac{2(i-1)\pi}{n_{\mathrm{R}}}-\alpha\right]$ 为正数，$\Delta t_{(n_{\mathrm{R}}/2)+i}>0$，$g_{\Delta t_{(n_{\mathrm{R}}/2)+i}}(\mathrm{j}\omega)=g_{\mathrm{c}}(\mathrm{j}\omega)\mathrm{e}^{-\mathrm{j}\omega\Delta t_{(n_{\mathrm{R}}/2)+i}}$ 表

示第 $(n_{\mathrm{R}}/2)+i$ 号检波器波至时间滞后圆心波至时间。

（3）当 $\left[\dfrac{2(i-1)\pi}{n_{\mathrm{R}}}-\alpha\right]$ 为第三象限值，则 $\cos\left[\dfrac{2(i-1)\pi}{n_{\mathrm{R}}}-\alpha\right]$ 为负数，$\Delta t_i<0$，

$g_i(\mathrm{j}\omega)=g_{\mathrm{c}}(\mathrm{j}\omega)\mathrm{e}^{\mathrm{j}\omega|\Delta t_i|}$，即第 i 号检波器波至时间超前圆心波至时间；此时 $\left[\pi+\dfrac{2(i-1)\pi}{n_{\mathrm{R}}}-\alpha\right]$

为第一象限值，$\cos\left[\pi+\dfrac{2(i-1)\pi}{n_{\mathrm{R}}}-\alpha\right]$ 为正数，$\Delta t_{(n_{\mathrm{R}}/2)+i}>0$，$g_{(n_{\mathrm{R}}/2)+i}(\mathrm{j}\omega)=g_{\mathrm{c}}(\mathrm{j}\omega)\mathrm{e}^{\mathrm{j}\omega\Delta t_{(n_{\mathrm{R}}/2)+i}}$，

表示第 $(n_{\mathrm{R}}/2)+i$ 号检波器波至时间滞后圆心波至时间。

（4）当 $\left[\dfrac{2(i-1)\pi}{n_{\mathrm{R}}}-\alpha\right]$ 为第四象限值，则 $\cos\left[\dfrac{2(i-1)\pi}{n_{\mathrm{R}}}-\alpha\right]$ 为正数，$\Delta t_i>0$，

$g_i(\mathrm{j}\omega)=g_{\mathrm{c}}(\mathrm{j}\omega)\mathrm{e}^{-\mathrm{j}\omega\Delta t_i}$，即第 i 号检波器波至时间滞后圆心波至时间；此时 $\left[\pi+\dfrac{2(i-1)\pi}{n_{\mathrm{R}}}-\alpha\right]$

为第二象限值，$\cos\left[\pi+\dfrac{2(i-1)\pi}{n_{\mathrm{R}}}-\alpha\right]$ 为负数，$\Delta t_{(n_{\mathrm{R}}/2)+i}<0$，$g_{(n_{\mathrm{R}}/2)+i}(\mathrm{j}\omega)=g_{\mathrm{c}}(\mathrm{j}\omega)\mathrm{e}^{\mathrm{j}\omega|\Delta t_{(n_{\mathrm{R}}/2)+i}|}$ 表

示第 $(n_{\mathrm{R}}/2)+i$ 号检波器波至时间超前圆心波至时间。

上述分析说明，当圆周上的检波器数 n_{R} 为偶数时（无论圆心处有无检波器），第 i 号检波器与第 $(n_{\mathrm{R}}/2)+i$ 号检波器分别位于同一直径的两端，并对称于圆心。因此，其中任一个检波器的波至时间滞后于圆心的波至时间，则另一个检波器的波至时间必然超前圆心的波至时间。第 i 与第 $(n_{\mathrm{R}}/2)+i$ 号检波器波的输出信号频谱之和：

$$
\begin{aligned}
g_i(\mathrm{j}\omega)+g_{\frac{n_{\mathrm{R}}}{2}+i}(\mathrm{j}\omega) &= g_{\mathrm{c}}(\mathrm{j}\omega)\left\{\mathrm{e}^{-\mathrm{j}\omega\mu\Delta t\cos\left[\frac{2(i-1)\pi}{n_{\mathrm{R}}}-\alpha\right]}+\mathrm{e}^{\mathrm{j}\omega\mu\Delta t\left|\cos\left[\frac{2(i-1)\pi}{n_{\mathrm{R}}}-\alpha\right]\right|}\right\} \\
&= g_{\mathrm{c}}(\mathrm{j}\omega)\left\{2\cos\left[\omega\mu\Delta t\cos\frac{2(i-1)\pi-n_{\mathrm{R}}\alpha}{n_{\mathrm{R}}}\right]\right\} \qquad (3.4.24)\\
&= g_{\mathrm{c}}(\mathrm{j}\omega)\left\{\frac{\sin 2\left[\omega\mu\Delta t\cos\frac{2(i-1)\pi-n_{\mathrm{R}}\alpha}{n_{\mathrm{R}}}\right]}{\sin\left[\omega\mu\Delta t\cos\frac{2(i-1)\pi-n_{\mathrm{R}}\alpha}{n_{\mathrm{R}}}\right]}\right\}
\end{aligned}
$$

式（3.4.24）指出任意一检波器波对的输出信号的频谱之和等于圆心处单个检波器输出信号的频谱乘以一个实数。当圆周上检波器数 n_{R} 为偶数，圆心处无检波器时，圆环形面积组合总输出信号的频谱 $G_{\mathrm{R}}(\mathrm{j}\omega)$ 为

$$G_R(j\omega) = \sum_{i=1}^{n_R/2}\left[g_i(j\omega) + g_{\frac{n_R}{2}+i}(j\omega) \right] = \sum_{i=1}^{\frac{n_R}{2}}\left\{ g_c(j\omega)\left[e^{-j\omega\Delta t_i} + e^{-j\omega\Delta t_{\frac{n_R}{2}+i}} \right] \right\}$$

$$= g_c(j\omega)\sum_{i=1}^{n_R/2}\left\{ e^{-j\omega\mu\Delta t\cos\left[\frac{2(i-1)\pi}{n_R}-\alpha\right]} + e^{-j\omega\mu\Delta t\cos\left[\pi+\frac{2(i-1)\pi}{n_R}-\alpha\right]} \right\} \quad (3.4.25)$$

$$= g_c(j\omega)\sum_{i=1}^{n_R/2}\left\{ 2\cos\left[\omega\mu\Delta t\cos\frac{2(i-1)\pi-n_R\alpha}{n_R} \right] \right\}$$

式（3.4.25）表明，当圆周上检波器数 n_R 为偶数并且圆心处无检波器时，圆环形面积组合总输出信号的频谱 $G_R(j\omega)$ 也等于圆心处单个检波器输出信号的频谱乘以一个实数。因此，此时圆环形面积组合相当于圆心处一个等效检波器，等效检波器输出信号的频谱就是该圆环形面积组合输出信号的频谱，等效检波器输出信号与圆心处单个检波器输出信号同相。

根据式（3.4.14）、式（3.4.17）和式（3.4.25）可写出检波器数 n_R 为偶数，圆心处无检波器时圆环形面积组合的 $P_R(j\omega)$（n_R 为偶数，圆心无检波器）：

$$P_R(j\omega) = \frac{G_R(j\omega)}{g_c(j\omega)} = \sum_{i=1}^{\frac{n_R}{2}}\left\{ 2\cos\left[\omega\mu\Delta t\cos\frac{2(i-1)\pi-n_R\alpha}{n_R} \right] \right\} \quad (3.4.26)$$

进而写出组合响应函数（n_R 为偶数，圆心无检波器）：

$$|\varphi_R| = \frac{1}{n_R}\left| \sum_{i=1}^{\frac{n_R}{2}} 2\cos\left[\omega\mu\Delta t\cos\frac{2(i-1)\pi-n_R\alpha}{n_R} \right] \right| \quad (3.4.27)$$

为了绘图和对比方便，将上式略做变化（n_R 为偶数，圆心处无检波器）：

$$|\varphi_R| = \frac{1}{n_R}\left| \sum_{i=1}^{\frac{n_R}{2}}\left\{ 2\cos\left[\omega\mu\Delta t\cos\frac{2(i-1)\pi-n_R\alpha}{n_R} \right] \right\} \right| = \frac{1}{n_R}\left| \sum_{i=1}^{\frac{n_R}{2}}\left\{ 2\cos\left[\frac{2\pi\mu\Delta t}{T}\cos\frac{2(i-1)\pi-n_R\alpha}{n_R} \right] \right\} \right|$$

$$(3.4.28)$$

根据式（3.4.28），可以 $\Delta t/T$ 为自变量，以 n_R、r_0、μ、V^*、α 为参数绘制 $|\varphi_R|$-$(\Delta t/T)$ 曲线，即得 n_R 为偶数，圆心处无检波器的圆环形面积组合响应图，进而可分析其与自变量及各个参数的关系。当圆心处有检波器时，并且圆周上检波器数 n_R 为偶数，圆环形面积组合总输出信号的频谱 $G_R(j\omega)$（n_R 为偶数，圆心处有一个检波器）为

$$G_R(j\omega) = g_c(j\omega) + \sum_{i=1}^{\frac{n_R}{2}}\left[g_i(j\omega) + g_{\frac{n_R}{2}+i}(j\omega) \right] = g_c(j\omega) + \sum_{i=1}^{\frac{n_R}{2}}\left[g_c(j\omega)\left(e^{-j\omega\Delta t_i} + e^{-j\omega\Delta t_{\frac{n_R}{2}+i}} \right) \right]$$

$$= g_c(j\omega) + g_c(j\omega)\sum_{i=1}^{\frac{n_R}{2}}\left\{ e^{-j\omega\mu\Delta t\cos\left[\frac{2(i-1)\pi}{n_R}-\alpha\right]} + e^{j\omega\mu\Delta t\cos\left[\frac{2(i-1)\pi}{n_R}-\alpha\right]} \right\} \quad (3.4.29)$$

$$= g_c(j\omega) + g_c(j\omega)\sum_{i=1}^{\frac{n_R}{2}}\left\{ 2\cos\left[2\pi\mu\frac{\Delta t}{T}\cos\frac{2(i-1)\pi-n_R\alpha}{n_R} \right] \right\}$$

由式（3.4.29）和式（3.4.13）可写出圆周上检波器数 n_R 为偶数，圆心处有 1 个检波器

时，圆环形面积组合响应函数（n_R 为偶数，圆心处有 1 个检波器）：

$$|\varphi_R| = \frac{1}{n_R+1}\left|\left\{1+\sum_{i=1}^{\frac{n_R}{2}}2\cos\left[\frac{2\pi\mu\Delta t}{T}\cos\frac{2(i-1)\pi-n_R\alpha}{n_R}\right]\right\}\right| \qquad （3.4.30）$$

3. 当圆周上检波器数 n_R 为奇数时

当 n_R 为奇数时，圆环形面积组合检波器展布示意如图 3.4.2 所示。由于检波器在圆周上等间距分布，此时 n_R 个检波器中任一个都无对称于圆心 O 的另一个检波器。除特例外，这种情况下圆环形面积组合对圆心处单个检波器输出信号的频谱的放大倍数 $P(\mathrm{j}\omega)$ 只能写成式（3.4.6）和式（3.4.8），$P(\mathrm{j}\omega)$ 为非实数。n_R 为奇数的圆环形面积组合响应函数也只能写成式（3.4.21）（n_R 为奇数，圆心处有 1 个检波器）和式（3.4.22）（n_R 为奇数，圆心处无检波器）。

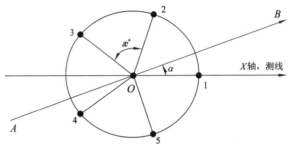

图 3.4.2　当圆周上检波器数 n_R 为奇数时，圆环形面积组合检波器展布示意图

图面为地平面，AB 为波沿地面传播方向，方位角 α，$\mathit{æ}^*$ 为圆内角

进一步研究证明，圆周上检波器数 n_R 为奇数时，圆环形面积组合等效检波器的位置具有不确定性。

3.4.2　圆环形面积组合的特点

1. 圆环形面积组合的对称性

1）当 n_R 为偶数时

首先讨论当 n_R 为偶数时，圆环形面积组合对于沿 AB 方向传播的波与沿 AB 反方向传播的波的响应。可以证明，当 n_R 为偶数，方位角为 $\pi+\alpha$ 时，由式（3.4.30）（圆心处有 1 个检波器）得

$$
\begin{aligned}
|\varphi_R| &= \frac{1}{n_R+1}\left|\left\{1+\sum_{i=1}^{\frac{n_R}{2}}2\cos\left\{\frac{2\pi\mu\Delta t}{T}\cos\left[\frac{2(i-1)\pi}{n_R}-(\pi+\alpha)\right]\right\}\right\}\right| \\
&= \frac{1}{n_R+1}\left|\left\{1+\sum_{i=1}^{\frac{n_R}{2}}2\cos\left[\frac{2\pi\mu\Delta t}{T}\cos\frac{2(i-1)\pi-n_R\alpha}{n_R}\right]\right\}\right|
\end{aligned}
\qquad （3.4.31）
$$

式（3.4.31）的右端是方位角为 α，n_R 为偶数，圆心处有 1 个检波器时的圆环形面积组合响应。这说明方位角为 $\pi+\alpha$ 与 α 时，这种圆环形面积组合响应是相同的。同理可证明 n_R 为偶数，圆心处无检波器时，方位角为 $\pi+\alpha$ 与 α 的圆环形面积组合响应是相同的。

当方位角为 $\pi-\alpha$ 时，由式（3.4.30）（圆心处有 1 个检波器）得

$$|\varphi_R| = \frac{1}{n_R+1}\left|1+\sum_{i=1}^{\frac{n_R}{2}}2\cos\left\{\frac{2\pi\mu\Delta t}{T}\cos\left[\frac{2(i-1)\pi}{n_R}+\alpha\right]\right\}\right|$$

$$= \frac{1}{n_R+1}\left|1+\sum_{i=1}^{\frac{n_R}{2}}2\cos\left\{\frac{2\pi\mu\Delta t}{T}\cos\left[\frac{2(i-1)\pi}{n_R}-(-\alpha)\right]\right\}\right| \qquad (3.4.32)$$

式（3.4.32）右端正是方位角为 $-\alpha$ 时，n_R 为偶数，圆心处有 1 个检波器时的圆环形面积组合响应。这说明方位角为 $\pi-\alpha$ 与 $-\alpha$ 时，这种圆环形面积组合响应是相同的。同理可证明 n_R 为偶数，圆心处无检波器时，方位角为 $\pi-\alpha$ 与 $-\alpha$ 的圆环形面积组合响应也是相同的。

可见 n_R 为偶数时无论圆心有无检波器，方位角为 $\pi+\alpha$ 与 α 的圆环形面积组合响应是相同的，方位角为 $\pi-\alpha$ 与 $-\alpha$ 的圆环形面积组合响应也是相同的。也就是说对于沿 AB 方向传播的波或沿 AB 的反方向传播的波，圆环形面积组合响应是完全相同的。

2）当 n_R 为奇数时

式（3.4.21）给出了圆心处有 1 个检波器且 n_R 为奇数，方位角为 α 的圆环形面积组合响应，将方位角 $\pi+\alpha$ 代入式（3.4.21），并考虑到 n_R 为正整数，得

$$|\varphi_R| = \frac{1}{n_R+1}\left|\left\{\left[1+\sum_{i=1}^{n_R}\cos\left(2\pi\mu\frac{\Delta t}{T}\cos\frac{2(i-1)\pi-n_R(\pi+\alpha)}{n_R}\right)\right]^2\right.\right.$$

$$\left.\left.+\left[\sum_{i=1}^{n_R}\sin\left(2\pi\mu\frac{\Delta t}{T}\cos\frac{2(i-1)\pi-n_R(\pi+\alpha)}{n_R}\right)\right]^2\right\}^{\frac{1}{2}}\right|$$

$$= \frac{1}{n_R+1}\left|\left\{\left[1+\sum_{i=1}^{n_R}\cos\left(2\pi\mu\frac{\Delta t}{T}\cos\frac{2(i-1)\pi-n_R\alpha}{n_R}\right)\right]^2\right.\right. \qquad (3.4.33)$$

$$\left.\left.+\left[\sum_{i=1}^{n_R}\sin\left(2\pi\mu\frac{\Delta t}{T}\cos\frac{2(i-1)\pi-n_R\alpha}{n_R}\right)\right]^2\right\}^{\frac{1}{2}}\right|$$

显然式（3.4.33）的右端与式（3.4.21）的右端完全一样，也就是说方位角为 $\pi+\alpha$ 与 α，n_R 为奇数，圆心处有 1 个检波器时的圆环形面积组合响应是相同的。同理可证明 n_R 为奇数，圆心处无检波器时，方位角为 $\pi+\alpha$ 与 α 的圆环形面积组合响应是相同的。因此，n_R 为奇数，无论圆心处有无检波器，方位角为 $\pi+\alpha$ 与 α 的圆环形面积组合响应是相同的。这表明对沿 AB 方向传播的波或沿 AB 的反方向传播的波，圆环形面积组合响应是完全相同的。

将方位角 $\pi-\alpha$ 代入式（3.4.21）得

$$|\varphi_\mathrm{R}| = \frac{1}{n_\mathrm{R}+1} \left| \left(\left\{ 1 + \sum_{i=1}^{n_\mathrm{R}} \cos\left[2\pi\mu \frac{\Delta t}{T} \cos \frac{2(i-1)\pi - n_\mathrm{R}(\pi-\alpha)}{n_\mathrm{R}} \right] \right\}^2 \right. \right.$$

$$\left. + \left\{ \sum_{i=1}^{n_\mathrm{R}} \sin\left[2\pi\mu \frac{\Delta t}{T} \cos \frac{2(i-1)\pi - n_\mathrm{R}(\pi-\alpha)}{n_\mathrm{R}} \right] \right\}^2 \right)^{\frac{1}{2}} \right| \qquad (3.4.34)$$

$$= \frac{1}{n_\mathrm{R}+1} \left| \left(\left\{ 1 + \sum_{i=1}^{n_\mathrm{R}} \cos\left[2\pi\mu \frac{\Delta t}{T} \cos \frac{2(i-1)\pi - n_\mathrm{R}(-\alpha)}{n_\mathrm{R}} \right] \right\}^2 \right. \right.$$

$$\left. + \left\{ \sum_{i=1}^{n_\mathrm{R}} \sin\left[2\pi\mu \frac{\Delta t}{T} \cos \frac{2(i-1)\pi - n_\mathrm{R}(-\alpha)}{n_\mathrm{R}} \right] \right\}^2 \right)^{\frac{1}{2}} \right|$$

式（3.4.34）的右端是 n_R 为奇数，方位角为 $-\alpha$，圆心处有 1 个检波器的圆环形面积组合响应，表明此时方位角为 $\pi-\alpha$ 与 $-\alpha$ 的圆环形面积组合响应是相同的。同理可以证明，这一结论同样适用于 n_R 为奇数，圆心处无检波器的圆环形面积组合响应。因此，n_R 为奇数，无论圆心处有无检波器，方位角为 $\pi+\alpha$ 与 α 的圆环形面积组合响应是相同的；方位角为 $\pi-\alpha$ 与 $-\alpha$ 的圆环形面积组合响应也是相同的。也就是说，对于沿 AB 方向传播的波或沿 AB 的反方向传播的波，n_R 为奇数的圆环形面积组合响应也是完全相同的。同样可以证明，无论圆心处有无检波器方位角 $\pm\alpha$，n_R 为偶数的圆环形面积组合响应相同。

上述讨论说明，无论 n_R 为奇数或偶数，也不管圆心处有无检波器，方位角为 $\pi+\alpha$ 与 α 的圆环形面积组合响应是相同的；方位角为 $\pi-\alpha$ 与 $-\alpha$ 的圆环形面积组合响应也是相同的。因此，基于圆环形面积组合检波器平面展布的对称性，使组合对不同方向来的干扰波具有相近的衰减能力，这是圆环形面积组合最重要的优点。

2. 圆心处有检波器与无检波器对组合响应的影响

圆周上检波器数 n_R 相同，圆心处无检波器与有 1 个检波器的圆环形面积组合的特性曲线是不一样的。图 3.4.3 是 $n_\mathrm{R}=6$，$\mu=1$，$\alpha=0°$ 的圆心处有无检波器的圆环形面积组合特性曲线比较图。图中蓝线为圆心处有一个检波器的曲线，红线为圆心处无检波器的曲线，图中画出一个周期，可以看出两条曲线的周期都是 $\Delta t / T = 2$，圆心处有检波器的曲线通放带比无检波器的通放带宽一点，并可看出在压制带内，圆心处有 1 个检波器时 $|\varphi_\mathrm{R}|$ 的平均值比无检波器时 $|\varphi_\mathrm{R}|$ 的平均值低得多。图 3.4.4 是 $n_\mathrm{R}=10$，$\alpha=0°$，$\mu=1$ 的圆心处有无检波器的圆环形面积组合特性曲线对比图。如图 3.4.3 所示，可以看出圆心处有检波器的曲线通放带比无检波器的通放带宽，圆心处有检波器的压制带内 $|\varphi_\mathrm{R}|$ 的平均值比无检波器时 $|\varphi_\mathrm{R}|$ 的平均值低，但通放带的宽度差别比 $n_\mathrm{R}=6$ 时的小，压制带内 $|\varphi_\mathrm{R}|$ 的平均值的差别也比 $n_\mathrm{R}=6$ 时小得多。此外，从这两张图可看出，无论圆心处有没有检波器，压制带内 $|\varphi_\mathrm{R}|$ 的平均值都很高。下文将看到 $\alpha=0°$ 时，圆心有无检波器的特性曲线通放带宽度差别及压制带内 $|\varphi_\mathrm{R}|$ 的平均值的差别都随 n_R 的增大而减小。进一步计算数据分析，α 角不同时，圆心处有检波器的通放带较宽而压制带内 $|\varphi_\mathrm{R}|$ 的平均值较低。随着 n_R 的增大，圆心处有无检波器的特性曲线的差别减小。更多计算数据指出，即使 n_R 高达 26，压制带内 $|\varphi_\mathrm{R}|$ 的平均值依然相当高，这是圆环形面积组合的缺点。

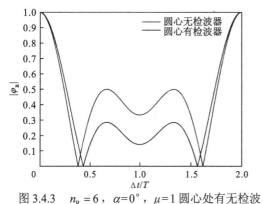

图 3.4.3　$n_R = 6$，$\alpha = 0°$，$\mu = 1$ 圆心处有无检波器的圆环形面积组合特性曲线比较

扫描封底二维码见彩图

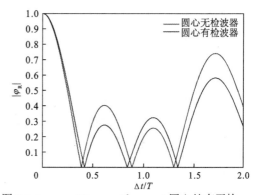

图 3.4.4　$n_R = 10$，$\alpha = 0°$，$\mu = 1$ 圆心处有无检波器的圆环形面积组合特性曲线比较

扫描封底二维码见彩图

3. 圆周上检波器数 n_R 对组合响应的影响

1）圆心处有一个检波器时，n_R 对圆环形面积组合响应的影响

图 3.4.5～图 3.4.9 是圆心处有一个检波器，$\mu = 1$，圆周上检波器数 n_R 为偶数的圆环形面积组合响应。这 5 张图分别画出方位角 $\alpha = 0°$，$30°$，$45°$，$60°$，$90°$ 时不同 n_R 的（$n_R = 4, 6, 8, 10, 12, 14$）圆环形面积组合响应曲线。这 5 张图无一例外可以看出 n_R 由 4 逐渐增大到 14 时，通放带宽度变化很小，难以看出谁宽谁窄。大量计算数据揭示，当圆心处有一个检波器时，通放带宽度随圆环上检波点数 n_R 的增大而减小，变化虽然很小，但变化规律是清晰明确的（表 3.4.1）。无论 n_R 是依奇数从小到大排列，或是依偶数从小到大排列，还是不管奇偶仅按 n_R 从小到大统一排列，通放带宽度随 n_R 的增大而减小的规律不变。值得注意的是，当 n_R 为奇数且 $n_R \geq 5$，n_R 为偶数且 $n_R \geq 8$ 时，通放带宽度就不再随方位角 α 增大而变化，说明 n_R 较大时圆心处有一个检波器的圆环形面积组合对各个方向干扰波具有几乎相同的通放带宽度。

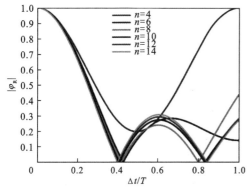

图 3.4.5　$\alpha = 0°$，$\mu = 1$ 圆心处有 1 个检波器的圆环形面积组合响应随 n 的变化

扫描封底二维码见彩图

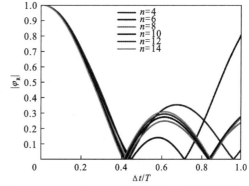

图 3.4.6　$\alpha = 30°$，$\mu = 1$ 圆心处有 1 个检波器的圆环形面积组合响应随 n 的变化

扫描封底二维码见彩图

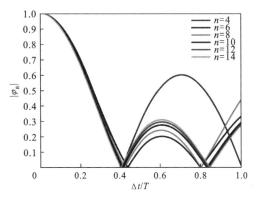

图 3.4.7 $\alpha=45°$，$\mu=1$ 圆心处有 1 个检波器的
圆环形面积组合响应随 n 的变化

扫描封底二维码见彩图

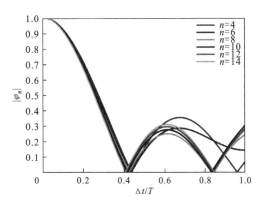

图 3.4.8 $\alpha=60°$，$\mu=1$ 圆心处有 1 个检波器的
圆环形面积组合响应随 n 的变化

扫描封底二维码见彩图

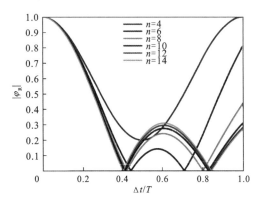

图 3.4.9 $\alpha=90°$，$\mu=1$ 圆心处有 1 个检波器
的圆环形面积组合响应随 n 的变化

扫描封底二维码见彩图

n_{R} 变化对压制带内 $|\varphi_{\mathrm{R}}|$ 平均值的影响较复杂：从图 3.4.5～图 3.4.9 可以看出，压制带内的次瓣很高，并且除 $n_{\mathrm{R}}=4$ 外，曲线形状大体一致。特别是检波器数 n_{R} 较大时，n_{R} 的增大反而使次瓣随之增高，意味着，圆环形面积组合响应对 n_{R} 的变化不敏感，有时甚至 n_{R} 增大反而会削弱压制干扰波的能力。

如表 3.4.1 所示，在 n_{R} 为奇数且 $n_{\mathrm{R}} \leqslant 9$，而 n_{R} 为偶数且 $n_{\mathrm{R}} \leqslant 8$ 时，压制带内 $|\varphi_{\mathrm{R}}|$ 的平均值随着 n_{R} 的增大而降低（个别例外）；在 n_{R} 为奇数且 $n_{\mathrm{R}} \geqslant 9$，$n_{\mathrm{R}}$ 为偶数且 $n_{\mathrm{R}} \geqslant 10$ 时，$|\varphi_{\mathrm{R}}|$ 的平均值反而随 n_{R} 增大而增大，也就是说此时希望提高圆环形面积组合压制干扰波的效果而增大 n_{R}

会适得其反。这是因为在 n_{R} 较大而圆半径不变的情况下，进一步增加 n_{R} 数目，使检波器在波的传播方向上投影点间距减小，降低了圆环形面积组合压制干扰的能力。如果不论奇偶数将 n_{R} 依大小顺序排列，则通放带宽度和压制带内 $|\varphi_{\mathrm{R}}|$ 的平均值都是跳跃变化的。

表 3.4.1 还指出，无论 n_{R} 为奇偶数，通放带内 $|\varphi_{\mathrm{R}}|$ 的平均值随方位角 α 增大而变化的规律都是以 180° 为一个周期，即 180°～360° 区间的变化重复 0°～180° 区间的变化。

2）圆心处无检波器时 n_{R} 对圆环形面积组合响应的影响

如表 3.4.2 所示，在圆心处无检波器的情况下，当 n_{R} 为偶数并按由小到大排列，或 n_{R} 为奇数由小到大排列，圆环形面积组合通放带宽度随 n_{R} 的变化都很小。进一步研究指出，当 n_{R} 为奇数且 $n_{\mathrm{R}} \geqslant 5$，$n_{\mathrm{R}}$ 为偶数且 $n_{\mathrm{R}} \geqslant 6$ 时，通放带宽度不再随 n_{R} 变化（仅 $n_{\mathrm{R}}=6$ 时有 0.000 1 之差），也不再随方位角 α 变化。也就是说此时圆环形面积组合将干扰波置于压制带内的 $\Delta t / T$ 阈值在 n_{R} 较大时趋于一致。不管 n_{R} 是奇数还是偶数，通放带宽度不再变化。这说明当 $n_{\mathrm{R}} \geqslant 5$ 或 $n_{\mathrm{R}} \geqslant 6$ 时，不可能用增大圆环形面积组合 n_{R} 的方法将更高速度干扰波推入压制带内。

表3.4.1 圆心处有 1 个检波器，$\mu=1$ 的圆环形面积组合响应随检波器数 n_R 及方位角 α 的变化

$\alpha/(°)$	\multicolumn{13}{c}{n_R}	分带
	3	4	5	6	7	8	9	10	12	14	15	25	26	通放带宽度
0	0.211 3	0.206 9	0.198 1	0.195 0	0.192 9	0.191 2	0.189 9	0.188 8	0.187 3	0.186 1	0.185 7	0.183 1	0.183 0	
30	0.210 2	0.200 8	0.198 1	0.195 1	0.192 9	0.191 2	0.189 9	0.188 8	0.187 3	0.186 1	0.185 7	0.183 1	0.183 0	
45	0.210 7	0.199 0	0.198 1	0.195 1	0.192 9	0.191 2	0.189 9	0.188 8	0.187 3	0.186 1	0.185 7	0.183 1	0.183 0	
60	0.211 3	0.200 8	0.198 1	0.195 0	0.192 9	0.191 2	0.189 9	0.188 8	0.187 3	0.186 1	0.185 7	0.183 1	0.183 0	
90	0.210 2	0.206 9	0.198 1	0.195 1	0.192 9	0.191 2	0.189 9	0.188 8	0.187 3	0.186 1	0.185 7	0.183 1	0.183 0	
120	0.211 3	0.200 8	0.198 1	0.195 0	0.192 9	0.191 2	0.189 9	0.188 8	0.187 3	0.186 1	0.185 7	0.183 1	0.183 0	
135	0.210 7	0.199 0	0.198 1	0.195 1	0.192 9	0.191 2	0.189 9	0.188 8	0.187 3	0.186 1	0.185 7	0.183 1	0.183 0	
150	0.210 2	0.200 8	0.198 1	0.195 1	0.192 9	0.191 2	0.189 9	0.188 8	0.187 3	0.186 1	0.185 7	0.183 1	0.183 0	
180	0.211 3	0.206 9	0.198 1	0.195 0	0.192 9	0.191 2	0.189 9	0.188 8	0.187 3	0.186 1	0.185 7	0.183 1	0.183 0	
210	0.210 2	0.200 8	0.198 1	0.195 1	0.192 9	0.191 2	0.189 9	0.188 8	0.187 3	0.186 1	0.185 7	0.183 1	0.183 0	
240	0.211 3	0.200 8	0.198 1	0.195 0	0.192 9	0.191 2	0.189 9	0.188 8	0.187 3	0.186 1	0.185 7	0.183 1	0.183 0	
270	0.210 2	0.206 9	0.198 1	0.195 1	0.192 9	0.191 2	0.189 9	0.188 8	0.187 3	0.186 1	0.185 7	0.183 1	0.183 0	
300	0.211 3	0.200 8	0.198 1	0.195 0	0.192 9	0.191 2	0.189 9	0.188 8	0.187 3	0.186 1	0.185 7	0.183 1	0.183 0	
330	0.210 2	0.200 8	0.198 1	0.195 1	0.192 9	0.191 2	0.189 9	0.188 8	0.187 3	0.186 1	0.185 7	0.183 1	0.183 0	
360	0.211 3	0.206 9	0.198 1	0.195 0	0.192 9	0.191 2	0.189 9	0.188 8	0.187 3	0.186 1	0.185 7	0.183 1	0.183 0	

压制带内 $|\varphi_R|$ 的平均值

$\alpha/(°)$	3	4	5	6	7	8	9	10	12	14	15	25	26
0	0.4816	0.3908	0.3671	0.2466	0.2358	0.2285	0.2196	0.2202	0.2269	0.2307	0.2325	0.2428	0.2435
30	0.2723	0.2542	0.3388	0.2542	0.2308	0.2094	0.2187	0.2209	0.2269	0.2308	0.2325	0.2428	0.2435
45	0.4188	0.3837	0.3064	0.2072	0.2253	0.2285	0.2192	0.2217	0.2267	0.2308	0.2325	0.2428	0.2435
60	0.4816	0.2542	0.2668	0.2466	0.2192	0.2094	0.2196	0.2225	0.2269	0.2308	0.2325	0.2428	0.2435
90	0.2723	0.3908	0.2052	0.2542	0.2115	0.2285	0.2187	0.2233	0.2269	0.2308	0.2325	0.2428	0.2435
120	0.4816	0.2542	0.2668	0.2466	0.2192	0.2094	0.2196	0.2225	0.2269	0.2308	0.2325	0.2428	0.2435
135	0.4187	0.3837	0.3064	0.2072	0.2254	0.2285	0.2192	0.2217	0.2267	0.2308	0.2325	0.2428	0.2435
150	0.2723	0.2542	0.3388	0.2542	0.2308	0.2094	0.2187	0.2209	0.2269	0.2308	0.2325	0.2428	0.2435
180	0.4816	0.3908	0.3671	0.2466	0.2358	0.2285	0.2196	0.2202	0.2269	0.2307	0.2325	0.2428	0.2435
210	0.2723	0.2542	0.3388	0.2542	0.2308	0.2094	0.2187	0.2209	0.2269	0.2308	0.2325	0.2428	0.2435
240	0.4816	0.2542	0.2668	0.2466	0.2192	0.2094	0.2196	0.2225	0.2269	0.2308	0.2325	0.2428	0.2435
270	0.2723	0.3908	0.2052	0.2542	0.2115	0.2285	0.2187	0.2233	0.2269	0.2308	0.2325	0.2428	0.2435
300	0.4816	0.2542	0.2668	0.2466	0.2192	0.2094	0.2196	0.2225	0.2269	0.2308	0.2325	0.2428	0.2435
330	0.2723	0.2542	0.3388	0.2542	0.2308	0.2094	0.2187	0.2209	0.2269	0.2308	0.2325	0.2428	0.2435
360	0.4816	0.3908	0.3671	0.2466	0.2358	0.2285	0.2196	0.2202	0.2269	0.2307	0.2325	0.2428	0.2435

n_R

分带

注：表中通放带宽度和压制带内 $|\varphi_R|$ 平均值指的是在 $0 \leq \Delta t/T \leq 1$ 区间的平均值。

表 3.4.2 圆心处无检波器，$\mu = 1$ 的圆环形面积组合响应随检波器数 n_R 及 α 的变化

$\alpha/(°)$	n_R													分带
	3	4	5	6	7	8	9	10	12	14	15	25	26	通放带宽度
0	0.1800	0.1820	0.1793	0.1792	0.1793	0.1793	0.1793	0.1793	0.1793	0.1793	0.1793	0.1793	0.1793	
30	0.1793	0.1780	0.1793	0.1793	0.1793	0.1793	0.1793	0.1793	0.1793	0.1793	0.1793	0.1793	0.1793	
45	0.1796	0.1768	0.1793	0.1793	0.1793	0.1793	0.1793	0.1793	0.1793	0.1793	0.1793	0.1793	0.1793	
60	0.1800	0.1780	0.1793	0.1792	0.1793	0.1793	0.1793	0.1793	0.1793	0.1793	0.1793	0.1793	0.1793	
90	0.1793	0.1820	0.1793	0.1793	0.1793	0.1793	0.1793	0.1793	0.1793	0.1793	0.1793	0.1793	0.1793	
120	0.1800	0.1780	0.1793	0.1792	0.1793	0.1793	0.1793	0.1793	0.1793	0.1793	0.1793	0.1793	0.1793	
135	0.1796	0.1768	0.1793	0.1793	0.1793	0.1793	0.1793	0.1793	0.1793	0.1793	0.1793	0.1793	0.1793	
150	0.1793	0.1780	0.1793	0.1793	0.1793	0.1793	0.1793	0.1793	0.1793	0.1793	0.1793	0.1793	0.1793	
180	0.1800	0.1820	0.1793	0.1792	0.1793	0.1793	0.1793	0.1793	0.1793	0.1793	0.1793	0.1793	0.1793	
210	0.1793	0.1780	0.1793	0.1793	0.1793	0.1793	0.1793	0.1793	0.1793	0.1793	0.1793	0.1793	0.1793	
240	0.1800	0.1780	0.1793	0.1792	0.1793	0.1793	0.1793	0.1793	0.1793	0.1793	0.1793	0.1793	0.1793	
270	0.1793	0.1820	0.1793	0.1793	0.1793	0.1793	0.1793	0.1793	0.1793	0.1793	0.1793	0.1793	0.1793	
300	0.1800	0.1780	0.1793	0.1792	0.1793	0.1793	0.1793	0.1793	0.1793	0.1793	0.1793	0.1793	0.1793	
330	0.1793	0.1780	0.1793	0.1793	0.1793	0.1793	0.1793	0.1793	0.1793	0.1793	0.1793	0.1793	0.1793	
360	0.1800	0.1820	0.1793	0.1792	0.1793	0.1793	0.1793	0.1793	0.1793	0.1793	0.1793	0.1793	0.1793	

$\alpha/(\degree)$	n_R													分带
	3	4	5	6	7	8	9	10	12	14	15	25	26	压制带内 $\mid\varphi_R\mid$ 的平均值
0	0.486 5	0.272 2	0.420 6	0.372 9	0.294 9	0.269 6	0.263 1	0.260 6	0.261 8	0.261 7	0.261 7	0.261 7	0.261 7	
30	0.289 3	0.446 0	0.417 7	0.289 3	0.288 7	0.259 6	0.261 7	0.261 1	0.261 8	0.261 7	0.261 7	0.261 7	0.261 7	
45	0.460 1	0.403 8	0.381 6	0.261 6	0.281 7	0.269 6	0.262 4	0.261 7	0.261 6	0.261 7	0.261 7	0.261 7	0.261 7	
60	0.486 5	0.446 0	0.337 1	0.372 9	0.273 4	0.259 6	0.263 1	0.262 2	0.261 8	0.261 7	0.261 7	0.261 7	0.261 7	
90	0.289 3	0.272 2	0.262 8	0.289 3	0.261 7	0.269 6	0.261 7	0.262 8	0.261 8	0.261 7	0.261 7	0.261 7	0.261 7	
120	0.486 5	0.446 0	0.337 1	0.372 9	0.273 4	0.259 6	0.263 1	0.262 2	0.261 6	0.261 7	0.261 7	0.261 7	0.261 7	
135	0.460 1	0.403 8	0.381 6	0.261 6	0.281 7	0.269 6	0.262 4	0.261 7	0.261 8	0.261 7	0.261 7	0.261 7	0.261 7	
150	0.289 3	0.446 0	0.417 7	0.289 3	0.288 6	0.259 6	0.261 7	0.261 1	0.261 8	0.261 7	0.261 7	0.261 7	0.261 7	
180	0.486 5	0.272 2	0.420 6	0.372 9	0.294 9	0.269 6	0.263 1	0.260 6	0.261 8	0.261 7	0.261 7	0.261 7	0.261 7	
210	0.289 3	0.446 0	0.417 7	0.289 3	0.288 7	0.259 6	0.261 7	0.261 1	0.261 8	0.261 7	0.261 7	0.261 7	0.261 7	
240	0.486 5	0.446 0	0.337 1	0.372 9	0.273 4	0.259 6	0.263 1	0.262 2	0.261 8	0.261 7	0.261 7	0.261 7	0.261 7	
270	0.289 3	0.272 2	0.262 8	0.289 3	0.261 7	0.269 6	0.261 7	0.262 8	0.261 8	0.261 7	0.261 7	0.261 7	0.261 7	
300	0.486 5	0.446 0	0.337 1	0.372 9	0.273 4	0.259 6	0.263 1	0.262 2	0.261 8	0.261 7	0.261 7	0.261 7	0.261 7	
330	0.289 3	0.446 0	0.417 7	0.289 3	0.288 7	0.259 6	0.261 7	0.261 1	0.261 8	0.261 7	0.261 7	0.261 7	0.261 7	
360	0.486 5	0.272 2	0.420 6	0.372 9	0.294 9	0.269 6	0.263 1	0.260 6	0.261 8	0.261 7	0.261 7	0.261 7	0.261 7	

注：表中通放带宽度和压制带内 $\mid\varphi_R\mid$ 平均值指的是在 $0 \leqslant \Delta t/T \leqslant 1$ 区间的平均值。

无论圆环上检波器数 n_R 为奇数或偶数时，压制带内 $|\varphi_R|$ 的平均值随 n_R 的变化较复杂。大量计算数据表明，检波器数 n_R 为奇数，当 $n_R \leq 11$ 时，$|\varphi_R|$ 的平均值随 n_R 的增大时而减小时而增大，呈跳跃式变化；当 $n_R > 11$ 时，$|\varphi_R|$ 的平均值保持不变，不再随着 n_R 的增大而变化。检波器数 n_R 为偶数，当 $n_R \leq 12$ 时，$|\varphi_R|$ 的平均值随 n_R 的增大也呈跳跃式变化，时而减小时而增大；但当 $n_R \geq 14$ 时，$|\varphi_R|$ 的平均值保持不变，不再随着 n_R 的增大而变化。事实上不管 n_R 为奇数或偶数，当 $n_R \geq 14$ 时，压制带内 $|\varphi_R|$ 的平均值都相同，不再随着 n_R 而变化，也不再随方位角变化（表 3.4.2）。也就是说，奇数 $n_R \geq 11$，偶数 $n_R \geq 14$ 时再增大 n_R，也不可能提高压制干扰波的强度。原因同样是在圆半径不变的情况下，增加 n_R 数目使检波器在波的传播方向上投影点间距变小，降低了圆环形面积组合压制干扰波的能力。

同样，相同大小的奇数 n_R 和方位角，圆心处有检波器时压制带内 $|\varphi_R|$ 的平均值都比无检波器时要小，但 $n_R = 2$ 和 $n_R = 4$ 时例外，因为 $n_R = 2$ 时圆环形面积组合已退化成沿 X 轴的简单线性组合。$n_R = 4$ 时，圆环形面积组合变成了十字形面积组合，在 α 为 $90°$ 的整数倍或 $0°$ 时，$|\varphi_R|$ 的平均值都相同。

圆心处有一个检波器时的通放带比无检波器时的通放带略宽，压制带内 $|\varphi_R|$ 的平均值比无检波器时 $|\varphi_R|$ 的平均值低（图 3.4.3 和图 3.4.4），因此圆心处有一个检波器的圆环形面积组合衰减干扰波的性能更好。

3）两个特例

特例 1 圆周上检波器数 $n_R = 2$，$\alpha = 0°$，圆心处无检波器的圆环形面积组合退化为检波点数 $n = 2$ 的简单线性组合。

只要将 $n_R = 2$，$\alpha = 0°$ 代入式（3.4.28），并考虑式（3.4.3），便可将对应的圆环形面积组合响应变为 $n = 2$ 的简单线性组合响应（此处从略）。

特例 2 圆周上检波器数 $n_R = 2$，$\alpha = 0°$，圆心处有一个检波器的圆环形面积组合退化为检波点数 $n = 3$ 的简单线性组合。

只要将 $n_R = 2$，$\alpha = 0°$ 代入式（3.4.30），并考虑式（3.4.3），便可将对应的圆环形面积组合响应变为 $n = 3$ 的简单线性组合响应（此处从略）。

同样，画出圆心处有一个检波器的 $n_R = 2$，$\alpha = 0°$ 的圆环形面积组合在地平面上的检波器展布图，就可得到特例 2 的结论。同样，只要画出圆心处无检波器的 $n_R = 2$，$\alpha = 0°$ 的圆环形面积组合在地平面上的检波器展布图，就可得到特例 1 的结论。

4. 圆半径对组合特性的影响

本小节在 $0 \leq \Delta t / T \leq 1$ 区间讨论圆半径的影响，这个区间足以涵盖常规地震勘探感兴趣的干扰波和有效波。图 3.4.10～图 3.4.13 给出了圆心处有 1 个检波器的 6 种不同圆半径圆环形面积组合响应对比，半径 r_0 分别为 1.0、1.2、1.4、1.6、1.8、2。4 幅图中都可看出，随着半径增大，通放带宽度逐渐变窄（表 3.4.3），方位角变化对通放带宽度变化规律影响不大。压制带内序号相同的次瓣高度相同，但次瓣宽度随半径增大而变窄。

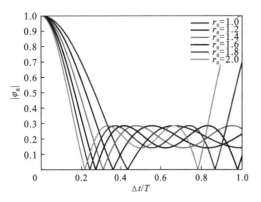

图 3.4.10　$n_R=6$，$\alpha=0°$ 圆心有 1 个检波器的不同圆半径圆环形面积组合响应的对比

扫描封底二维码见彩图

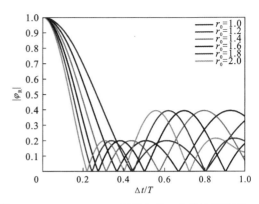

图 3.4.11　$n_R=6$，$\alpha=45°$ 圆心有 1 个检波器的不同圆半径圆环形面积组合响应的对比

扫描封底二维码见彩图

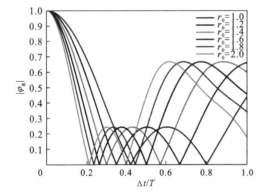

图 3.4.12　$n_R=8$，$\alpha=0°$ 圆心有 1 个检波器的不同圆半径圆环形面积组合响应的对比

扫描封底二维码见彩图

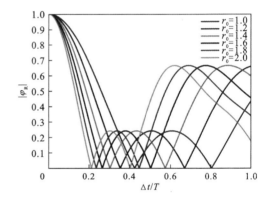

图 3.4.13　$n_R=8$，$\alpha=45°$ 圆心有 1 个检波器的不同圆半径圆环形面积组合响应的对比

扫描封底二维码见彩图

表 3.4.3　圆环形面积组合通放带宽度及压制带内 $|\varphi_R|$ 平均值随圆周上检波器数 n_R 及圆环半径 r_0 的变化

n_R	$\alpha/(°)$	圆心有无检波器	半径 r_0	通放带宽度	压制带内 $|\varphi_R|$ 的平均值
6	0	1 个	1.0	0.195 0	0.246 6
			1.2	0.162 5	0.232 5
			1.4	0.139 3	0.238 8
			1.6	0.121 9	0.224 5
			1.8	0.108 3	0.245 3
			2.0	0.097 5	0.246 6
	45	1 个	1.0	0.195 1	0.207 2
			1.2	0.162 6	0.241 1
			1.4	0.139 3	0.238 9
			1.6	0.121 9	0.217 4
			1.8	0.108 4	0.216 2
			2.0	0.097 5	0.209 7

n_R	$\alpha/(°)$	圆心有无检波器	半径 r_0	通放带宽度	压制带内 $|\varphi_R|$ 的平均值
8	0	1个	1.0	0.191 2	0.228 5
			1.2	0.159 3	0.297 5
			1.4	0.136 6	0.355 0
			1.6	0.119 5	0.379 0
			1.8	0.106 2	0.381 2
			2.0	0.095 6	0.368 2
	45	1个	1.0	0.191 2	0.228 5
			1.2	0.159 3	0.297 5
			1.4	0.136 6	0.355 0
			1.6	0.119 5	0.379 0
			1.8	0.106 2	0.381 2
			2.0	0.095 6	0.368 2

注：表中通放带宽度和压制带内 $|\varphi_R|$ 的平均值指的是在 $0 \leqslant \Delta t/T \leqslant 1$ 区间的计算结果。

压制带内 $|\varphi_R|$ 的平均值（$0 \leqslant \Delta t/T \leqslant 1$ 区间计算结果）与圆环半径关系复杂，随圆环半径增大，压制带内 $|\varphi_R|$ 的平均值呈跳跃式变化（表 3.4.3）。这种复杂性是由于不同圆环半径的组合响应周期不同。进一步研究揭示，若在一个完整的压制带内计算各个不同圆环半径的组合响应，得到的 $|\varphi_R|$ 的平均值不变。

$n_R = 8$，$\alpha = 0°$ 和 $n_R = 8$，$\alpha = 45°$ 虽然方位角相差很大，但两组曲线完全一样（图 3.4.12 和图 3.4.13），这是因为 $n = 8$ 时，相邻两个检波器对应的圆内角都是 $45°$，检波器在 $\alpha = 0°$ 和 $\alpha = 45°$ 方向上投影的图案及间距是一样的。图 3.4.12 和图 3.4.13 与前两张图最明显的差别是图 3.4.12 和图 3.4.13 中左起第二个次瓣很高，$|\varphi_R|$ 高达 0.665 1。

5. 圆环形面积组合响应随波的传播方向的变化

前文讨论圆环形面积组合响应的对称性时曾涉及波的传播方向，本小节要讨论的是方位角大小变化对圆环形面积组合响应的影响。图 3.4.14～图 3.4.18 分别为 $n_R = 4, 5, 6, 8, 12$ 时 5 个不同方位角（α 分别为 $0°$、$22.5°$、$45°$、$67.5°$、$90°$）的组合响应图。这 5 幅图的圆环形面积组合圆心处有一个检波器。如图 3.4.14～图 3.4.18 所示，当 $n_R < 5$ 时，图中显示出圆周上检波器数 n_R 对通放带边界有所影响，当 $n_R \geqslant 5$ 时，每一幅图中的通放带边界宽度似已重合，表明此时方位角对圆环形面积组合通放带宽度几乎没有影响（表 3.4.1）。

图 3.4.14 是 $n_R = 4$，$\mu = 1$，圆心处有 1 个检波器时，圆环形面积组合不同 α 的 5 条曲线，因其中 $\alpha = 0°$ 与 $90°$ 两条曲线重合，$22.5°$ 与 $67.5°$ 两条曲线也重合，故图中只看到三条曲线。图 3.4.15 是 $n_R = 5$，$\mu = 1$，圆心处有 1 个检波器时，$\alpha = 0°$，$22.5°$，$45°$，$67.5°$，$90°$ 的 5 条曲线，可见 5 条曲线的通放带已经重合（表 3.4.1），但在最左的一个零点附近，5 条曲线开始分开，在 $0 \leqslant \Delta t/T \leqslant 1$ 区间只出现三个次瓣，三者高度从高到低依次对应 $\alpha = 45°$，$22.5°$，$90°$。$\alpha = 0°$ 和 $67.5°$ 的曲线没有显示出次瓣。图 3.4.16 是 $n_R = 6$，$\mu = 1$，圆心处有

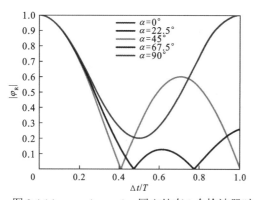

图 3.4.14　$n_R = 4$，$\mu = 1$，圆心处有 1 个检波器时，
圆环形面积组合响应随方位角 α 的变化

扫描封底二维码见彩图

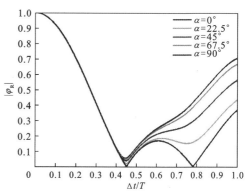

图 3.4.15　$n_R = 5$，$\mu = 1$，圆心处有 1 个检波器时，
圆环形面积组合响应随方位角 α 的变化

扫描封底二维码见彩图

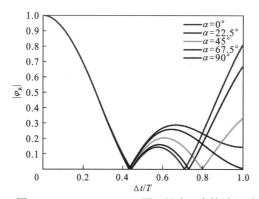

图 3.4.16　$n_R = 6$，$\mu = 1$，圆心处有 1 个检波器时，
圆环形面积组合响应随方位角 α 的变化

扫描封底二维码见彩图

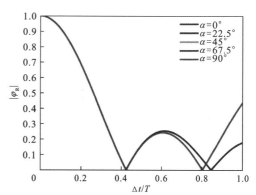

图 3.4.17　$n_R = 8$，$\mu = 1$，圆心处有 1 个检波器时，
圆环形面积组合响应随方位角 α 的变化

扫描封底二维码见彩图

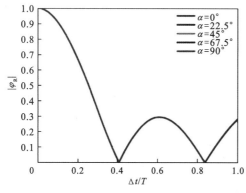

图 3.4.18　$n_R = 12$，$\mu = 1$，圆心处有 1 个检波器
时，圆环形面积组合响应随方位角 α 的变化

扫描封底二维码见彩图

1 个检波器时，$\alpha = 0°$，$22.5°$，$45°$，$67.5°$，$90°$ 的 5 条曲线，可见 5 条曲线的通放带已经重合（表 3.4.1），但在最左的一个零点附近，5 条曲线开始分开，并出现 5 个明显次瓣，5 个次瓣从高到低依次对应 $\alpha = 0°$，$67.5°$，$45°$，$22.5°$，$90°$。图 3.4.17 是 $n_R = 8$，$\mu = 1$，圆心处有 1 个检波器的 α 不同的 5 条圆环形面积组合响应曲线，其中 $\alpha = 0°$，$45°$，$90°$ 三条曲线重合，$22.5°$、$67.5°$ 两条曲线重合，因此图中只见两条曲线。图 3.4.18 是 $n_R = 12$，$\mu = 1$ 时不同方位角（$\alpha = 0°$，$22.5°$，$45°$，$67.5°$，$90°$），圆心处有一个检波器的圆环形面积组合响应曲线。可以看出在 $0 \leqslant \Delta t / T \leqslant 1$ 的区间内，5 条曲线全部重合。

进一步研究指出，此时不同 α 的曲线略有差别，在横坐标 $\Delta t / T$ 逐渐增大时，α 的影响才会逐渐显现出来。具体计算数据指出，当 $n_R \geqslant 9$ 时，方位角变化对压制带内 $|\varphi_R|$ 的平均值的

影响甚微（表 3.4.1）。大量计算数据显示，当圆心处无检波器时，只要 n_R 相同，圆心处有无检波器的两种组合响应曲线非常相似，差别在于圆心处无检波器的曲线次瓣高度比圆心处有 1 个检波器的曲线次瓣高度高，并且无检波器的曲线通放带宽度略窄一点（图 3.4.3、图 3.4.4 和图 3.4.19）。

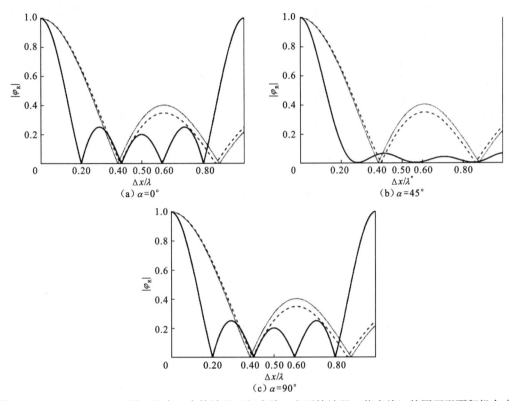

图 3.4.19　n_R=25，μ=1，圆心处有 1 个检波器（红虚线）和无检波器（蓝实线）的圆环形面积组合响应
与 m=n=5，R=1 的矩形面积组合响应（黑实线）的对比图

扫描封底二维码见彩图

　　上述分析说明，n_R 较大时圆环形面积组合对波的传播方向变化很不敏感，无论是通放带宽度还是压制带内 $|\varphi_R|$ 的平均值都对波的传播方向不敏感，也就是说圆环形面积组合对不同方向的干扰波具有几乎相同的通放带宽度和相近的衰减能力，这是圆环形面积组合最大的优点。

3.4.3　圆环形面积组合与矩形面积组合的对比

　　本小节在圆环形面积组合半径 r 与矩形面积组合的组内距 Δx 相等，两种组合的检波点数相等的前提下讨论两种组合的特性。由图 3.4.19 可知，两种圆环形面积组合的通放带都比矩形面积组合的主通放带宽得多，并可看出两种圆环形面积组合压制带内 $|\varphi_R|$ 的平均值比矩形面积组合压制带内 $|\varphi_{Re}|$ 的平均值大得多。图 3.4.19 中圆心处有一个检波器的圆环形面积组合使用的检波器数为 25+1 个，即比矩形面积组合多用一个检波器，而其压制带内 $|\varphi_{Re}|$ 平均值比 m=n=5 的矩形面积组合的 $|\varphi_{Re}|$ 平均值还高。这说明使用同样多的检波器

时，圆环形面积组合压制干扰的能力远不如矩形面积组合。如图 3.4.19 所示，在 $0 \leqslant \Delta x / \lambda^* \leqslant 1$（等同于 $0 \leqslant \Delta t / T \leqslant 1$）内，三个方向上的圆环形面积组合响应曲线几乎没有差别（无论圆心处有无检波器），即 $n_R = 25$ 的圆环形面积组合响应曲线几乎不随 α 变化。事实上，当 $n_R \geqslant 10$ 时，在 $0 \leqslant \Delta t / T \leqslant 1$ 内已几乎看不到 α 变化的影响。

表 3.4.4 列出了圆心处有一个检波器的圆环形面积组合通放带宽度与矩形面积组合通放带宽度对比的 8 组例子，每组中圆环形面积组合的检波点数都比矩形面积组合的检波点数多一个甚至两个。如表 3.4.4 所示，在第 1 组里 $n_R = 4$ 的圆环形面积组合的通放带宽度都比 $m = n = 2$，$R = 1$ 的矩形面积组合的通放带窄，注意这是最小矩形面积组合与倒数第二小的圆环形面积组合对比（最小圆环形面积组合是 $n_R = 3$，而 $n_R = 2$ 时圆环形面积组合已退化为简单线性组合）。其余 7 组正相反，在各个方向上矩形面积组合通放带宽度都比圆环形面积组合的窄，也就是说约有 87.5% 的方向区间内矩形面积组合的通放带宽度都比圆环形面积组合的窄。说明矩形面积组合将较高视速度干扰波置于压制带内的能力比圆环形面积组合强得多。

表 3.4.4　圆心处有一个检波器的圆环形面积组合响应与矩形面积组合响应的对比

分带	组号	组合形式和参数	α/(°)								
			0	22.5	45	67.5	90	112.5	135	157.5	180
通放带宽度	1	圆环形，$n_R = 4$	0.206 9	0.200 8	0.199 0	0.200 8	0.206 9	0.200 8	0.199 0	0.200 8	0.206 9
		矩形，$m=2$，$n=2$，$R=1$	0.250 0	0.253 5	0.257 4	0.253 5	0.250 0	0.253 5	0.257 4	0.253 5	0.250 0
	2	圆环形，$n_R = 9$	0.189 9	0.189 9	0.189 9	0.189 9	0.189 9	0.189 9	0.189 9	0.189 9	0.189 9
		矩形，$m=3$，$n=3$，$R=1$	0.155 3	0.157 0	0.158 8	0.157 0	0.155 3	0.157 0	0.158 8	0.157 0	0.155 3
	3	圆环形，$n_R = 10$	0.188 8	0.188 8	0.188 8	0.188 8	0.188 8	0.188 8	0.188 8	0.188 8	0.188 8
		矩形，$m=3$，$n=3$，$R=1$	0.155 3	0.157 0	0.158 8	0.157 0	0.155 3	0.157 0	0.158 8	0.157 0	0.155 3
	4	圆环形，$n_R = 12$	0.187 3	0.187 3	0.187 3	0.187 3	0.187 3	0.187 3	0.187 3	0.187 3	0.187 3
		矩形，$m=3$，$n=4$，$R=1$	0.113 8	0.118 7	0.132 4	0.148 6	0.155 3	0.148 6	0.132 4	0.118 7	0.113 8
	5	圆环形，$n_R = 15$	0.185 7	0.185 7	0.185 7	0.185 7	0.185 7	0.185 7	0.185 7	0.185 7	0.185 7
		矩形，$m=3$，$n=5$，$R=1$	0.090 2	0.095 3	0.112 0	0.139 4	0.155 3	0.139 4	0.112 0	0.095 3	0.090 2
	6	圆环形，$n_R = 24$	0.183 3	0.183 3	0.183 3	0.183 3	0.183 3	0.183 3	0.183 3	0.183 3	0.183 3
		矩形，$m=4$，$n=6$，$R=1$	0.074 7	0.078 4	0.089 8	0.105 9	0.113 3	0.105 9	0.089 8	0.078 4	0.074 7
	7	圆环形，$n_R = 25$	0.183 1	0.183 1	0.183 1	0.183 1	0.183 1	0.183 1	0.183 1	0.183 1	0.183 1
		矩形，$m=5$，$n=5$，$R=1$	0.090 2	0.091 0	0.091 9	0.091 0	0.090 2	0.091 0	0.091 9	0.091 0	0.090 2
	8	圆环形，$n_R = 26$	0.183 0	0.183 0	0.183 0	0.183 0	0.183 0	0.183 0	0.183 0	0.183 0	0.183 0
		矩形，$m=5$，$n=5$，$R=1$	0.090 2	0.091 0	0.091 9	0.091 0	0.090 2	0.091 0	0.091 9	0.091 0	0.090 2
压制带内 $\|\varphi_{Re}\|$ 的平均值	1	圆环形，$n_R = 4$	0.390 8	0.254 2	0.383 7	0.254 2	0.390 8	0.254 2	0.383 7	0.254 2	0.390 8
		矩形，$m=2$，$n=2$，$R=1$	0.372 9	0.324 5	0.216 0	0.324 5	0.372 9	0.324 5	0.216 0	0.324 5	0.372 9
	2	圆环形，$n_R = 9$	0.219 6	0.218 7	0.219 2	0.219 6	0.218 7	0.219 6	0.219 2	0.218 7	0.219 6
		矩形，$m=3$，$n=3$，$R=1$	0.289 3	0.143 3	0.127 5	0.143 3	0.289 3	0.143 3	0.127 5	0.143 3	0.289 3
	3	圆环形，$n_R = 10$	0.220 2	0.220 9	0.221 7	0.222 5	0.223 3	0.222 5	0.221 7	0.220 9	0.220 2
		矩形，$m=3$，$n=3$，$R=1$	0.289 3	0.143 3	0.127 5	0.143 3	0.289 3	0.143 3	0.127 5	0.143 3	0.289 3

分带	组号	组合形式和参数	α/(°)								
			0	22.5	45	67.5	90	112.5	135	157.5	180
压制带内 $\|\varphi_{Re}\|$ 的平均值	4	圆环形，$n_R=12$	0.2269	0.2269	0.2267	0.2269	0.2269	0.2269	0.2267	0.2269	0.2269
		矩形，$m=3$，$n=4$，$R=1$	0.2374	0.1213	0.0971	0.1427	0.2893	0.1427	0.0971	0.1213	0.2374
	5	圆环形，$n_R=15$	0.2325	0.2325	0.2325	0.2325	0.2325	0.2325	0.2325	0.2325	0.2325
		矩形，$m=3$，$n=5$，$R=1$	0.2030	0.1052	0.0844	0.1155	0.2893	0.1155	0.0844	0.1052	0.2030
	6	圆环形，$n_R=24$	0.2421	0.2421	0.2421	0.2421	0.2421	0.2421	0.2421	0.2421	0.2421
		矩形，$m=4$，$n=6$，$R=1$	0.1783	0.0864	0.0664	0.0839	0.2374	0.0839	0.0664	0.0864	0.1783
	7	圆环形，$n_R=25$	0.2428	0.2428	0.2428	0.2428	0.2428	0.2428	0.2428	0.2428	0.2428
		矩形，$m=5$，$n=5$，$R=1$	0.2030	0.0827	0.0730	0.0827	0.2030	0.0827	0.0730	0.0827	0.2030
	8	圆环形，$n_R=26$	0.2435	0.2435	0.2435	0.2435	0.2435	0.2435	0.2435	0.2435	0.2435
		矩形，$m=5$，$n=5$，$R=1$	0.2030	0.0827	0.0730	0.0827	0.2030	0.0827	0.0730	0.0827	0.2030

注：表中通放带宽度和压制带内 $\|\varphi_R\|$ 的平均值指的是在 $0 \leqslant \Delta t / T \leqslant 1$ 区间的计算结果。

在压制带内，约有80.6%的方向区间内矩形面积组合的压制带内 $\|\varphi_{Re}\|$ 的平均值都小于圆环形面积组合压制带内 $\|\varphi_R\|$ 的平均值，特别是第6、7、8三组在所有的方向区间，矩形面积组合压制带内 $\|\varphi_{Re}\|$ 的平均值都小于圆环形面积组合压制带内 $\|\varphi_{Re}\|$ 的平均值。n_R 越大，矩形面积组合占优势的方向区间越大。而且上述对比结果是在矩形面积组合比圆环形面积组合少一个甚至两个检波器情况下的结果。

大量计算数据证明上述分析结果具有普适性，因此可以说检波点数相同时，矩形面积组合衰减干扰波提高信噪比的能力强于圆环形面积组合，虽然圆环形面积组合对各个方向传播来的干扰波压制能力更稳定。

3.4.4 小结

（1）圆环形面积组合圆周上检波点数 n_R 较大时，组合对波的传播方向变化不敏感，也就是说圆环形面积组合对不同方向干扰波具有几乎相同的衰减能力，这是圆环形面积组合的优点。

（2）圆环形面积组合压制带内 $\|\varphi_{Re}\|$ 的平均值普遍较高，全都大于0.2000，即使 n_R 很大。

（3）在圆心处有一个检波器时，n_R 为奇数且 $n_R \leqslant 9$，n_R 为偶数且 $n_R \leqslant 8$ 时，压制带内 $\|\varphi_{Re}\|$ 的值随 n_R 的增大而减小（个别例外）。但在 n_R 为奇数 $n_R \geqslant 9$，n_R 为偶数且 $n_R \geqslant 10$ 时，$\|\varphi_{Re}\|$ 平均值反而随 n_R 增大而增大。在圆心处无检波器时，n_R 为奇数且 $n_R \leqslant 11$，n_R 为偶数且 $n_R \leqslant 14$ 时，压制带内 $\|\varphi_{Re}\|$ 的平均值随 n_R 的增大而减小；n_R 为奇数时 $n_R \geqslant 11$，n_R 为偶数且 $n_R \geqslant 14$ 时，压制带内 $\|\varphi_{Re}\|$ 的平均值保持不变，不再随 n_R 的增大而变化。这是圆环形面积组合固有的重大缺陷。

（4）在圆心处有一个检波器时，不管 n_R 为奇数或偶数，通放带宽度随 n_R 的增大而减小，但宽度值变化很小。在 n_R 为偶数且 $n_R \geqslant 8$，n_R 为奇数且 $n_R \geqslant 5$ 时，通放带宽度就不

再随方位角 α 增大而变化。

（5）在圆心处无检波器，当 $n_{\mathrm{R}} \geqslant 5$ 时，通放带宽度不再随 n_{R} 变化，也不再随方位角 α 变化，都为 0.179 3（仅 $n_{\mathrm{R}} = 6$ 时有 0.000 1 之差）。这是圆环形面积组合另一个固有的重大缺陷。

（6）圆心处有一个检波器的圆环形面积组合衰减干扰波提高信噪比的性能比圆心处无检波器的更好。

（7）圆环半径增大时通放带随之变窄，压制带内序号相同的次瓣高度保持不变，在 $0 \leqslant \Delta t / T \leqslant 1$ 压制带内 $|\varphi_{\mathrm{Re}}|$ 的平均值随半径呈跳跃式变化。

（8）圆周上检波器数 n_{R} 为偶数时，圆环形面积组合等效检波器的位置是其圆心；圆周上检波器数 n_{R} 为奇数时，圆环形面积组合等效检波器的位置具有不确定性。

（9）在使用相同数目检波器情况下，圆环形面积组合衰减干扰波提高信噪比的能力明显低于矩形面积组合，也低于简单线性组合，当然简单线性组合的检波器数是不能随意增加的。

3.5 星形面积组合

星形面积组合检波器地面展布如图 3.5.1 所示，测线沿 X 轴敷设，Z 轴垂直向上。星形面积组合在圆的 m 条直径上等间距布置 n 个检波器，每条直径上检波器间距为 Δx。圆心 O 为所有带检波器的直径的公共点，且各条直径间夹角相等。在经典教科书上称为"放射状组合"，当 n 为偶数时圆心处无检波器，如 n 为奇数，则圆心处仅布置一个检波器。波以视速度 V^* 沿地面 AB 方向传播，AB 方位角 α 从 X 轴正方向逆时针旋转到 AB 为正值。布有检波器的直径的序号逆时针依次增大，其中 1 号与 X 轴（测线）重合。

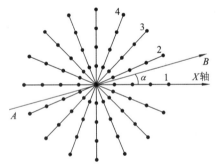

图 3.5.1 星形面积组合检波器地面展布示意图（n 为奇数）

设第 i 号直径与 AB 的夹角为 β_i，则第 i 号直径上的 n 个检波器投影到 AB 方向上时，其投影点间距为

$$\Delta x_{\mathrm{S}i} = \Delta x |\cos \beta_i| \tag{3.5.1}$$

式中：

$$\beta_i = \frac{(i-1)\pi}{m} - \alpha \tag{3.5.2}$$

同一直径上相邻检波器波至时差为

$$\Delta t_{\mathrm{S}i} = \Delta x |\cos \beta_i| / V^* = \Delta t |\cos \beta_i| \tag{3.5.3}$$

式中：$\Delta t = \Delta x / V^*$。

3.5.1 星形面积组合响应

如图 3.5.1 所示，每条直径上的 n 个检波器构成一个简单线性组合，设圆心 O 处单个检波器输出信号的频谱为 $g_0(j\omega)$，振幅谱为 g_0：

$$g_0 = |g_0(j\omega)| \tag{3.5.4}$$

根据式（1.1.19）～式（1.1.21），第 i 条直径上的 n 个检波器的简单线性组合输出信号的频谱 $G_{Si}(j\omega)$ 为

$$G_{Si}(j\omega) = \frac{\sin\left(\dfrac{n\omega\Delta t}{2}|\cos\beta_i|\right)}{\sin\left(\dfrac{\omega\Delta t}{2}|\cos\beta_i|\right)} g_0(j\omega) \tag{3.5.5}$$

由此可写出星形面积组合总输出信号的频谱 $G_S(j\omega)$ 为

$$G_S(j\omega) = \sum_{i=1}^{m} G_{Si}(j\omega) = \left[\sum_{i=1}^{m} \frac{\sin\left(\dfrac{n\omega\Delta t}{2}|\cos\beta_i|\right)}{\sin\left(\dfrac{\omega\Delta t}{2}|\cos\beta_i|\right)}\right] g_0(j\omega) \quad (n \text{ 为偶数}) \tag{3.5.6}$$

$$G_S(j\omega) = \sum_{i=1}^{m} G_i(j\omega) = \left\{\left[\sum_{i=1}^{m} \frac{\sin\left(\dfrac{n\omega\Delta t}{2}|\cos\beta_i|\right)}{\sin\left(\dfrac{\omega\Delta t}{2}|\cos\beta_i|\right)}\right] - (m-1)\right\} g_0(j\omega) \quad (n \text{ 为奇数}) \tag{3.5.7}$$

令

$$P_S(j\omega) = \left[\sum_{i=1}^{m} \frac{\sin\left(\dfrac{n\omega\Delta t}{2}|\cos\beta_i|\right)}{\sin\left(\dfrac{\omega\Delta t}{2}|\cos\beta_i|\right)}\right] - (m-1) \quad (n \text{ 为奇数}) \tag{3.5.8}$$

$$P_S(j\omega) = \sum_{i=1}^{m} \frac{\sin\left(\dfrac{n\omega\Delta t}{2}|\cos\beta_i|\right)}{\sin\left(\dfrac{\omega\Delta t}{2}|\cos\beta_i|\right)} \quad (n \text{ 为偶数}) \tag{3.5.9}$$

则

$$G_S(j\omega) = P_S(j\omega)g_0(j\omega) \tag{3.5.10}$$

可见 $P_S(j\omega)$ 为星形面积组合对圆心处单个检波器输出信号的频谱的放大倍数。由式（3.5.8）和式（3.5.9）可知 $P_S(j\omega)$ 为实数，因此式（3.5.6）和式（3.5.7）表明星形面积组合总输出信号的频谱 $G_S(j\omega)$ 与圆心处单个检波器输出信号的频谱 $g_0(j\omega)$ 同相，也就是说圆心 O 是星形面积组合等效检波器的位置。

以 G_S 表示星形面积组合总输出信号的振幅谱：

$$G_S = |G_S(j\omega)| = |P_S(j\omega)||g_0(j\omega)| = P_S g_0 \tag{3.5.11}$$

式中：P_S 为 $P_S(j\omega)$ 的模。

$$P_S = |P_S(j\omega)| \tag{3.5.12}$$

则 P_S 的物理意义是：星形面积组合对圆心处单个检波器输出信号的振幅谱的放大倍数。

式（3.5.7）和式（3.5.8）中"$-(m-1)$"项是当 n 为奇数时，圆心处应有 m 个检波器，实际只安置一个，所以要减去 $m-1$ 个检波器的贡献。

当 $V^* \to \infty$ 或/和 $\Delta x = 0$ 时，n 为偶数时 $P \to mn$，n 为奇数时 $P \to mn-m+1$。将圆心处单个检波器输出信号的振幅谱放大倍数 P_S 作归一化处理，并将归一化后放大倍数记为 φ_S：

$$\varphi_S = \frac{P}{mn-m+1} = \frac{1}{mn-m+1}\left\{\left[\sum_{i=1}^{m}\frac{\sin\left(\frac{n\omega\Delta t}{2}|\cos\beta_i|\right)}{\sin\left(\frac{\omega\Delta t}{2}|\cos\beta_i|\right)}\right]-(m-1)\right\} \quad (n\text{ 为奇数}) \quad (3.5.13)$$

$$\varphi_S = \frac{P}{mn} = \frac{1}{mn}\sum_{i=1}^{m}\frac{\sin\left(\frac{n\omega\Delta t}{2}|\cos\beta_i|\right)}{\sin\left(\frac{\omega\Delta t}{2}|\cos\beta_i|\right)} \quad (n\text{ 为偶数}) \quad (3.5.14)$$

由此可写出星形面积组合响应$|\varphi_S|$：

$$|\varphi_S| = \frac{1}{mn-m+1}\left|\left[\sum_{i=1}^{m}\frac{\sin\left(\frac{n\omega\Delta t}{2}|\cos\beta_i|\right)}{\sin\left(\frac{\omega\Delta t}{2}|\cos\beta_i|\right)}\right]-(m-1)\right| \quad (n\text{ 为奇数}) \quad (3.5.15)$$

$$|\varphi_S| = \frac{1}{mn}\left|\sum_{i=1}^{m}\frac{\sin\left(\frac{n\omega\Delta t}{2}|\cos\beta_i|\right)}{\sin\left(\frac{\omega\Delta t}{2}|\cos\beta_i|\right)}\right| \quad (n\text{ 为偶数}) \quad (3.5.16)$$

为作图和对比等方便将式（3.5.15）和式（3.5.16）改写为以下形式：

$$|\varphi_S| = \frac{1}{mn-m+1}\left|\left[\sum_{i=1}^{m}\frac{\sin\left(n\pi\frac{\Delta t}{T}|\cos\beta_i|\right)}{\sin\left(\pi\frac{\Delta t}{T}|\cos\beta_i|\right)}\right]-(m-1)\right| \quad (n\text{ 为奇数}) \quad (3.5.17)$$

$$|\varphi_S| = \frac{1}{mn}\left|\sum_{i=1}^{m}\frac{\sin\left(n\pi\frac{\Delta t}{T}|\cos\beta_i|\right)}{\sin\left(\pi\frac{\Delta t}{T}|\cos\beta_i|\right)}\right| \quad (n\text{ 为偶数}) \quad (3.5.18)$$

式中：$\beta_i = \frac{(i-1)\pi}{m}-\alpha$。

3.5.2 星形面积组合响应随波传播方向的变化

将式（3.5.1）代入式（3.5.3）中的$|\cos\beta_i|$：

$$\cos\beta_i = \cos\left[\frac{(i-1)\pi}{m}-\alpha\right] \quad (3.5.19)$$

当方位角由α变为$180°+\alpha$时，式（3.5.19）变化为

$$|\cos\beta_i| = \left|\cos\left[\frac{(i-1)\pi}{m}-(180°+\alpha)\right]\right| = \left|\cos\left[\frac{(i-1)\pi}{m}-\alpha\right]\right| \quad (3.5.20)$$

式（3.5.19）和式（3.5.20）表明，方位角$180°+\alpha$的$|\cos\beta_i|$值与方位角α的$|\cos\beta_i|$值相等。根据式（3.5.17）、式（3.5.18）、式（3.5.20）可知方位角为$180°+\alpha$星形面积组合响应的$|\varphi_S|$与方位角为α时星形面积组合响应的$|\varphi_S|$相同。换句话说，$180°\leqslant\alpha\leqslant360°$内星

形面积组合响应的变化将重复 $0° \leqslant \alpha \leqslant 180°$ 内星形面积组合响应的变化，因此只要知道了 $0° \leqslant \alpha \leqslant 180°$ 内星形面积组合响应也就知道了整个 $0° \leqslant \alpha \leqslant 360°$ 内星形面积组合响应。

3.5.3　圆心处有无检波器的星形面积组合响应对比

表 3.5.1 列出了 10 组例子（因 $\alpha=180°$ 与 $\alpha=0°$ 的通放带宽度及压制带内 $|\varphi_S|$ 的平均值相同，故表中略去 $\alpha=180°$ 数据）揭示，圆心处有一个检波器的星形面积组合通放带宽度无一例外地都比圆心处无检波器的窄，这意味着圆心处有一个检波器的星形面积组合将较高速度干扰波置于压制带内的能力比圆心处无检波器的强。当然前者也付出一点代价，就是前者比后者多用了一个检波器。

表 3.5.1　圆心处有无检波器的星形面积组合比较

分带	组号	星形面积组合 及其参数	$\alpha/（°）$							
			0	22.5	45	67.5	90	112.5	135	157.5
通放带宽度	1	$m=3$，$n=4$	0.165 0	0.165 2	0.165 1	0.165 0	0.165 2	0.165 0	0.165 1	0.165 2
		$m=3$，$n=5$	0.120 5	0.120 6	0.120 5	0.120 5	0.120 6	0.120 5	0.120 5	0.120 6
	2	$m=3$，$n=6$	0.108 5	0.108 6	0.108 5	0.108 5	0.108 6	0.108 5	0.108 5	0.108 6
		$m=3$，$n=7$	0.087 5	0.087 6	0.087 5	0.087 5	0.087 6	0.087 5	0.087 5	0.087 6
	3	$m=4$，$n=4$	0.165 1	0.165 1	0.165 1	0.165 1	0.165 1	0.165 1	0.165 1	0.165 1
		$m=4$，$n=5$	0.119 2	0.119 2	0.119 2	0.119 2	0.119 2	0.119 2	0.119 2	0.119 2
	4	$m=4$，$n=6$	0.108 5	0.108 5	0.108 5	0.108 5	0.108 5	0.108 5	0.108 5	0.108 5
		$m=4$，$n=7$	0.086 9	0.086 9	0.086 9	0.086 9	0.086 9	0.086 9	0.086 9	0.086 9
	5	$m=4$，$n=8$	0.081 0	0.081 0	0.081 0	0.081 0	0.081 0	0.081 0	0.081 0	0.081 0
		$m=4$，$n=9$	0.068 4	0.068 4	0.068 4	0.068 4	0.068 4	0.068 4	0.068 4	0.068 4
	6	$m=4$，$n=10$	0.064 7	0.064 7	0.064 7	0.064 7	0.064 7	0.064 7	0.064 7	0.064 7
		$m=4$，$n=11$	0.056 4	0.056 4	0.056 4	0.056 4	0.056 4	0.056 4	0.056 4	0.056 4
	7	$m=5$，$n=4$	0.165 1	0.165 1	0.165 1	0.165 1	0.165 1	0.165 1	0.165 1	0.165 1
		$m=5$，$n=5$	0.118 4	0.118 4	0.118 4	0.118 4	0.118 4	0.118 4	0.118 4	0.118 4
	8	$m=6$，$n=6$	0.108 5	0.108 5	0.108 5	0.108 5	0.108 5	0.108 5	0.108 5	0.108 5
		$m=6$，$n=7$	0.086 2	0.086 2	0.086 2	0.086 2	0.086 2	0.086 2	0.086 2	0.086 2
	9	$m=6$，$n=8$	0.081 0	0.081 0	0.081 0	0.081 0	0.081 0	0.081 0	0.081 0	0.081 0
		$m=6$，$n=9$	0.068 0	0.068 0	0.068 0	0.068 0	0.068 0	0.068 0	0.068 0	0.068 0
	10	$m=6$，$n=10$	0.064 7	0.064 7	0.064 7	0.064 7	0.064 7	0.064 7	0.064 7	0.064 7
		$m=6$，$n=11$	0.056 1	0.056 1	0.056 1	0.056 1	0.056 1	0.056 1	0.056 1	0.056 1

分带	组号	星形面积组合及其参数	α/(°)							
			0	22.5	45	67.5	90	112.5	135	157.5
压制带内 $|\varphi_s|$ 的平均值	1	$m=3$，$n=4$	0.217 3	0.283 9	0.201 0	0.187 5	0.330 5	0.187 5	0.201 0	0.283 9
		$m=3$，$n=5$	0.251 8	0.167 8	0.119 4	0.199 2	0.234 4	0.199 2	0.119 4	0.167 8
	2	$m=3$，$n=6$	0.157 8	0.236 0	0.157 3	0.136 0	0.347 0	0.136 0	0.157 3	0.236 0
		$m=3$，$n=7$	0.151 5	0.145 2	0.147 5	0.168 4	0.256 8	0.168 4	0.147 5	0.145 2
	3	$m=4$，$n=4$	0.246 0	0.228 4	0.246 0	0.228 4	0.246 0	0.228 4	0.246 0	0.228 4
		$m=4$，$n=5$	0.178 2	0.222 7	0.178 2	0.222 7	0.178 2	0.222 7	0.178 2	0.222 7
	4	$m=4$，$n=6$	0.232 0	0.149 9	0.232 0	0.149 9	0.232 0	0.149 9	0.232 0	0.149 9
		$m=4$，$n=7$	0.202 5	0.162 8	0.202 5	0.162 8	0.202 5	0.162 8	0.202 5	0.162 8
	5	$m=4$，$n=8$	0.244 2	0.120 4	0.244 2	0.120 4	0.244 2	0.120 4	0.244 2	0.120 4
		$m=4$，$n=9$	0.206 5	0.132 2	0.206 5	0.132 2	0.206 5	0.132 2	0.206 5	0.132 2
	6	$m=4$，$n=10$	0.246 1	0.097 8	0.246 1	0.097 8	0.246 1	0.097 8	0.246 1	0.097 8
		$m=4$，$n=11$	0.213 5	0.117 6	0.213 5	0.117 6	0.213 5	0.117 6	0.213 5	0.117 6
	7	$m=5$，$n=4$	0.210 4	0.192 9	0.198 2	0.206 4	0.192 2	0.206 4	0.198 2	0.192 9
		$m=5$，$n=5$	0.181 7	0.132 3	0.124 0	0.156 7	0.146 1	0.156 7	0.124 0	0.132 3
	8	$m=6$，$n=6$	0.190 1	0.150 2	0.157 3	0.150 2	0.190 1	0.150 2	0.157 3	0.150 2
		$m=6$，$n=7$	0.097 8	0.094 2	0.154 5	0.094 2	0.097 8	0.094 2	0.154 5	0.094 2
	9	$m=6$，$n=8$	0.175 0	0.123 3	0.127 8	0.123 3	0.175 0	0.123 3	0.127 8	0.123 3
		$m=6$，$n=9$	0.109 5	0.080 3	0.146 1	0.080 3	0.109 5	0.080 3	0.146 1	0.080 3
	10	$m=6$，$n=10$	0.176 6	0.105 1	0.106 3	0.105 1	0.176 6	0.105 1	0.106 3	0.105 1
		$m=6$，$n=11$	0.122 4	0.088 2	0.115 3	0.088 2	0.122 4	0.088 2	0.115 3	0.088 2

图 3.5.2～图 3.5.9 是圆心处无检波器的星形面积组合（$m=3$，$n=7$）和圆心处有一个检波器（$m=3$，$n=6$）星形面积组合响应对比图，后者共有 18 个检波器，前者共有 19 个检波器。这 8 幅图有个鲜明的共同特点，即 $m=3$，$n=7$ 时星形面积组合通放带宽度比 $m=3$，$n=6$ 时星形面积组合通放带宽度窄。这个例子证明了表 3.5.1 揭示的圆心处有无检波器的星形面积组合差别的规律。

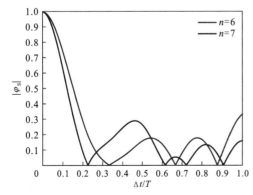

图 3.5.2　波沿 $\alpha=0°$ 方向传播时，$m=3$，$n=6$，与 $m=3$，$n=7$ 的星形面积组合响应对比图

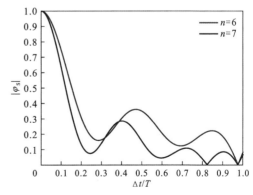

图 3.5.3　波沿 $\alpha=22.5°$ 方向传播时，$m=3$，$n=6$，与 $m=3$，$n=7$ 的星形面积组合响应对比图

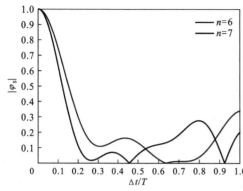

图 3.5.4　波沿 $\alpha=45°$ 方向传播时，$m=3$，$n=6$，
与 $m=3$，$n=7$ 的星形面积组合响应对比图

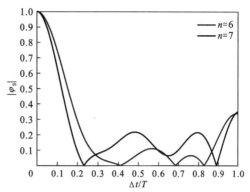

图 3.5.5　波沿 $\alpha=67.5°$ 方向传播时，$m=3$，$n=6$，
与 $m=3$，$n=7$ 的星形面积组合响应对比图

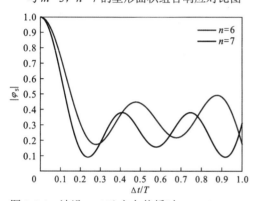

图 3.5.6　波沿 $\alpha=90°$ 方向传播时，$m=3$，$n=6$，
与 $m=3$，$n=7$ 的星形面积组合响应对比图

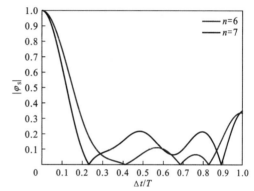

图 3.5.7　波沿 $\alpha=112.5°$ 方向传播时，$m=3$，$n=6$，
与 $m=3$，$n=7$ 的星形面积组合响应对比图

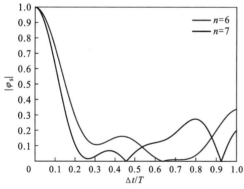

图 3.5.8　波沿 $\alpha=135°$ 方向传播时，$m=3$，$n=6$，
与 $m=3$，$n=7$ 的星形面积组合响应对比图

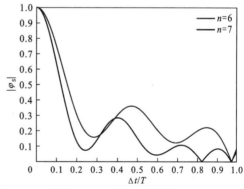

图 3.5.9　波沿 $\alpha=157.5°$ 方向传播时，$m=3$，$n=6$，
与 $m=3$，$n=7$ 的星形面积组合响应对比图

由表 3.5.1 可知，在 76% 的方向区间内圆心处有一个检波器的星形面积组合压制带内 $|\varphi_S|$ 的平均值小于圆心处无检波器的星形面积组合，特别当 $m>4$ 时，在各个方向上圆心处有一个检波器的星形面积组合压制带内 $|\varphi_S|$ 的平均值都小于圆心处无检波器的星形面积组合。这说明圆心处有一个检波器的星形面积组合衰减落入压制带内干扰波的力度强于圆心处无检波器的星形面积组合，特别当 $m>4$ 时。

总之，圆心处有一个检波器的星形面积组合衰减干扰波提高信噪比的性能优于圆心处无检波器的星形面积组合。

3.5.4 参数 m 不变时 n 对星形面积组合响应的影响

表 3.5.2 列出了参数 m 不变时星形面积组合响应随参数 n 的变化，共 19 组例子。如表 3.5.2 所示，组合参数 m 不变，当 n 逐渐增大时通放带宽度随之变窄。说明增大 n 可以将较高速度干扰波置于压制带内。更多例子计算结果分析得出，当 $m>3$ 且 $n \geqslant 3$ 时，星形面积组合通放带的宽度值 $\Delta t / T$（与通放带边界值相等）不再随方位角 α 变化。也就是说，只要 $m>3$ 且 $n \geqslant 3$，星形面积组合将任何方向传播来的干扰波置于压制带内的通放带的宽度 $\Delta t / T$ 都一样。这个特点是星形面积组合的一个优点。由表 3.5.2 可知，当 $n \geqslant 8$ 时，通放带的宽度随 n 的增大继续明显变窄，但 m 的增大对通放带的宽度几乎没有影响，m 的增大最多影响到通放带的宽度值 $\Delta t / T$ 的 10^{-4} 位。也就是说有效影响通放带的宽度的组合参数既非方位角 α 也非 m，只有组合参数 n。

表 3.5.2　组合参数 m 不变时星形面积组合响应随参数 n 的变化

分带	组号	星形面积组合及其参数	$\alpha/（°）$							
			0	22.5	45	67.5	90	112.5	135	157.5
通放带宽度	1	$m=3$，$n=6$	0.108 5	0.108 6	0.108 5	0.108 5	0.108 6	0.108 5	0.108 5	0.108 6
	2	$m=3$，$n=7$	0.087 5	0.087 6	0.087 5	0.087 5	0.087 6	0.087 5	0.087 5	0.087 6
	3	$m=3$，$n=8$	0.081 0	0.081 1	0.081 0	0.081 0	0.081 1	0.081 0	0.081 0	0.081 1
	4	$m=3$，$n=9$	0.068 7	0.068 8	0.068 8	0.068 7	0.068 8	0.068 7	0.068 8	0.068 8
	5	$m=3$，$n=10$	0.064 6	0.064 7	0.064 7	0.064 6	0.064 7	0.064 6	0.064 7	0.064 7
	6	$m=3$，$n=11$	0.056 6	0.056 7	0.056 6	0.056 6	0.056 7	0.056 6	0.056 6	0.056 7
	7	$m=3$，$n=12$	0.053 8	0.053 9	0.053 8	0.053 8	0.053 9	0.053 8	0.053 8	0.053 9
	8	$m=4$，$n=6$	0.108 5	0.108 5	0.108 5	0.108 5	0.108 5	0.108 5	0.108 5	0.108 5
	9	$m=4$，$n=7$	0.086 9	0.086 9	0.086 9	0.086 9	0.086 9	0.086 9	0.086 9	0.086 9
	10	$m=4$，$n=8$	0.081 0	0.081 0	0.081 0	0.081 0	0.081 0	0.081 0	0.081 0	0.081 0
	11	$m=4$，$n=9$	0.068 4	0.068 4	0.068 4	0.068 4	0.068 4	0.068 4	0.068 4	0.068 4
	12	$m=4$，$n=10$	0.064 7	0.064 7	0.064 7	0.064 7	0.064 7	0.064 7	0.064 7	0.064 7
	13	$m=4$，$n=11$	0.056 4	0.056 4	0.056 4	0.056 4	0.056 4	0.056 4	0.056 4	0.056 4
	14	$m=4$，$n=12$	0.053 8	0.053 8	0.053 8	0.053 8	0.053 8	0.053 8	0.053 8	0.053 8
	15	$m=5$，$n=8$	0.081 0	0.081 0	0.081 0	0.081 0	0.081 0	0.081 0	0.081 0	0.081 0
	16	$m=5$，$n=9$	0.068 1	0.068 1	0.068 1	0.068 1	0.068 1	0.068 1	0.068 1	0.068 1
	17	$m=5$，$n=10$	0.064 7	0.064 7	0.064 7	0.064 7	0.064 7	0.064 7	0.064 7	0.064 7
	18	$m=5$，$n=11$	0.056 2	0.056 2	0.056 2	0.056 2	0.056 2	0.056 2	0.056 2	0.056 2
	19	$m=5$，$n=12$	0.053 8	0.053 8	0.053 8	0.053 8	0.053 8	0.053 8	0.053 8	0.053 8
压制带内 $\lvert \varphi_s \rvert$ 平均值	1	$m=3$，$n=6$	0.157 8	0.236 0	0.157 3	0.136 0	0.347 0	0.136 0	0.157 3	0.236 0
	2	$m=3$，$n=7$	0.151 5	0.145 2	0.147 5	0.168 4	0.256 8	0.168 4	0.147 5	0.145 2
	3	$m=3$，$n=8$	0.128 3	0.184 1	0.127 8	0.105 5	0.345 4	0.105 5	0.127 8	0.184 1
	4	$m=3$，$n=9$	0.150 2	0.138 1	0.138 0	0.116 7	0.276 8	0.116 7	0.138 0	0.138 1
	5	$m=3$，$n=10$	0.109 4	0.151 3	0.106 3	0.089 7	0.339 4	0.089 7	0.106 3	0.151 3

分带	组号	星形面积组合及其参数	α/(°)							
			0	22.5	45	67.5	90	112.5	135	157.5
	6	$m=3$，$n=11$	0.113 4	0.141 0	0.109 4	0.113 8	0.292 0	0.113 8	0.109 4	0.141 0
	7	$m=3$，$n=12$	0.095 4	0.134 5	0.088 9	0.079 4	0.334 5	0.079 4	0.088 9	0.134 5
	8	$m=4$，$n=6$	0.232 0	0.149 9	0.232 0	0.149 9	0.232 0	0.149 9	0.232 0	0.149 9
	9	$m=4$，$n=7$	0.202 5	0.162 8	0.202 5	0.162 8	0.202 5	0.162 8	0.202 5	0.162 8
	10	$m=4$，$n=8$	0.244 2	0.120 4	0.244 2	0.120 4	0.244 2	0.120 4	0.244 2	0.120 4
压制带内 $\|\varphi_S\|$ 平均值	11	$m=4$，$n=9$	0.206 5	0.132 2	0.206 5	0.132 2	0.206 5	0.132 2	0.206 5	0.132 2
	12	$m=4$，$n=10$	0.246 1	0.097 8	0.246 1	0.097 8	0.246 1	0.097 8	0.246 1	0.097 8
	13	$m=4$，$n=11$	0.213 5	0.117 6	0.213 5	0.117 6	0.213 5	0.117 6	0.213 5	0.117 6
	14	$m=4$，$n=12$	0.244 4	0.089 5	0.244 4	0.089 5	0.244 4	0.089 5	0.244 4	0.089 5
	15	$m=5$，$n=8$	0.108 1	0.175 2	0.126 0	0.105 8	0.209 0	0.105 8	0.126 0	0.175 2
	16	$m=5$，$n=9$	0.134 6	0.100 5	0.099 8	0.124 5	0.144 9	0.124 5	0.099 8	0.100 5
	17	$m=5$，$n=10$	0.108 1	0.155 4	0.102 3	0.088 2	0.206 5	0.088 2	0.102 3	0.155 4
	18	$m=5$，$n=11$	0.114 3	0.091 3	0.094 7	0.114 9	0.150 7	0.114 9	0.094 7	0.091 3
	19	$m=5$，$n=12$	0.096 9	0.134 1	0.089 8	0.075 1	0.210 0	0.075 1	0.089 8	0.134 1

注：表中通放带宽度值是在自变量 $0 \leqslant \Delta t / T \leqslant 1$ 区间的计算结果。

如表 3.5.2 所示，星形面积组合压制带内 $|\varphi_S|$ 的平均值随参数 n 的改变而变化复杂。无论是否将 n 分为奇数和偶数两组（即圆心处有无检波器），压制带内 $|\varphi_S|$ 的平均值随 n 的增大呈跳跃式变化的特点。大量例子的计算结果显示，无论 m 较小或更大，这种跳跃式变化进展较缓慢。

3.5.5 参数 n 不变时 m 对星形面积组合响应的影响

表 3.5.3 列出了组合参数 n 不变时星形面积组合响应随参数 m 的变化，共 18 组例子。如表 3.5.3 所示，组合参数 n 不变，当 m 逐渐增大时，星形面积组合通放带的宽度随之缓慢变窄。说明增大 m 可以将较高速度干扰波置于压制带内。由表 3.5.3 可知，在 $m>3$ 且 $n \geqslant 3$ 时，星形面积组合通放带的宽度不再随方位角 α 变化。这就是说，只要 $m>3$ 且 $n \geqslant 3$，星形面积组合将任何方向传播来的干扰波置于压制带内的通放带的边界值 $\Delta t / T$ 都一样，不再随方位角变化。这个特点与 3.5.4 小节描述的参数 n 对星形面积组合通放带的宽度影响一样。但这里参数 m 和 n 对星形面积组合通放带的宽度影响不仅如此，表 3.5.3 还清晰地显示出，当将 n 按奇数和偶数（即圆心处有无检波器）分为两组时，偶数组的通放带的边界值不仅不随方位角的变化而变化（$m=3$ 时有不大于 2×10^{-4} 的差别），而且也不再随 m 的增大而变化。奇数组的通放带的边界值也不随方位角的变化而变化（$m=3$ 时有不大于 2×10^{-4} 的差别），却随 m 增大而减小，但变化缓慢。

表 3.5.3 参数 n 不变时星形面积组合响应随参数 m 的变化

分带	组号	星形面积组合及其参数	$\alpha/$（°）							
			0	22.5	45	67.5	90	112.5	135	157.5
通放带宽度	1	$m=3$，$n=3$	0.195 0	0.195 1	0.195 1	0.195 0	0.195 1	0.195 0	0.195 1	0.195 1
	2	$m=4$，$n=3$	0.191 2	0.191 2	0.191 2	0.191 2	0.191 2	0.191 2	0.191 2	0.191 2
	3	$m=5$，$n=3$	0.188 8	0.188 8	0.188 8	0.188 8	0.188 8	0.188 8	0.188 8	0.188 8
	4	$m=6$，$n=3$	0.187 3	0.187 3	0.187 3	0.187 3	0.187 3	0.187 3	0.187 3	0.187 3
	5	$m=3$，$n=4$	0.165 0	0.165 2	0.165 1	0.165 0	0.165 2	0.165 0	0.165 1	0.165 2
	6	$m=4$，$n=4$	0.165 1	0.165 1	0.165 1	0.165 1	0.165 1	0.165 1	0.165 1	0.165 1
	7	$m=5$，$n=4$	0.165 1	0.165 1	0.165 1	0.165 1	0.165 1	0.165 1	0.165 1	0.165 1
	8	$m=6$，$n=4$	0.165 1	0.165 1	0.165 1	0.165 1	0.165 1	0.165 1	0.165 1	0.165 1
	9	$m=7$，$n=4$	0.165 1	0.165 1	0.165 1	0.165 1	0.165 1	0.165 1	0.165 1	0.165 1
	10	$m=3$，$n=5$	0.120 5	0.120 6	0.120 5	0.120 5	0.120 6	0.120 5	0.120 5	0.120 6
	11	$m=4$，$n=5$	0.119 2	0.119 2	0.119 2	0.119 2	0.119 2	0.119 2	0.119 2	0.119 2
	12	$m=5$，$n=5$	0.118 4	0.118 4	0.118 4	0.118 4	0.118 4	0.118 4	0.118 4	0.118 4
	13	$m=6$，$n=5$	0.117 9	0.117 9	0.117 9	0.117 9	0.117 9	0.117 9	0.117 9	0.117 9
	14	$m=7$，$n=5$	0.117 5	0.117 5	0.117 5	0.117 5	0.117 5	0.117 5	0.117 5	0.117 5
	15	$m=4$，$n=7$	0.086 9	0.086 9	0.086 9	0.086 9	0.086 9	0.086 9	0.086 9	0.086 9
	16	$m=5$，$n=7$	0.086 5	0.086 5	0.086 5	0.086 5	0.086 5	0.086 5	0.086 5	0.086 5
	17	$m=6$，$n=7$	0.086 2	0.086 2	0.086 2	0.086 2	0.086 2	0.086 2	0.086 2	0.086 2
	18	$m=7$，$n=7$	0.086 0	0.086 0	0.086 0	0.086 0	0.086 0	0.086 0	0.086 0	0.086 0
压制带内 $|\varphi_S|$ 的平均值	1	$m=3$，$n=3$	0.246 6	0.254 6	0.207 2	0.209 6	0.254 2	0.209 6	0.207 2	0.254 6
	2	$m=4$，$n=3$	0.228 5	0.204 2	0.228 5	0.204 2	0.228 5	0.204 2	0.228 5	0.204 2
	3	$m=5$，$n=3$	0.220 2	0.222 9	0.221 7	0.220 6	0.223 3	0.220 6	0.221 7	0.222 9
	4	$m=6$，$n=3$	0.226 9	0.226 8	0.226 7	0.226 8	0.226 9	0.226 8	0.226 7	0.226 8
	5	$m=3$，$n=4$	0.217 3	0.283 9	0.201 0	0.187 5	0.330 5	0.187 5	0.201 0	0.283 9
	6	$m=4$，$n=4$	0.246 0	0.228 4	0.246 0	0.228 4	0.246 0	0.228 4	0.246 0	0.228 4
	7	$m=5$，$n=4$	0.210 4	0.192 9	0.198 2	0.206 4	0.192 2	0.206 4	0.198 2	0.192 9
	8	$m=6$，$n=4$	0.195 4	0.198 2	0.201 0	0.198 2	0.195 4	0.198 2	0.201 0	0.198 2
	9	$m=7$，$n=4$	0.198 6	0.198 5	0.198 2	0.197 8	0.197 7	0.197 8	0.198 2	0.198 5
	10	$m=3$，$n=5$	0.251 8	0.167 8	0.119 4	0.199 2	0.234 4	0.199 2	0.119 4	0.167 8
	11	$m=4$，$n=5$	0.178 2	0.222 7	0.178 2	0.222 7	0.178 2	0.222 7	0.178 2	0.222 7
	12	$m=5$，$n=5$	0.181 7	0.132 3	0.124 0	0.156 7	0.146 1	0.156 7	0.124 0	0.132 3
	13	$m=6$，$n=5$	0.138 7	0.126 9	0.137 2	0.126 9	0.138 7	0.126 9	0.137 2	0.126 9
	14	$m=7$，$n=5$	0.126 7	0.127 3	0.129 4	0.132 2	0.133 6	0.122 2	0.129 4	0.127 3
	15	$m=4$，$n=7$	0.202 5	0.162 8	0.202 5	0.162 8	0.202 5	0.162 8	0.202 5	0.162 8
	16	$m=5$，$n=7$	0.152 2	0.112 2	0.091 5	0.134 1	0.137 3	0.134 1	0.091 5	0.112 2
	17	$m=6$，$n=7$	0.097 8	0.094 2	0.154 5	0.094 2	0.097 8	0.094 2	0.154 5	0.094 2
	18	$m=7$，$n=7$	0.139 8	0.125 6	0.095 5	0.085 4	0.100 1	0.085 4	0.095 5	0.125 6

注：表中通放带宽度和压制带内 $|\varphi_S|$ 的平均值是在自变量 $0 \leqslant \Delta t / T \leqslant 1$ 区间的计算结果。

由表 3.5.3 可知，参数 n 不变，星形面积组合压制带内 $|\varphi_S|$ 的平均值随 m 的变化较为复杂，无论 n 为奇数或偶数，压制带内 $|\varphi_S|$ 的平均值不仅随方位角 α 变化，而且随 m 的增

大呈跳跃式变化，时而随 m 的增大而减小，时而随 m 的增大而增大。随着参数 n 的增大，压制带内 $|\varphi_S|$ 的平均值也无明显变化。这意味着无论增大 m 或/和 n 都不能保证增强对落入压制带内干扰波的衰减力度，甚至会适得其反。更多的计算数据揭示，当 $m \geqslant 8$ 时压制带内 $|\varphi_S|$ 的平均值随 m 的继续增大而趋于稳定，方位角 α 和 m 的影响逐渐弱化。

3.5.6 星形面积组合与矩形面积组合的对比

图 3.5.10～图 3.5.17 给出了星形面积组合与矩形面积组合响应对比的一个例子。星形面积组合参数 $m=3$，$n=6$，圆心处无检波器，矩形面积组合参数 $m=3$，$n=6$，$R=1$，两者各有 18 个检波器。由于 $\alpha=0°$ 与 $\alpha=180°$ 时的对比图相同，这里省去了 $\alpha=180°$ 时的对比图。如图 3.5.10～图 3.5.12、图 3.5.16 及图 3.5.17 所示，矩形面积组合的通放带的宽度都比星形面积组合通放带的宽度窄，其余三幅图则相反。注意圆心处无检波器的星形面积组合通放带的宽度较圆心处有一个检波器的星形面积组合的通放带的宽度宽。也就是说，方位角 $67.5°$～$112.5°$ 及其邻近区间星形面积组合通放带的宽度比矩形面积组合通放带的宽度窄，而在 $0°$～$180°$ 内其他更大区间的星形面积组合通放带的宽度比矩形面积组合通放带的宽度宽。这意味着总体上看，矩形面积组合将较高速度干扰波置于压制带内的能力比星形面积组合要强。

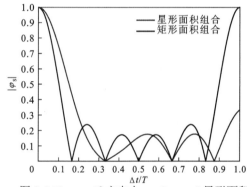

图 3.5.10　$\alpha=0°$ 方向上 $m=3$，$n=6$ 星形面积组合与矩形面积组合（$R=1$）对比图

扫描封底二维码见彩图

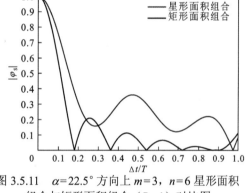

图 3.5.11　$\alpha=22.5°$ 方向上 $m=3$，$n=6$ 星形面积组合与矩形面积组合（$R=1$）对比图

扫描封底二维码见彩图

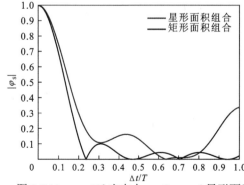

图 3.5.12　$\alpha=45°$ 方向上 $m=3$，$n=6$ 星形面积组合与矩形面积组合（$R=1$）对比图

扫描封底二维码见彩图

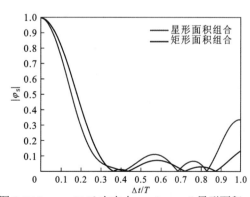

图 3.5.13　$\alpha=67.5°$ 方向上 $m=3$，$n=6$ 星形面积组合与矩形面积组合（$R=1$）对比图

扫描封底二维码见彩图

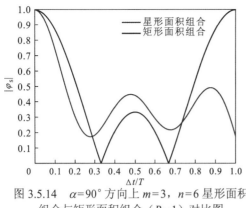

图 3.5.14 $\alpha=90°$ 方向上 $m=3$, $n=6$ 星形面积
组合与矩形面积组合（$R=1$）对比图
扫描封底二维码见彩图

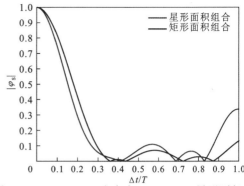

图 3.5.15 $\alpha=112.5°$ 方向上 $m=3$, $n=6$ 星形面积
组合与矩形面积组合（$R=1$）对比图
扫描封底二维码见彩图

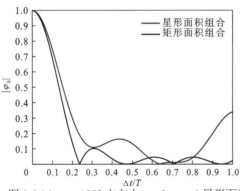

图 3.5.16 $\alpha=135°$ 方向上 $m=3$, $n=6$ 星形面积
组合与矩形面积组合（$R=1$）对比图
扫描封底二维码见彩图

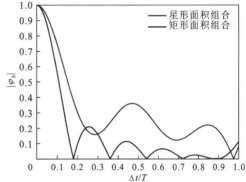

图 3.5.17 $\alpha=157.5°$ 方向上 $m=3$, $n=6$ 星形面积
组合与矩形面积组合（$R=1$）对比图
扫描封底二维码见彩图

大量例子的计算数据揭示，在整个 $0°\sim180°$ 方向区间约有 85%的区间矩形面积组合通放带的宽度比星形面积组合的窄；约有 78%的区间矩形面积组合压制带内 $|\varphi_{Re}|$ 平均值比星形面积组合压制带内 $|\varphi_S|$ 平均值低。而且这是在星形面积组合参数 n 为奇数时，矩形面积组合比星形面积组合少用一个检波器情况下得到的结果。总体上看，矩形面积组合衰减干扰波提高信噪比的能力全面优于星形面积组合。

3.5.7 星形面积组合响应与平行四边形面积组合响应的对比

表 3.5.4 列出了星形面积组合与 I 型平行四边形面积组合响应的对比例子，共 9 组。星形面积组合参数 n 为奇数的总检波点数都比同组 I 型平行四边形面积组合总检波点数多一个；星形面积组合参数 n 为偶数的总检波点数与同组 I 型平行四边形面积组合总检波点数相同。如表 3.5.4 所示，在 $0°\sim180°$ 方向内，约 80.2%的方向区间内 I 型平行四边形面积组合通放带的宽度比星形面积组合的窄，特别是 $0°\sim22.5°$ 和 $112.5°\sim180°$ 内 I 型平行四边形面积组合通放带的宽度都比同组星形面积组合的窄。这就是说 I 型平行四边形面积组合将较高速度干扰波置于压制带内的能力比星形面积组合的强。由表 3.5.4 还可看出在 $0°\sim180°$ 方向内，约有 85.2%的方向区间内 I 型平行四边形面积组合压制带内 $|\varphi_{Re}|$ 的平均值比同组星形面积组合压制带内 $|\varphi_S|$ 的平均值低，特别是 $0°\sim22.5°$ 和 $112.5°\sim180°$ 区间

内Ⅰ型平行四边形面积组合压制带内$|\varphi_{\text{Re}}|$的平均值都比同组星形面积组合$|\varphi_{\text{S}}|$的平均值低。这说明Ⅰ型平行四边形面积组合对落入压制带内干扰波的压制力度明显比星形面积组合强。并且上述对比结果是在星形面积组合参数n为奇数时比Ⅰ型平行四边形面积组合多用一个检波器的情况下得到的结果。因此可以说星形面积组合衰减干扰波提高信噪比的性能明显不如Ⅰ型平行四边形面积组合。

表 3.5.4 星形面积组合响应与Ⅰ型平行四边形面积组合（$R=1$，$c=1$）响应的对比

分带	组号	组合参数	$\alpha/(°)$							
			0	22.5	45	67.5	90	112.5	135	157.5
通放带宽度	1	星形 $m=3$，$n=5$	0.1205	0.1206	0.1205	0.1205	0.1206	0.1205	0.1205	0.1206
		Ⅰ型平行四边形 $m=3$，$n=4$	0.0936	0.1145	0.1610	0.2110	0.1553	0.1114	0.0924	0.0874
	2	星形 $m=3$，$n=6$	0.1085	0.1086	0.1085	0.1085	0.1086	0.1085	0.1085	0.1086
		Ⅰ型平行四边形 $m=3$，$n=6$	0.0682	0.0783	0.1057	0.1643	0.1553	0.1032	0.0777	0.0681
	3	星形 $m=4$，$n=5$	0.1192	0.1192	0.1192	0.1192	0.1192	0.1192	0.1192	0.1192
		Ⅰ型平行四边形 $m=4$，$n=4$	0.0822	0.1080	0.1610	0.1749	0.1138	0.0841	0.0729	0.0724
	4	星形 $m=4$，$n=6$	0.1085	0.1085	0.1085	0.1085	0.1085	0.1085	0.1085	0.1085
		Ⅰ型平行四边形 $m=4$，$n=6$	0.0635	0.0761	0.1057	0.1459	0.1138	0.0804	0.0652	0.0605
	5	星形 $m=4$，$n=8$	0.0810	0.0810	0.0810	0.0810	0.0810	0.0810	0.0810	0.0810
		Ⅰ型平行四边形 $m=4$，$n=8$	0.0565	0.0661	0.0903	0.1331	0.1138	0.0782	0.0613	0.0552
	6	星形 $m=5$，$n=5$	0.1184	0.1184	0.1184	0.1184	0.1184	0.1184	0.1184	0.1184
		Ⅰ型平行四边形 $m=4$，$n=5$	0.0720	0.0895	0.1275	0.1600	0.1138	0.0824	0.0692	0.0663
	7	星形 $m=6$，$n=6$	0.1085	0.1085	0.1085	0.1085	0.1085	0.1085	0.1085	0.1085
		Ⅰ型平行四边形 $m=6$，$n=6$	0.0539	0.0708	0.1057	0.1146	0.0747	0.0552	0.0478	0.0475
	8	星形 $m=7$，$n=5$	0.1175	0.1175	0.1175	0.1175	0.1175	0.1175	0.1175	0.1175
		Ⅰ型平行四边形 $m=4$，$n=7$	0.0565	0.0661	0.0903	0.1331	0.1138	0.0782	0.0613	0.0552
	9	星形 $m=9$，$n=5$	0.1170	0.1170	0.1170	0.1170	0.1170	0.1170	0.1170	0.1170
		Ⅰ型平行四边形 $m=6$，$n=6$	0.0539	0.0708	0.1057	0.1146	0.0747	0.0552	0.0478	0.0475
压制带内$\|\varphi_{\text{S}}\|$的平均值	1	星形 $m=3$，$n=5$	0.2518	0.1678	0.1194	0.1992	0.2344	0.1992	0.1194	0.1678
		Ⅰ型平行四边形 $m=3$，$n=4$	0.1310	0.1211	0.2224	0.1597	0.2893	0.1442	0.1063	0.1420
	2	星形 $m=3$，$n=6$	0.1578	0.2360	0.1573	0.1360	0.3470	0.1360	0.1573	0.2360
		Ⅰ型平行四边形 $m=3$，$n=6$	0.1040	0.0893	0.1538	0.1123	0.2893	0.1130	0.0894	0.0950
	3	星形 $m=4$，$n=5$	0.1782	0.2227	0.1782	0.2227	0.1782	0.2227	0.1782	0.2227
		Ⅰ型平行四边形 $m=4$，$n=4$	0.1228	0.0871	0.2224	0.1186	0.2374	0.1186	0.0883	0.1032
	4	星形 $m=4$，$n=6$	0.2320	0.1499	0.2320	0.1499	0.2320	0.1499	0.2320	0.1499
		Ⅰ型平行四边形 $m=4$，$n=6$	0.0878	0.0688	0.1538	0.1047	0.2374	0.0945	0.0677	0.0807
	5	星形 $m=4$，$n=8$	0.2442	0.1204	0.2442	0.1204	0.2442	0.1204	0.2442	0.1204
		Ⅰ型平行四边形 $m=4$，$n=8$	0.0759	0.0573	0.1278	0.0818	0.2374	0.0800	0.0630	0.0621

分带	组号	组合参数	方位角/(°)							
			0	22.5	45	67.5	90	112.5	135	157.5
压制带内 $|\varphi_S|$ 的平均值	6	星形 $m=5$, $n=5$	0.181 7	0.132 3	0.124 0	0.156 7	0.146 1	0.156 7	0.124 0	0.132 3
		I 型平行四边形 $m=4$, $n=5$	0.099 8	0.077 4	0.182 3	0.115 1	0.237 4	0.121 7	0.085 8	0.090 9
	7	星形 $m=6$, $n=6$, 36	0.190 1	0.150 2	0.157 3	0.150 2	0.190 1	0.150 2	0.157 3	0.150 2
		I 型平行四边形 $m=6$, $n=6$	0.078 5	0.055 1	0.153 8	0.076 7	0.178 3	0.075 2	0.051 3	0.062 6
	8	星形 $m=7$, $n=5$	0.126 7	0.127 3	0.129 4	0.132 2	0.133 6	0.132 2	0.129 4	0.127 3
		I 型平行四边形 $m=4$, $n=7$	0.080 6	0.063 0	0.140 9	0.091 0	0.237 4	0.080 4	0.065 2	0.069 5
	9	星形 $m=9$, $n=5$	0.133 5	0.133 8	0.133 7	0.133 8	0.133 9	0.133 8	0.133 7	0.133 8
		I 型平行四边形 $m=6$, $n=6$	0.078 5	0.055 1	0.153 8	0.076 7	0.178 3	0.075 2	0.051 3	0.062 6

注：表中通放带宽度和压制带内 $|\varphi|$ 的平均值是在自变量 $0 \leqslant \Delta t / T \leqslant 1$ 区间的计算结果。

基于 I 型和 II 型平行四边形面积组合响应的特有的关系，星形面积组合与 II 型平行四边形面积组合性能对比结果，与星形面积组合与 I 型平行四边形面积组合性能对比结果相同，仅仅是 II 型平行四边形面积组合的优势方向区间略有不同。足够多例子的计算结果证明了这一点。

关于星形面积组合衰减干扰波的性能不如平行四边形面积组合和矩形面积组合，李庆忠等（1983a）根据大量计算数据分析指出"放射状的星形或米字形及简单的圆形的组合形式一般效果不如平行四边形。因为它们在某些方向上的'投影灵敏度'往往有着不合理的分布。"李庆忠（2015）指出好的面积组合特点之一是"检波点分布均匀"。

本小节给出了星形面积组合响应及平行四边形面积组合响应的解析表达式，并据此给出了星形面积组合与平行四边形面积组合响应对比的具体数据表，以及星形面积组合与矩形面积组合响应对比图，证明了李庆忠等分析结果的正确性。

3.5.8 小结

（1）无论是将较高速度干扰波置于压制带内的能力，还是对落入压制带内干扰波的衰减能力，圆心处有一个检波器的星形面积组合都优于圆心处无检波器的星形面积组合。

（2）有效影响通放带的宽度的组合参数既非方位角 α 也非组合参数 m，只有组合参数 n。

（3）星形面积组合参数 m 不变时通放带的宽度随 n 的增大而降低，当 $m>3$ 且 $n \geqslant 3$ 时通放带宽的度不再随方位角而变化，此时星形面积组合将任何方向传播来的干扰波置于压制带内的能力都一样。这是星形面积组合的一个优点。

（4）参数 m 不变而 n 逐渐增大时，压制带内 $|\varphi_S|$ 的平均值随 n 的变化呈或降或升的跳跃式变化。

（5）参数 n 不变而 m 逐渐增大时，当 $m>3$ 且 $n \geqslant 3$ 时，星形面积组合通放带的宽度不

再随方位角 α 变化。若将 n 按奇数和偶数分为两组，偶数组的通放带的宽度不再随 m 的增大而变化；奇数组的通放带的边界值却随 m 的增大而减小，但变化缓慢。

（6）星形面积组合参数 n 不变时，压制带内 $|\varphi_{S}|$ 的平均值随 m 的增大呈跳跃式变化，当 $m \geq 8$ 时压制带内 $|\varphi_{S}|$ 的平均值随 m 的继续增大而趋于稳定，方位角 α 和 m 的影响逐渐弱化。

（7）星形面积组合衰减干扰波提高信噪比的能力不如矩形面积组合。

（8）星形面积组合衰减干扰波提高信噪比的能力明显不如平行四边形面积组合（包括 I 型和 II 型）。

第4章 检波器异形面积组合

20世纪50年代至60年代，继矩形面积组合等既适用又简单的面积组合出现不久，国外便出现多种图案奇特的异形面积组合，例如多臂轮辐形组合（Waters，1978），鱼骨形组合和鸟爪形组合等（Sheriff et al.，1995）。这些异形面积组合都是只给出图案，少数给出实际使用效果，但都没有给出组合响应解析表达式。20世纪末，西方出现的所谓"盒子波"引起国内地震工程师的兴趣，因为根据"盒子波"可方便地提取多种面积组合，如"口"字形面积组合，"回"字形面积组合等。国内工程师们首创的面积组合也是只给出图案及实际使用效果，但都没有给出组合响应解析表达式，且绝大多数只是在实际生产的检波器组合方法试验阶段使用，在常规生产阶段应用较少。

4.1 "口"字形面积组合

取 XOY 坐标如图4.1.1所示，测线平行于 X 轴。"口"字形面积组合的上下两横与测线平行，各有 n 个检波点，间距为 Δx ；左右两竖各有 m 个检波器，间距为 Δy ， R 为纵横检波点距比 $\Delta y = R\Delta x$ ，称为 mn "口"字形面积组合。 m 也称为行数或纵向检波点数， n 称为列数或横向检波点数。地震波以视速度 V^* 沿地面 AB 方向传播（图4.1.1）。 AB 方位角为 α ，从 X 轴正方向逆时针旋转向 AB 的 α 为正。实际生产中使用"口"字形检波器组合的很少，这里讨论"口"字形面积组合更主要的原因是生产中有时会使用如"回"字形面积组合、"吕"字形面积组合等，以及与"口"字形类似的震源组合。

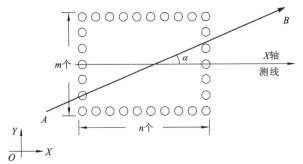

图4.1.1 地平面上"口"字形面积组合检波点展布示意图

图中小圆圈表示检波点

4.1.1 "口"字形面积组合响应

将 $m \times n$ 矩形面积组合（ m 行，每行 n 个检波点，为叙述方便称其为"外矩形"）只保留最外一圈而去掉其余部分，便成为一个 m 行 n 列的"口"字形面积组合。去掉的是一个 $m-2$ 行 $n-2$ 列的矩形面积组合（称为"内矩形"）。易知这个内矩形面积的形心（对角线交点）与原外矩形面积的形心（对角线交点）是同一个点。既然矩形面积组合等效检波器的位置在其形心，因此"口"字形面积组合等效检波器的位置当然也在其形心，即对角线交点。设 $m \times n$ 矩形面积组合行距为 Δy，各行平行 x 轴，每行检波点间距为 Δx，$\Delta y = R\Delta x$，$R > 0$ 为常数。易知 mn "口"字形面积组合总检波点数为 $2(m+n)-4$。

将 $m \times n$ 矩形面积组合输出信号的频谱记为 $G_1(j\omega)$，假设矩形形心处有一个检波器（实际只有当 $m \times n$ 都为奇数时才有 1 个检波器），将其输出信号频谱记为 $g_c(j\omega)$，则根据 3.2 节式（3.2.10）可写出 $G_1(j\omega)$ 与 $g_c(j\omega)$ 关系式：

$$G_1(j\omega) = P_1(j\omega)g_c(j\omega) \tag{4.1.1}$$

式中：$P_1(j\omega)$ 为 $m \times n$ 矩形面积组合对其形心处单个检波器输出信号的频谱的放大倍数，根据 3.2 节式（3.2.9）：

$$P_1(j\omega) = \frac{\sin\left(\dfrac{m\omega\Delta t_y}{2}\sin\alpha\right)}{\sin\left(\dfrac{\omega\Delta t_y}{2}\sin\alpha\right)} \frac{\sin\left(\dfrac{n\omega\Delta t_x}{2}\cos\alpha\right)}{\sin\left(\dfrac{\omega\Delta t_x}{2}\cos\alpha\right)} \tag{4.1.2}$$

式中：$\Delta t_y, \Delta t_x$ 分别为

$$\Delta t_x = \frac{\Delta x}{V^*} \tag{4.1.3}$$

$$\Delta t_y = \frac{\Delta y}{V^*} = R\frac{\Delta x}{V^*} = R\Delta t_x \tag{4.1.4}$$

由于 mn "口"字形心与原 $m \times n$ 矩形面积组合形心相同，因此去掉的 $(m-2)(n-2)$ 矩形面积组合形心处单个检波器输出信号的频谱也是 $g_c(j\omega)$，它与 $(m-2)(n-2)$ 矩形面积组合输出信号的频谱 $G_2(j\omega)$ 的关系为

$$G_2(j\omega) = P_2(j\omega)g_c(j\omega) \tag{4.1.5}$$

$P_2(j\omega)$ 为 $(m-2)(n-2)$ 矩形面积组合对其形心处单个检波器输出信号的频谱的放大倍数，根据 3.2 节式（3.2.9）：

$$P_2(j\omega) = \frac{\sin\left[\dfrac{(m-2)\omega\Delta t_y}{2}\sin\alpha\right]}{\sin\left(\dfrac{\omega\Delta t_y}{2}\sin\alpha\right)} \frac{\sin\left[\dfrac{(n-2)\omega\Delta t_x}{2}\cos\alpha\right]}{\sin\left(\dfrac{\omega\Delta t_x}{2}\cos\alpha\right)} \tag{4.1.6}$$

将 mn "口"字形面积组合输出信号的频谱记为 $G_K(j\omega)$，由频谱的加法定理（陆基孟 等，1982）可知：

$$G_K(j\omega) = P_1(j\omega)g_c(j\omega) - P_2(j\omega)g_c(j\omega) = [P_1(j\omega) - P_2(j\omega)]g_c(j\omega) \tag{4.1.7}$$

令

$$P_K(j\omega) = P_1(j\omega) - P_2(j\omega) \tag{4.1.8}$$

则

$$G_K(j\omega) = P_K(j\omega)g_c(j\omega) \tag{4.1.9}$$

式（4.1.9）的物理意义是：mn "口"字形面积组合等于其形心处一个输出信号频谱为 $G_K(j\omega)$ 的等效检波器。$P_K(j\omega)$ 为 mn "口"字形面积组合对其形心处单个检波器输出信号的频谱 $g_c(j\omega)$ 的放大倍数。由式（4.1.2）、式（4.1.6）和式（4.1.8）有

$$P_{\mathrm{K}}(\mathrm{j}\omega)=\frac{\sin\left(\dfrac{m\omega\Delta t_y}{2}\sin\alpha\right)\sin\left(\dfrac{n\omega\Delta t_x}{2}\cos\alpha\right)}{\sin\left(\dfrac{\omega\Delta t_y}{2}\sin\alpha\right)\sin\left(\dfrac{\omega\Delta t_x}{2}\cos\alpha\right)}-\frac{\sin\left[\dfrac{(m-2)\omega\Delta t_y}{2}\sin\alpha\right]\sin\left[\dfrac{(n-2)\omega\Delta t_x}{2}\cos\alpha\right]}{\sin\left(\dfrac{\omega\Delta t_y}{2}\sin\alpha\right)\sin\left(\dfrac{\omega\Delta t_x}{2}\cos\alpha\right)}$$

$$=\frac{\sin\left(\dfrac{mR\omega\Delta t_x}{2}\sin\alpha\right)\sin\left(\dfrac{n\omega\Delta t_x}{2}\cos\alpha\right)}{\sin\left(\dfrac{R\omega\Delta t_x}{2}\sin\alpha\right)\sin\left(\dfrac{\omega\Delta t_x}{2}\cos\alpha\right)}-\frac{\sin\left[\dfrac{(m-2)R\omega\Delta t_x}{2}\sin\alpha\right]\sin\left[\dfrac{(n-2)\omega\Delta t_x}{2}\cos\alpha\right]}{\sin\left(\dfrac{R\omega\Delta t_x}{2}\sin\alpha\right)\sin\left(\dfrac{\omega\Delta t_x}{2}\cos\alpha\right)}$$

$$=\frac{\sin\left(\dfrac{m\pi R\Delta t_x}{T}\sin\alpha\right)\sin\left(\dfrac{n\pi\Delta t_x}{T}\cos\alpha\right)}{\sin\left(\dfrac{\pi R\Delta t_x}{T}\sin\alpha\right)\sin\left(\dfrac{\pi\Delta t_x}{T}\cos\alpha\right)}-\frac{\sin\left[\dfrac{(m-2)\pi R\Delta t_x}{T}\sin\alpha\right]\sin\left[\dfrac{(n-2)\pi\Delta t_x}{T}\cos\alpha\right]}{\sin\left(\dfrac{\pi R\Delta t_x}{T}\sin\alpha\right)\sin\left(\dfrac{\pi\Delta t_x}{T}\cos\alpha\right)}$$

（4.1.10）

则 mn "口"字形面积形组合输出信号的频谱为

$$G_{\mathrm{K}}(\mathrm{j}\omega)=\left\{\frac{\sin\left(\dfrac{m\omega\Delta t_y}{2}\sin\alpha\right)\sin\left(\dfrac{n\omega\Delta t_x}{2}\cos\alpha\right)}{\sin\left(\dfrac{\omega\Delta t_y}{2}\sin\alpha\right)\sin\left(\dfrac{\omega\Delta t_x}{2}\cos\alpha\right)}\right.$$

（4.1.11）

$$\left.-\frac{\sin\left[\dfrac{(m-2)\omega\Delta t_y}{2}\sin\alpha\right]\sin\left[\dfrac{(n-2)\omega\Delta t_x}{2}\cos\alpha\right]}{\sin\left(\dfrac{\omega\Delta t_y}{2}\sin\alpha\right)\sin\left(\dfrac{\omega\Delta t_x}{2}\cos\alpha\right)}\right\}g_{\mathrm{c}}(\mathrm{j}\omega)$$

将 $P_{\mathrm{K}}(\mathrm{j}\omega)$ 的模记为 P_{K}，则

$$P_{\mathrm{K}}=\left|\frac{\sin\left(\dfrac{m\omega\Delta t_y}{2}\sin\alpha\right)\sin\left(\dfrac{n\omega\Delta t_x}{2}\cos\alpha\right)}{\sin\left(\dfrac{\omega\Delta t_y}{2}\sin\alpha\right)\sin\left(\dfrac{\omega\Delta t_x}{2}\cos\alpha\right)}-\frac{\sin\left[\dfrac{(m-2)\omega\Delta t_y}{2}\sin\alpha\right]\sin\left[\dfrac{(n-2)\omega\Delta t_x}{2}\cos\alpha\right]}{\sin\left(\dfrac{\omega\Delta t_y}{2}\sin\alpha\right)\sin\left(\dfrac{\omega\Delta t_x}{2}\cos\alpha\right)}\right|$$

（4.1.12）

当 $\Delta x=0$，$\Delta y=0$ 或/和 $V^*\to\infty$ 时 mn "口"字形面积组合的 P_{K} 达到其最大值

$$|2(m+n)-4|=2(m+n)-4$$

因根据 m、n 的定义二者皆是大于 1 的正整数，$2(m+n)-4\geqslant0$，故去掉绝对值符号。

将 $P_{\mathrm{K}}(\mathrm{j}\omega)/[2(m+n)-4]$ 记为 $\varphi_{\mathrm{K}}(\mathrm{j}\omega)$：

$$\varphi_{\mathrm{K}}(\mathrm{j}\omega)=\frac{1}{2(m+n)-4}\left\{\frac{\sin\left(\dfrac{m\omega\Delta t_y}{2}\sin\alpha\right)\sin\left(\dfrac{n\omega\Delta t_x}{2}\cos\alpha\right)}{\sin\left(\dfrac{\omega\Delta t_y}{2}\sin\alpha\right)\sin\left(\dfrac{\omega\Delta t_x}{2}\cos\alpha\right)}\right.$$

（4.1.13）

$$\left.-\frac{\sin\left(\dfrac{(m-2)\omega\Delta t_y}{2}\sin\alpha\right)\sin\left(\dfrac{(n-2)\omega\Delta t_x}{2}\cos\alpha\right)}{\sin\left(\dfrac{\omega\Delta t_y}{2}\sin\alpha\right)\sin\left(\dfrac{\omega\Delta t_x}{2}\cos\alpha\right)}\right\}$$

由此可写出 mn "口" 字形面积组合响应函数 $|\varphi_K|$：

$$|\varphi_K| = \frac{1}{2(m+n)-4} \left| \frac{\sin\left(\dfrac{m\omega\Delta t_y}{2}\sin\alpha\right)\sin\left(\dfrac{n\omega\Delta t_x}{2}\cos\alpha\right)}{\sin\left(\dfrac{\omega\Delta t_y}{2}\sin\alpha\right)\sin\left(\dfrac{\omega\Delta t_x}{2}\cos\alpha\right)} \right.$$

$$\left. - \frac{\sin\left[\dfrac{(m-2)\omega\Delta t_y}{2}\sin\alpha\right]\sin\left[\dfrac{(n-2)\omega\Delta t_x}{2}\cos\alpha\right]}{\sin\left(\dfrac{\omega\Delta t_y}{2}\sin\alpha\right)\sin\left(\dfrac{\omega\Delta t_x}{2}\cos\alpha\right)} \right| \tag{4.1.14}$$

为了作图和对比方便将式（4.1.14）略做变化：

$$|\varphi_K| = \frac{1}{2(m+n)-4} \left| \frac{\sin\left(m\dfrac{\omega\Delta t_y}{2}\sin\alpha\right)\sin\left(n\dfrac{\omega\Delta t_x}{2}\cos\alpha\right)}{\sin\left(\dfrac{\omega\Delta t_y}{2}\sin\alpha\right)\sin\left(\dfrac{\omega\Delta t_x}{2}\cos\alpha\right)} \right.$$

$$\left. - \frac{\sin\left[(m-2)\dfrac{\omega\Delta t_y}{2}\sin\alpha\right]\sin\left[(n-2)\dfrac{\omega\Delta t_y}{2}\cos\alpha\right]}{\sin\left(\dfrac{\omega\Delta t_y}{2}\sin\alpha\right)\sin\left(\dfrac{\omega\Delta t_x}{2}\cos\alpha\right)} \right| \tag{4.1.15}$$

$$= \frac{1}{2(m+n)-4} \left| \frac{\sin\left(m\pi R\dfrac{\Delta t_x}{T}\sin\alpha\right)\sin\left(n\pi\dfrac{\Delta t_x}{T}\cos\alpha\right)}{\sin\left(\pi R\dfrac{\Delta t_x}{T}\sin\alpha\right)\sin\left(\pi\dfrac{\Delta t_x}{T}\cos\alpha\right)} \right.$$

$$\left. - \frac{\sin\left[R(m-2)\pi\dfrac{\Delta t_x}{T}\sin\alpha\right]\sin\left[(n-2)\pi\dfrac{\Delta t_x}{T}\cos\alpha\right]}{\sin\left(R\pi\dfrac{\Delta t_x}{T}\sin\alpha\right)\sin\left(\pi\dfrac{\Delta t_x}{T}\cos\alpha\right)} \right|$$

"口" 字形面积组合响应函数 $|\varphi_K|$ 是个周期函数，在一个完整周期内 "口" 字形面积组合响应特性曲线是左右对称的。容易理解，"口" 字形面积组合响应受组合参数及波的传播方向的影响，其特性曲线也随组合参数及波的传播方向变化而变化。

4.1.2 "口" 字形面积组合响应的影响因素

1. 方位角 α 变化的影响

当式（4.1.15）中方位角由 α（表 4.1.1 中数据是在自变量为 0～1 内计算所得）变为 $180° \pm \alpha$ 时，式（4.1.15）变化为

$$|\varphi_K| = \frac{1}{2(m+n)-4} \left| \frac{\sin\left[m\pi R\dfrac{\Delta t_x}{T}\sin(180°\pm\alpha)\right]\sin\left[n\pi\dfrac{\Delta t_x}{T}\cos(180°\pm\alpha)\right]}{\sin\left[\pi R\dfrac{\Delta t_x}{T}\sin(180°\pm\alpha)\right]\sin\left[\pi\dfrac{\Delta t_x}{T}\cos(180°\pm\alpha)\right]} \right.$$

表 4.1.1　在 0°～360° 内 "口" 字形面积组合响应随方位角 α 的变化

分带	m	n	$\alpha/(°)$																
			0	22.5	45	67.5	90	112.5	135	157.5	180	202.5	225	247.5	270	292.5	315	337.5	360
通放带宽度	4	4	0.1003	0.1011	0.1019	0.1011	0.1003	0.1011	0.1019	0.1011	0.1003	0.1011	0.1019	0.1011	0.1003	0.1011	0.1019	0.1011	0.1003
	4	5	0.0789	0.0814	0.0879	0.0947	0.0973	0.0947	0.0879	0.0814	0.0789	0.0814	0.0879	0.0947	0.0973	0.0947	0.0879	0.0814	0.0789
	4	7	0.0561	0.0591	0.0689	0.0845	0.0936	0.0845	0.0689	0.0591	0.0561	0.0591	0.0689	0.0845	0.0936	0.0845	0.0689	0.0591	0.0561
	5	7	0.0540	0.0561	0.0621	0.0694	0.0727	0.0694	0.0621	0.0561	0.0540	0.0561	0.0621	0.0694	0.0727	0.0694	0.0621	0.0561	0.0540
	6	6	0.0612	0.0617	0.0621	0.0617	0.0612	0.0617	0.0621	0.0617	0.0612	0.0617	0.0621	0.0617	0.0612	0.0617	0.0621	0.0617	0.0612
	7	3	0.1342	0.1077	0.0773	0.0631	0.0591	0.0631	0.0773	0.1077	0.1342	0.1077	0.0773	0.0631	0.0591	0.0631	0.0773	0.1077	0.1342
	7	4	0.0936	0.0845	0.0689	0.0591	0.0561	0.0591	0.0689	0.0845	0.0936	0.0845	0.0689	0.0591	0.0561	0.0591	0.0689	0.0845	0.0936
	7	5	0.0727	0.0694	0.0621	0.0561	0.0540	0.0561	0.0621	0.0694	0.0727	0.0694	0.0621	0.0561	0.0540	0.0561	0.0621	0.0694	0.0727
	7	6	0.0599	0.0591	0.0565	0.0536	0.0524	0.0536	0.0565	0.0591	0.0599	0.0591	0.0565	0.0536	0.0524	0.0536	0.0565	0.0591	0.0599
	8	7	0.0502	0.0497	0.0479	0.0458	0.0448	0.0458	0.0479	0.0497	0.0502	0.0497	0.0479	0.0458	0.0448	0.0458	0.0479	0.0497	0.0502
	9	9	0.0385	0.0388	0.0390	0.0388	0.0385	0.0388	0.0390	0.0388	0.0385	0.0388	0.0390	0.0388	0.0385	0.0388	0.0390	0.0388	0.0385
压制带内 $\mid\varphi_{\mathrm{K}}\mid$ 的平均值	4	4	0.3360	0.2047	0.0967	0.2047	0.3360	0.2047	0.0967	0.2047	0.3360	0.2047	0.0967	0.2047	0.3360	0.2047	0.0967	0.2047	0.3360
	4	5	0.2986	0.1771	0.0896	0.1313	0.3686	0.1313	0.0896	0.1771	0.2986	0.1771	0.0896	0.1313	0.3686	0.1313	0.0896	0.1771	0.2986
	4	7	0.2431	0.1416	0.0756	0.1393	0.4139	0.1393	0.0756	0.1416	0.2431	0.1416	0.0756	0.1393	0.4139	0.1393	0.0756	0.1416	0.2431
	5	7	0.2766	0.1108	0.0708	0.1122	0.3830	0.1222	0.0708	0.1108	0.2766	0.1108	0.0708	0.1122	0.3830	0.1222	0.0708	0.1108	0.2766
	6	6	0.3306	0.1249	0.0708	0.1249	0.3306	0.1249	0.0708	0.1249	0.3306	0.1249	0.0708	0.1249	0.3306	0.1249	0.0708	0.1249	0.3306
	7	3	0.4391	0.1467	0.0834	0.1368	0.2039	0.1368	0.0834	0.1467	0.3921	0.1467	0.0834	0.1368	0.2039	0.1368	0.0834	0.1467	0.3921
	7	4	0.4139	0.1393	0.0756	0.1416	0.2431	0.1416	0.0756	0.1393	0.4139	0.1393	0.0756	0.1416	0.2431	0.1416	0.0756	0.1393	0.4139
	7	5	0.3830	0.1222	0.0708	0.1108	0.2766	0.1108	0.0708	0.1222	0.3830	0.1222	0.0708	0.1108	0.2766	0.1108	0.0708	0.1222	0.3830
	7	6	0.3544	0.1155	0.0675	0.1122	0.3049	0.1122	0.0675	0.1155	0.3544	0.1155	0.0675	0.1122	0.3049	0.1122	0.0675	0.1155	0.3544
	7	7	0.3290	0.1092	0.0633	0.1092	0.3290	0.1092	0.0633	0.1092	0.3290	0.1092	0.0633	0.1092	0.3290	0.1092	0.0633	0.1092	0.3290
	8	7	0.3497	0.0957	0.0594	0.1013	0.3068	0.1013	0.0594	0.0957	0.3497	0.0957	0.0594	0.1013	0.3068	0.1013	0.0594	0.0957	0.3497

注：表中通放带宽度和压制带内 $\mid\varphi_{\mathrm{K}}\mid$ 的平均值是 $0 \leqslant \Delta t_x / T \leqslant 1$ 区间的计算结果。

$$-\frac{\sin\left[(m-2)\pi R\dfrac{\Delta t_x}{T}\sin(180°\pm\alpha)\right]\sin\left[(n-2)\pi\dfrac{\Delta t_x}{T}\cos(180°\pm\alpha)\right]}{\sin\left[\pi R\dfrac{\Delta t_x}{T}\sin(180°\pm\alpha)\right]\sin\left[\pi\dfrac{\Delta t_x}{T}\cos(180°\pm\alpha)\right]}$$

$$=\frac{1}{2(m+n)-4}\left|\frac{\sin\left(m\pi R\dfrac{\Delta t_x}{T}\sin\alpha\right)\sin\left(n\pi\dfrac{\Delta t_x}{T}\cos\alpha\right)}{\sin\left(\pi R\dfrac{\Delta t_x}{T}\sin\alpha\right)\sin\left(\pi\dfrac{\Delta t_x}{T}\cos\alpha\right)}\right. \tag{4.1.16}$$

$$\left.-\frac{\sin\left[(m-2)\pi R\dfrac{\Delta t_x}{T}\sin\alpha\right]\sin\left[(n-2)\pi\dfrac{\Delta t_x}{T}\cos\alpha\right]}{\sin\left(\pi R\dfrac{\Delta t_x}{T}\sin\alpha\right)\sin\left(\pi\dfrac{\Delta t_x}{T}\cos\alpha\right)}\right|$$

式（4.1.16）指出，$180°\pm\alpha$ 的"口"字形面积组合响应 $|\varphi_K|$ 与 α 的"口"字形面积组合响应完全一样，也就是说 $180°\sim360°$ 的"口"字形面积组合响应 $|\varphi_K|$ 将重复 $0°\sim180°$ 时的"口"字形面积组合响应，具体计算结果证明了这一点（表 4.1.1）。正因如此，知道了 $0°\sim180°$ 内"口"字形面积组合响应也就知道了整个 $0°\sim360°$ 区间的"口"字形面积组合响应。此外，两个互为补角（两角之和为 $180°$）的方位角对应的"口"字形面积组合响应，例如 $\alpha=22.5°$ 和 $\alpha=157.5°$ 的两个方位角，二者的 $|\varphi_K|$ 相同，包括通放带的边界值及压制带内 $|\varphi_K|$ 的平均值（表 4.1.1）。下面就在 $0°\sim180°$ 内进一步讨论"口"字形面积组合响应。

图 4.1.2 和图 4.1.3 都是 $m=7$，$n=5$ 的"口"字形面积组合响应曲线，每幅图中有 5 条曲线，分别对应 5 个方位角 α。两图区别是前者的纵横检波点距比 $R=1$，后者纵横检波点距比 $R=2$。由图可见两图通放带宽度都随 α 的增大而变窄，注意此时 $m>n$。α 从 $67.5°$ 变化到 $90°$，通放带宽度变化很小。波沿垂直测线方向（$\alpha=90°$）传播时，曲线左右对称。波沿平行测线方向（$\alpha=0°$）传播时，曲线也左右对称。具体计算数据指出，α 从 $0°$ 变化到 $45°$ 时，压制带内波瓣峰值随之降低，从 $45°$ 变化到 $90°$ 时，压制带内波瓣峰值随之增大。注意这是 $m>n$ 的情况下得到的结果，并不具有普适性。

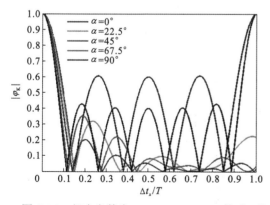

图 4.1.2　组合参数为 $m=7$，$n=5$，$R=1$ 的"口"字形面积组合响应随方位角 α 的变化

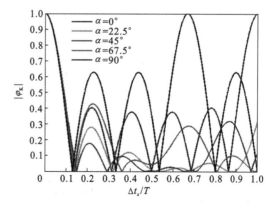

图 4.1.3　组合参数为 $m=7$，$n=5$，$R=2$ 的"口"字形面积组合响应随方位角 α 的变化

通放带宽度随组合参数 m、n 的变化特点与 m、n 的相对大小相关，如表 4.1.1、表 4.1.2

所示，当 $m>n$ 时，通放带宽度随 α 变化分为两段。①$0°\leq\alpha\leq90°$，通放带宽度随 α 增大而变窄；②$90°\leq\alpha\leq180°$，通放带宽度随 α 增大而变宽。

当 $m<n$ 时，通放带宽度随 α 变化也分为两段（表 4.1.1）：①$0°\leq\alpha\leq90°$，通放带宽度随 α 增大而变宽；②$90°\leq\alpha\leq180°$，通放带的宽度随 α 增大而变窄。

当 $m=n$ 时，通放带宽度随 α 变化分为 4 段：①$0°\leq\alpha\leq45°$，通放带宽度随 α 增大而变宽；②$45°\leq\alpha\leq90°$，通放带宽度随 α 增大而变窄；③$90°\leq\alpha\leq135°$，通放带宽度随 α 增大而变宽；④$135°\leq\alpha\leq180°$，通放带宽度随 α 增大而变窄。

表 4.1.2 "口"字形面积组合（$R=1$）通放带宽度随 m、n 及 α 的变化

分带	m	n	$\alpha/(°)$								
			0	22.5	45	67.5	90	112.5	135	157.5	180
通放带宽度	3	3	0.145 7	0.147 1	0.148 5	0.147 1	0.145 7	0.147 1	0.148 5	0.147 1	0.145 7
	3	4	0.105 1	0.109 3	0.121 1	0.134 9	0.140 7	0.134 9	0.121 1	0.109 3	0.105 1
	3	5	0.083 1	0.087 5	0.101 9	0.124 7	0.137 7	0.124 7	0.101 9	0.087 5	0.083 1
	3	6	0.069 0	0.073 3	0.087 9	0.115 8	0.135 6	0.115 8	0.087 9	0.073 3	0.069 0
	4	3	0.140 7	0.134 9	0.121 1	0.109 3	0.105 1	0.109 3	0.121 1	0.134 9	0.140 7
	4	4	0.100 3	0.101 1	0.101 9	0.101 1	0.100 3	0.101 1	0.101 9	0.101 1	0.100 3
	4	5	0.078 9	0.081 4	0.087 9	0.094 7	0.097 3	0.094 7	0.087 9	0.081 4	0.078 9
	4	6	0.065 4	0.068 4	0.077 3	0.089 3	0.095 1	0.089 3	0.077 3	0.068 4	0.065 4
	4	7	0.056 1	0.059 1	0.068 9	0.084 5	0.093 6	0.084 5	0.068 9	0.059 1	0.056 1
	4	8	0.049 2	0.052 2	0.062 1	0.080 1	0.092 4	0.080 1	0.062 1	0.052 2	0.049 2
	5	3	0.137 7	0.124 7	0.101 9	0.087 5	0.083 1	0.087 5	0.101 9	0.124 7	0.137 7
	5	4	0.097 3	0.094 7	0.087 9	0.081 4	0.078 9	0.081 4	0.087 9	0.094 7	0.097 3
	5	5	0.076 1	0.076 7	0.077 3	0.076 7	0.076 1	0.076 7	0.077 3	0.076 7	0.076 1
	5	6	0.063 0	0.064 7	0.068 9	0.072 8	0.074 2	0.072 8	0.068 9	0.064 7	0.063 0
	5	7	0.054 0	0.056 1	0.062 1	0.069 4	0.072 7	0.069 4	0.062 1	0.056 1	0.054 0
	5	8	0.047 4	0.049 6	0.056 5	0.066 4	0.071 6	0.066 4	0.056 5	0.049 6	0.047 4
	5	9	0.042 3	0.044 6	0.051 9	0.063 7	0.070 7	0.063 7	0.051 9	0.044 6	0.042 3
	6	2	0.250 0	0.161 8	0.101 9	0.080 4	0.074 7	0.080 4	0.101 9	0.161 8	0.250 0
	6	3	0.135 6	0.115 8	0.087 9	0.073 3	0.069 0	0.073 3	0.087 9	0.115 8	0.135 6
	6	4	0.095 1	0.089 3	0.077 3	0.068 4	0.065 4	0.068 4	0.077 3	0.089 3	0.095 1
	6	5	0.074 2	0.072 8	0.068 9	0.064 7	0.063 0	0.064 7	0.068 9	0.072 8	0.074 2
	6	6	0.061 2	0.061 7	0.062 1	0.061 7	0.061 2	0.061 7	0.062 1	0.061 7	0.061 2
	6	7	0.052 4	0.053 6	0.056 5	0.059 1	0.059 9	0.059 1	0.056 5	0.053 6	0.052 4
	6	8	0.045 9	0.047 5	0.051 9	0.056 8	0.058 8	0.056 8	0.051 9	0.047 5	0.045 9
	6	9	0.041 0	0.042 8	0.047 9	0.054 7	0.058 0	0.054 7	0.047 9	0.042 8	0.041 0

分带	m	n	α/(°)								
			0	22.5	45	67.5	90	112.5	135	157.5	180
通放带宽度	7	3	0.134 2	0.107 7	0.077 3	0.063 1	0.059 1	0.063 1	0.077 3	0.107 7	0.134 2
	7	4	0.093 6	0.084 5	0.068 9	0.059 1	0.056 1	0.059 1	0.068 9	0.084 5	0.093 6
	7	5	0.072 7	0.069 4	0.062 1	0.056 1	0.054 0	0.056 1	0.062 1	0.069 4	0.072 7
	7	6	0.059 9	0.059 1	0.056 5	0.053 6	0.052 4	0.053 6	0.056 5	0.059 1	0.059 9
	7	7	0.051 2	0.051 5	0.051 9	0.051 5	0.051 2	0.051 5	0.051 9	0.051 5	0.051 2
	7	8	0.044 8	0.045 8	0.047 9	0.049 7	0.050 2	0.049 7	0.047 9	0.045 8	0.044 8
	7	9	0.040 0	0.041 2	0.044 5	0.048 0	0.049 4	0.048 0	0.044 5	0.041 2	0.040 0
	8	4	0.092 4	0.080 1	0.062 1	0.052 2	0.049 2	0.052 2	0.062 1	0.080 1	0.092 4
	8	5	0.071 6	0.066 4	0.056 5	0.049 6	0.047 4	0.049 6	0.056 5	0.066 4	0.071 6
	8	6	0.058 8	0.056 8	0.051 9	0.047 5	0.045 9	0.047 5	0.051 9	0.056 8	0.058 8
	8	7	0.050 2	0.049 7	0.047 9	0.045 8	0.044 8	0.045 8	0.047 9	0.049 7	0.050 2
	8	8	0.043 9	0.044 2	0.044 5	0.044 2	0.043 9	0.044 2	0.044 5	0.044 2	0.043 9
	8	9	0.039 2	0.039 9	0.041 6	0.042 9	0.043 2	0.042 9	0.041 6	0.039 9	0.039 2
	8	10	0.035 4	0.036 4	0.039 0	0.041 6	0.042 6	0.041 6	0.039 0	0.036 4	0.035 4

不仅如此，相对于 $m \neq n$，在 $m=n$ 时，α 对通放带的宽度影响弱化，即 $m=n$ 时对各个方向传播来的波的"口"字形面积组合响应差别更小。

如表 4.1.1 和表 4.1.3 所示，$\alpha=0°$ 与 $\alpha=180°$ 及 $\alpha=360°$ 时，同一参数 m、n、R 的"口"字形面积组合的通放带的宽度相同，压制带内 $|\varphi_K|$ 的平均值相等，不管 m、n 谁大谁小。

表 4.1.3 　"口"字形面积组合（$R=1$）压制带内 $|\varphi_K|$ 平均值随 m、n 及 α 的变化

分带	m	n	α/(°)								
			0	22.5	45	67.5	90	112.5	135	157.5	180
压制带内 $|\varphi_K|$ 的平均值	3	3	0.341 7	0.229 3	0.132 1	0.229 3	0.341 7	0.229 3	0.132 1	0.229 3	0.341 7
	3	4	0.293 1	0.209 1	0.110 4	0.244 2	0.378 6	0.244 2	0.110 4	0.209 1	0.293 1
	3	5	0.255 5	0.179 6	0.096 7	0.155 2	0.404 9	0.155 2	0.096 7	0.179 6	0.255 5
	3	6	0.226 6	0.155 0	0.089 6	0.127 5	0.406 9	0.127 5	0.089 6	0.155 0	0.226 6
	4	3	0.378 6	0.244 0	0.110 4	0.209 1	0.293 1	0.209 1	0.110 4	0.244 2	0.378 6
	4	4	0.336 0	0.204 7	0.096 7	0.204 7	0.336 0	0.204 7	0.096 7	0.204 7	0.336 0
	4	5	0.298 6	0.177 1	0.089 6	0.131 3	0.368 6	0.131 3	0.089 6	0.177 1	0.298 6
	4	6	0.268 0	0.159 2	0.083 4	0.150 0	0.393 8	0.150 0	0.083 4	0.159 2	0.268 0
	4	7	0.243 1	0.141 6	0.075 6	0.139 3	0.413 3	0.139 3	0.075 6	0.141 6	0.243 1
	4	8	0.222 6	0.128 1	0.070 8	0.093 4	0.430 2	0.093 4	0.070 8	0.128 1	0.222 6
	5	3	0.404 9	0.155 2	0.096 7	0.179 6	0.255 5	0.179 6	0.096 7	0.155 2	0.404 9
	5	4	0.368 6	0.131 3	0.089 6	0.177 1	0.298 6	0.177 1	0.089 6	0.131 3	0.368 6

分带	m	n	$\alpha/(°)$								
			0	22.5	45	67.5	90	112.5	135	157.5	180
压制带内 $\lvert\varphi_K\rvert$ 的平均值	5	5	0.332 8	0.128 6	0.083 4	0.128 6	0.332 8	0.128 6	0.083 4	0.128 6	0.332 8
	5	6	0.302 3	0.115 0	0.075 6	0.136 9	0.360 4	0.136 9	0.075 6	0.115 0	0.302 3
	5	7	0.276 6	0.110 8	0.070 8	0.112 2	0.383 0	0.122 2	0.070 8	0.110 8	0.276 6
	5	8	0.254 9	0.103 7	0.067 5	0.100 3	0.401 7	0.100 3	0.067 5	0.103 7	0.254 9
	5	9	0.236 4	0.097 6	0.063 3	0.115 0	0.417 6	0.115 0	0.063 3	0.097 6	0.236 4
	6	2	0.372 9	0.131 1	0.096 7	0.131 4	0.178 3	0.131 4	0.096 7	0.131 1	0.372 9
	6	3	0.406 9	0.127 5	0.089 6	0.155 0	0.226 6	0.155 0	0.089 6	0.127 5	0.406 9
	6	4	0.393 8	0.150 0	0.083 4	0.159 2	0.268 0	0.159 2	0.083 4	0.150 0	0.393 8
	6	5	0.360 4	0.136 9	0.075 6	0.115 0	0.302 3	0.115 0	0.075 6	0.136 9	0.360 4
	6	6	0.330 6	0.124 9	0.070 8	0.124 9	0.330 6	0.124 9	0.070 8	0.125 0	0.330 6
	6	7	0.304 9	0.112 2	0.067 5	0.115 5	0.354 4	0.115 5	0.067 5	0.112 2	0.304 9
	6	8	0.282 7	0.105 2	0.063 3	0.101 7	0.374 4	0.101 7	0.063 3	0.105 2	0.282 7
	6	9	0.263 5	0.097 8	0.059 4	0.101 0	0.391 7	0.101 0	0.059 4	0.097 8	0.263 5
	7	3	0.392 1	0.146 7	0.083 4	0.136 8	0.203 9	0.136 8	0.083 4	0.146 7	0.392 1
	7	4	0.413 9	0.139 3	0.075 6	0.141 6	0.243 1	0.141 6	0.075 6	0.139 3	0.413 9
	7	5	0.383 0	0.122 2	0.070 8	0.110 8	0.276 6	0.110 8	0.070 8	0.122 2	0.383 0
	7	6	0.354 4	0.115 5	0.067 5	0.112 2	0.304 9	0.112 2	0.067 5	0.115 5	0.354 4
	7	7	0.329 0	0.109 2	0.063 3	0.109 2	0.329 0	0.109 2	0.063 3	0.109 2	0.329 0
	7	8	0.306 8	0.101 3	0.059 4	0.095 7	0.349 7	0.095 7	0.059 4	0.101 3	0.306 8
	7	9	0.287 3	0.095 4	0.057 3	0.094 3	0.367 7	0.094 3	0.057 3	0.095 4	0.287 3
	8	4	0.430 2	0.093 4	0.070 8	0.128 1	0.222 6	0.128 1	0.070 8	0.093 4	0.430 2
	8	5	0.401 8	0.100 3	0.067 5	0.103 7	0.254 9	0.103 7	0.067 5	0.100 3	0.401 8
	8	6	0.374 4	0.101 7	0.063 3	0.105 2	0.282 7	0.105 2	0.063 3	0.101 7	0.374 4
	8	7	0.349 7	0.095 7	0.059 4	0.101 3	0.306 8	0.101 3	0.059 4	0.095 7	0.349 7
	8	8	0.327 8	0.092 2	0.057 3	0.092 2	0.327 8	0.092 2	0.057 3	0.092 2	0.327 8
	8	9	0.308 3	0.086 8	0.054 5	0.089 8	0.346 1	0.089 8	0.054 5	0.086 8	0.308 3
	8	10	0.290 8	0.081 0	0.051 8	0.082 3	0.362 4	0.082 3	0.051 8	0.081 0	0.290 8

在 $0° \leqslant \alpha \leqslant 180°$ 内压制带内 $\lvert\varphi_K\rvert$ 的平均值随 α 变化都可分为 4 段：① $0° \leqslant \alpha \leqslant 45°$，压制带内 $\lvert\varphi_K\rvert$ 的平均值随 α 增大而减小；② $45° \leqslant \alpha \leqslant 90°$，压制带内 $\lvert\varphi_K\rvert$ 的平均值随 α 增大而增大；③ $90° \leqslant \alpha \leqslant 135°$，压制带内 $\lvert\varphi_K\rvert$ 的平均值随 α 增大而减小；④ $135° \leqslant \alpha \leqslant 180°$，压制带内 $\lvert\varphi_K\rvert$ 的平均值随 α 增大而增大。

图 4.1.4 和图 4.1.5 都是 $m=4$，$n=6$ 的"口"字形面积组合响应曲线，每幅图中有 5 条曲线，分别对应 5 个方位角 α。两图区别是前者的组合参数 $R=0.75$，后者组合参数 $R=1.5$。由图可见两图通放带宽度都随 α 的增大而变窄，注意此时 $m<n$。α 从 $67.5°$ 变化到 $90°$，通放带宽度变化很小。波沿垂直测线方向（$\alpha=90°$）传播时，曲线左右对称。波沿平行测线方向（$\alpha=0°$）传播时，曲线也左右对称。具体计算数据指出，当 α 从 $0°$ 变化到 $45°$ 时，

压制带内波瓣峰值随之降低；当α从45°变化到90°时，压制带内波瓣峰值随之增大。

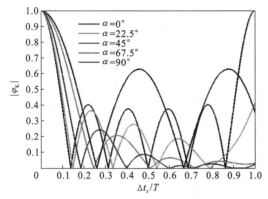
图4.1.4 组合参数为$m=4$，$n=6$，$R=0.75$的"口"字形面积组合响应随方位角α的变化

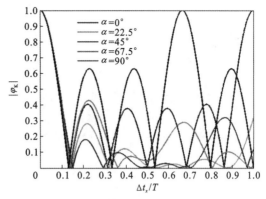
图4.1.5 组合参数为$m=4$，$n=6$，$R=1.5$的"口"字形面积组合响应随方位角α的变化

图4.1.6～图4.1.15为α在不同m，n时"口"字形面积组合响应曲线。可以证明，组

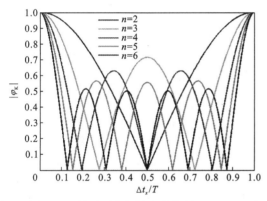
图4.1.6 波沿平行测线方向传播（$\alpha=0°$）时不同n的"口"字形面积组合响应曲线

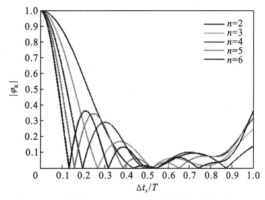
图4.1.7 波沿$\alpha=22.5°$方向传播时不同n的"口"字形面积组合响应曲线

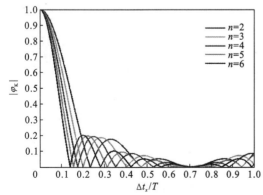
图4.1.8 波沿$\alpha=45°$方向传播时不同n的"口"字形面积组合响应曲线

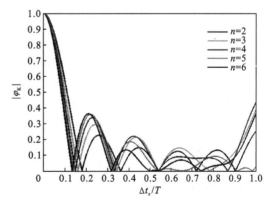
图4.1.9 波沿$\alpha=67.5°$方向传播时不同n的"口"字形面积组合响应曲线

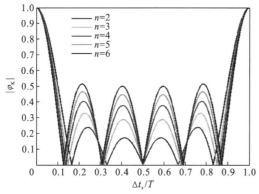

图 4.1.10　波沿 $\alpha=90°$ 方向传播时不同 n 的
"口"字形面积组合响应曲线

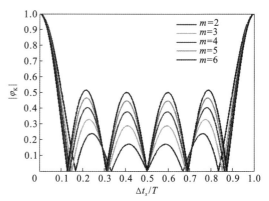

图 4.1.11　波沿平行测线方向传播（$\alpha=0°$）时
不同 m 的"口"字形面积组合响应曲线

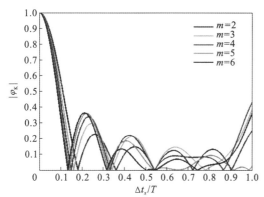

图 4.1.12　波沿 $\alpha=22.5°$ 方向传播时不同 m 的
"口"字形面积组合响应曲线

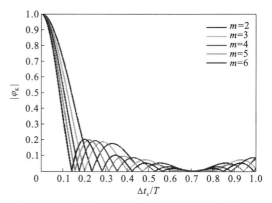

图 4.1.13　波沿 $\alpha=45°$ 方向传播时不同 m 的
"口"字形面积组合响应曲线

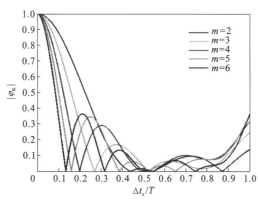

图 4.1.14　波沿 $\alpha=67.5°$ 方向传播时不同 m 的
"口"字形面积组合响应曲线

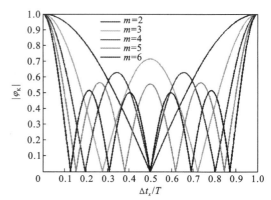

图 4.1.15　波沿垂直测线方向传播 $\alpha=90°$ 时
不同 m 的"口"字形面积组合响应曲线

合参数分别为方位角 α_1，$m=\xi$，$n=\zeta$，与方位角 $\alpha_2=90°-\alpha_1$，$m=\zeta$，$n=\xi$ 两个"口"字形面积组合对应的通放带宽度和压制带内 $|\varphi_K|$ 的平均值相等。也就是说，两个方位角互为余角时，组合参数互换的两个"口"字形面积组合（$R=1$）响应相同。图 4.1.9 与图 4.1.12 图形相同。实际上图 4.1.6～图 4.1.15 共 10 幅图，除上述一对图外，其余 8 幅图也是两两相同。这种组合参数互换的两个"口"字形面积组合（$R=1$）响应相同的例子也得到了大量计算数据的证实（表 4.1.1～表 4.1.3）。

2. 纵横向检波点数 m，n 变化的影响

首先指出，$m=n=2$ 的"口"字形面积组合已蜕变为 $m=n=2$ 的矩形面积组合；m 为任意正整数而 $n=2$ 的"口"字形面积组合也蜕变为矩形面积组合，其行数为任意正整数 m，每行检波点数仅为 2；m 等于 2 而 n 为任意正整数的"口"字形面积组合同样也蜕变为矩形面积组合，其仅有 2 行，而每行检波点数 n 为任意正整数。这三种"口"字形面积组合响应已不再完全符合"口"字形面积组合的一般特点（表 4.1.2 和表 4.1.3）。表 4.1.1 证实 180°～360° 内"口"字形面积组合响应重复 0°～180° 内"口"字形面积组合响应。

综合分析图 4.1.6～图 4.1.15 和表 4.1.1～表 4.1.3 可知，在 0°≤α≤180° 内，m、n 对"口"字形面积组合响应的影响有以下几方面。

（1）当 m 相同、方位角 α 相同时，"口"字形面积组合通放带宽度随 n 增大而变窄，无论 m 和 α 多大。

（2）当 n 相同，方位角 α 相同时，"口"字形面积组合通放带宽度随 m 增大而变窄，无论 n 和 α 多大。

（3）m 不变，α 为 0° 和 180° 时，压制带内 $|\varphi_K|$ 的平均值随 n 增大而减小（个别 $m=3$ 或 $n=3$ 情况例外）。

（4）m 不变，$\alpha=45°$ 和 $\alpha=135°$ 时，压制带内 $|\varphi_K|$ 的平均值随 n 增大而减小。

（5）m 不变，$\alpha=90°$ 时，压制带内 $|\varphi_K|$ 的平均值随 n 增大而增大（个别 $m=3$ 或 $n=3$ 情况例外）。

（6）m 不变时，在 0°≤α≤180° 方向，除 $\alpha=0°$ 和 180°、45° 和 135° 及 90° 外，其他方向上压制带内 $|\varphi_K|$ 的平均值随 n 的增大变化较复杂，无明显规律。

（7）n 不变，$\alpha=0°$ 和 $\alpha=180°$ 时，压制带内 $|\varphi_K|$ 的平均值随 m 增大而增大。

（8）n 不变，$\alpha=45°$ 和 $\alpha=135°$ 时，压制带内 $|\varphi_K|$ 的平均值随 m 增大而减小。

（9）n 不变，$\alpha=90°$ 时，压制带内 $|\varphi_K|$ 的平均值随 m 增大而减小。

（10）180°≤α≤360° 区间，压制带内 $|\varphi_K|$ 的平均值 m、n 的变化重复 0°≤α≤180° 方向的变化。

第（3）、第（5）条意味着，为了加强衰减沿平行测线方向（$\alpha=0°$）传播的干扰波，当行数 m 不变时须增大 n，以使压制带内 $|\varphi_K|$ 的平均值随 n 增大而减小；但在垂直测线方向上（$\alpha=90°$）压制带内 $|\varphi_K|$ 的平均值却因 n 增大而增大。有得有失，有时收获大于损失，有时却得不偿失。第（7）、第（9）条意味着，为了加强衰减垂直测线方向（$\alpha=90°$）传播的干扰波，当 n 不变时须增大 m，以使压制带内 $|\varphi_K|$ 的平均值随 m 增大而减小；但在平行测线方向上（$\alpha=0°$ 和 $\alpha=180°$）压制带内 $|\varphi_K|$ 的平均值随 m 增大而增大。有得有失。"口"字形面积组合这种不良特点是其特有的检波点展布图决定的（图 4.1.1）。

3. 纵横检波点距比 R 变化的影响

将方位角 $\alpha=0°$ 代入式（4.1.15）：

$$|\varphi_K| = \frac{1}{2(m+n)-4} \left| \frac{\sin\left(m\pi R \dfrac{\Delta t_x}{T}\sin\alpha\right)\sin\left(n\pi\dfrac{\Delta t_x}{T}\cos\alpha\right)}{\sin\left(\pi R\dfrac{\Delta t_x}{T}\sin\alpha\right)\sin\left(\pi\dfrac{\Delta t_x}{T}\cos\alpha\right)} \right|$$

$$-\frac{\sin\left[R(m-2)\pi\dfrac{\Delta t_x}{T}\sin\alpha\right]\sin\left[(n-2)\pi\dfrac{\Delta t_x}{T}\cos\alpha\right]}{\sin\left(R\pi\dfrac{\Delta t_x}{T}\sin\alpha\right)\sin\left(\pi\dfrac{\Delta t_x}{T}\cos\alpha\right)}$$

$$=\frac{1}{2(m+n)-4}\left|\frac{m\sin\left(n\pi\dfrac{\Delta t_x}{T}\right)}{\sin\left(\pi\dfrac{\Delta t_x}{T}\right)}-\frac{(m-2)\sin\left[(n-2)\pi\dfrac{\Delta t_x}{T}\right]}{\sin\left(\pi\dfrac{\Delta t_x}{T}\right)}\right|$$

（4.1.17）

式（4.1.17）表明当波沿测线方向传播时，"口"字形面积组合响应与纵横检波点距比 R 无关，但与 m 和 n 相关。可以证明波沿垂直测线方向传播（$\alpha=90°$）时，"口"字形面积组合响应与 R 相关，也与 m 和 n 相关。

表 4.1.4 给出 $m=7$，$n=5$ 时"口"字形面积组合通放带宽度和压制带内 $|\varphi_K|$ 的平均值随 R 及 α 的变化数据，如表 4.1.4 所示，$\alpha=0°$（及 $\alpha=180°$，$\alpha=360°$）时"口"字形面积组合通放带的边界值（数值上等于通放带宽度）及其压制带内 $|\varphi_K|$ 的平均值均与 R 无关；除 $\alpha=0°$ 外的其他任一方向上，"口"字形面积组合通放带宽度都是随 R 增大而变窄，无论 α 多大。除 $\alpha=0°$ 其他方向上，"口"字形面积组合压制带内 $|\varphi_K|$ 的平均值时而随 R 增大而增大，时而随 R 增大而减小，变化复杂，没有明显简单的规律。更多不同参数的"口"字形面积组合响应数据支持上述结论。

表 4.1.4　$m=7$，$n=5$ 时，"口"字形面积组合通放带的宽度和压制带内 $|\varphi_K|$ 平均值随 R 及 α 的变化

R	$\alpha/(°)$									分带
---	0	3	15	22.5	45	67.5	75	86	90	
0.75	0.072 7	0.072 7	0.072 9	0.073 1	0.073 4	0.072 6	0.072 3	0.072 0	0.072 0	
1.00	0.072 7	0.072 6	0.071 2	0.069 4	0.062 1	0.056 1	0.054 0	0.054 0	0.054 0	通放带宽度
1.25	0.072 7	0.072 6	0.069 2	0.065 4	0.053 1	0.045 5	0.044 2	0.043 3	0.043 2	
1.50	0.072 7	0.072 4	0.066 9	0.061 2	0.046 0	0.038 2	0.037 0	0.036 1	0.036 0	
2.00	0.072 7	0.072 2	0.061 8	0.053 3	0.036 0	0.028 9	0.027 0	0.027 0	0.027 0	
0.75	0.383 0	0.375 4	0.222 2	0.142 7	0.083 9	0.105 5	0.145 9	0.254 1	0.265 8	压制带内 $|\varphi_K|$ 平均值
1.00	0.383 0	0.373 6	0.150 7	0.122 2	0.070 8	0.110 8	0.188 2	0.273 5	0.276 6	
1.25	0.383 0	0.036 1	0.152 0	0.107 2	0.073 9	0.161 5	0.222 4	0.276 9	0.283 5	
1.50	0.383 0	0.338 2	0.134 4	0.087 1	0.110 6	0.186 7	0.179 3	0.266 7	0.276 6	
2.00	0.383 0	0.288 3	0.121 8	0.077 4	0.137 6	0.155 5	0.155 8	0.269 9	0.276 7	

注：表中通放带宽度和压制带内 $|\varphi_K|$ 的平均值是在自变量 $0\leqslant\Delta t_x/T\leqslant1$ 区间的计算结果。

4.1.3　"口"字形面积组合与矩形面积组合的对比

表 4.1.5 给出了 9 组"口"字形面积组合响应与矩形面积组合响应的对比数据，每一组里两种组合的检波点数相同。由表 4.1.5 所示，"口"字形面积组合通放带宽度全都比矩形

表 4.1.5 "口"字形面积组合与检波点数相同的矩形面积组合（R=1）通放带宽度和压制带|φ|平均值对比

分带	组号	组合及其参数	α/(°)								
			0	22.5	45	67.5	90	112.5	135	157.5	180
通放带宽度	1	"口"字形, m=n=4, R=1	0.1003	0.1011	0.1019	0.1011	0.1003	0.1011	0.1019	0.1011	0.1003
		矩形, m=3, n=4, R=1	0.1138	0.1187	0.1324	0.1486	0.1553	0.1486	0.1324	0.1187	0.1138
	2	"口"字形, m=4, n=5, R=1	0.0789	0.0814	0.0879	0.0947	0.0973	0.0947	0.0879	0.0814	0.0789
		矩形, m=3, n=5, R=1	0.0902	0.0953	0.1120	0.1394	0.1553	—	—	—	—
	3	"口"字形, m=4, n=5, R=1	0.0789	0.0814	0.0879	0.0947	0.0973	0.0947	0.0879	0.0814	0.0789
		矩形, m=3, n=4, R=1	0.1138	0.1187	0.1324	0.1486	0.1553	0.1486	0.1324	0.1187	0.1138
	4	"口"字形, m=4, n=8, R=1	0.0492	0.0522	0.0621	0.0801	0.0924	0.0801	0.0621	0.0522	0.0492
		矩形, m=4, n=5, R=1	0.0902	0.0933	0.1019	0.1106	0.1138	0.1106	0.1019	0.0933	0.0902
	5	"口"字形, m=5, n=6, R=1	0.0630	0.0647	0.0689	0.0728	0.0742	0.0728	0.0689	0.0647	0.0630
		矩形, m=3, n=6, R=1	0.0747	0.0795	0.0964	0.1300	0.1553	—	—	—	—
	6	"口"字形, m=5, n=7, R=1	0.0540	0.0561	0.0621	0.0694	0.0727	0.0694	0.0621	0.0561	0.0540
		矩形, m=4, n=5, R=1	0.0902	0.0933	0.1019	0.1106	0.1138	0.1106	0.1019	0.0933	0.0902
	7	"口"字形, m=5, n=9, R=1	0.0423	0.0446	0.0519	0.0637	0.0707	0.0637	0.0519	0.0446	0.0423
		矩形, m=4, n=6, R=1	0.0747	0.0784	0.0898	0.1059	0.1138	0.1059	0.0898	0.0784	0.0747
	8	"口"字形, m=6, n=8, R=1	0.0459	0.0475	0.0519	0.0568	0.0588	0.0568	0.0519	0.0475	0.0459
		矩形, m=4, n=6, R=1	0.0747	0.0784	0.0898	0.1059	0.1138	0.1059	0.0898	0.0784	0.0747
	9	"口"字形, m=7, n=9, R=1	0.0400	0.0412	0.0445	0.0480	0.0494	0.0480	0.0445	0.0412	0.0400
		矩形, m=4, n=7, R=1	0.0638	0.0676	0.0799	0.1009	0.1138	0.1009	0.0799	0.0676	0.0638

分带	组号	组合及其参数	α/(°)								
			0	22.5	45	67.5	90	112.5	135	157.5	180
压制带内|φ|的平均值	1	"口"字形, $m=n=4$, $R=1$	0.336 0	0.204 7	0.096 7	0.204 7	0.336 0	0.204 7	0.096 7	0.204 7	0.336 0
		矩形, $m=3$, $n=4$, $R=1$	0.237 4	0.121 3	0.097 1	0.142 7	0.289 3	0.142 7	0.097 1	0.121 3	0.237 4
	2	"口"字形, $m=4$, $n=5$, $R=1$	0.298 5	0.277 1	0.089 6	0.131 3	0.368 6	0.131 3	0.089 6	0.177 1	0.298 5
		矩形, $m=3$, $n=5$, $R=1$	0.203 0	0.105 2	0.084 4	0.115 5	0.289 3	0.115 5	0.084 4	0.105 2	0.203 0
	3	"口"字形, $m=4$, $n=5$, $R=1$	0.298 5	0.277 1	0.089 6	0.131 3	0.368 6	0.131 3	0.089 6	0.177 1	0.298 5
		矩形, $m=3$, $n=4$, $R=1$	0.237 4	0.121 3	0.097 1	0.142 7	0.289 3	0.142 7	0.097 1	0.121 3	0.237 4
	4	"口"字形, $m=4$, $n=8$, $R=1$	0.222 6	0.128 1	0.070 8	0.093 4	0.430 1	0.093 4	0.070 8	0.128 1	0.222 6
		矩形, $m=4$, $n=5$, $R=1$	0.203 0	0.099 2	0.075 5	0.096 8	0.237 4	0.096 8	0.075 5	0.099 2	0.203 0
	5	"口"字形, $m=5$, $n=6$, $R=1$	0.302 3	0.115 0	0.075 6	0.136 9	0.360 4	0.136 9	0.075 6	0.115 0	0.302 3
		矩形, $m=3$, $n=6$, $R=1$	0.159 7	0.067 0	0.054 0	0.069 4	0.203 0	0.069 4	0054 0	0.067 0	0.159 7
	6	"口"字形, $m=5$, $n=7$, $R=1$	0.276 6	0.110 8	0.070 8	0.112 2	0.383 0	0.122 2	0.070 8	0.110 8	0.276 6
		矩形, $m=4$, $n=5$, $R=1$	0.203 0	0.090 2	0.075 5	0.096 8	0.237 4	0.096 8	0.075 5	0.099 2	0.203 0
	7	"口"字形, $m=5$, $n=9$, $R=1$	0.236 4	0.097 6	0.063 3	0.115 0	0.417 6	0.115 0	0.063 3	0.097 6	0.236 4
		矩形, $m=4$, $n=6$, $R=1$	0.178 3	0.086 4	0.066 4	0.083 9	0.237 4	0.083 9	0.066 4	0.086 4	0.178 3
	8	"口"字形, $m=6$, $n=8$, $R=1$	0.383 0	0.122 2	0.070 8	0.110 8	0.276 6	0.110 8	0.070 8	0.122 2	0.383 0
		矩形, $m=4$, $n=6$, $R=1$	0.178 3	0.086 4	0.066 4	0.083 9	0.237 4	0.083 9	0.066 4	0.086 4	0.178 3
	9	"口"字形, $m=7$, $n=9$, $R=1$	0.287 3	0.095 4	0.057 3	0.094 3	0.367 7	0.094 3	0.057 3	0.095 4	0.287 3
		矩形, $m=4$, $n=7$, $R=1$	0.159 7	0.077 4	0.061 3	0.081 6	0.237 4	0.081 6	0.061 3	0.077 4	0.159 7

注: 表中数据是在自变量 $0 \leqslant \Delta t/T \leqslant 1$ 区间计算结果。两种组合的纵横检波点距比 R 都是 1。

面积组合通放带宽度窄，说明"口"字形面积组合将高速干扰波置于压制带内的能力比矩形面积组合强，但对浅层大炮检距反射波及中深层大倾角反射波不利。在80.2%方向区间内，矩形面积组合压制带内$|\varphi_{\mathrm{Re}}|$的平均值低于"口"字形面积组合压制带内$|\varphi_{\mathrm{K}}|$的平均值，意味着在此区间内矩形面积组合对落入压制带内干扰波的衰减力度比"口"字形面积组合强。上述分析说明，在使用相同数量检波器情况下，总体看矩形面积组合性能优于"口"字形面积组合，特别对于需要保护的浅层大炮检距反射波或/和中深层大倾角反射波时，矩形面积组合的性能比"口"字形面积组合的强。并且当检波点数较多时矩形面积组合更具优势。但在0°～180°方向内"口"字形面积组合性能在45°和135°及附近区间仍然具有优势。

4.1.4　"口"字形面积组合与平行四边形面积组合的对比

表4.1.6给出了6组检波点数相同的"口"字形面积组合与Ⅰ型平行四边形面积组合通放带宽度及压制带内$|\varphi|$的平均值的对比数据。可以看到，方向在0°～180°内，"口"字形面积组合与Ⅰ型平行四边形面积组合对比，约有93%的"口"字形面积组合通放带宽度比Ⅰ型平行四边形面积组合通放带的宽度窄。这说明"口"字形面积组合将高速干扰波置于压制带内的能力比Ⅰ型平行四边形面积组合强。通放带窄虽然对衰减高速干扰波有利，却会损害浅层反射波，尤其是大炮检距浅层反射波，并对大倾角中深层反射波造成损害。

在0°～180°内，约有78%的"口"字形面积组合压制带内$|\varphi_{\mathrm{K}}|$的平均值比Ⅰ型平行四边形面积组合压制带内$|\varphi_{\mathrm{Pl}}|$的平均值高，甚至高达3倍，说明"口"字形面积组合对落入压制带内干扰波的衰减力度比Ⅰ型平行四边形面积组合差。综合看来，"口"字形面积组合衰减干扰波的能力不如Ⅰ型平行四边形面积组合。大量计算数据指出，"口"字形面积组合与Ⅱ型平行四边形面积组合的对比结果和"口"字形面积组合与Ⅰ型平行四边形面积组合的对比结果几乎完全一样。仅仅是Ⅰ、Ⅱ型平行四边形面积组合显示出的优势方向略有差别，这是因为这两种组合检波点平面展布特点造成的。

需要指出的是，在$\alpha=45°$、$\alpha=135°$及其附近方向上，"口"字形面积组合不仅通放带宽度全都比平行四边形面积组合的窄，而且"口"字形面积组合压制带内$|\varphi|$的平均值全都比平行四边形面积组合的低，这说明在这些方向区间，"口"字形面积组合衰减干扰波提高信噪比的能力比平行四边形面积组合强。根据"口"字形面积组合随方位角变化特点可知，上述结论适用于整个0°～360°方向。

4.1.5　小结

（1）两个方位角互为余角（$R=1$）时，组合参数互换的两个"口"字形面积组合响应相同。

（2）m不变时，同一方位角α的"口"字形面积组合通放带宽度随n增大而变窄，无论m和α多大；n不变时，同一方位角α的"口"字形面积组合通放带宽度随m增大而变窄，无论α和n多大。

表 4.1.6 "口"字形面积组合与 I 型平行四边形面积组合 (c=1) 通放带宽度及压制带内 |φ| 平均值对比

组号	组合及其参数	0	22.5	45	67.5	90	112.5	135	157.5	180	分带
1	平行四边形, m=3, n=4	0.093 6	0.114 5	0.161 0	0.211 0	0.155 3	0.111 4	0.092 4	0.087 4	0.093 6	通放带宽度
	"口"字形, m=4, n=4	0.100 3	0.101 1	0.101 9	0.101 1	0.100 3	0.101 1	0.101 9	0.101 1	0.100 3	
2	平行四边形, m=4, n=4	0.082 2	0.108 0	0.161 0	0.174 9	0.113 8	0.084 1	0.072 9	0.072 4	0.082 2	
	"口"字形, m=4, n=6	0.065 4	0.068 4	0.077 3	0.089 3	0.095 1	0.089 3	0.077 3	0.068 4	0.065 4	
3	平行四边形, m=3, n=6	0.068 2	0.078 3	0.105 7	0.164 3	0.155 3	0.103 2	0.077 7	0.068 1	0.068 2	
	"口"字形, m=4, n=7	0.056 1	0.059 1	0.068 9	0.084 5	0.093 6	0.084 5	0.068 9	0.059 1	0.056 1	
4	平行四边形, m=4, n=5	0.072 0	0.089 5	0.127 5	0.160 0	0.113 8	0.082 4	0.069 2	0.066 3	0.072 0	
	"口"字形, m=5, n=7	0.054 0	0.056 1	0.062 1	0.069 4	0.072 7	0.069 4	0.062 1	0.056 1	0.054 0	
5	平行四边形, m=4, n=7	0.056 5	0.066 1	0.090 3	0.133 1	0.113 8	0.078 2	0.061 3	0.055 2	0.056 5	
	"口"字形, m=7, n=9	0.040 0	0.041 2	0.044 5	0.048 0	0.049 4	0.048 0	0.044 5	0.041 2	0.040 0	
6	平行四边形, m=5, n=6	0.058 6	0.073 6	0.105 7	0.129 1	0.090 2	0.065 5	0.055 4	0.053 5	0.058 6	
	"口"字形, m=8, n=9	0.039 2	0.039 9	0.041 6	0.042 9	0.043 2	0.042 9	0.041 6	0.039 9	0.039 2	
1	平行四边形, m=3, n=4	0.131 0	0.121 1	0.222 4	0.159 7	0.289 3	0.144 2	0.106 3	0.142 0	0.131 0	压制带内 |φ| 平均值
	"口"字形, m=4, n=4	0.336 0	0.204 7	0.096 7	0.204 7	0.336 0	0.204 7	0.096 7	0.204 7	0.336 0	
2	平行四边形, m=4, n=4	0.122 8	0.087 1	0.222 4	0.118 6	0.237 4	0.118 6	0.088 3	0.103 2	0.122 8	
	"口"字形, m=4, n=6	0.268 0	0.159 2	0.083 4	0.150 0	0.393 8	0.150 0	0.083 4	0.159 2	0.268 0	
3	平行四边形, m=3, n=6	0.104 0	0.089 3	0.153 8	0.112 3	0.289 3	0.113 0	0.089 4	0.095 0	0.104 0	
	"口"字形, m=4, n=7	0.243 1	0.141 6	0.075 6	0.139 3	0.413 9	0.139 3	0.075 6	0.141 6	0.243 1	
4	平行四边形, m=4, n=5	0.099 8	0.077 4	0.182 3	0.115 1	0.237 4	0.121 7	0.085 8	0.090 9	0.099 8	
	"口"字形, m=5, n=7	0.276 6	0.110 8	0.070 8	0.112 2	0.383 0	0.122 2	0.070 8	0.110 8	0.276 6	
5	平行四边形, m=4, n=7	0.080 6	0.063 0	0.140 9	0.091 0	0.237 4	0.080 4	0.065 2	0.069 5	0.080 6	
	"口"字形, m=7, n=9	0.287 3	0.095 4	0.057 3	0.094 3	0.367 7	0.094 3	0.057 3	0.095 4	0.287 3	
6	平行四边形, m=5, n=6	0.080 8	0.065 1	0.153 8	0.089 8	0.203 0	0.083 9	0.056 6	0.071 2	0.080 8	
	"口"字形, m=8, n=9	0.243 1	0.141 6	0.075 6	0.139 3	0.413 9	0.139 3	0.075 6	0.141 6	0.243 1	

（表头角度行标注为 α/(°)）

注: 表中数据是在自变量 0≤Δt/T≤1 区间计算结果。两种组合的纵横检波点距比 R 都是 1。

（3）为提高"口"字形面积组合衰减横向上干扰波的力度，须增大横向检波点数 n，但此举却降低了衰减纵向干扰波的力度；为提高衰减纵向上干扰波的力度，须增大纵向检波点数 m，但这样做又降低了衰减横向干扰波的力度。这是"口"字形面积组合固有的缺陷。

（4） α 为 0°、180°、360° 时，"口"字形面积组合通放带的宽度及其压制带内 $|\varphi_K|$ 平均值均与纵横检波点距比 R 无关。在其他任何方向上"口"字形面积组合通放带宽度都是随 R 增大而变窄，在这些方向上压制带内 $|\varphi_K|$ 平均值变化复杂，但大多数情况下压制带内 $|\varphi_K|$ 平均值随 R 增大而降低。

（5）在检波点数相同情况下，总体看矩形面积组合的性能优于"口"字形面积组合，而在方位角 α=45° 和 135° 两个方向上，"口"字形面积组合总体性能比矩形面积组合强或相当。

（6）在检波点数相同情况下，总体看"口"字形面积组合衰减干扰波提高信噪比的性能不如平行四边形面积组合，但"口"字形面积组合在 45°、135°、225°、315° 方向上衰减干扰波提高信噪比的能力仍然比平行四边形面积组合强，不论是 I 型还是 II 型平行四边形面积组合。

4.2 "回"字形面积组合

4.2.1 "回"字形面积组合响应

如图 4.2.1 所示，"回"字形面积组合可看成中心点（即"口"字形形心，对角线交点）相同的两个"口"字形面积组合相加而成。外"口"字形是 mn "口"字形面积组合，其上下两边与测线平行，各有 n 个检波点，间距为 Δx；左右两边各有 m 个检波点，间距为 Δy，$\Delta y = R\Delta x$，R 为大于 0 的常数，并将其称为纵横检波点距比。内"口"字形是 ab "口"字形面积组合，其上下两边与测线平行，各有 b 个检波点，间距为 Δx；左右两边各有 a 个检波点，间距为 Δy，$\Delta y = R\Delta x$。两个"口"字中的检波器间距 Δx、Δy 分别相等。将上述回字形面积组合称为"$mnab$'回'字形面积组合"。为叙述方便，将外"口"字参数 m 和 n 分别称为外"口"字纵向检波点数和横向检波点数；将内"口"字参数 a 和 b 分别称为内"口"字纵向检波点数和横向检波点数。m、n、a、b 应满足下面关系：

（1） $2 \leqslant a \leqslant m-2$，且 $m-a$ 为偶数；

（2） $2 \leqslant b \leqslant n-2$，且 $n-b$ 为偶数。

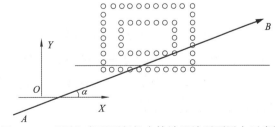

图 4.2.1 "回"字形面积组合检波器地平面展布示意图

以 $g_c(\mathrm{j}\omega)$ 表示内外口字共中心点（形心）处单个检波器输出信号的频谱。波沿地面 AB 方向以视速度 V^* 传播，AB 方位角 α（图 4.2.1）由 X 轴正方向（测线方向）逆时针旋转到 AB 正方向的方位角 α 为正，图 4.2.1 中方位角 α 就是正值。

以 $G_{abK}(\mathrm{j}\omega)$ 和 $G_{mnK}(\mathrm{j}\omega)$ 分别表示内外"口"字形面积组合输出信号的频谱。$P_{mnK}(\mathrm{j}\omega)$ 表示外"口"字形面积组合对 $g_c(\mathrm{j}\omega)$ 的放大倍数，$P_{abK}(\mathrm{j}\omega)$ 表示内"口"字形面积组合对 $g_c(\mathrm{j}\omega)$ 的放大倍数，根据 4.1 节式（4.1.9）有

$$G_{mnK}(\mathrm{j}\omega) = P_{mnK}(\mathrm{j}\omega)g_c(\mathrm{j}\omega) \tag{4.2.1}$$

$$G_{abK}(\mathrm{j}\omega) = P_{abK}(\mathrm{j}\omega)g_c(\mathrm{j}\omega) \tag{4.2.2}$$

根据 4.1 节式（4.1.10）有

$$P_{mnK}(\mathrm{j}\omega) = \frac{\sin\left(\dfrac{m\omega\Delta t_y}{2}\sin\alpha\right)\sin\left(\dfrac{n\omega\Delta t_x}{2}\cos\alpha\right)}{\sin\left(\dfrac{\omega\Delta t_y}{2}\sin\alpha\right)\sin\left(\dfrac{\omega\Delta t_x}{2}\cos\alpha\right)}$$
$$-\frac{\sin\left[\dfrac{(m-2)\omega\Delta t_y}{2}\sin\alpha\right]\sin\left[\dfrac{(n-2)\omega\Delta t_x}{2}\cos\alpha\right]}{\sin\left(\dfrac{\omega\Delta t_y}{2}\sin\alpha\right)\sin\left(\dfrac{\omega\Delta t_x}{2}\cos\alpha\right)} \tag{4.2.3}$$

式中：$\Delta t_x = \dfrac{\Delta x}{V^*}$，$\Delta t_y = \dfrac{\Delta y}{V^*} = R\dfrac{\Delta x}{V^*} = R\Delta t_x$

$$P_{abK}(\mathrm{j}\omega) = \frac{\sin\left(\dfrac{a\omega\Delta t_y}{2}\sin\alpha\right)\sin\left(\dfrac{b\omega\Delta t_x}{2}\cos\alpha\right)}{\sin\left(\dfrac{\omega\Delta t_y}{2}\sin\alpha\right)\sin\left(\dfrac{\omega\Delta t_x}{2}\cos\alpha\right)}$$
$$-\frac{\sin\left[\dfrac{(a-2)\omega\Delta t_y}{2}\sin\alpha\right]\sin\left[\dfrac{(b-2)\omega\Delta t_x}{2}\cos\alpha\right]}{\sin\left(\dfrac{\omega\Delta t_y}{2}\sin\alpha\right)\sin\left(\dfrac{\omega\Delta t_x}{2}\cos\alpha\right)} \tag{4.2.4}$$

以 $G_B(\mathrm{j}\omega)$ 表示 $mnab$ "回"字形面积组合输出信号的频谱，根据频谱定理（董敏煜，2006；陆基孟 等，1982）则有

$$G_B(\mathrm{j}\omega) = G_{mnK}(\mathrm{j}\omega) + G_{abK}(\mathrm{j}\omega) = P_{mnK}(\mathrm{j}\omega)g_c(\mathrm{j}\omega) + P_{abK}(\mathrm{j}\omega)g_c(\mathrm{j}\omega)$$
$$= [P_{mnK}(\mathrm{j}\omega) + P_{abK}(\mathrm{j}\omega)]g_c(\mathrm{j}\omega) = P_B(\mathrm{j}\omega)g_c(\mathrm{j}\omega) \tag{4.2.5}$$

式中：

$$P_B(\mathrm{j}\omega) = P_{mnK}(\mathrm{j}\omega) + P_{abK}(\mathrm{j}\omega) \tag{4.2.6}$$

式（4.2.5）指出，"回"字形面积组合相当于其形心点处一个等效检波器位置，等效检波器输出信号的频谱为 $G_B(\mathrm{j}\omega)$，$G_B(\mathrm{j}\omega)$ 等于"回"字形面积组合形心处单个检波器输出信号的频谱 $g_c(\mathrm{j}\omega)$ 的 $P_B(\mathrm{j}\omega)$ 倍。由式（4.2.6）：

$$P_{\mathrm{B}}(\mathrm{j}\omega)=\frac{\sin\left(\dfrac{m\omega\Delta t_y}{2}\sin\alpha\right)\sin\left(\dfrac{n\omega\Delta t_x}{2}\cos\alpha\right)}{\sin\left(\dfrac{\omega\Delta t_y}{2}\sin\alpha\right)\sin\left(\dfrac{\omega\Delta t_x}{2}\cos\alpha\right)}-\frac{\sin\left[\dfrac{(m-2)\omega\Delta t_y}{2}\sin\alpha\right]\sin\left[\dfrac{(n-2)\omega\Delta t_x}{2}\cos\alpha\right]}{\sin\left(\dfrac{\omega\Delta t_y}{2}\sin\alpha\right)\sin\left(\dfrac{\omega\Delta t_x}{2}\cos\alpha\right)}$$

$$+\frac{\sin\left(\dfrac{a\omega\Delta t_y}{2}\sin\alpha\right)\sin\left(\dfrac{b\omega\Delta t_x}{2}\cos\alpha\right)}{\sin\left(\dfrac{\omega\Delta t_y}{2}\sin\alpha\right)\sin\left(\dfrac{\omega\Delta t_x}{2}\cos\alpha\right)}-\frac{\sin\left[\dfrac{(a-2)\omega\Delta t_y}{2}\sin\alpha\right]\sin\left[\dfrac{(b-2)\omega\Delta t_x}{2}\cos\alpha\right]}{\sin\left(\dfrac{\omega\Delta t_y}{2}\sin\alpha\right)\sin\left(\dfrac{\omega\Delta t_x}{2}\cos\alpha\right)}$$

$$(4.2.7)$$

式（4.2.7）表明复变系数 $P_{\mathrm{B}}(\mathrm{j}\omega)$ 点虚部为零，将其模记为 P_{B}，则

$$P_{\mathrm{B}}=\left|\frac{\sin\left(\dfrac{m\omega\Delta t_y}{2}\sin\alpha\right)\sin\left(\dfrac{n\omega\Delta t_x}{2}\cos\alpha\right)}{\sin\left(\dfrac{\omega\Delta t_y}{2}\sin\alpha\right)\sin\left(\dfrac{\omega\Delta t_x}{2}\cos\alpha\right)}-\frac{\sin\left[\dfrac{(m-2)\omega\Delta t_y}{2}\sin\alpha\right]\sin\left[\dfrac{(n-2)\omega\Delta t_x}{2}\cos\alpha\right]}{\sin\left(\dfrac{\omega\Delta t_y}{2}\sin\alpha\right)\sin\left(\dfrac{\omega\Delta t_x}{2}\cos\alpha\right)}\right.$$

$$\left.+\frac{\sin\left(\dfrac{a\omega\Delta t_y}{2}\sin\alpha\right)\sin\left(\dfrac{b\omega\Delta t_x}{2}\cos\alpha\right)}{\sin\left(\dfrac{\omega\Delta t_y}{2}\sin\alpha\right)\sin\left(\dfrac{\omega\Delta t_x}{2}\cos\alpha\right)}-\frac{\sin\left[\dfrac{(a-2)\omega\Delta t_y}{2}\sin\alpha\right]\sin\left[\dfrac{(b-2)\omega\Delta t_x}{2}\cos\alpha\right]}{\sin\left(\dfrac{\omega\Delta t_y}{2}\sin\alpha\right)\sin\left(\dfrac{\omega\Delta t_x}{2}\cos\alpha\right)}\right|$$

$$(4.2.8)$$

式（4.2.8）表明当 $\Delta t_x=0$ 或/和 $\Delta t_y=0$ 时，有

$$P_{\mathrm{B}}=2(m+n+a+b-4) \qquad (4.2.9)$$

$P_{\mathrm{B}}/2(m+n+a+b-4)$ 就是 $mnab$ "回" 字形面积组合响应，将其记为 $|\varphi_{\mathrm{B}}|$：

$$|\varphi_{\mathrm{B}}|=\frac{1}{2(m+n+a+b-4)}\left|\frac{\sin\left(\dfrac{m\omega\Delta t_y}{2}\sin\alpha\right)}{\sin\left(\dfrac{\omega\Delta t_y}{2}\sin\alpha\right)}\cdot\frac{\sin\left(\dfrac{n\omega\Delta t_x}{2}\cos\alpha\right)}{\sin\left(\dfrac{\omega\Delta t_x}{2}\cos\alpha\right)}\right.$$

$$-\frac{\sin\left[\dfrac{(m-2)\omega\Delta t_y}{2}\sin\alpha\right]}{\sin\left(\dfrac{\omega\Delta t_y}{2}\sin\alpha\right)}\frac{\sin\left[\dfrac{(n-2)\omega\Delta t_x}{2}\cos\alpha\right]}{\sin\left(\dfrac{\omega\Delta t_x}{2}\cos\alpha\right)}$$

$$+\frac{\sin\left(\dfrac{a\omega\Delta t_y}{2}\sin\alpha\right)}{\sin\left(\dfrac{\omega\Delta t_y}{2}\sin\alpha\right)}\cdot\frac{\sin\left(\dfrac{b\omega\Delta t_x}{2}\cos\alpha\right)}{\sin\left(\dfrac{\omega\Delta t_x}{2}\cos\alpha\right)}$$

$$\left.-\frac{\sin\left[\dfrac{(a-2)\omega\Delta t_y}{2}\sin\alpha\right]}{\sin\left(\dfrac{\omega\Delta t_y}{2}\sin\alpha\right)}\frac{\sin\left[\dfrac{(b-2)\omega\Delta t_x}{2}\cos\alpha\right]}{\sin\left(\dfrac{\omega\Delta t_x}{2}\cos\alpha\right)}\right|$$

$$(4.2.10)$$

为用于不同分析或作图需要，式（4.2.10）可写成 $\frac{\Delta x}{\lambda^*}$ 或 $\frac{\Delta t_x}{T}$ 的函数形式：

$$
\begin{aligned}
|\varphi_B| = \frac{1}{2(m+n+a+b-4)} &\left| \frac{\sin\left(\frac{m\pi R\Delta x}{\lambda^*}\sin\alpha\right)\sin\left(\frac{n\pi\Delta x}{\lambda^*}\cos\alpha\right)}{\sin\left(\frac{\pi R\Delta x}{\lambda^*}\sin\alpha\right)\sin\left(\frac{\pi\Delta x}{\lambda^*}\cos\alpha\right)} \right. \\
&- \frac{\sin\left[\frac{(m-2)\pi R\Delta x}{\lambda^*}\sin\alpha\right]\sin\left[\frac{(n-2)\pi\Delta x}{\lambda^*}\cos\alpha\right]}{\sin\left(\frac{\pi R\Delta x}{\lambda^*}\sin\alpha\right)\sin\left(\frac{\pi\Delta x}{\lambda^*}\cos\alpha\right)} \\
&+ \frac{\sin\left(\frac{a\pi R\Delta x}{\lambda^*}\sin\alpha\right)\sin\left(\frac{b\pi\Delta x}{\lambda^*}\cos\alpha\right)}{\sin\left(\frac{\pi R\Delta x}{\lambda^*}\sin\alpha\right)\sin\left(\frac{\pi\Delta x}{\lambda^*}\cos\alpha\right)} \\
&- \left. \frac{\sin\left[\frac{(a-2)\pi R\Delta x}{\lambda^*}\sin\alpha\right]\sin\left[\frac{(b-2)\pi\Delta x}{\lambda^*}\cos\alpha\right]}{\sin\left(\frac{\pi R\Delta x}{\lambda^*}\sin\alpha\right)\sin\left(\frac{\pi\Delta x}{\lambda^*}\cos\alpha\right)} \right|
\end{aligned}
$$

（4.2.11）

$$
\begin{aligned}
= \frac{1}{2(m+n+a+b-4)} &\left| \frac{\sin\left(\frac{m\pi R\Delta t_x}{T}\sin\alpha\right)\sin\left(\frac{n\pi\Delta t_x}{T}\cos\alpha\right)}{\sin\left(\frac{\pi R\Delta t_x}{T}\sin\alpha\right)\sin\left(\frac{\pi\Delta t_x}{T}\cos\alpha\right)} \right. \\
&- \frac{\sin\left[\frac{(m-2)\pi R\Delta t_x}{T}\sin\alpha\right]\sin\left[\frac{(n-2)\pi\Delta t_x}{T}\cos\alpha\right]}{\sin\left(\frac{\pi R\Delta t_x}{T}\sin\alpha\right)\sin\left(\frac{\pi\Delta t_x}{T}\cos\alpha\right)} \\
&+ \frac{\sin\left(\frac{a\pi R\Delta t_x}{T}\sin\alpha\right)\sin\left(\frac{b\pi\Delta t_x}{T}\cos\alpha\right)}{\sin\left(\frac{\pi R\Delta t_x}{T}\sin\alpha\right)\sin\left(\frac{\pi\Delta t_x}{T}\cos\alpha\right)} \\
&- \left. \frac{\sin\left[\frac{(a-2)\pi R\Delta t_x}{T}\sin\alpha\right]\sin\left[\frac{(b-2)\pi\Delta t_x}{T}\cos\alpha\right]}{\sin\left(\frac{\pi R\Delta t_x}{T}\sin\alpha\right)\sin\left(\frac{\pi\Delta t_x}{T}\cos\alpha\right)} \right|
\end{aligned}
$$

4.2.2 "回"字形面积组合响应随方位角 α 的变化

1. 方位角 $180°+\alpha$ 的"回"字形面积组合响应与方位角 α 的响应相同

当方位角为 $180°+\alpha$ 时，根据式（4.2.11）"回"字形面积组合响应为

$$|\varphi_B| = \frac{1}{2(m+n+a+b-4)} \left| \frac{\sin\left[\frac{m\pi R\Delta t_x}{T}\sin(180°\pm\alpha)\right]\sin\left[\frac{n\pi\Delta t_x}{T}\cos(180°\pm\alpha)\right]}{\sin\left[\frac{\pi R\Delta t_x}{T}\sin(180°\pm\alpha)\right]\sin\left[\frac{\pi\Delta t_x}{T}\cos(180°\pm\alpha)\right]} \right.$$

$$-\frac{\sin\left[\frac{(m-2)\pi R\Delta t_x}{T}\sin(180°\pm\alpha)\right]\sin\left[\frac{(n-2)\pi\Delta t_x}{T}\cos(180°\pm\alpha)\right]}{\sin\left[\frac{\pi R\Delta t_x}{T}\sin(180°\pm\alpha)\right]\sin\left[\frac{\pi\Delta t_x}{T}\cos(180°\pm\alpha)\right]}$$

$$+\frac{\sin\left[\frac{a\pi R\Delta t_x}{T}\sin(180°\pm\alpha)\right]\sin\left[\frac{b\pi\Delta t_x}{T}\cos(180°\pm\alpha)\right]}{\sin\left[\frac{\pi R\Delta t_x}{T}\sin(180°\pm\alpha)\right]\sin\left[\frac{\pi\Delta t_x}{T}\cos(180°\pm\alpha)\right]}$$

$$\left. -\frac{\sin\left[\frac{(a-2)\pi R\Delta t_x}{T}\sin(180°\pm\alpha)\right]\sin\left[\frac{(b-2)\pi\Delta t_x}{T}\cos(180°\pm\alpha)\right]}{\sin\left[\frac{\pi R\Delta t_x}{T}\sin(180°\pm\alpha)\right]\sin\left[\frac{\pi\Delta t_x}{T}\cos(180°\pm\alpha)\right]} \right|$$

$$=\frac{1}{2(m+n+a+b-4)} \left| \frac{\sin\left(\frac{m\pi R\Delta t_x}{T}\sin\alpha\right)\sin\left(\frac{n\pi\Delta t_x}{T}\cos\alpha\right)}{\sin\left(\frac{\pi R\Delta t_x}{T}\sin\alpha\right)\sin\left(\frac{\pi\Delta t_x}{T}\cos\alpha\right)} \right.$$

$$-\frac{\sin\left[\frac{(m-2)\pi R\Delta t_x}{T}\sin\alpha\right]\sin\left[\frac{(n-2)\pi\Delta t_x}{T}\cos\alpha\right]}{\sin\left(\frac{\pi R\Delta t_x}{T}\sin\alpha\right)\sin\left(\frac{\pi\Delta t_x}{T}\cos\alpha\right)}$$

$$+\frac{\sin\left(\frac{a\pi R\Delta t_x}{T}\sin\alpha\right)\sin\left(\frac{b\pi\Delta t_x}{T}\cos\alpha\right)}{\sin\left(\frac{\pi R\Delta t_x}{T}\sin\alpha\right)\sin\left(\frac{\pi\Delta t_x}{T}\cos\alpha\right)}$$

$$\left. -\frac{\sin\left[\frac{(a-2)\pi R\Delta t_x}{T}\sin\alpha\right]\sin\left[\frac{(b-2)\pi\Delta t_x}{T}\cos\alpha\right]}{\sin\left(\frac{\pi R\Delta t_x}{T}\sin\alpha\right)\sin\left(\frac{\pi\Delta t_x}{T}\cos\alpha\right)} \right| \qquad (4.2.12)$$

式（4.2.12）指出，方位角为180°+α的"回"字形面积组合响应与方位角为α的"回"字形面积组合响应相等，这说明，只要知道了0°~180°方向上给定组合参数的"回"字形面积组合响应也就知道了整个0°~360°方向上同参数的"回"字形面积组合响应。

2. 两个互为补角的方位角的"回"字形面积组合响应相同

设方位角ξ和ζ互为补角，即ξ+ζ=180°，则ξ=180°−ζ，将其代入式（4.2.12）得

$$\left|\varphi_{\mathrm{B}}\right| = \frac{1}{2(m+n+a+b-4)} \left| \frac{\sin\left(\dfrac{m\pi R\Delta t_x}{T}\sin\xi\right)\sin\left(\dfrac{n\pi\Delta t_x}{T}\cos\xi\right)}{\sin\left(\dfrac{\pi R\Delta t_x}{T}\sin\xi\right)\sin\left(\dfrac{\pi\Delta t_x}{T}\cos\xi\right)} \right.$$

$$-\frac{\sin\left[\dfrac{(m-2)\pi R\Delta t_x}{T}\sin\xi\right]\sin\left[\dfrac{(n-2)\pi\Delta t_x}{T}\cos\xi\right]}{\sin\left(\dfrac{\pi R\Delta t_x}{T}\sin\xi\right)\sin\left(\dfrac{\pi\Delta t_x}{T}\cos\xi\right)}$$

$$+\frac{\sin\left(\dfrac{a\pi R\Delta t_x}{T}\sin\xi\right)\sin\left(\dfrac{b\pi\Delta t_x}{T}\cos\xi\right)}{\sin\left(\dfrac{\pi R\Delta t_x}{T}\sin\xi\right)\sin\left(\dfrac{\pi\Delta t_x}{T}\cos\xi\right)}$$

$$\left.-\frac{\sin\left[\dfrac{(a-2)\pi R\Delta t_x}{T}\sin\xi\right]\sin\left[\dfrac{(b-2)\pi\Delta t_x}{T}\cos\xi\right]}{\sin\left(\dfrac{\pi R\Delta t_x}{T}\sin\xi\right)\sin\left(\dfrac{\pi\Delta t_x}{T}\cos\xi\right)}\right|$$

$$= \frac{1}{2(m+n+a+b-4)} \left| \frac{\sin\left[\dfrac{m\pi R\Delta t_x}{T}\sin(180°-\zeta)\right]\sin\left[\dfrac{n\pi\Delta t_x}{T}\cos(180°-\zeta)\right]}{\sin\left[\dfrac{\pi R\Delta t_x}{T}\sin(180°-\zeta)\right]\sin\left[\dfrac{\pi\Delta t_x}{T}\cos(180°-\zeta)\right]} \right.$$

$$-\frac{\sin\left[\dfrac{(m-2)\pi R\Delta t_x}{T}\sin(180°-\zeta)\right]\sin\left[\dfrac{(n-2)\pi\Delta t_x}{T}\cos(180°-\zeta)\right]}{\sin\left[\dfrac{\pi R\Delta t_x}{T}\sin(180°-\zeta)\right]\sin\left[\dfrac{\pi\Delta t_x}{T}\cos(180°-\zeta)\right]}$$

$$+\frac{\sin\left[\dfrac{a\pi R\Delta t_x}{T}\sin(180°-\zeta)\right]\sin\left[\dfrac{b\pi\Delta t_x}{T}\cos(180°-\zeta)\right]}{\sin\left[\dfrac{\pi R\Delta t_x}{T}\sin(180°-\zeta)\right]\sin\left[\dfrac{\pi\Delta t_x}{T}\cos(180°-\zeta)\right]}$$

$$\left.-\frac{\sin\left[\dfrac{(a-2)\pi R\Delta t_x}{T}\sin(180°-\zeta)\right]\sin\left[\dfrac{(b-2)\pi\Delta t_x}{T}\cos(180°-\zeta)\right]}{\sin\left[\dfrac{\pi R\Delta t_x}{T}\sin(180°-\zeta)\right]\sin\left[\dfrac{\pi\Delta t_x}{T}\cos(180°-\zeta)\right]}\right|$$

$$= \frac{1}{2(m+n+a+b-4)} \left| \frac{\sin\left(\dfrac{m\pi R\Delta t_x}{T}\sin\zeta\right)\sin\left(\dfrac{n\pi\Delta t_x}{T}\cos\zeta\right)}{\sin\left(\dfrac{\pi R\Delta t_x}{T}\sin\zeta\right)\sin\left(\dfrac{\pi\Delta t_x}{T}\cos\zeta\right)} \right.$$

$$-\frac{\sin\left[\dfrac{(m-2)\pi R\Delta t_x}{T}\sin\zeta\right]\sin\left[\dfrac{(n-2)\pi\Delta t_x}{T}\cos\zeta\right]}{\sin\left(\dfrac{\pi R\Delta t_x}{T}\sin\zeta\right)\sin\left(\dfrac{\pi\Delta t_x}{T}\cos\zeta\right)}$$

$$+\frac{\sin\left(\dfrac{a\pi R\Delta t_x}{T}\sin\zeta\right)\sin\left(\dfrac{b\pi\Delta t_x}{T}\cos\zeta\right)}{\sin\left(\dfrac{\pi R\Delta t_x}{T}\sin\zeta\right)\sin\left(\dfrac{\pi\Delta t_x}{T}\cos\zeta\right)}$$

$$-\frac{\sin\left[\dfrac{(a-2)\pi R\Delta t_x}{T}\sin\zeta\right]\sin\left[\dfrac{(b-2)\pi\Delta t_x}{T}\cos\zeta\right]}{\sin\left(\dfrac{\pi R\Delta t_x}{T}\sin\zeta\right)\sin\left(\dfrac{\pi\Delta t_x}{T}\cos\zeta\right)}\Bigg|$$

（4.2.13）

式（4.2.13）表明方位角 ξ 和 ζ 的"回"字形面积组合响应相等，即两个互为补角的"回"字形面积组合响应相等，具体的例子如表 4.2.1 所示。这就意味着，只要知道了 $0°\sim90°$ 方向上给定组合参数的"回"字形面积组合响应也就知道了整个 $0°\sim360°$ 方向上同参数的"回"字形面积组合响应。

3. 两个互为余角的方位角正方形"回"字形面积组合响应相同

本小节证明，组合参数 $m=n$ 和 $a=b$ 的"回"字形面积组合响应与 $m\neq n$ 和 $a\neq b$ 的"回"字形面积组合响应的通放带的宽度随 α 的变化规律不同，为叙述方便将前者称为正方形"回"字形面积组合，也就是 $m=n$ 和 $a=b$ 的"回"字形面积组合响应，并将 $m\neq n$ 和 $a\neq b$ 的"回"字形面积组合称为"非正方形'回'字形面积组合"。将 $m=n$ 和 $a=b$ 代入式（4.2.12）得

$$|\varphi_B|=\frac{1}{2(m+n+a+b-4)}\Bigg|\frac{\sin\left(\dfrac{m\pi R\Delta t_x}{T}\sin\alpha\right)\sin\left(\dfrac{m\pi\Delta t_x}{T}\cos\alpha\right)}{\sin\left(\dfrac{\pi R\Delta t_x}{T}\sin\alpha\right)\sin\left(\dfrac{\pi\Delta t_x}{T}\cos\alpha\right)}$$

$$-\frac{\sin\left[\dfrac{(m-2)\pi R\Delta t_x}{T}\sin\alpha\right]\sin\left[\dfrac{(m-2)\pi\Delta t_x}{T}\cos\alpha\right]}{\sin\left(\dfrac{\pi R\Delta t_x}{T}\sin\alpha\right)\sin\left(\dfrac{\pi\Delta t_x}{T}\cos\alpha\right)}$$

（4.2.14）

$$+\frac{\sin\left(\dfrac{a\pi R\Delta t_x}{T}\sin\alpha\right)\sin\left(\dfrac{a\pi\Delta t_x}{T}\cos\alpha\right)}{\sin\left(\dfrac{\pi R\Delta t_x}{T}\sin\alpha\right)\sin\left(\dfrac{\pi\Delta t_x}{T}\cos\alpha\right)}$$

$$-\frac{\sin\left[\dfrac{(a-2)\pi R\Delta t_x}{T}\sin\alpha\right]\sin\left[\dfrac{(a-2)\pi\Delta t_x}{T}\cos\alpha\right]}{\sin\left(\dfrac{\pi R\Delta t_x}{T}\sin\alpha\right)\sin\left(\dfrac{\pi\Delta t_x}{T}\cos\alpha\right)}\Bigg|$$

设方位角 θ_1 和 θ_2 互为余角，即 $\theta_1+\theta_2=90°$，则 $\theta_1=90°-\theta_2$，将其代入式（4.2.14）得

表 4.2.1　"回"字形面积组合 (R=1) 通放带的宽度及压制带内 $|\varphi_B|$ 的平均值随 m、n 及 α 的变化

分带	m	n	a	b	α/(°) 0	22.5	45	67.5	90	112.5	135	157.5	180	202.5	225	247.5	270	292.5	315	337.5	360
通放带宽度	5	6	3	4	0.0722	0.0744	0.0799	0.0850	0.0868	0.0850	0.0799	0.0744	0.0722	0.0744	0.0799	0.0850	0.0868	0.0850	0.0799	0.0744	0.0722
	5	7	3	3	0.0629	0.0653	0.0720	0.0795	0.0826	0.0795	0.0720	0.0653	0.0629	0.0653	0.0720	0.0795	0.0826	0.0795	0.0720	0.0653	0.0629
	6	6	4	4	0.0705	0.0710	0.0716	0.0710	0.0705	0.0710	0.0716	0.0710	0.0705	0.0710	0.0716	0.0710	0.0705	0.0710	0.0716	0.0710	0.0705
	6	7	4	5	0.0595	0.0611	0.0648	0.0681	0.0692	0.0681	0.0648	0.0611	0.0595	0.0611	0.0648	0.0681	0.0692	0.0681	0.0648	0.0611	0.0595
	7	5	3	3	0.0826	0.0795	0.0720	0.0653	0.0629	0.0653	0.0720	0.0795	0.0826	0.0795	0.0720	0.0653	0.0629	0.0653	0.0720	0.0795	0.0826
	7	7	3	3	0.0585	0.0590	0.0595	0.0590	0.0585	0.0590	0.0595	0.0590	0.0585	0.0590	0.0595	0.0590	0.0585	0.0590	0.0595	0.0590	0.0585
	7	7	3	5	0.0577	0.0587	0.0605	0.0614	0.0614	0.0614	0.0605	0.0587	0.0577	0.0587	0.0605	0.0614	0.0614	0.0614	0.0605	0.0587	0.0577
	7	8	3	4	0.0515	0.0527	0.0555	0.0577	0.0583	0.0577	0.0555	0.0527	0.0515	0.0527	0.0555	0.0577	0.0583	0.0577	0.0555	0.0527	0.0515
	7	8	5	6	0.0504	0.0515	0.0543	0.0565	0.0572	0.0565	0.0543	0.0515	0.0504	0.0515	0.0543	0.0565	0.0572	0.0565	0.0543	0.0515	0.0504
	7	9	3	7	0.0448	0.0466	0.0517	0.0578	0.0605	0.0578	0.0517	0.0466	0.0448	0.0466	0.0517	0.0578	0.0605	0.0578	0.0517	0.0466	0.0448
	7	11	3	3	0.0371	0.0388	0.0438	0.0504	0.0535	0.0504	0.0438	0.0388	0.0371	0.0388	0.0438	0.0504	0.0535	0.0504	0.0438	0.0388	0.0371
	7	13	3	3	0.0314	0.0331	0.0385	0.0471	0.0520	0.0471	0.0385	0.0331	0.0314	0.0331	0.0385	0.0471	0.0520	0.0471	0.0385	0.0331	0.0314
	9	9	5	5	0.0448	0.0451	0.0455	0.0451	0.0448	0.0451	0.0455	0.0451	0.0448	0.0451	0.0455	0.0451	0.0448	0.0451	0.0455	0.0451	0.0448
压制带内 $|\varphi_B|$ 的平均值	5	6	3	4	0.1943	0.0886	0.0613	0.1003	0.2253	0.1003	0.0613	0.0886	0.1943	0.0886	0.0613	0.1003	0.2253	0.1003	0.0613	0.0886	0.1943
	5	7	3	3	0.2029	0.0965	0.0673	0.1053	0.2575	0.1053	0.0673	0.0965	0.2029	0.0965	0.0673	0.1053	0.2575	0.1053	0.0673	0.0965	0.2029
	6	6	4	4	0.2081	0.0932	0.0576	0.0932	0.2081	0.0932	0.0576	0.0932	0.2081	0.0932	0.0576	0.0932	0.2081	0.0932	0.0576	0.0932	0.2081
	6	7	4	5	0.1925	0.0858	0.0527	0.0947	0.2198	0.0947	0.0527	0.0858	0.1925	0.0858	0.0527	0.0947	0.2198	0.0947	0.0527	0.0858	0.1925
	7	5	3	3	0.2575	0.1053	0.0673	0.0965	0.2029	0.0965	0.0673	0.1053	0.2575	0.1053	0.0673	0.0965	0.2029	0.0965	0.0673	0.1053	0.2575
	7	7	3	3	0.2443	0.0876	0.0606	0.0876	0.2443	0.0876	0.0606	0.0876	0.2443	0.0876	0.0606	0.0876	0.2443	0.0876	0.0606	0.0876	0.2443
	7	7	3	5	0.2143	0.0904	0.0537	0.0788	0.2265	0.0788	0.0537	0.0904	0.2143	0.0904	0.0537	0.0788	0.2265	0.0788	0.0537	0.0904	0.2143
	7	8	3	4	0.2205	0.0789	0.0523	0.0914	0.2509	0.0914	0.0523	0.0789	0.2205	0.0789	0.0523	0.0914	0.2509	0.0914	0.0523	0.0789	0.2205
	7	8	5	6	0.1926	0.0813	0.0474	0.0761	0.2175	0.0761	0.0474	0.0813	0.1926	0.0813	0.0474	0.0761	0.2175	0.0761	0.0474	0.0813	0.1926
	7	9	3	7	0.1830	0.0841	0.0487	0.0757	0.2426	0.0757	0.0487	0.0841	0.1830	0.0841	0.0487	0.0757	0.2426	0.0757	0.0487	0.0841	0.1830
	7	11	3	3	0.2094	0.0858	0.0527	0.0947	0.2198	0.0947	0.0527	0.0858	0.1925	0.0858	0.0527	0.0947	0.2198	0.0947	0.0527	0.0858	0.1925
	7	13	3	3	0.1936	0.1053	0.0673	0.0965	0.2029	0.0965	0.0673	0.1053	0.2575	0.1053	0.0673	0.0965	0.2029	0.0965	0.0673	0.1053	0.2575
	9	9	5	5	0.2221	0.0876	0.0606	0.0876	0.2443	0.0876	0.0606	0.0876	0.2443	0.0876	0.0606	0.0876	0.2443	0.0876	0.0606	0.0876	0.2443

$$|\varphi_{\mathrm{B}}| = \frac{1}{2(m+n+a+b-4)}\left| \frac{\sin\left(\dfrac{m\pi R\Delta t_x}{T}\sin\alpha\right)\sin\left(\dfrac{m\pi\Delta t_x}{T}\cos\alpha\right)}{\sin\left(\dfrac{\pi R\Delta t_x}{T}\sin\alpha\right)\sin\left(\dfrac{\pi\Delta t_x}{T}\cos\alpha\right)} \right.$$

$$-\frac{\sin\left(\dfrac{(m-2)\pi R\Delta t_x}{T}\sin\alpha\right)\sin\left(\dfrac{(m-2)\pi\Delta t_x}{T}\cos\alpha\right)}{\sin\left(\dfrac{\pi R\Delta t_x}{T}\sin\alpha\right)\sin\left(\dfrac{\pi\Delta t_x}{T}\cos\alpha\right)}$$

$$+\frac{\sin\left(\dfrac{a\pi R\Delta t_x}{T}\sin\alpha\right)\sin\left(\dfrac{a\pi\Delta t_x}{T}\cos\alpha\right)}{\sin\left(\dfrac{\pi R\Delta t_x}{T}\sin\alpha\right)\sin\left(\dfrac{\pi\Delta t_x}{T}\cos\alpha\right)}$$

$$\left. -\frac{\sin\left(\dfrac{(a-2)\pi R\Delta t_x}{T}\sin\alpha\right)\sin\left(\dfrac{(a-2)\pi\Delta t_x}{T}\cos\alpha\right)}{\sin\left(\dfrac{\pi R\Delta t_x}{T}\sin\alpha\right)\sin\left(\dfrac{\pi\Delta t_x}{T}\cos\alpha\right)} \right|$$

$$= \frac{1}{2(m+n+a+b-4)}\left| \frac{\sin\left(\dfrac{m\pi R\Delta t_x}{T}\sin(90°-\theta_2)\right)\sin\left(\dfrac{m\pi\Delta t_x}{T}\cos(90°-\theta_2)\right)}{\sin\left(\dfrac{\pi R\Delta t_x}{T}\sin(90°-\theta_2)\right)\sin\left(\dfrac{\pi\Delta t_x}{T}\cos(90°-\theta_2)\right)} \right.$$

$$-\frac{\sin\left(\dfrac{(m-2)\pi R\Delta t_x}{T}\sin(90°-\theta_2)\right)\sin\left(\dfrac{(m-2)\pi\Delta t_x}{T}\cos(90°-\theta_2)\right)}{\sin\left(\dfrac{\pi R\Delta t_x}{T}\sin(90°-\theta_2)\right)\sin\left(\dfrac{\pi\Delta t_x}{T}\cos(90°-\theta_2)\right)}$$

$$+\frac{\sin\left(\dfrac{a\pi R\Delta t_x}{T}\sin(90°-\theta_2)\right)\sin\left(\dfrac{a\pi\Delta t_x}{T}\cos(90°-\theta_2)\right)}{\sin\left(\dfrac{\pi R\Delta t_x}{T}\sin(90°-\theta_2)\right)\sin\left(\dfrac{\pi\Delta t_x}{T}\cos(90°-\theta_2)\right)}$$

$$\left. -\frac{\sin\left(\dfrac{(a-2)\pi R\Delta t_x}{T}\sin(90°-\theta_2)\right)\sin\left(\dfrac{(a-2)\pi\Delta t_x}{T}\cos(90°-\theta_2)\right)}{\sin\left(\dfrac{\pi R\Delta t_x}{T}\sin(90°-\theta_2)\right)\sin\left(\dfrac{\pi\Delta t_x}{T}\cos(90°-\theta_2)\right)} \right|$$

$$= \frac{1}{2(m+n+a+b-4)}\left| \frac{\sin\left(\dfrac{m\pi R\Delta t_x}{T}\sin\theta_2\right)\sin\left(\dfrac{m\pi\Delta t_x}{T}\cos\theta_2\right)}{\sin\left(\dfrac{\pi R\Delta t_x}{T}\sin\theta_2\right)\sin\left(\dfrac{\pi\Delta t_x}{T}\cos\theta_2\right)} \right.$$

$$-\frac{\sin\left(\dfrac{(m-2)\pi R\Delta t_x}{T}\sin\theta_2\right)\sin\left(\dfrac{(m-2)\pi\Delta t_x}{T}\cos\theta_2\right)}{\sin\left(\dfrac{\pi R\Delta t_x}{T}\sin\theta_2\right)\sin\left(\dfrac{\pi\Delta t_x}{T}\cos\theta_2\right)}$$

$$+\frac{\sin\left(\dfrac{a\pi R\Delta t_x}{T}\sin\theta_2\right)\sin\left(\dfrac{a\pi\Delta t_x}{T}\cos\theta_2\right)}{\sin\left(\dfrac{\pi R\Delta t_x}{T}\sin\theta_2\right)\sin\left(\dfrac{\pi\Delta t_x}{T}\cos\theta_2\right)}$$

$$\left.-\frac{\sin\left(\dfrac{(a-2)\pi R\Delta t_x}{T}\sin\theta_2\right)\sin\left(\dfrac{(a-2)\pi\Delta t_x}{T}\cos\theta_2\right)}{\sin\left(\dfrac{\pi R\Delta t_x}{T}\sin\theta_2\right)\sin\left(\dfrac{\pi\Delta t_x}{T}\cos\theta_2\right)}\right|$$

(4.2.15)

　　式（4.2.15）表明方位角 θ_1 和 θ_2 的正方形"回"字形面积组合响应相等，即两个互为余角的方位角的正方形"回"字形面积组合响应相等。此外，正方形"回"字形面积组合响应同时遵循互为补角的"回"字形面积组合响应相等的规律。从式（4.2.15）可以看出非正方形"回"字形面积组合不遵循两个互为余角的方位角的"回"字形面积组合响应相等的规律，具体的例子如表 4.2.1～表 4.2.3 所示。

表 4.2.2　"回"字形面积组合通放带宽度及压制带内 $|\varphi_B|$ 的平均值随 R 及 α 的变化

组合参数	分带	$\alpha/(°)$	R					
			0.80	1.00	1.25	1.50	1.75	2.00
$m=7$ $n=9$ $a=5$ $b=3$	通放带宽度	0	0.057 7	0.057 7	0.057 7	0.057 7	0.057 7	0.057 7
		22.5	0.060 0	0.058 7	0.056 8	0.054 6	0.052 4	0.052 4
		45	0.066 3	0.060 5	0.053 8	0.047 9	0.043 0	0.043 0
		67.5	0.073 7	0.061 4	0.050 5	0.042 7	0.037 0	0.037 0
		90	0.076 8	0.061 4	0.049 1	0.040 9	0.035 1	0.035 1
		112.5	0.073 7	0.061 4	0.050 5	0.042 7	0.037 0	0.037 0
		135	0.066 3	0.060 5	0.053 8	0.047 9	0.043 0	0.043 0
		157.5	0.060 0	0.058 7	0.056 8	0.054 6	0.052 4	0.052 4
		180	0.057 7	0.057 7	0.057 7	0.057 7	0.057 7	0.057 7
	压制带内 $|\varphi_B|$ 的平均值	0	0.214 3	0.214 3	0.214 3	0.214 3	0.214 3	0.214 3
		22.5	0.097 6	0.090 4	0.100 0	0.087 6	0.064 7	0.064 7
		45	0.059 4	0.053 7	0.053 3	0.088 0	0.071 6	0.071 6
		67.5	0.070 4	0.078 8	0.107 3	0.087 5	0.103 5	0.103 5
		90	0.222 4	0.226 5	0.223 5	0.226 5	0.228 6	0.228 6
		112.5	0.070 4	0.078 8	0.107 3	0.087 5	0.103 5	0.103 5
		135	0.059 4	0.053 7	0.053 3	0.088 0	0.071 6	0.071 6
		157.5	0.097 6	0.090 4	0.100 0	0.087 6	0.064 7	0.064 7
		180	0.214 3	0.214 3	0.214 3	0.214 3	0.214 3	0.214 3
$m=8$ $n=10$ $a=4$ $b=6$	通放带宽度	0	0.040 8	0.040 8	0.040 8	0.040 8	0.040 8	0.040 8
		22.5	0.042 8	0.042 1	0.041 1	0.039 9	0.038 6	0.037 2
		45	0.049 1	0.045 5	0.041 2	0.037 2	0.033 7	0.030 7

组合参数	分带	$\alpha/(°)$	R					
			0.80	1.00	1.25	1.50	1.75	2.00
$m=8$ $n=10$ $a=4$ $b=6$	通放带宽度	67.5	0.058 1	0.049 0	0.040 6	0.034 5	0.030 0	0.026 4
		90	0.062 8	0.050 2	0.040 2	0.033 5	0.028 7	0.025 1
		112.5	0.058 1	0.049 0	0.040 6	0.034 5	0.030 0	0.026 4
		135	0.049 1	0.045 5	0.041 2	0.037 2	0.033 7	0.030 7
		157.5	0.042 8	0.042 1	0.041 1	0.039 9	0.038 6	0.037 2
	压制带内 $\lvert\varphi_B\rvert$ 的平均值	0	0.197 1	0.197 1	0.197 1	0.197 1	0.197 1	0.197 1
		22.5	0.080 5	0.069 8	0.055 2	0.051 5	0.050 2	0.047 1
		45	0.046 5	0.041 7	0.046 2	0.064 9	0.078 2	0.070 0
		67.5	0.057 3	0.075 0	0.091 1	0.071 3	0.071 9	0.072 7
		90	0.240 8	0.245 6	0.241 5	0.245 7	0.248 6	0.245 6
		112.5	0.057 3	0.075 0	0.091 1	0.071 3	0.071 9	0.072 7
		135	0.046 5	0.041 7	0.046 2	0.064 9	0.078 2	0.070 0
		157.5	0.080 5	0.069 8	0.055 2	0.051 5	0.050 2	0.047 1

注：表中"回"字形面积组合通放带宽度和压制带内 $\lvert\varphi_B\rvert$ 的平均值都是自变量在 $0 \leqslant \Delta t / T \leqslant 1$ 区间计算所得。

表 4.2.3　"回"字形面积组合（$R=1$）通放带宽度随 m、n、a、b 及方位角 α 的变化

m	n	a	b	$\alpha/(°)$								
				0	22.5	45	67.5	90	112.5	135	157.5	180
5	7	3	5	0.061 3	0.063 9	0.071 6	0.081 4	0.085 8	0.081 4	0.071 6	0.063 9	0.061 3
7	7	3	5	0.057 7	0.058 7	0.060 5	0.061 4	0.061 4	0.061 4	0.060 5	0.058 7	0.057 7
9	7	3	5	0.055 3	0.054 5	0.051 9	0.048 9	0.047 6	0.048 9	0.051 9	0.054 5	0.055 3
11	7	3	5	0.053 5	0.050 9	0.045 2	0.040 5	0.038 9	0.040 5	0.045 2	0.050 9	0.053 5
13	7	3	5	0.052 1	0.047 8	0.039 9	0.034 6	0.032 9	0.034 6	0.039 9	0.047 8	0.052 1
5	11	3	7	0.040 3	0.042 8	0.051 7	0.068 9	0.081 5	—	—	—	—
7	11	3	7	0.037 9	0.039 8	0.045 5	0.053 8	0.057 9	—	—	—	—
9	11	3	7	0.036 2	0.037 4	0.040 5	0.043 7	0.044 8	—	—	—	—
11	11	3	7	0.034 9	0.035 4	0.036 3	0.036 7	0.036 6	—	—	—	—
13	11	3	7	0.033 8	0.033 7	0.032 8	0.031 6	0.031 0	—	—	—	—
7	5	3	3	0.082 6	0.079 5	0.072 0	0.065 3	0.062 9	0.065 3	0.072 0	0.079 5	0.082 6
7	7	3	3	0.058 5	0.059 0	0.059 5	0.059 0	0.058 5	0.059 0	0.059 5	0.059 0	0.058 5
7	11	3	3	0.037 1	0.038 8	0.043 8	0.050 4	0.053 5	0.050 4	0.043 8	0.038 8	0.037 1
7	13	3	3	0.031 4	0.033 1	0.038 5	0.047 1	0.052 0	0.047 1	0.038 5	0.033 1	0.031 4
11	5	7	3	0.081 5	0.068 9	0.051 7	0.042 8	0.040 3	0.042 8	0.051 7	0.068 9	0.081 5
11	7	7	3	0.057 9	0.053 8	0.045 5	0.039 8	0.037 9	0.039 8	0.045 5	0.053 8	0.057 9

m	n	a	b	$\alpha/(°)$								
				0	22.5	45	67.5	90	112.5	135	157.5	180
11	9	7	3	0.044 8	0.043 7	0.040 5	0.037 4	0.036 2	0.037 4	0.040 5	0.043 7	0.044 8
11	11	7	3	0.036 6	0.036 7	0.036 3	0.035 4	0.034 9	0.035 4	0.036 3	0.036 7	0.036 6
11	13	7	3	0.031 0	0.031 6	0.032 8	0.033 7	0.033 8	0.033 7	0.032 8	0.031 6	0.031 0
7	7	3	3	0.058 5	0.059 0	0.059 5	0.059 0	0.058 5	0.059 0	0.059 5	0.059 0	0.058 5
7	7	3	5	0.057 7	0.058 7	0.060 5	0.061 4	0.061 4	0.061 4	0.060 5	0.058 7	0.057 7
7	7	5	5	0.058 2	0.058 6	0.059 1	0.058 6	0.058 2	0.058 6	0.059 1	0.058 6	0.058 2
7	8	3	4	0.051 5	0.052 7	0.055 5	0.057 7	0.058 3	0.057 7	0.055 5	0.052 7	0.051 5
7	8	3	6	0.050 4	0.051 9	0.055 8	0.059 6	0.060 9	0.059 6	0.055 8	0.051 9	0.050 4
7	8	5	6	0.050 4	0.051 5	0.054 3	0.056 5	0.057 2	0.056 5	0.054 3	0.051 5	0.050 4
8	11	4	5	0.037 6	0.038 9	0.042 7	0.046 9	0.048 6	0.046 9	0.042 7	0.038 9	0.037 6
8	11	6	5	0.038 6	0.039 8	0.042 8	0.045 9	0.047 0	0.045 9	0.042 8	0.039 8	0.038 6
8	11	6	7	0.037 4	0.038 7	0.042 1	0.045 7	0.047 2	0.045 7	0.042 1	0.038 7	0.037 4
8	11	6	9	0.035 4	0.036 8	0.040 7	0.045 3	0.047 4	0.045 3	0.040 7	0.036 8	0.035 4
5	5	3	3	0.088 2	0.089 0	0.089 8	0.089 0	0.088 2	0.089 0	0.089 8	0.089 0	0.088 2
6	6	4	4	0.070 5	0.071 0	0.071 6	0.071 0	0.070 5	0.071 0	0.071 6	0.071 0	0.070 5
9	9	3	3	0.043 0	0.043 4	0.043 8	0.043 4	0.043 0	0.043 4	0.043 8	0.043 4	0.043 0
9	9	7	7	0.042 8	0.043 1	0.043 4	0.043 1	0.042 8	0.043 1	0.043 4	0.043 1	0.042 8

注：表中"回"字形面积组合通放带宽度是自变量在 $0 \leqslant \Delta t/T \leqslant 1$ 区间计算所得。

　　图 4.2.2 和图 4.2.3 是"回"字形面积组合响应随波的传播方向（$\alpha=0°$，$22.5°$，$45°$，$67.5°$，$90°$）的变化图。图 4.2.2 中各条曲线的组合参数都是 $m=n=5$，$a=b=3$，$R=1$。5 个 α 应有 5 条曲线，但图中仅见 3 条曲线，这是由于 $\alpha=0°$ 和 $\alpha=90°$ 的曲线重合（图中黑色曲线），$\alpha=22.5°$ 和 $\alpha=67.5°$ 的曲线重合（图中绿色曲线），红色曲线为 $\alpha=45°$ 的曲线。$\alpha=0°$ 和 $\alpha=90°$ 的曲线重合分和 $\alpha=22.5°$ 和 $\alpha=67.5°$ 的曲线重合正是互为余角的两个方位角的正方形"回"字形面积组合响应相等的例子，表 4.2.1、表 4.2.3 和表 4.2.4 中还有更多这样的例子。图 4.2.2 中 3 条曲线的通放带宽度几乎相同，实际数据指出（表 4.2.3 和表 4.2.4）3 条曲线按通放带宽度由窄到宽排列依次为 $\alpha=0°$ 和 $\alpha=90°$，$\alpha=22.5°$ 和 $\alpha=67.5°$，$\alpha=45°$；而在 $0° \leqslant \alpha \leqslant 90°$ 内压制带内 $|\varphi_B|$ 的平均值却是按这个顺序依次降低。图 4.2.3 中每条曲线的组合参数都是 $m=5$，$n=7$，$a=3$，$b=5$，$R=1$，是"非正方形'回'字形面积组合"，可见其在 $0° \leqslant \alpha \leqslant 90°$ 内通放带宽度随 α 增大而增大，但压制带内 $|\varphi_B|$ 平均值随 α 的变化较复杂。综合上述图、表分析，在 $0° \leqslant \alpha \leqslant 180°$ 内，"回"字形面积组合响应随方位角 α 的变化特点如下。

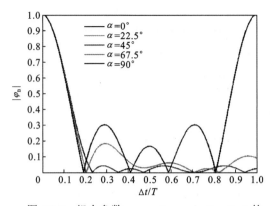

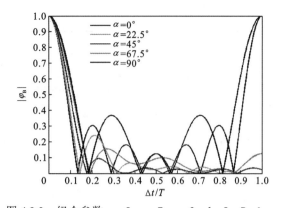

图 4.2.2　组合参数 $m=n=5$，$a=b=3$，$R=1$ 的
"回"字形面积组合响应随波的传播方向的变化
扫描封底二维码见彩图

图 4.2.3　组合参数 $m=5$，$n=7$，$a=3$，$b=5$，$R=1$
的"回"字形面积组合响应随波的传播方向的变化
扫描封底二维码见彩图

表 4.2.4　"回"字形面积组合（$R=1$）压制带内 $|\varphi_B|$ 的平均值随 m、n、a、b 及方位角 α 的变化

m	n	a	b	$\alpha/（°）$								
				0	22.5	45	67.5	90	112.5	135	157.5	180
5	7	3	5	0.177 1	0.084 4	0.057 6	0.099 7	0.234 2	0.099 7	0.057 6	0.084 4	0.177 1
7	7	3	5	0.214 3	0.090 4	0.053 7	0.078 8	0.226 5	0.078 8	0.053 7	0.090 4	0.214 3
9	7	3	5	0.248 3	0.100 8	0.047 8	0.083 9	0.218 6	0.083 9	0.047 8	0.100 8	0.248 3
11	7	3	5	0.278 0	0.070 2	0.047 4	0.075 8	0.204 4	0.075 8	0.047 4	0.070 2	0.278 0
13	7	3	5	0.303 5	0.069 1	0.046 7	0.072 4	0.191 0	0.072 4	0.046 7	0.069 1	0.303 5
5	11	3	7	0.140 4	0.069 6	0.048 7	0.079 0	0.268 8	—	—	—	—
7	11	3	7	0.172 3	0.068 6	0.041 7	0.081 7	0.266 0	—	—	—	—
9	11	3	7	0.202 3	0.054 5	0.041 0	0.063 2	0.260 1	—	—	—	—
11	11	3	7	0.229 3	0.059 8	0.040 3	0.060 4	0.247 6	—	—	—	—
13	11	3	7	0.253 4	0.066 4	0.038 8	0.058 8	0.235 1	—	—	—	—
7	5	3	3	0.257 5	0.105 3	0.067 3	0.096 5	0.202 9	0.096 5	0.067 3	0.105 3	0.257 5
7	7	3	3	0.244 3	0.087 6	0.060 6	0.087 6	0.244 3	0.087 6	0.060 6	0.087 6	0.244 3
7	11	3	3	0.209 4	0.084 1	0.051 8	0.070 8	0.310 1	0.070 8	0.051 8	0.084 1	0.209 4
7	13	3	3	0.193 6	0.079 2	0.048 9	0.082 5	0.335 6	0.082 5	0.048 9	0.079 2	0.193 6
11	5	7	3	0.268 8	0.079 0	0.048 7	0.069 6	0.140 4	0.069 6	0.048 7	0.079 0	0.268 8
11	7	7	3	0.266 0	0.081 7	0.041 7	0.068 6	0.172 3	0.068 6	0.041 7	0.081 7	0.266 0
11	9	7	3	0.260 1	0.063 2	0.041 0	0.054 5	0.202 3	0.054 5	0.041 0	0.063 2	0.260 1
11	11	7	3	0.247 6	0.060 4	0.040 3	0.059 8	0.229 3	0.059 8	0.040 3	0.060 4	0.247 6
11	13	7	3	0.235 1	0.058 8	0.038 8	0.066 4	0.253 4	0.066 4	0.038 8	0.058 8	0.235 1
7	7	3	3	0.244 3	0.087 6	0.060 6	0.087 6	0.244 3	0.087 6	0.060 6	0.087 6	0.244 3
7	7	3	5	0.214 3	0.090 4	0.053 7	0.078 8	0.226 5	0.078 8	0.053 7	0.090 4	0.214 3
7	7	5	5	0.206 0	0.082 6	0.049 8	0.082 6	0.206 0	0.082 6	0.049 8	0.082 6	0.206 0

m	n	a	b	α/ (°)								
				0	22.5	45	67.5	90	112.5	135	157.5	180
7	8	3	4	0.220 5	0.078 9	0.052 3	0.091 4	0.250 9	0.091 4	0.052 3	0.078 9	0.220 5
7	8	3	6	0.197 4	0.088 4	0.050 4	0.062 5	0.235 3	0.062 5	0.050 4	0.088 4	0.197 4
7	8	5	6	0.192 6	0.081 3	0.047 4	0.076 1	0.217 5	0.076 1	0.047 4	0.081 3	0.192 6
8	11	4	5	0.200 1	0.071 3	0.043 6	0.059 1	0.264 6	0.059 1	0.043 6	0.071 3	0.200 1
8	11	6	5	0.196 5	0.061 9	0.039 3	0.077 9	0.243 3	0.077 9	0.039 3	0.061 9	0.196 5
8	11	6	7	0.183 1	0.061 1	0.041 4	0.079 1	0.235 2	0.079 1	0.041 4	0.061 1	0.183 1
8	11	6	9	0.173 0	0.063 1	0.039 6	0.060 0	0.233 1	0.060 0	0.039 6	0.063 1	0.173 0
5	5	3	3	0.214 8	0.101 2	0.066 4	0.101 2	0.214 8	0.101 2	0.066 4	0.101 2	0.214 8
6	6	4	4	0.208 1	0.093 2	0.057 6	0.093 2	0.208 1	0.093 2	0.057 6	0.093 2	0.208 1
9	9	3	3	0.261 0	0.077 5	0.051 8	0.077 5	0.261 0	0.077 5	0.051 8	0.077 5	0.261 0
9	9	7	7	0.204 4	0.064 9	0.041 2	0.064 9	0.204 4	0.064 9	0.041 2	0.064 9	0.200 4

注：表中"回"字形面积组合压制带内 $|\varphi_B|$ 的平均值都是自变量在 $0 \leqslant \Delta t_x / T \leqslant 1$ 区间计算所得。

正方形"回"字形面积组合通放带宽度变化分为 4 段。

（1） $0° \leqslant \alpha \leqslant 45°$，通放带宽度随 α 增大变宽；

（2） $45° \leqslant \alpha \leqslant 90°$，通放带宽度随 α 增大变窄；

（3） $90° \leqslant \alpha \leqslant 135°$，通放带宽度随 α 增大变宽；

（4） $135° \leqslant \alpha \leqslant 180°$，通放带宽度随 α 增大变窄。

非正方形"回"字形面积组合通放带宽度随 α 变化可分为 2 段。

（1） $0° \leqslant \alpha \leqslant 90°$，通放带宽度随 α 增大变宽；

（2） $90° \leqslant \alpha \leqslant 180°$，通放带宽度随 α 增大变窄。

此外，有个别非正方形"回"字形面积组合通放带宽度随 α 的变化规律与此相反。

（1） $0° \leqslant \alpha \leqslant 90°$，通放带宽度随 α 增大变窄；

（2） $90° \leqslant \alpha \leqslant 180°$，通放带宽度随 α 增大变宽。

这种个别的例子见表 4.2.1 中的参数为 $m=7$，$n=5$，$a=b=3$ 的组合。

无论正方形"回"字形面积组合还是非正方形"回"字形面积组合，$0° \leqslant \alpha \leqslant 180°$ 方向内压制带内 $|\varphi_B|$ 平均值变化都可分为 4 段。

（1） $0° \leqslant \alpha \leqslant 45°$，压制带内 $|\varphi_B|$ 的平均值随 α 增大而减小；

（2） $45° \leqslant \alpha \leqslant 90°$，压制带内 $|\varphi_B|$ 的平均值随 α 增大而增大；

（3） $90° \leqslant \alpha \leqslant 135°$，压制带内 $|\varphi_B|$ 的平均值随 α 增大而减小；

（4） $135° \leqslant \alpha \leqslant 180°$，压制带内 $|\varphi_B|$ 的平均值随 α 增大而增大。

无论正方形"回"字形面积组合还是非正方形"回"字形面积组合，$0° \leqslant \alpha \leqslant 180°$ 方

向内压制带内$|\varphi_B|$平均值变化都可分为 4 段。

（1）$0° \leqslant \alpha \leqslant 45°$，压制带内$|\varphi_B|$的平均值随$\alpha$增大而减小；

（2）$45° \leqslant \alpha \leqslant 90°$，压制带内$|\varphi_B|$的平均值随$\alpha$增大而增大；

（3）$90° \leqslant \alpha \leqslant 135°$，压制带内$|\varphi_B|$的平均值随$\alpha$增大而减小；

（4）$135° \leqslant \alpha \leqslant 180°$，压制带$|\varphi_B|$的平均值随$\alpha$增大而增大。

4.2.3 纵横检波点距比 R 对"回"字形面积组合响应的影响

表 4.2.2 给出了"回"字形面积组合响应随纵横检波点距比 R 及方位角α变化的两个例子。表中最显眼的是$\alpha=0°$和$\alpha=180°$时的数据，这几行数据都不随 R 变化，原因是$\alpha=0°$和$\alpha=180°$时"回"字形面积组合响应与 R 无关。表 4.2.2 中不管方位角α多大，通放带宽度都无一例外地随 R 的增大而变窄，这一规律十分明确。表 4.2.2 还揭示，压制带内$|\varphi_B|$的平均值时而随 R 增大而减小，时而随 R 增大而增大，变化无常，没有简单明确的变化规律。足够多例子的计算结果证明上述规律具有普适性。

"回"字形面积组合通放带宽度和压制带内$|\varphi_B|$的平均值的变化特点说明，R 的增大有利于将高速干扰波置于压制带内，但同时具有提高压制带内$|\varphi_B|$平均值的风险，降低了对落入压制带内干扰波的压制力度。

4.2.4 组合参数 m、n、a、b 对"回"字形面积组合响应的影响

1. m 和 n 对"回"字形面积组合响应的影响

表 4.2.3 和表 4.2.4 分别给出了 33 个"回"字形面积组合通放带宽度及压制带内$|\varphi_B|$平均值随 m、n、a、b 和方位角α的变化数据。如表 4.2.3 所示，当 n、a、b 保持不变时，在相同方向上，通放带的宽度随行数 m 的增大而变窄，无论方位角α多大。当 m、a、b 保持不变时，在相同方向上，无论方位角α多大，通放带宽度都随横向检波点数 n 的增大而变窄。这一特点说明，行数 m 及横向检波点数 n 的增大都可提高将较高速度干扰波置于压制带内的能力。

表 4.2.4 指出，当 m 增大，n、a、b 不变时，$\alpha=90°$（垂直测线方向）及邻近方向上压制带内$|\varphi_B|$的平均值随 m 增大而减小，但同时$\alpha=0°$和$\alpha=180°$（平行测线方向）及邻近方向上压制带内$|\varphi_B|$的平均值却随 m 增大而增大，在其他方向上压制带内$|\varphi_B|$的平均值变化复杂。当 n 增大，m、a、b 不变时，在$\alpha=0°$和$\alpha=180°$（平行测线方向）及邻近方向压制带内$|\varphi_B|$的平均值随 n 的增大而减小，同时$\alpha=90°$（垂直测线方向）及其邻近方向压制带内$|\varphi_B|$的平均值却随 n 的增大而增大，在其他方向上压制带内$|\varphi_B|$的平均值变化复杂（偶尔可见反常数据，其中大多可能是采样率不足引起的尾数计算误差）。这一特点说明，提高落入压制带内纵向干扰波衰减力度必须付出代价，那就是削弱横向干扰波的压制力度。"回"字形面积组合的这种天生缺陷是"口"字形面积组合固有缺陷的遗传。

2. a 和 b 对"回"字形面积组合响应的影响

当 a 增大而 m、n、b 不变时，在 $\alpha=90°$（垂直测线方向）及邻近方向上通放带变窄，同时在 $\alpha=0°$ 和 $\alpha=180°$（沿测线方向）及附近方向上的通放带变宽（个别情况下通放带宽度不变）（表 4.2.3）。这说明增大内"口"字形纵向的检波点数 a 有利于将垂直测线及附近方向高速干扰波置于压制带内，却导致沿测线及邻近方向上高速干扰波被放入通放带内。同时在 $\alpha=90°$ 方向上压制带内 $|\varphi_B|$ 的平均值随着 a 的增大而减小，在 $\alpha=0°$ 和 $\alpha=180°$ 及其邻近方向上压制带内 $|\varphi_B|$ 的平均值也随着 a 的增大而减小（表 4.2.4）。

当 b 增大而 m、n、a 不变时，在 $\alpha=0°$ 和 $\alpha=180°$（平行测线方向）及邻近方向上通放带变窄，同时在 $\alpha=90°$（垂直测线方向）及附近方向上的通放带随之变宽。这说明增大内口字平行测线方向的检波点数 b 有利于将平行测线及其附近方向高速干扰波置于压制带内，却会导致垂直测线及邻近方向上高速干扰波被放入通放带内。但保持 m、n、a 不变而增大 b 引起的压制带内 $|\varphi_B|$ 的平均值的变化复杂：有时在 $0°\leqslant\alpha\leqslant360°$ 各个方向压制带内 $|\varphi_B|$ 的平均值都随着 b 的增大而减小；有时在 $\alpha=0°$，$\alpha=180°$ 并且在 $\alpha=90°$（平行测线方向和垂直测线方向）及其邻近方向上压制带内 $|\varphi_B|$ 的平均值都随着 b 增大而减小，然而很可能在某些其他方向上压制带内 $|\varphi_B|$ 的平均值随着 b 增大而增大，这些方向可能是 $\alpha=22.5°$、$\alpha=45°$、$\alpha=67.5°$ 等及其邻近方向，但不会是 $\alpha=0°$ 和 $\alpha=180°$ 也不会是 $\alpha=90°$。换句话说增大内"口"字形平行测线方向检波点数 b 有利于提高对落入压制带内平行测线方向和垂直测线方向及其附近方向干扰波的衰减力度，而同时可能会降低对非垂直测线方向也非平行测线方向的某些其他方向干扰波的衰减力度（表 4.2.3 和表 4.2.4）。

对比参数 m、n 与 a、b 对"回"字形面积组合响应的影响可知，前者影响较为简单，后者影响更复杂。

4.2.5 "回"字形面积组合响应与其他面积组合响应的对比

1. "回"字形面积组合与矩形面积组合响应比较

图 4.2.4~图 4.2.11 是"回"字形面积组合（$m=7$，$n=9$，$a=3$，$b=7$，$R=1$）响应与矩形面积组合（$m=6$，$n=7$，$R=1$）响应对比图，"回"字形面积组合检波点数为 44，矩形面积组合检波点数为 42，即后者少 2 个检波点。由图可见，在方位角 $\alpha=0°$ 到 $\alpha=180°$ 方向上，矩形面积组合通放带宽度都比"回"字形面积组合通放带宽。在 $\alpha=0°$ 即地震波沿测线方向传播时，很明显矩形面积组合压制带内 $|\varphi_{Re}|$ 的平均值比"回"字形面积组合压制带内 $|\varphi_B|$ 的平均值小（图 4.2.4）。$\alpha=180°$ 时"回"字形面积组合响应与 $\alpha=0°$ 时的组合响应是一样的，矩形面积组合也是如此，因此方位角 $\alpha=180°$ 时"回"字形面积组合（$m=7$，$n=9$，$a=3$，$b=7$，$R=1$）响应与矩形面积组合（$m=6$，$n=7$，$R=1$）响应对比，等同于 $\alpha=0°$ 时两种组合响应的对比。但在其他方向上，仅仅用图难以判断两种组合压制带内 $|\varphi_B|$ 的平均值和 $|\varphi_{Re}|$ 的平均值的大小。

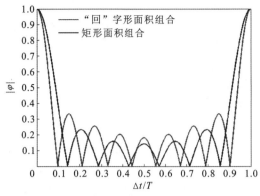

图 4.2.4　方位角 $\alpha=0°$ 时"回"字形面积组合响
应与矩形面积组合响应对比

"回"字形（$m=7$，$n=9$，$a=3$，$b=7$，$R=1$）
与矩形（$m=6$，$n=7$，$R=1$）

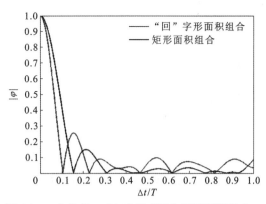

图 4.2.5　方位角 $\alpha=22.5°$ 时"回"字形面积组合
响应与矩形面积组合响应对比

"回"字形（$m=7$，$n=9$，$a=3$，$b=7$，$R=1$）
与矩形（$m=6$，$n=7$，$R=1$）

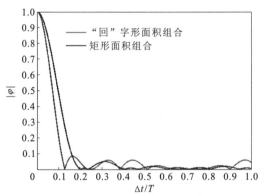

图 4.2.6　方位角 $\alpha=45°$ 时"回"字形面积组合响
应与矩形面积组合响应对比

"回"字形（$m=7$，$n=9$，$a=3$，$b=7$，$R=1$）
与矩形（$m=6$，$n=7$，$R=1$）

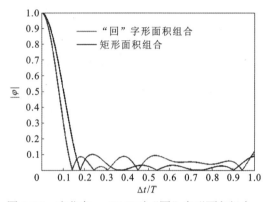

图 4.2.7　方位角 $\alpha=67.5°$ 时"回"字形面积组合
响应与矩形面积组合响应对比

"回"字形（$m=7$，$n=9$，$a=3$，$b=7$，$R=1$）
与矩形（$m=6$，$n=7$，$R=1$）

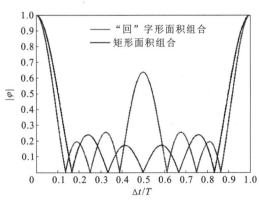

图 4.2.8　方位角 $\alpha=90°$ 时"回"字形面积组合响
应与矩形面积组合响应对比

"回"字形（$m=7$，$n=9$，$a=3$，$b=7$，$R=1$）
与矩形（$m=6$，$n=7$，$R=1$）

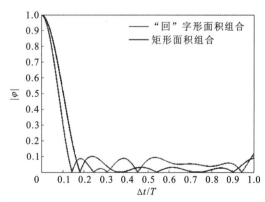

图 4.2.9　方位角 $\alpha=112.5°$ 时"回"字形面积组
合响应与矩形面积组合响应对比

"回"字形（$m=7$，$n=9$，$a=3$，$b=7$，$R=1$）
与矩形（$m=6$，$n=7$，$R=1$）

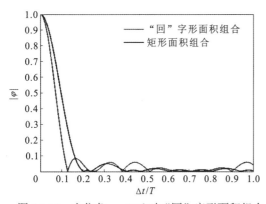

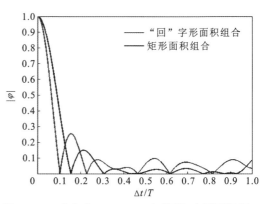

图 4.2.10　方位角 $\alpha=135°$ 时"回"字形面积组合　　　图 4.2.11　方位角 $\alpha=157.5°$ 时"回"字形面积组
响应与矩形面积组合响应对比　　　　　　　　合响应与矩形面积组合响应对比
"回"字形（ $m=7$， $n=9$， $a=3$， $b=7$， $R=1$）　　　"回"字形（ $m=7$， $n=9$， $a=3$， $b=7$， $R=1$）
与矩形（ $m=6$， $n=7$， $R=1$）　　　　　　　　与矩形（ $m=6$， $n=7$， $R=1$）

表 4.2.5 分别给出了 9 组"回"字形面积组合响应与矩形面积组合响应的对比数据。由表 4.2.5 所示，第 1 组数据显示两种组合通放带宽度完全相同，两种组合压制带内 $|\varphi|$ 的平均值也完全相同。其实表 4.2.6 中第 1 行的"回"字形面积组合（ $m=4$， $n=5$， $a=2$， $b=3$， $R=1$）已退化为参数 $m=4$， $n=5$， $R=1$ 的矩形面积组合，故两种组合响应相同。在其余 8 组例子里，约有 61.1%的"回"字形面积组合通放带比矩形面积组合通放带宽度窄，另有 8.3%的方向区间两种组合的通放带宽度相同。说明"回"字形面积组合将较高速度干扰波置于压制带内的能力比矩形面积组合强一点。

表 4.2.5 指出，在除第 1 组外，其他 8 组里，约有 84.7%的方向区间内"回"字形面积组合压制带内 $|\varphi|$ 的平均值比矩形面积组合压制带内 $|\varphi|$ 的平均值大，约有 5.6%的方向区间内两种组合压制带内 $|\varphi|$ 的平均值相同，只有 9.7%的方向区间内"回"字形面积组合压制带内 $|\varphi|$ 的平均值比矩形面积组合压制带内 $|\varphi|$ 的平均值小。这说明矩形面积组合对落入压制带内干扰波的压力力度比"回"字形面积组合强得多。总体上看，矩形面积组合衰减干扰波提高信噪比的性能明显优于"回"字形面积组合。

2. "回"字形面积组合与 I 型平行四边形面积组合响应比较

表 4.2.6 给出了 9 组"回"字形面积组合与 I 型平行四边形面积组合响应的对比数据。如表 4.2.6 所示， α 在 45°～112.5°方向内，除个别对比组外，其他各组"回"字形面积组合通放带宽度都比平行四边形面积组合的窄。在 $\alpha=0°$ 和 $\alpha=135°$～180°方向内，除第 7 组外，其他各组"回"字形面积组合通放带宽度都比平行四边形面积组合的宽。在 $\alpha=22.5°$ 方向上也仅有两组"回"字形面积组合通放带宽度比平行四边形面积组合的宽。也就是说在 0°≤ α ≤180°方向内，约有 74.1%的 I 型平行四边形面积组合通放带宽度比"回"字形面积组合的窄。这说明 I 型平行四边形面积组合将干扰波置于压制带内的能力比"回"字形面积组合强。表 4.2.6 揭示，"回"字形面积组合压制带内 $|\varphi_B|$ 的平均值与 I 型平行四边形面积组合压制带内 $|\varphi_{PI}|$ 的平均值对比，在 $\alpha=45°$ 方向上，"回"字形面积组合压制带内 $|\varphi_B|$ 的平均值都比 I 型平行四边形面积组合压制带内 $|\varphi_{PI}|$ 的平均值小。在 $\alpha=135°$ 方向上，

表 4.2.5 "回"字形面积组合响应与矩形面积组合响应对比表（R=1）

分带	组号	组合形式和参数	\(\alpha/(°)\)								
			0	22.5	45	67.5	90	112.5	135	157.5	180
通放带宽度	1	"回"字形，m=4，n=5，a=2，b=3	0.0902	0.0933	0.1019	0.1106	0.1138	0.1106	0.1019	0.0933	0.0902
		矩形，m=4，n=5	0.0902	0.0933	0.1019	0.1106	0.1138	0.1106	0.1019	0.0933	0.0902
	2	"回"字形，m=5，n=6，a=3，b=4	0.0722	0.0744	0.0799	0.0850	0.0868	0.0850	0.0799	0.0744	0.0722
		矩形，m=4，n=7	0.0638	0.0676	0.0799	0.1009	0.1138	0.1009	0.0799	0.0676	0.0638
	3	"回"字形，m=5，n=7，a=3，b=5	0.0613	0.0639	0.0716	0.0814	0.0858	0.0814	0.0716	0.0639	0.0613
		矩形，m=4，n=8	0.0557	0.0593	0.0716	0.0959	0.1138	0.0959	0.0716	0.0593	0.0557
	4	"回"字形，m=7，n=8，a=3，b=4	0.0515	0.0527	0.0555	0.0577	0.0583	0.0577	0.0555	0.0527	0.0515
		矩形，m=3，n=12	0.0370	0.0399	0.0511	0.0851	0.1553	0.0851	0.0511	0.0399	0.0370
	5	"回"字形，m=6，n=7，a=4，b=3	0.0621	0.0633	0.0659	0.0675	0.0678	0.0675	0.0659	0.0633	0.0621
		矩形，m=4，n=8	0.0557	0.0593	0.0716	0.0959	0.1138	0.0959	0.0716	0.0593	0.0557
	6	"回"字形，m=7，n=8，a=5，b=6	0.0504	0.0515	0.0543	0.0565	0.0572	0.0565	0.0543	0.0515	0.0504
		矩形，m=4，n=11	0.0404	0.0433	0.0543	0.0817	0.1138	0.0817	0.0543	0.0433	0.0404
	7	"回"字形，m=9，n=11，a=5，b=7	0.0365	0.0376	0.0404	0.0430	0.0440	0.0430	0.0404	0.0376	0.0365
		矩形，m=7，n=8	0.0557	0.0572	0.0605	0.0631	0.0638	0.0631	0.0605	0.0572	0.0557
	8	"回"字形，m=7，n=8，a=3，b=6	0.0504	0.0519	0.0558	0.0596	0.0609	0.0596	0.0558	0.0519	0.0504
		矩形，m=5，n=8	0.0557	0.0587	0.0681	0.0824	0.0902	0.0824	0.0681	0.0587	0.0557
	9	"回"字形，m=7，n=9，a=3，b=7	0.0448	0.0466	0.0517	0.0578	0.0605	0.0578	0.0517	0.0466	0.0448
		矩形，m=4，n=11	0.0404	0.0433	0.0543	0.0817	0.1138	0.0817	0.0543	0.0433	0.0404

分带	组号	组合形式和参数	0	22.5	45	67.5	90	112.5	135	157.5	180
压制带内 $|\varphi|$ 的平均值	1	"回"字形, $m=4$, $n=5$, $a=2$, $b=3$	0.2030	0.0992	0.0755	0.0968	0.2374	0.0968	0.0755	0.0992	0.2030
		矩形, $m=4$, $n=5$	0.2030	0.0992	0.0755	0.0968	0.2374	0.0968	0.0755	0.0992	0.2030
	2	"回"字形, $m=5$, $n=6$, $a=3$, $b=4$	0.1943	0.0886	0.0613	0.1003	0.2253	0.1003	0.0613	0.0886	0.1943
		矩形, $m=4$, $n=7$	0.1597	0.0774	0.0613	0.0816	0.2374	0.0816	0.0613	0.0774	0.1597
	3	"回"字形, $m=5$, $n=7$, $a=3$, $b=5$	0.1771	0.0844	0.0576	0.0997	0.2342	0.0997	0.0576	0.0844	0.1771
		矩形, $m=4$, $n=8$	0.1450	0.0703	0.0576	0.0710	0.2374	0.0710	0.0576	0.0703	0.1450
	4	"回"字形, $m=7$, $n=8$, $a=3$, $b=4$	0.2205	0.0789	0.0523	0.0914	0.2509	0.0914	0.0523	0.0789	0.2205
		矩形, $m=3$, $n=12$	0.1078	0.0566	0.0513	0.0676	0.2893	0.0676	0.0513	0.0566	0.1078
	5	"回"字形, $m=6$, $n=7$, $a=4$, $b=3$	0.2159	0.0941	0.0603	0.1027	0.2341	0.1027	0.0603	0.0941	0.2159
		矩形, $m=4$, $n=8$	0.1450	0.0703	0.0576	0.0710	0.2374	0.0710	0.0576	0.0703	0.1450
	6	"回"字形, $m=7$, $n=8$, $a=5$, $b=6$	0.1926	0.0813	0.0474	0.0761	0.2175	0.0761	0.0474	0.0813	0.1926
		矩形, $m=4$, $n=11$	0.1149	0.0564	0.0474	0.0606	0.2374	0.0606	0.0474	0.0564	0.1149
	7	"回"字形, $m=9$, $n=11$, $a=5$, $b=7$	0.1950	0.0593	0.0383	0.0740	0.2389	0.0740	0.0383	0.0593	0.1950
		矩形, $m=7$, $n=8$	0.1450	0.0516	0.0428	0.0504	0.1597	0.0504	0.0428	0.0516	0.1450
	8	"回"字形, $m=7$, $n=8$, $a=3$, $b=6$	0.1974	0.0884	0.0504	0.0625	0.2353	0.0625	0.0504	0.0884	0.1974
		矩形, $m=5$, $n=8$	0.1450	0.0618	0.0499	0.0607	0.2030	0.0607	0.0499	0.0618	0.1450
	9	"回"字形, $m=7$, $n=9$, $a=3$, $b=7$	0.1830	0.0841	0.0487	0.0757	0.2426	0.0757	0.0487	0.0841	0.1830
		矩形, $m=4$, $n=11$	0.1149	0.0564	0.0474	0.0606	0.2374	0.0606	0.0474	0.0564	0.1149

$\alpha/(°)$

注: 表中数据是在 $0 \leqslant \Delta t_x / T \leqslant 1$ 区间计算所得。

表 4.2.6 "回"字形面积组合响应与 I 型平行四边形面积组合响应对比

分带	组号	组合形式和参数	αl (°)								
			0°	22.5°	45°	67.5°	90°	112.5°	135°	157.5°	180°
	1	"回"字形, m=4, n=5, a=2, b=3	0.0902	0.0933	0.1019	0.1106	0.1138	0.1106	0.1019	0.0933	0.0902
		I型平行四边形, m=4, n=5	0.0720	0.0895	0.1275	0.1600	0.1138	0.0824	0.0692	0.0663	0.0720
	2	"回"字形, m=5, n=6, a=3, b=4	0.0722	0.0744	0.0799	0.0850	0.0868	0.0850	0.0799	0.0744	0.0722
		I型平行四边形, m=4, n=7	0.0565	0.0661	0.0903	0.1331	0.1138	0.0782	0.0613	0.0552	0.0565
	3	"回"字形, m=5, n=7, a=3, b=5	0.0613	0.0639	0.0716	0.0814	0.0858	0.0814	0.0716	0.0639	0.0613
		I型平行四边形, m=4, n=8	0.0507	0.0583	0.0788	0.1218	0.1138	0.0759	0.0574	0.0505	0.0507
	4	"回"字形, m=7, n=8, a=3, b=4	0.0515	0.0527	0.0555	0.0577	0.0583	0.0577	0.0555	0.0527	0.0515
		I型平行四边形, m=3, n=12	0.0362	0.0397	0.0524	0.0923	0.1553	0.0765	0.0478	0.0382	0.0362
通放带宽度	5	"回"字形, m=6, n=7, a=4, b=3	0.0621	0.0633	0.0659	0.0675	0.0678	0.0675	0.0659	0.0633	0.0621
		I型平行四边形, m=4, n=8	0.0507	0.0583	0.0788	0.1218	0.1138	0.0759	0.0574	0.0505	0.0507
	6	"回"字形, m=7, n=8, a=5, b=6	0.0504	0.0515	0.0543	0.0565	0.0572	0.0565	0.0543	0.0515	0.0504
		I型平行四边形, m=4, n=11	0.0384	0.0430	0.0572	0.0955	0.1138	0.0685	0.0474	0.0396	0.0384
	7	"回"字形, m=9, n=11, a=5, b=7	0.0365	0.0376	0.0404	0.0430	0.0440	0.0430	0.0404	0.0376	0.0365
		I型平行四边形, m=7, n=8	0.0428	0.0544	0.0788	0.0933	0.0638	0.0466	0.0397	0.0387	0.0428
	8	"回"字形, m=7, n=8, a=3, b=6	0.0504	0.0519	0.0558	0.0596	0.0609	0.0596	0.0558	0.0519	0.0504
		I型平行四边形, m=5, n=8	0.0481	0.0572	0.0788	0.1117	0.0902	0.0631	0.0505	0.0463	0.0481
	9	回字 m=7, n=9, a=3, b=7	0.0448	0.0466	0.0517	0.0578	0.0605	0.0578	0.0517	0.0466	0.0448
		I型平行四边形, m=4, n=11	0.0384	0.0430	0.0572	0.0955	0.1138	0.0685	0.0474	0.0396	0.0384

分带	组号	组合形式和参数	α/(°)								
			0°	22.5°	45°	67.5°	90°	112.5°	135°	157.5°	180°
压制带内|φ_PI|的平均值	1	"回"字形，m=4, n=5, a=2, b=3	0.203 0	0.099 2	0.075 5	0.096 8	0.237 4	0.096 8	0.075 5	0.099 2	0.203 0
		I型平行四边形，m=4, n=5	0.099 8	0.077 4	0.182 3	0.115 1	0.237 4	0.121 7	0.085 8	0.090 9	0.099 8
	2	"回"字形，m=5, n=6, a=3, b=4	0.194 3	0.088 6	0.061 3	0.100 3	0.225 3	0.100 3	0.061 3	0.088 6	0.194 3
		I型平行四边形，m=4, n=7	0.080 6	0.063 0	0.140 9	0.091 0	0.237 4	0.080 4	0.065 2	0.069 5	0.080 6
	3	"回"字形，m=5, n=7, a=3, b=5	0.177 1	0.084 4	0.057 6	0.099 7	0.234 2	0.099 7	0.057 6	0.084 4	0.177 1
		I型平行四边形，m=4, n=8	0.075 9	0.057 3	0.127 8	0.081 8	0.237 4	0.080 0	0.063 0	0.062 1	0.075 9
	4	"回"字形，m=7, n=8, a=3, b=4	0.220 5	0.078 9	0.052 3	0.091 4	0.250 9	0.091 4	0.052 3	0.078 9	0.220 5
		I型平行四边形，m=3, n=12	0.069 4	0.054 5	0.092 2	0.077 6	0.289 3	0.072 2	0.051 3	0.055 7	0.069 4
	5	"回"字形，m=6, n=7, a=4, b=3	0.215 9	0.094 1	0.060 3	0.102 7	0.234 1	0.102 7	0.060 3	0.094 1	0.215 9
		I型平行四边形，m=4, n=8	0.075 9	0.057 3	0.127 8	0.081 8	0.237 4	0.080 0	0.063 0	0.062 1	0.075 9
	6	"回"字形，m=7, n=8, a=5, b=6	0.192 6	0.081 3	0.047 4	0.076 1	0.217 5	0.076 1	0.047 4	0.081 3	0.192 6
		I型平行四边形，m=4, n=11	0.062 9	0.046 8	0.099 7	0.069 3	0.237 4	0.063 0	0.046 6	0.048 2	0.062 9
	7	"回"字形，m=9, n=11, a=5, b=7	0.195 0	0.059 3	0.038 3	0.074 0	0.238 9	0.074 0	0.038 3	0.059 3	0.195 0
		I型平行四边形，m=7, n=8	0.058 6	0.044 0	0.127 8	0.062 6	0.159 7	0.058 9	0.038 9	0.043 7	0.058 6
	8	"回"字形，m=7, n=8, a=3, b=6	0.197 4	0.088 4	0.050 4	0.062 5	0.235 3	0.062 5	0.050 4	0.088 4	0.197 4
		I型平行四边形，m=5, n=8	0.066 3	0.053 2	0.127 8	0.078 2	0.203 0	0.071 3	0.049 7	0.055 4	0.066 3
	9	"回"字形，m=7, n=9, a=3, b=7	0.183 0	0.084 1	0.048 7	0.075 7	0.242 6	0.075 7	0.048 7	0.084 1	0.183 0
		I型平行四边形，m=4, n=11	0.062 9	0.046 8	0.099 7	0.069 3	0.237 4	0.063 0	0.046 6	0.048 2	0.062 9

注：表中通放带宽度和压制带内 $|\varphi_{PI}|$ 的平均值是在 $0 \leqslant \Delta t_x / T \leqslant 1$ 区间计算所得。

多数"回"字形面积组合压制带内$|\varphi_B|$的平均值比I型平行四边形面积组合压制带内$|\varphi_{PI}|$的平均值小。在$\alpha=67.5°\sim112.5°$方向上，只有2/9的"回"字形面积组合压制带内$|\varphi_B|$的平均值比I型平行四边形面积组合压制带内$|\varphi_{PI}|$的平均值小。在α为$0°\sim22.5°$方向及$157.5°\sim180°$方向内，"回"字形面积组合压制带内$|\varphi_B|$的平均值全都比I型平行四边形面积组合压制带内$|\varphi_{PI}|$的平均值大。这就是说在整个$0°\leqslant\alpha\leqslant180°$方向内，约有72.8% I型平行四边形面积组合压制带内$|\varphi_{PI}|$的平均值比"回"字形面积组合压制带内$|\varphi_B|$的平均值小。这说明，I型平行四边形面积组合对落入压制带内干扰波的压制能力比"回"字形面积组合强。

上述分析说明，I型平行四边形面积组合衰减干扰波提高信噪比的性能全面优于"回"字形面积组合。基于I型和II型平行四边形面积组合特有关系（3.3节）可知，II型平行四边形面积组合衰减干扰波提高信噪比的性能同样全面优于"回"字形面积组合，只是II型平行四边形面积组合的优势方向区间与I型平行四边形面积组合有所不同。

4.2.6　小结

（1）方位角为$180°+\alpha$的"回"字形面积组合响应与方位角为α的"回"字形面积组合响应相同，两个互为补角的方位角"回"字形面积组合响应相同，两个互为余角的方位角$m=n$，$a=b$的"回"字形面积组合响应相同。

（2）m增大但n、a、b不变时，整个$0°\leqslant\alpha\leqslant180°$方向内通放带都变窄，而垂直测线方向及邻近方向压制带内$|\varphi_B|$的平均值减小，同时平行测线方向及其邻近方向压制带内$|\varphi_B|$的平均值增大。

（3）n增大但m、a、b不变时，整个$0°\leqslant\alpha\leqslant180°$方向内通放带都变窄，同时平行测线方向及邻近方向压制带内$|\varphi_B|$的平均值减小，而垂直测线方向及邻近方向压制带内$|\varphi_B|$的平均值却增大。

（4）a增大而m、n、b不变时，在垂直测线方向及邻近方向上通放带变窄，而在沿测线方向及附近方向上的通放带变宽；同时在垂直测线方向和平行测线及邻近方向上压制带内$|\varphi_B|$的平均值减小，但在某些其他方向上压制带内$|\varphi_B|$的平均值会增大。

（5）b增大而m、n、a不变时，在平行测线方向及邻近方向上通放带变窄，而在垂直测线方向及附近方向上的通放带变宽；但同时压制带内$|\varphi_B|$的平均值变化复杂。从b的增大效果来看，增大b有利于提高平行测线方向和垂直测线方向及其附近方向干扰波的衰减力度，而可能会降低对非垂直测线方向也非平行测线方向的某些其他方向干扰波的衰减力度。

（6）R的增大有利于将高速干扰波置于压制带内，但同时具有提高压制带内$|\varphi_B|$的平均值的风险，降低对落入压制带内干扰波的压制力度。

（7）"回"字形面积组合与简单线性组合相比，简单线性组合将高速干扰波置于压制带内的能力比"回"字形面积组合强；但对落入压制带内干扰波的衰减力度，"回"字形面积组合明显更占优势。

（8）"回"字形面积组合与矩形面积组合衰减干扰波的性能各有优势，"回"字形面积组合普遍具有较窄的通放带，矩形面积组合对落入压制带内的干扰波具有几乎全方位的衰减能力，总体看矩形面积组合更优。

（9）"回"字形面积组合将高速干扰波置于压制带内的能力比平行四边形面积组合差，对落入压制带内干扰波的衰减力度明显不如平行四边形面积组合，总体看平行四边形面积组合更优。

（10）与其使用"回"字形面积组合不如采用相等检波点数的矩形面积组合或平行四边形面积组合。

4.3 "吕"字形面积组合

图 4.3.1 为"吕"字形面积组合检波点在地平面上展布示意图，如图 4.3.1 所示，"吕"字形面积组合是由两个大小相同的"口"字构成。取 XOY 坐标如图 4.3.1 所示，测线平行 X 轴。地震波以视速度 V^* 沿地面 AB 方向传播。AB 方位角 α 以从 X 轴正方向逆时针旋转向 AB 者为正。

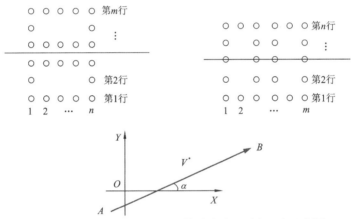

图 4.3.1 "吕"字形面积组合检波点地平面上展布示意图

"吕"字形面积组合的 4 条横线与 X 轴平行，2 条竖线与 Y 轴平行，测线从上下两个"口"字中间穿过并通过两个"口"字的形心连线的中点。4 横上各有 n 个检波点，检波点距 Δx，称为横向检波点距，$n \geq 3$。整个"吕"字有 m 行，m 为偶数，$m \geq 4$，行距 Δy，称为纵向检波点距，$\Delta y = R\Delta x$。两个"口"字各有 $m/2$ 行，n 列。除 4 横外，其他所有行只有 2 个检波点并分居两边。行号 m 和列数 n 的序号如图 4.3.1 所示。按上述规定设计的"吕"字形面积组合本身只有 3 个参数，即 m、n 和 R。

4.3.1 "吕"字形面积组合响应

将"吕"字形面积组合输出信号的频谱分别记为 $G_{K2}(j\omega)$ 和 $G_{K1}(j\omega)$，将上下"口"字的形心处单个检波器输出信号的频谱分别记为 $g_{c2}(j\omega)$ 和 $g_{c1}(j\omega)$。上下口字的形心位于各自的对角线交点上，将上下"口"字的形心距离记为 s，由图（4.3.1）有

$$s = \frac{m\Delta y}{2} \tag{4.3.1}$$

$g_{c2}(j\omega)$ 波至时间比 $g_{c1}(j\omega)$ 滞后 Δt_s：

$$\Delta t_s = \frac{s}{V^*}\sin a = \frac{mR\Delta y \sin a}{2V^*} = \frac{mR\Delta x \sin a}{2V^*} = \frac{mR\Delta t_x \sin a}{2} \tag{4.3.2}$$

则

$$g_{c2}(j\omega) = g_{c1}(j\omega)e^{-j\omega\Delta t_s} = g_{c1}(j\omega)e^{-j\frac{mR\omega\Delta t_x \sin a}{2}} \tag{4.3.3}$$

式中：$\Delta t_x = \dfrac{\Delta x}{V^*}$。

如果上下"口"字的形心连线中点处也有一个检波器的话，由图 4.3.1 易知其波至时间比 $g_{c1}(j\omega)$ 滞后 $\Delta t_s / 2$，将其独自输出信号的频谱记为 $g_{cc}(j\omega)$，则

$$g_{cc}(j\omega) = g_{c1}(j\omega)e^{-j\frac{\omega\Delta t_s}{2}} = g_{c1}(j\omega)e^{-j\frac{mR\omega\Delta t_x \sin a}{4}} \tag{4.3.4}$$

根据 4.1 节式（4.1.15），上"口"字形面积组合输出信号的频谱为

$$
\begin{aligned}
G_{K2}(j\omega) = &\left\{ \frac{\sin\left(\dfrac{mR\omega\Delta t_x}{4}\sin\alpha\right)\sin\left(\dfrac{n\omega\Delta t_x}{2}\cos\alpha\right)}{\sin\left(\dfrac{R\omega\Delta t_x}{2}\sin\alpha\right)\sin\left(\dfrac{\omega\Delta t_x}{2}\cos\alpha\right)} \right. \\
&\left. - \frac{\sin\left[\dfrac{\left(\dfrac{m}{2}-2\right)R\omega\Delta t_x}{2}\sin\alpha\right]\sin\left[\dfrac{(n-2)\omega\Delta t_x}{2}\cos\alpha\right]}{\sin\left(\dfrac{R\omega\Delta t_x}{2}\sin\alpha\right)\sin\left(\dfrac{\omega\Delta t_x}{2}\cos\alpha\right)} \right\} g_{c2}(j\omega) \\
= &\left\{ \frac{\sin\left(\dfrac{mR\omega\Delta t_x}{4}\sin\alpha\right)\sin\left(\dfrac{n\omega\Delta t_x}{2}\cos\alpha\right)}{\sin\left(\dfrac{R\omega\Delta t_x}{2}\sin\alpha\right)\sin\left(\dfrac{\omega\Delta t_x}{2}\cos\alpha\right)} \right. \\
&\left. - \frac{\sin\left[\dfrac{\left(\dfrac{m}{2}-2\right)R\omega\Delta t_x}{2}\sin\alpha\right]\sin\left[\dfrac{(n-2)\omega\Delta t_x}{2}\cos\alpha\right]}{\sin\left(\dfrac{R\omega\Delta t_x}{2}\sin\alpha\right)\sin\left(\dfrac{\omega\Delta t_x}{2}\cos\alpha\right)} \right\} g_{c1}(j\omega)e^{-j\frac{mR\omega\Delta t_x \sin\alpha}{2}}
\end{aligned} \tag{4.3.5}
$$

下"口"字形面积组合输出信号的频谱为

$$
\begin{aligned}
G_{K1}(j\omega) = &\left\{ \frac{\sin\left(\dfrac{mR\omega\Delta t_x}{4}\sin\alpha\right)\sin\left(\dfrac{n\omega\Delta t_x}{2}\cos\alpha\right)}{\sin\left(\dfrac{R\omega\Delta t_x}{2}\sin\alpha\right)\sin\left(\dfrac{\omega\Delta t_x}{2}\cos\alpha\right)} \right. \\
&\left. - \frac{\sin\left[\dfrac{\left(\dfrac{m}{2}-2\right)R\omega\Delta t_x}{2}\sin\alpha\right]\sin\left[\dfrac{(n-2)\omega\Delta t_x}{2}\cos\alpha\right]}{\sin\left(\dfrac{R\omega\Delta t_x}{2}\sin\alpha\right)\sin\left(\dfrac{\omega\Delta t_x}{2}\cos\alpha\right)} \right\} g_{c1}(j\omega)
\end{aligned} \tag{4.3.6}
$$

将"吕"字形面积组合输出信号的频谱记为 $G_L(j\omega)$，根据式（4.3.2）、式（4.3.5）和式（4.3.6）则有

$$G_L(j\omega) = G_{K1}(j\omega) + G_{K2}(j\omega)$$

$$= \left\{ \frac{\sin\left(\dfrac{mR\omega\Delta t_x}{4}\sin\alpha\right)\sin\left(\dfrac{n\omega\Delta t_x}{2}\cos\alpha\right)}{\sin\left(\dfrac{R\omega\Delta t_x}{2}\sin\alpha\right)\sin\left(\dfrac{\omega\Delta t_x}{2}\cos\alpha\right)} \right.$$

$$\left. - \frac{\sin\left[\dfrac{\left(\dfrac{m}{2}-2\right)R\omega\Delta t_x}{2}\sin\alpha\right]\sin\left[\dfrac{(n-2)\omega\Delta t_x}{2}\cos\alpha\right]}{\sin\left(\dfrac{R\omega\Delta t_x}{2}\sin\alpha\right)\sin\left(\dfrac{\omega\Delta t_x}{2}\cos\alpha\right)} \right\}[g_{c1}(j\omega) + g_{c2}(j\omega)]$$

$$= \left\{ \frac{\sin\left(\dfrac{mR\omega\Delta t_x}{4}\sin\alpha\right)\sin\left(\dfrac{n\omega\Delta t_x}{2}\cos\alpha\right)}{\sin\left(\dfrac{R\omega\Delta t_x}{2}\sin\alpha\right)\sin\left(\dfrac{\omega\Delta t_x}{2}\cos\alpha\right)} \right.$$

$$\left. - \frac{\sin\left[\dfrac{\left(\dfrac{m}{2}-2\right)R\omega\Delta t_x}{2}\sin\alpha\right]\sin\left[\dfrac{(n-2)\omega\Delta t_x}{2}\cos\alpha\right]}{\sin\left(\dfrac{R\omega\Delta t_x}{2}\sin\alpha\right)\sin\left(\dfrac{\omega\Delta t_x}{2}\cos\alpha\right)} \right\}[1 + e^{-j\omega\Delta t_s}]g_{c1}(j\omega)$$

$$= \left\{ \frac{\sin\left(\dfrac{mR\omega\Delta t_x}{4}\sin\alpha\right)\sin\left(\dfrac{n\omega\Delta t_x}{2}\cos\alpha\right)}{\sin\left(\dfrac{R\omega\Delta t_x}{2}\sin\alpha\right)\sin\left(\dfrac{\omega\Delta t_x}{2}\cos\alpha\right)} \right.$$

$$\left. - \frac{\sin\left[\dfrac{\left(\dfrac{m}{2}-2\right)R\omega\Delta t_x}{2}\sin\alpha\right]\sin\left[\dfrac{(n-2)\omega\Delta t_x}{2}\cos\alpha\right]}{\sin\left(\dfrac{R\omega\Delta t_x}{2}\sin\alpha\right)\sin\left(\dfrac{\omega\Delta t_x}{2}\cos\alpha\right)} \right\}\frac{\sin\dfrac{2mR\omega\Delta t_x\sin\alpha}{4}}{\sin\dfrac{mR\omega\Delta t_x\sin\alpha}{4}}g_{c1}(j\omega)e^{-j\frac{mR\omega\Delta t_x\sin\alpha}{4}}$$

$$（4.3.7）$$

式中：$g_{c1}(j\omega)e^{-j\frac{mR\omega\Delta t_x\sin\alpha}{4}}$ 恰是上下"口"字的形心连线中点处单个检波器输出信号的频谱 $g_{cc}(j\omega)$。式（4.3.7）说明"吕"字形面积组合总输出信号的频谱 $G_{L1}(j\omega)$ 与 $g_{c1}(j\omega)e^{-j\frac{mR\omega\Delta t_x\sin\alpha}{4}}$（即 $g_{cc}(j\omega)$）同相，说明上下"口"字的形心连线中点就是"吕"字形面积组合等效检波器位置。上式中 $1 + e^{-j\omega\Delta t_s}$ 是等比级数前两项和，其演算过程中的变化参见第 1.1.2 小节。

将式（4.3.7）右端 $g_{c1}(j\omega)e^{-j\frac{mR\omega\Delta t_x\sin\alpha}{4}}$ 前的部分记为 $P_{L1}(j\omega)$：

$$P_L(j\omega) = \left\{ \frac{\sin\left(\dfrac{mR\omega\Delta t_x}{4}\sin\alpha\right)\sin\left(\dfrac{n\omega\Delta t_x}{2}\cos\alpha\right)}{\sin\left(\dfrac{R\omega\Delta t_x}{2}\sin\alpha\right)\sin\left(\dfrac{\omega\Delta t_x}{2}\cos\alpha\right)} \right.$$

$$\left. -\frac{\sin\left[\dfrac{\left(\dfrac{m}{2}-2\right)R\omega\Delta t_x}{2}\sin\alpha\right]\sin\left[\dfrac{(n-2)\omega\Delta t_x}{2}\cos\alpha\right]}{\sin\left(\dfrac{R\omega\Delta t_x}{2}\sin\alpha\right)\sin\left(\dfrac{\omega\Delta t_x}{2}\cos\alpha\right)} \right\}\frac{\sin\dfrac{2mR\omega\Delta t_x\sin\alpha}{4}}{\sin\dfrac{mR\omega\Delta t_x\sin\alpha}{4}} \qquad (4.3.8)$$

根据式（4.3.7）可得：

$$G_{L1}(j\omega) = P_{L1}(j\omega)g_{c1}(j\omega)e^{-j\frac{mR\omega\Delta t_x\sin\alpha}{4}} = P_{L1}(j\omega)g_{cc}(j\omega) \qquad （4.3.9）$$

将"吕"字形面积组合总输出信号的振幅谱记为 G_{LI}，将上下"口"字的形心连线中点处单个检波器输出信号振幅谱记为 g_{cc}，则 g_{cc} 也表示"吕"字形面积组合任一检波点上单个检波器输出信号的振幅谱，这样就有

$$G_L = |P_L(j\omega)||g_{cc}(j\omega)| = P_L g_{cc} \qquad （4.3.10）$$

式中： P_L 是 $P_L(j\omega)$ 的模。

$$P_L = |P_L(j\omega)|$$

$$= \left|\left\{ \frac{\sin\left(\dfrac{mR\omega\Delta t_x}{4}\sin\alpha\right)\sin\left(\dfrac{n\omega\Delta t_x}{2}\cos\alpha\right)}{\sin\left(\dfrac{R\omega\Delta t_x}{2}\sin\alpha\right)\sin\left(\dfrac{\omega\Delta t_x}{2}\cos\alpha\right)} \right.\right.$$

$$\left.\left. -\frac{\sin\left[\dfrac{\left(\dfrac{m}{2}-2\right)R\omega\Delta t_x}{2}\sin\alpha\right]\sin\left[\dfrac{(n-2)\omega\Delta t_x}{2}\cos\alpha\right]}{\sin\left(\dfrac{R\omega\Delta t_x}{2}\sin\alpha\right)\sin\left(\dfrac{\omega\Delta t_x}{2}\cos\alpha\right)} \right\}\frac{\sin\dfrac{2mR\omega\Delta t_x\sin\alpha}{4}}{\sin\dfrac{mR\omega\Delta t_x\sin\alpha}{4}}\right| \qquad （4.3.11）$$

由式（4.3.10）可知， P_L 表示"吕"字形面积组合对单个检波器输出信号振幅谱的放大倍数。

当 $\Delta x \to 0$ 和 $\Delta y \to 0$ 或/和 $V^* \to \infty$ 时， $\Delta t_x \to 0$ ， $\Delta t_y \to 0$ ，则

$$P_L \to 2(m+2n-4) \qquad （4.3.12）$$

根据组合响应的概念，组合响应是归一化后的组合对单个检波器输出信号振幅谱的放大倍数（参见 1.1 节、2.2 节），便可由式（4.3.8）~式（4.3.12）写出"吕"字形面积组合响应：

$$|\varphi_L| = \frac{P_L}{2(m+2n-4)}$$

$$= \frac{1}{2(m+2n-4)}\left|\left\{ \frac{\sin\left(\dfrac{mR\omega\Delta t_x}{4}\sin\alpha\right)\sin\left(\dfrac{n\omega\Delta t_x}{2}\cos\alpha\right)}{\sin\left(\dfrac{R\omega\Delta t_x}{2}\sin\alpha\right)\sin\left(\dfrac{\omega\Delta t_x}{2}\cos\alpha\right)} \right.\right.$$

$$-\frac{\sin\left[\dfrac{\left(\dfrac{m}{2}-2\right)R\omega\Delta t_x}{2}\sin\alpha\right]\sin\left[\dfrac{(n-2)\omega\Delta t_x}{2}\cos\alpha\right]}{\sin\left(\dfrac{R\omega\Delta t_x}{2}\sin\alpha\right)\sin\left(\dfrac{\omega\Delta t_x}{2}\cos\alpha\right)}\Biggr\}\frac{\sin\dfrac{2mR\omega\Delta t_x\sin\alpha}{4}}{\sin\dfrac{mR\omega\Delta t_x\sin\alpha}{4}}\Biggr| \qquad (4.3.13)$$

为作图和对比不同面积组合响应等方便，将式（4.3.13）略做变化：

$$|\varphi_{\mathrm L}|=\frac{1}{2(m+2n-4)}\Biggl|\Biggl\{\frac{\sin\left(\dfrac{mR\omega\Delta t_x}{4}\sin\alpha\right)\sin\left(\dfrac{n\omega\Delta t_x}{2}\cos\alpha\right)}{\sin\left(\dfrac{R\omega\Delta t_x}{2}\sin\alpha\right)\sin\left(\dfrac{\omega\Delta t_x}{2}\cos\alpha\right)}$$

$$-\frac{\sin\left[\dfrac{\left(\dfrac{m}{2}-2\right)R\omega\Delta t_x}{2}\sin\alpha\right]\sin\left[\dfrac{(n-2)\omega\Delta t_x}{2}\cos\alpha\right]}{\sin\left(\dfrac{R\omega\Delta t_x}{2}\sin\alpha\right)\sin\left(\dfrac{\omega\Delta t_x}{2}\cos\alpha\right)}\Biggr\}\frac{\sin\dfrac{2R\omega\Delta t_s}{2}}{\sin\dfrac{R\omega\Delta t_s}{2}}$$

$$=\frac{1}{2(m+2n-4)}\Biggl|\Biggl\{\frac{\sin\left(\dfrac{mR\pi}{2}\dfrac{\Delta t_x}{T}\sin\alpha\right)\sin\left(n\pi\dfrac{\Delta t_x}{T}\cos\alpha\right)}{\sin\left(R\pi\dfrac{\Delta t_x}{T}\sin\alpha\right)\sin\left(\pi\dfrac{\Delta t_x}{T}\cos\alpha\right)}$$

$$-\frac{\sin\left[\left(\dfrac{m}{2}-2\right)R\pi\dfrac{\Delta t_x}{T}\sin\alpha\right]\sin\left[(n-2)\pi\dfrac{\Delta t_x}{T}\cos\alpha\right]}{\sin\left(R\pi\dfrac{\Delta t_x}{T}\sin\alpha\right)\sin\left(\pi\dfrac{\Delta t_x}{T}\cos\alpha\right)}\Biggr\}\frac{\sin\dfrac{2mR\pi\dfrac{\Delta t_x}{T}\sin\alpha}{2}}{\sin\dfrac{mR\pi\dfrac{\Delta t_x}{T}\sin\alpha}{2}}$$

$$=\frac{1}{(m+2n-4)}\Biggl|\frac{\sin\dfrac{mR\pi\Delta t_x\sin\alpha}{2T}\sin\dfrac{n\pi\Delta t_x\cos\alpha}{T}-\sin\dfrac{\left(\dfrac{m}{2}-2\right)R\pi\Delta t_x\sin\alpha}{T}\sin\dfrac{(n-2)\pi\Delta t_x\cos\alpha}{T}}{\sin\dfrac{R\pi\Delta t_x\sin\alpha}{T}\sin\dfrac{\pi\Delta t_x\cos\alpha}{T}}$$

$$\cos\dfrac{mR\pi\Delta t_x\sin\alpha}{2T}\Biggr|$$

$$(4.3.14)$$

4.3.2 "吕"字形面积组合的特例

1. 行数 $m=4$ 时"吕"字形面积组合退化成矩形面积组合

将 $m=4$ 代入式（4.3.14）可得

$$|\varphi_\mathrm{L}|_{m=4} = \frac{1}{(m+2n-4)}\left|\frac{\sin\dfrac{mR\pi\Delta t_x\sin\alpha}{2T}\sin\dfrac{n\pi\Delta t_x\cos\alpha}{T} - \sin\dfrac{\left(\dfrac{m}{2}-2\right)R\pi\Delta t_x\sin\alpha}{T}\sin\dfrac{(n-2)\pi\Delta t_x\cos\alpha}{T}}{\sin\dfrac{R\pi\Delta t_x\sin\alpha}{T}\sin\dfrac{\pi\Delta t_x\cos\alpha}{T}}\right.$$

$$\left.\cos\dfrac{mR\pi\Delta t_x\sin\alpha}{2T}\right|$$

$$= \frac{1}{(4+2n-4)}\left|\frac{\sin\dfrac{4R\pi\Delta t_x\sin\alpha}{2T}\sin\dfrac{n\pi\Delta t_x\cos\alpha}{T} - \sin\dfrac{\left(\dfrac{4}{2}-2\right)R\pi\Delta t_x\sin\alpha}{T}\sin\dfrac{(n-2)\pi\Delta t_x\cos\alpha}{T}}{\sin\dfrac{R\pi\Delta t_x\sin\alpha}{T}\sin\dfrac{\pi\Delta t_x\cos\alpha}{T}}\right.$$

$$\left.\cos\dfrac{4R\pi\Delta t_x\sin\alpha}{2T}\right|$$

$$= \frac{1}{2n}\left|\frac{\sin\dfrac{2R\pi\Delta t_x\sin\alpha}{T}\sin\dfrac{n\pi\Delta t_x\cos\alpha}{T}\cos\dfrac{2R\pi\Delta t_x\sin\alpha}{T}}{\sin\dfrac{R\pi\Delta t_x\sin\alpha}{T}\sin\dfrac{\pi\Delta t_x\cos\alpha}{T}}\right|$$

$$= \frac{1}{4n}\left|\frac{\sin\dfrac{4R\pi\Delta t_x\sin\alpha}{T}\sin\dfrac{n\pi\Delta t_x\cos\alpha}{T}}{\sin\dfrac{R\pi\Delta t_x\sin\alpha}{T}\sin\dfrac{\pi\Delta t_x\cos\alpha}{T}}\right|$$

$$\text{(4.3.15)}$$

将式（3.2.15）重写在下面，以便与上式对照：

$$|\varphi_\mathrm{Re}| = \frac{1}{mn}\left|\frac{\sin\left(m\pi R\dfrac{\Delta t_x}{T}\sin\alpha\right)\sin\left(n\pi\dfrac{\Delta t_x}{T}\cos\alpha\right)}{\sin\left(\pi R\dfrac{\Delta t_x}{T}\sin\alpha\right)\sin\left(\pi\dfrac{\Delta t_x}{T}\cos\alpha\right)}\right| \tag{4.3.16}$$

显然，式（4.3.15）右端正是 4 行 n 列的矩形面积组合响应，也就是说当"吕"字形面积组合的行数 $m=4$ 时，"吕"字形面积组合已蜕变为 4 行 n 列的矩形面积组合。

2. "吕"字形面积组合也是一种特定参数的"回"字形面积组合

由图 4.3.1 可见，"吕"字形面积组合实际上可看成是"回"字形面积组合，但这个"回"字形面积组合参数有一定约束，即"回"字形面积组合的内"口"字形行数 $a=2$，横向检波点数 $b=n-2$。足够多例子的计算数据证明了这个关系。同图形的"回"字形面积组合和"吕"字形面积组合既然图形相同，二者的组合响应当然应该相同。

4.3.3 "吕"字形面积组合响应与方位角α的关系

1. 方位角由α与$180°\pm\alpha$的"吕"字形面积组合响应相同

将式（4.3.14）中的方位角α改为$180°\pm\alpha$：

$$|\varphi_L| = \frac{1}{(m+2n-4)}$$

$$\left| \frac{\sin\dfrac{mR\pi\Delta t_x \sin(180°\pm\alpha)}{2T}\sin\dfrac{n\pi\Delta t_x \cos(180°\pm\alpha)}{T} - \sin\dfrac{\left(\dfrac{m}{2}-2\right)R\pi\Delta t_x \sin(180°\pm\alpha)}{T}\sin\dfrac{(n-2)\pi\Delta t_x \cos(180°\pm\alpha)}{T}}{\sin\dfrac{R\pi\Delta t_x \sin(180°\pm\alpha)}{T}\sin\dfrac{\pi\Delta t_x \cos(180°\pm\alpha)}{T}} \right.$$

$$\left. \cos\dfrac{mR\pi\Delta t_x \sin(180°\pm\alpha)}{2T} \right|$$

$$= \frac{1}{(m+2n-4)}\left| \frac{\sin\dfrac{mR\pi\Delta t_x \sin\alpha}{2T}\sin\dfrac{n\pi\Delta t_x \cos\alpha}{T} - \sin\dfrac{\left(\dfrac{m}{2}-2\right)R\pi\Delta t_x \sin\alpha}{T}\sin\dfrac{(n-2)\pi\Delta t_x \cos\alpha}{T}}{\sin\dfrac{R\pi\Delta t_x \sin\alpha}{T}\sin\dfrac{\pi\Delta t_x \cos\alpha}{T}} \right.$$

$$\left. \cos\dfrac{mR\pi\Delta t_x \sin\alpha}{2T} \right|$$

$$(4.3.17)$$

式（4.3.17）说明α与$180°\pm\alpha$的"吕"字形面积组合响应相同，这一结果与m、n的相对大小无关。

2. 两个方位角互为补角时其"吕"字形面积组合响应相同

设方位角ξ和ζ互为补角：$\xi+\zeta=180°$，则$\xi=180°-\zeta$，将其代入式（4.3.14）得：

$$|\varphi_L| = \frac{1}{(m+2n-4)}$$

$$\left| \frac{\sin\dfrac{mR\pi\Delta t_x \sin\xi}{2T}\sin\dfrac{n\pi\Delta t_x \cos\xi}{T} - \sin\dfrac{\left(\dfrac{m}{2}-2\right)R\pi\Delta t_x \sin\xi}{T}\sin\dfrac{(n-2)\pi\Delta t_x \cos\xi}{T}}{\sin\dfrac{R\pi\Delta t_x \sin\xi}{T}\sin\dfrac{\pi\Delta t_x \cos\xi}{T}} \right.$$

$$\left. \cos\dfrac{mR\pi\Delta t_x \sin\xi}{2T} \right|$$

$$= \frac{1}{(m+2n-4)}$$

$$\left| \sin\frac{mR\pi\Delta t_x \sin(180^\circ-\zeta)}{2T} \sin\frac{n\pi\Delta t_x \cos(180^\circ-\zeta)}{T} - \sin\frac{\left(\dfrac{m}{2}-2\right)R\pi\Delta t_x \sin(180^\circ-\zeta)}{T} \sin\frac{(n-2)\pi\Delta t_x \cos(180^\circ-\zeta)}{T} \right.$$

$$\frac{}{\sin\dfrac{R\pi\Delta t_x \sin(180^\circ-\zeta)}{T} \sin\dfrac{\pi\Delta t_x \cos(180^\circ-\zeta)}{T}}$$

$$\left. \cos\frac{mR\pi\Delta t_x \sin(180^\circ-\zeta)}{2T} \right|$$

$$= \frac{1}{(m+2n-4)} \tag{4.3.18}$$

$$\left| \sin\frac{mR\pi\Delta t_x \sin\zeta}{2T} \sin\frac{n\pi\Delta t_x \cos\zeta}{T} - \sin\frac{\left(\dfrac{m}{2}-2\right)R\pi\Delta t_x \sin\zeta}{T} \sin\frac{(n-2)\pi\Delta t_x \cos\zeta}{T} \right.$$

$$\frac{}{\sin\dfrac{R\pi\Delta t_x \sin\zeta}{T} \sin\dfrac{\pi\Delta t_x \cos\zeta}{T}}$$

$$\left. \cos\frac{mR\pi\Delta t_x \sin\zeta}{2T} \right|$$

上式说明，两个方位角互为补角时其"吕"字形面积组合响应相等，这一结果与 m、n 的相对大小无关（表 4.3.1 和表 4.3.2）。

表 4.3.1 横向检波点数 n 不变时"吕"字形面积组合响应随行数 m 的变化

分带	序号	参数	$\alpha/(°)$								
			0	22.5	45	67.5	90	112.5	135	157.5	180
	1	$m=6$，$n=5$，$R=1$	0.083 1	0.082 2	0.078 8	0.074 6	0.072 8	0.074 6	0.078 8	0.082 2	0.083 1
	2	$m=8$，$n=5$，$R=1$	0.078 9	0.074 0	0.063 8	0.056 3	0.053 8	0.056 3	0.063 8	0.074 0	0.078 9
	3	$m=10$，$n=5$，$R=1$	0.076 1	0.067 4	0.053 4	0.045 2	0.042 7	0.045 2	0.053 4	0.067 4	0.076 1
	4	$m=12$，$n=5$，$R=1$	0.074 2	0.061 8	0.045 8	0.037 4	0.035 5	0.037 4	0.045 8	0.061 8	0.074 2
	5	$m=14$，$n=5$，$R=1$	0.072 7	0.057 0	0.040 1	0.032 5	0.030 4	0.032 5	0.040 1	0.057 0	0.072 7
	6	$m=6$，$n=6$，$R=1$	0.069 0	0.070 0	0.072 0	0.072 7	0.072 6	0.072 7	0.072 0	0.070 0	0.069 0
	7	$m=8$，$n=6$，$R=1$	0.065 4	0.063 9	0.059 5	0.055 1	0.053 4	0.055 1	0.059 5	0.063 9	0.065 4
通放带宽度	8	$m=10$，$n=6$，$R=1$	0.063 0	0.058 9	0.050 5	0.044 4	0.042 4	0.044 4	0.050 5	0.058 9	0.063 0
	9	$m=12$，$n=6$，$R=1$	0.061 2	0.054 6	0.043 8	0.037 2	0.035 2	0.037 2	0.043 8	0.054 6	0.061 2
	10	$m=14$，$n=6$，$R=1$	0.059 9	0.050 9	0.038 5	0.032 1	0.030 2	0.032 1	0.038 5	0.050 9	0.059 9
	11	$m=6$，$n=7$，$R=1$	0.059 1	0.061 0	0.065 9	0.070 7	0.072 4	0.070 7	0.065 9	0.061 0	0.059 1
	12	$m=8$，$n=7$，$R=1$	0.056 1	0.056 1	0.055 5	0.054 0	0.053 2	0.054 0	0.055 5	0.056 1	0.056 1
	13	$m=10$，$n=7$，$R=1$	0.054 0	0.052 2	0.047 7	0.043 7	0.042 2	0.043 7	0.047 7	0.052 2	0.054 0
	14	$m=12$，$n=7$，$R=1$	0.052 4	0.048 8	0.041 8	0.036 7	0.035 0	0.036 7	0.041 8	0.048 8	0.052 4
	15	$m=14$，$n=7$，$R=1$	0.051 2	0.045 9	0.037 1	0.031 6	0.030 0	0.031 6	0.037 1	0.045 9	0.051 2
	16	$m=6$，$n=8$，$R=1$	0.051 9	0.054 1	0.060 5	0.068 6	0.072 2	0.068 6	0.060 5	0.054 1	0.051 9
	17	$m=8$，$n=8$，$R=1$	0.049 2	0.050 1	0.051 9	0.052 9	0.053 0	0.052 9	0.051 9	0.050 1	0.049 2
	18	$m=10$，$n=8$，$R=1$	0.047 4	0.046 9	0.045 2	0.042 9	0.042 0	0.042 9	0.045 2	0.046 9	0.047 4

分带	序号	参数	α/(°)								
			0	22.5	45	67.5	90	112.5	135	157.5	180
压制带内|φ_L|的平均值	1	$m=6$, $n=5$, $R=1$	0.255 5	0.126 0	0.074 1	0.099 1	0.233 2	0.099 1	0.074 1	0.126 0	0.255 5
	2	$m=8$, $n=5$, $R=1$	0.298 6	0.091 6	0.062 9	0.083 5	0.211 8	0.083 5	0.062 9	0.091 6	0.298 6
	3	$m=10$, $n=5$, $R=1$	0.332 8	0.073 2	0.058 8	0.081 8	0.191 6	0.081 8	0.058 8	0.073 2	0.332 8
	4	$m=12$, $n=5$, $R=1$	0.360 4	0.090 3	0.054 5	0.073 4	0.174 3	0.073 4	0.054 5	0.090 3	0.360 4
	5	$m=14$, $n=5$, $R=1$	0.383 0	0.067 3	0.050 2	0.069 8	0.159 7	0.069 8	0.050 2	0.067 3	0.383 0
	6	$m=6$, $n=6$, $R=1$	0.226 6	0.106 7	0.067 3	0.084 7	0.244 5	0.084 7	0.067 3	0.106 7	0.226 6
	7	$m=8$, $n=6$, $R=1$	0.268 0	0.088 6	0.060 6	0.092 3	0.227 1	0.092 3	0.060 6	0.088 6	0.268 0
	8	$m=10$, $n=6$, $R=1$	0.302 3	0.064 9	0.055 1	0.085 4	0.208 6	0.085 4	0.055 1	0.064 9	0.302 3
	9	$m=12$, $n=6$, $R=1$	0.330 6	0.076 9	0.051 8	0.079 0	0.191 9	0.079 0	0.051 8	0.076 9	0.330 6
	10	$m=14$, $n=6$, $R=1$	0.354 4	0.064 3	0.048 9	0.074 2	0.177 3	0.074 2	0.048 9	0.064 3	0.354 4
	11	$m=6$, $n=7$, $R=1$	0.203 9	0.095 2	0.060 3	0.089 8	0.253 3	0.089 8	0.060 3	0.095 2	0.203 9
	12	$m=8$, $n=7$, $R=1$	0.243 1	0.079 6	0.052 3	0.090 1	0.239 4	0.090 1	0.052 3	0.079 6	0.243 1
	13	$m=10$, $n=7$, $R=1$	0.276 6	0.067 4	0.052 1	0.079 5	0.222 8	0.079 5	0.052 1	0.067 4	0.276 6
	14	$m=12$, $n=7$, $R=1$	0.304 9	0.068 8	0.049 2	0.076 6	0.206 8	0.076 6	0.049 2	0.068 8	0.304 9
	15	$m=14$, $n=7$, $R=1$	0.329 0	0.061 7	0.045 2	0.072 9	0.192 5	0.072 9	0.045 2	0.061 7	0.329 0
	16	$m=6$, $n=8$, $R=1$	0.185 6	0.085 6	0.053 7	0.076 0	0.260 3	0.076 0	0.053 7	0.085 6	0.185 6
	17	$m=8$, $n=8$, $R=1$	0.222 6	0.073 7	0.047 8	0.066 7	0.249 6	0.066 7	0.047 8	0.073 7	0.222 6
	18	$m=10$, $n=8$, $R=1$	0.254 9	0.063 4	0.047 4	0.068 0	0.234 6	0.068 0	0.047 4	0.063 4	0.254 9

注：表中通放带宽度和压制带内\|φ_L\|平均值是在自变量 $0 \leqslant \Delta t_x/T \leqslant 1$ 区间的计算结果。

表 4.3.2　行数 m 不变时"吕"字形面积组合响应随横向检波点数 n 的变化

分带	序号	参数	α/(°)								
			0	22.5	45	67.5	90	112.5	135	157.5	180
通放带宽度	1	$m=6$, $n=4$, $R=1$	0.105 1	0.099 2	0.086 4	0.076 5	0.073 2	0.076 5	0.086 4	0.099 2	0.105 1
	2	$m=6$, $n=5$, $R=1$	0.083 1	0.082 2	0.078 8	0.074 6	0.072 8	0.074 6	0.078 8	0.082 2	0.083 1
	3	$m=6$, $n=6$, $R=1$	0.069 0	0.070 0	0.072 0	0.072 7	0.072 6	0.072 7	0.072 0	0.070 0	0.069 0
	4	$m=6$, $n=7$, $R=1$	0.059 1	0.061 0	0.065 9	0.070 7	0.072 4	0.070 7	0.065 9	0.061 0	0.059 1
	5	$m=6$, $n=8$, $R=1$	0.051 9	0.054 1	0.060 5	0.068 6	0.072 2	0.068 6	0.060 5	0.054 1	0.051 9
	6	$m=6$, $n=9$, $R=1$	0.046 2	0.048 5	0.055 8	0.066 5	0.072 1	0.066 5	0.055 8	0.045 8	0.046 2
	7	$m=6$, $n=10$, $R=1$	0.041 7	0.044 0	0.051 7	0.064 4	0.072 0	0.064 4	0.051 7	0.044 0	0.041 7
	8	$m=8$, $n=4$, $R=1$	0.100 3	0.087 7	0.068 3	0.057 7	0.054 2	0.057 4	0.068 3	0.087 7	0.100 3
	9	$m=8$, $n=5$, $R=1$	0.078 9	0.074 0	0.063 8	0.056 3	0.053 8	0.056 3	0.063 8	0.074 0	0.078 9
	10	$m=8$, $n=6$, $R=1$	0.065 4	0.063 9	0.059 5	0.055 1	0.053 4	0.055 1	0.059 5	0.063 9	0.065 4
	11	$m=8$, $n=7$, $R=1$	0.056 1	0.056 1	0.055 5	0.054 0	0.053 2	0.054 0	0.055 5	0.056 1	0.056 1
	12	$m=8$, $n=8$, $R=1$	0.049 2	0.050 1	0.051 9	0.052 9	0.053 0	0.052 9	0.051 9	0.050 1	0.049 2
	13	$m=8$, $n=9$, $R=1$	0.043 9	0.045 2	0.048 5	0.051 7	0.052 9	0.051 7	0.048 5	0.045 2	0.043 9
	14	$m=8$, $n=10$, $R=1$	0.039 7	0.041 2	0.045 5	0.050 6	0.052 7	0.050 6	0.045 5	0.041 2	0.039 7
	15	$m=8$, $n=11$, $R=1$	0.036 3	0.037 9	0.042 8	0.049 4	0.052 6	0.049 4	0.042 8	0.037 9	0.036 3
	16	$m=10$, $n=4$, $R=1$	0.097 3	0.078 4	0.056 3	0.046 0	0.043 1	0.046 0	0.056 3	0.078 4	0.097 3
	17	$m=10$, $n=5$, $R=1$	0.076 1	0.067 4	0.053 4	0.045 2	0.042 7	0.045 2	0.053 4	0.067 4	0.076 1
	18	$m=10$, $n=6$, $R=1$	0.063 0	0.058 9	0.050 5	0.044 4	0.042 4	0.044 4	0.050 5	0.058 9	0.063 0

分带 序号	参数	α/（°）								
		0	22.5	45	67.5	90	112.5	135	157.5	180
1	$m=6$, $n=4$, $R=1$	0.293 1	0.143 7	0.086 5	0.141 6	0.218 5	0.141 6	0.086 5	0.143 7	0.293 1
2	$m=6$, $n=5$, $R=1$	0.255 5	0.126 0	0.074 1	0.099 1	0.233 2	0.099 1	0.074 1	0.126 0	0.255 5
3	$m=6$, $n=6$, $R=1$	0.226 6	0.106 7	0.067 3	0.084 7	0.244 5	0.084 7	0.067 3	0.106 7	0.226 6
4	$m=6$, $n=7$, $R=1$	0.203 9	0.095 2	0.060 3	0.089 8	0.253 3	0.089 8	0.060 3	0.095 2	0.203 9
5	$m=6$, $n=8$, $R=1$	0.185 6	0.085 6	0.053 7	0.076 0	0.260 3	0.076 0	0.053 7	0.085 6	0.185 6
6	$m=6$, $n=9$, $R=1$	0.170 5	0.077 9	0.050 4	0.066 4	0.266 0	0.066 4	0.050 4	0.077 9	0.170 5
7	$m=6$, $n=10$, $R=1$	0.157 9	0.071 9	0.048 7	0.069 1	0.270 8	0.069 1	0.048 7	0.071 9	0.157 9
8	$m=8$, $n=4$, $R=1$	0.336 0	0.102 9	0.068 9	0.117 3	0.192 8	0.117 3	0.068 9	0.102 9	0.336 0
9	$m=8$, $n=5$, $R=1$	0.298 6	0.091 6	0.062 9	0.083 5	0.211 8	0.083 5	0.062 9	0.091 6	0.298 6
10	$m=8$, $n=6$, $R=1$	0.268 0	0.088 6	0.060 6	0.092 3	0.227 1	0.092 3	0.060 6	0.088 6	0.268 0
11	$m=8$, $n=7$, $R=1$	0.243 1	0.079 6	0.052 3	0.090 1	0.239 4	0.090 1	0.052 3	0.079 6	0.243 1
12	$m=8$, $n=8$, $R=1$	0.222 6	0.073 7	0.047 8	0.066 7	0.249 6	0.066 7	0.047 8	0.073 7	0.222 6
13	$m=8$, $n=9$, $R=1$	0.205 4	0.070 0	0.045 2	0.065 9	0.258 2	0.065 9	0.045 2	0.070 0	0.205 4
14	$m=8$, $n=10$, $R=1$	0.190 8	0.065 6	0.041 7	0.065 6	0.265 3	0.065 6	0.041 7	0.065 6	0.190 8
15	$m=8$, $n=11$, $R=1$	0.178 3	0.061 6	0.039 3	0.055 9	0.271 4	0.055 9	0.039 3	0.061 6	0.178 3
16	$m=10$, $n=4$, $R=1$	0.368 6	0.083 6	0.065 3	0.103 0	0.171 2	0.103 0	0.065 3	0.083 6	0.368 6
17	$m=10$, $n=5$, $R=1$	0.332 8	0.073 2	0.058 8	0.081 8	0.191 6	0.081 8	0.058 8	0.073 2	0.332 8
18	$m=10$, $n=6$, $R=1$	0.302 3	0.064 9	0.055 1	0.085 4	0.208 6	0.085 4	0.055 1	0.064 9	0.302 3

注：左侧纵列标注"压制带内 $|\varphi_L|$ 的平均值"

注：表中通放带宽度和压制带内 $|\varphi_L|$ 平均值是在自变量 $0 \leqslant \Delta t_x / T \leqslant 1$ 区间的计算结果。

3. "吕"字形面积组合响应随方位角 α 变化特点

"吕"字形面积组合通放带宽度随组合参数 m、n 的变化特点与 m、n 的相对大小相关：当 $m>n$ 时，通放带宽度随 α 变化分为 2 段（表 4.3.1 和表 4.3.2）。

（1）$0° \leqslant \alpha \leqslant 90°$ 方向内，通放带宽度随 α 增大而变窄；

（2）$90° \leqslant \alpha \leqslant 180°$ 方向内，通放带宽度随 α 增大而变宽；

但是无论 m、n 谁大谁小，$\alpha=0°$ 与 $\alpha=180°$ 时通放带宽度相等。当 $m \leqslant n$ 时，通放带宽度随 α 变化也分为 2 段。

（1）$0° \leqslant \alpha \leqslant 90°$ 方向内，通放带宽度随 α 增大而变宽；

（2）$90° \leqslant \alpha \leqslant 180°$ 方向内，通放带宽度随 α 增大而变窄（表 4.3.1 和表 4.3.2）。

无论 $m<n$ 或 $m>n$ 还是 $m=n$，在 $0° \leqslant \alpha \leqslant 180°$ 区间 I 型"吕"字形面积组合压制带内 $|\varphi_K|$ 平均值随 α 变化都可分为 4 段。

（1）$0° \leqslant \alpha \leqslant 45°$ 压制带内 $|\varphi_K|$ 的平均值随 α 增大而减小；

（2）$45° \leqslant \alpha \leqslant 90°$ 压制带内 $|\varphi_K|$ 的平均值随 α 增大而增大；

（3）$90° \leqslant \alpha \leqslant 135°$ 压制带内 $|\varphi_K|$ 的平均值随 α 增大而减小；

（4）$135° \leqslant \alpha \leqslant 180°$ 压制带内 $|\varphi_K|$ 的平均值随 α 增大而增大，直至 $\alpha=180°$。

$180° \leqslant \alpha \leqslant 360°$ 区间压制带内 $|\varphi_K|$ 的平均值随 α 变化重复 $0° \leqslant \alpha \leqslant 180°$ 区间的变化（表 4.3.1.和表 4.3.2）。

"吕"字形面积组合响应随方位角变化的上述特点与"口"字形面积组合几乎完全一样（只是 $m=n$ 情况下的不同，参见 4.1 节），或者说"吕"字形面积组合响应随 α 变化特点几乎完全继承了"口"字形面积组合响应的遗传。

4.3.4 "吕"字形面积组合参数 m 和 n 的影响

1. 行数 m 的影响

图 4.3.2～图 4.3.9 为不同方向上（$\alpha=0°\sim157.5°$）横向检波点数 $n=6$ 时，"吕"字形面积组合响应随行数 m 变化的图像。可以看到，当行数 m 由 6 增大到 14 时，响应曲线通放带逐渐变窄。图 4.3.2 清晰显示出同一 m 值的曲线 4 个次瓣高度相同，并且次瓣高度都随 m 的增大而增高，这意味着方位角 $\alpha=0°$ 时压制带内 $|\varphi_L|$ 的平均值随 m 增大而提高。其余 7 幅图中曲线次瓣变化复杂难以辨认谁高谁低。大量实例计算结果证实了图 4.3.2 的结论正确，并且证明行数 m 的增多降低了 $\alpha=90°$ 方向压制带内 $|\varphi_L|$ 的平均值，但同时提高了 $\alpha=0°$ 方向压制带内 $|\varphi_L|$ 的平均值。换句话说，增加垂直测线方向的检波点数可提高对垂直测线方向传播的干扰波的衰减力度，但同时明显削弱了对沿测线方向传播的干扰波的衰减力度（表 4.3.1 和表 4.3.2）。对各个方向传播的波，通放带宽度随行数 m 增大而变窄说明，行数 m 的增大都能将较高视速度干扰波置于压制带内的能力增强，尽管受益最大

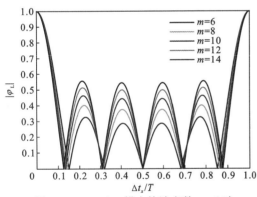

图 4.3.2　$\alpha=0°$，横向检波点数 $n=6$ 时，
"吕"字形面积组合响应随行数 m 的变化

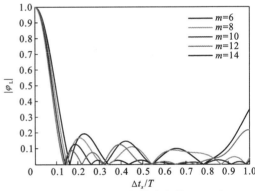

图 4.3.3　$\alpha=22.5°$，横向检波点数 $n=6$ 时，
"吕"字形面积组合响应随行数 m 的变化

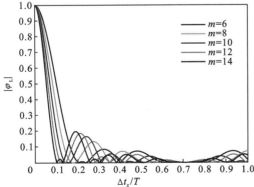

图 4.3.4　$\alpha=45°$，横向检波点数 $n=6$ 时，
"吕"字形面积组合响应随行数 m 的变化

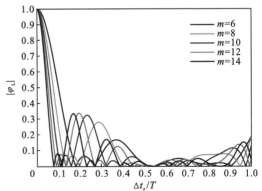

图 4.3.5　$\alpha=67.5°$，横向检波点数 $n=6$ 时，
"吕"字形面积组合响应随行数 m 的变化

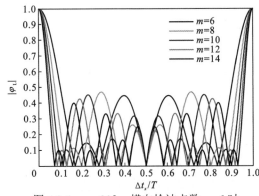

图 4.3.6 $\alpha=90°$ ，横向检波点数 $n=6$ 时，"吕"字形面积组合响应随行数 m 的变化

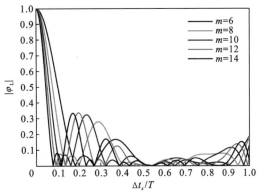

图 4.3.7 $\alpha=112.5°$ ，横向检波点数 $n=6$ 时，"吕"字形面积组合响应随行数 m 的变化

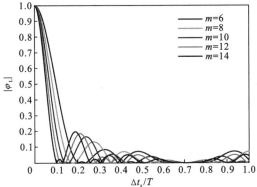

图 4.3.8 $\alpha=135°$ ，横向检波点数 $n=6$ 时，"吕"字形面积组合响应随行数 m 的变化

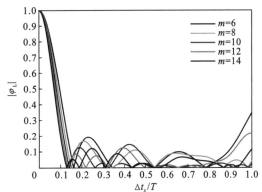

图 4.3.9 $\alpha=157.5°$ ，横向检波点数 $n=6$ 时，"吕"字形面积组合响应随行数 m 的变化

的仍然是 $\alpha=90°$ 及其邻近方向。$\alpha=180°$ 方向与 $\alpha=0°$ 方向的"吕"字形面积组合响应相同，因此省去就 $\alpha=180°$ 方向"吕"字形面积组合响应随行数 m 的变化图。表 4.3.1 给出的 18 组例子的计算结果证明了上面分析结论。

2. 横向检波点数 n 的影响

表 4.3.2 给出了行数 m 不变时"吕"字形面积组合响应随横向检波点数 n 的变化，共 18 个例子。由表可见行数 m 不变时随着横向检波点数 n 的增大，通放带宽度随之变窄，无论方位角多大。这说明，对各个方向传播的波，横向检波点数的增加都能提高将较高视速度干扰波置于压制带内的能力，尽管受益最大的是 $\alpha=0°$ 及其邻近方向。特别需要注意的是，横向检波点数 n 的增多降低了 $\alpha=0°$ 和 $\alpha=180°$ 及其邻近方向压制带内 $|\varphi_L|$ 的平均值，但同时提高了 $\alpha=90°$ 方向压制带内 $|\varphi_L|$ 的平均值。换而言之，增加平行测线方向的检波点数可增强对平行测线方向传播的干扰波的衰减力度，但同时明显削弱了对垂直测线方向传播的干扰波的衰减力度（表 4.3.2）。此外其他方向上压制带内 $|\varphi_L|$ 的平均值变化较复杂。

增加平行测线方向的检波点数可增强对平行测线方向传播的干扰波的衰减力度，但同时明显削弱了对垂直测线方向传播的干扰波的衰减力度；增加垂直测线方向的检波点数提高了对垂直测线方向传播的干扰波的衰减力度，但同时削弱了对沿测线方向传播的干扰波的衰减力度。"吕"字形面积组合响应这种特点显然也是继承了"口"字形面积组合的不良遗传。

4.3.5 "吕"字形面积组合与矩形面积组合的对比

图 4.3.10～图 4.3.15 给出了一组具体例子，即在不同方向上（$\alpha = 0° \sim 112.5°$），"吕"字形面积组合响应与矩形面积组合响应对比图，前者组合参数 $m=6$，$n=4$，$R=1$，后者组合参数 $m=5$，$n=4$，$R=1$，二者的检波点数相同，都是 20。由于方位角 0° 与 180° 图像相同，22.5° 与 157.5° 图像相同，45° 与 135° 图像相同，故没有画出 $\alpha = 130°$，157.5°，180° 三幅对比图。这 6 幅图最明显的一个特点是"吕"字形面积组合通放带宽度都比矩形面积组合通放带窄，无一例外（表 4.3.3），表明"吕"字形面积组合将较高速度干扰波置于压制带内的能力明显比矩形面积组合强。在图 4.3.10、图 4.3.11 中，"吕"字形面积组合响应曲线次瓣都比矩形面积组合曲线次瓣高，说明前者压制带内 $|\varphi_L|$ 的平均值比后者压制带内 $|\varphi_{Re}|$ 的平均值高，也就是说对落入压制带内干扰波的衰减力度，"吕"字形面积组合不如矩形面积组合强。其他 4 幅图压制带内次瓣变化有点复杂，难以一眼看出谁高谁低，具体计算结果指出，在 $\alpha = 0° \sim 180°$ 的各个方向上，矩形面积组合压制带内 $|\varphi_{Re}|$ 的平均值都比"吕"字形面积组合压制带内 $|\varphi_L|$ 的平均值低（表4.3.4），仅极个别的例外。

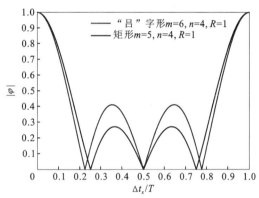

图 4.3.10 $\alpha = 0°$ 方向上，检波点数相同的"吕"字形面积组合响应与矩形面积组合响应对比，二者检波点数相同

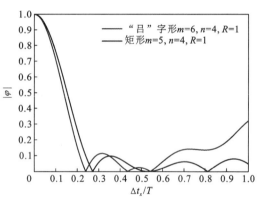

图 4.3.11 $\alpha = 22.5°$ 方向上，检波点数相同的"吕"字形面积组合响应与矩形面积组合响应对比，二者检波点数相同

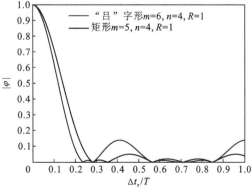

图 4.3.12 $\alpha = 45°$ 方向上，检波点数相同的"吕"字形面积组合响应与矩形面积组合响应对比，二者检波点数相同

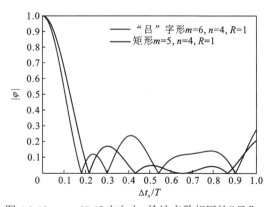

图 4.3.13 $\alpha = 67.5°$ 方向上，检波点数相同的"吕"字形面积组合响应与矩形面积组合响应对比，二者检波点数相同

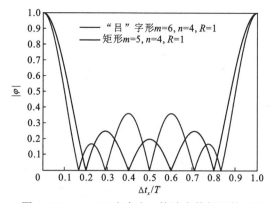

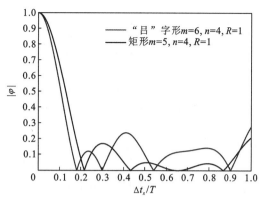

图 4.3.14 $\alpha=90°$ 方向上，检波点数相同的"吕"字形面积组合响应与矩形面积组合响应对比，二者检波点数相同

图 4.3.15 $\alpha=112.5°$ 方向上，检波点数相同的"吕"字形面积组合响应与矩形面积组合响应对比，二者检波点数相同

表 4.3.3 给出了在 $\alpha=0°\sim180°$ 各个方向上，"吕"字形面积组合与矩形面积组合通放带宽度值对比，二者检波点数相同，并且 R 都为 1，共有 17 组对比数据。数据表明，约有 67%方向区间"吕"字形面积组合通放带宽度比矩形面积组合通放带宽度窄，意味着大多数情况下"吕"字形面积组合将较高速度干扰波置于压制带内的能力比矩形面积组合强。表 4.3.4 给出了在 $\alpha=0°\sim180°$ 区间的各个方向上，"吕"字形面积组合压制带内 $|\varphi_L|$ 的平均值与矩形面积组合压制带内 $|\varphi_{Re}|$ 的平均值的对比，共有 17 组对比数据。数据表明，约有 88%方向区间矩形面积组合压制带内 $|\varphi_{Re}|$ 的平均值比"吕"字形面积组合压制带内 $|\varphi_L|$ 的平均值小，特别是在 $\alpha=67.5°$ 和 $\alpha=112.5°$ 及其附近方向上，矩形面积组合压制带内 $|\varphi_{Re}|$ 的平均值全都比"吕"字形面积组合压制带内 $|\varphi_L|$ 的平均值小。也就是说，在衰减落入压制带内干扰波的能力上，矩形面积组合比"吕"字形面积组合强得多。对于矩形面积组合和"吕"字形面积组合，因它们 $\alpha=180°\sim360°$ 区间的组合响应将重复 $\alpha=0°\sim180°$ 区间的组合响应。因此可以说在整个 $\alpha=0°\sim360°$ 的各个方向上，"吕"字形面积组合将较高速度干扰波置于压制带内能力强于矩形面积组合，而矩形面积组合对落入压制带内的干扰波的衰减力度比"吕"字形面积组合强得多，考虑检波器组合的最主要目的是提高信噪比，压制带内 $|\varphi|$ 的平均值低说明对落入压制带内的干扰波压制更得力。因此总体上看，"吕"字形面积组合衰减干扰波提高信噪比的性能不如矩形面积组合，尽管它将较高速度干扰波置于压制带内的能力比矩形面积组合强，更何况通放带窄对大炮检距浅层有效波和大倾角中深层有效波有害（参见 1.1 节）。

4.3.6 小结

（1）增加"吕"字形面积组合垂直测线方向的检波点数可提高对垂直测线方向传播的干扰波的衰减力度，但同时明显削弱了沿测线方向传播的干扰波的衰减力度；

（2）增加平行测线方向的检波点数可增强对平行测线方向传播的干扰波的衰减力度，但同时明显削弱了对垂直测线方向传播的干扰波的衰减力度；

（3）"吕"字形面积组合衰减干扰波提高信噪比的性能总体看不如矩形面积组合，虽然它将较高速度干扰波置于压制带内的能力比矩形面积组合强，但这种能力是把双刃剑；

表 4.3.3 检波点相同的"吕"字形面积组合（R=1）与矩形面积组合（R=1）通放带宽度对比

序号	组合形式和参数	\(\alpha/(°)\) 0	22.5	45	67.5	90	112.5	135	157.5	180
1	矩形, $m=5$, $n=4$	0.1138	0.1106	0.1019	0.0933	0.0902	0.0933	0.1019	0.1106	0.1138
	"吕"字形, $m=6$, $n=4$	0.1051	0.0992	0.0864	0.0765	0.0732	0.0765	0.0864	0.0992	0.1051
2	矩形, $m=4$, $n=6$	0.0747	0.0784	0.0898	0.1059	0.1138	0.1059	0.0898	0.0784	0.0747
	"吕"字形, $m=6$, $n=5$	0.0831	0.0822	0.0788	0.0746	0.0728	0.0746	0.0788	0.0822	0.0831
3	矩形, $m=4$, $n=7$	0.0638	0.0676	0.0799	0.1009	0.1138	0.1009	0.0799	0.0676	0.0638
	"吕"字形, $m=6$, $n=6$	0.0690	0.0700	0.0720	0.0727	0.0726	0.0727	0.0720	0.0700	0.0690
4	矩形, $m=8$, $n=4$	0.1138	0.0959	0.0716	0.0593	0.0557	0.0593	0.0716	0.0959	0.1138
	"吕"字形, $m=6$, $n=7$	0.0591	0.0610	0.0659	0.0707	0.0724	0.0707	0.0659	0.0610	0.0591
5	矩形, $m=4$, $n=9$	0.0496	0.0528	0.0648	0.0909	0.1138	0.0909	0.0648	0.0528	0.0496
	"吕"字形, $m=6$, $n=8$	0.0519	0.0541	0.0605	0.0686	0.0722	0.0686	0.0605	0.0541	0.0519
6	矩形, $m=8$, $n=5$	0.0902	0.0824	0.0681	0.0587	0.0557	0.0587	0.0681	0.0824	0.0902
	"吕"字形, $m=6$, $n=9$	0.0462	0.0485	0.0558	0.0665	0.0721	0.0665	0.0558	0.0485	0.0462
7	矩形, $m=4$, $n=11$	0.0404	0.0433	0.0543	0.0817	0.1138	0.0817	0.0543	0.0433	0.0404
	"吕"字形, $m=6$, $n=10$	0.0417	0.0440	0.0517	0.0644	0.0720	0.0644	0.0517	0.0440	0.0417
8	矩形, $m=3$, $n=8$	0.0557	0.0598	0.0748	0.1123	0.1553	0.1123	0.0748	0.0598	0.0557
	"吕"字形, $m=8$, $n=4$	0.1003	0.0877	0.0683	0.0574	0.0542	0.0574	0.0683	0.0877	0.1003
9	矩形, $m=4$, $n=7$	0.0638	0.0676	0.0799	0.1009	0.1138	0.1009	0.0799	0.0676	0.0638
	"吕"字形, $m=8$, $n=5$	0.0789	0.0740	0.0638	0.0563	0.0538	0.0563	0.0638	0.0740	0.0789

序号	组合形式和参数	α/(°)								
		0	22.5	45	67.5	90	112.5	135	157.5	180
10	矩形，m=4，n=8	0.055 7	0.059 3	0.071 6	0.095 9	0.113 8	0.095 9	0.071 6	0.059 3	0.055 7
	"吕"字形，m=8，n=6	0.065 4	0.063 9	0.059 5	0.055 1	0.053 4	0.055 1	0.059 5	0.063 9	0.065 4
11	矩形，m=9，n=4	0.113 8	0.090 9	0.064 8	0.052 8	0.049 6	0.052 8	0.064 8	0.090 9	0.113 8
	"吕"字形，m=8，n=7	0.056 1	0.056 1	0.055 5	0.054 0	0.053 2	0.054 0	0.055 5	0.056 1	0.056 1
12	矩形，m=8，n=5	0.090 2	0.082 4	0.068 1	0.058 7	0.055 7	0.058 7	0.068 1	0.082 4	0.090 2
	"吕"字形，m=8，n=8	0.049 2	0.050 1	0.051 9	0.052 9	0.053 0	0.052 9	0.051 9	0.050 1	0.049 2
13	矩形，m=4，n=11	0.040 4	0.043 3	0.054 3	0.081 7	0.113 8	0.081 7	0.054 3	0.043 3	0.040 4
	"吕"字形，m=8，n=9	0.043 9	0.045 2	0.048 5	0.051 7	0.052 9	0.051 7	0.048 5	0.045 2	0.043 9
14	矩形，m=6，n=8	0.055 7	0.058 0	0.064 3	0.071 7	0.074 7	0.071 7	0.064 3	0.058 0	0.055 7
	"吕"字形，m=8，n=10	0.039 7	0.041 2	0.045 5	0.050 6	0.052 7	0.050 6	0.045 5	0.041 2	0.039 7
15	矩形，m=7，n=4	0.113 8	0.100 9	0.079 9	0.067 6	0.063 8	0.067 6	0.079 9	0.100 9	0.113 8
	"吕"字形，m=10，n=4	0.097 3	0.078 4	0.056 3	0.046 0	0.043 1	0.046 0	0.056 3	0.078 4	0.097 3
16	矩形，m=4，n=8	0.055 7	0.059 3	0.071 6	0.095 9	0.113 8	0.095 9	0.071 6	0.059 3	0.055 7
	"吕"字形，m=10，n=5	0.076 1	0.067 4	0.053 4	0.045 2	0.042 7	0.045 2	0.053 4	0.067 4	0.076 1
17	矩形，m=4，n=9	0.049 6	0.052 8	0.064 8	0.090 9	0.113 8	0.090 9	0.064 8	0.052 8	0.049 6
	"吕"字形，m=10，n=6	0.063 0	0.058 9	0.050 5	0.044 4	0.042 4	0.044 4	0.050 5	0.058 9	0.063 0

注：表中通风放带宽度是在自变量 $0 \leqslant \Delta t_x / T \leqslant 1$ 区间的计算结果。

表 4.3.4　检波点数相同的"吕"字形面积组合（R=1）与矩形面积组合（R=1）压制带内|φ|平均值对比

序号	组合形式和参数	α/(°)								
		0	22.5	45	67.5	90	112.5	135	157.5	180
1	矩形, m=5, n=4	0.2374	0.0968	0.0755	0.0992	0.2030	0.0992	0.0755	0.0968	0.2374
	"吕"字形, m=6, n=4	0.2931	0.1437	0.0865	0.1416	0.2185	0.1416	0.0865	0.1437	0.2931
2	矩形, m=4, n=6	0.1783	0.0864	0.0664	0.0839	0.2374	0.0839	0.0664	0.0864	0.1783
	"吕"字形, m=6, n=5	0.2555	0.1260	0.0741	0.0991	0.2332	0.0991	0.0741	0.1260	0.2555
3	矩形, m=4, n=7	0.1597	0.0774	0.0613	0.0816	0.2374	0.0816	0.0613	0.0774	0.1597
	"吕"字形, m=6, n=6	0.2266	0.1067	0.0673	0.0847	0.2445	0.0847	0.0673	0.1067	0.2266
4	矩形, m=4, n=8	0.1450	0.0703	0.0576	0.0710	0.2374	0.0710	0.0576	0.0703	0.1450
	"吕"字形, m=6, n=7	0.2039	0.0952	0.0603	0.0898	0.2533	0.0898	0.0603	0.0952	0.2039
5	矩形, m=4, n=9	0.1332	0.0646	0.0527	0.0733	0.2374	0.0733	0.0527	0.0646	0.1332
	"吕"字形, m=6, n=8	0.1856	0.0856	0.0537	0.0760	0.2603	0.0760	0.0537	0.0856	0.1856
6	矩形, m=8, n=5	0.2030	0.0607	0.0499	0.0618	0.1450	0.0618	0.0499	0.0607	0.2030
	"吕"字形, m=6, n=9	0.1705	0.0779	0.0504	0.0664	0.2660	0.0664	0.0504	0.0779	0.1705
7	矩形, m=4, n=11	0.1149	0.0564	0.0474	0.0606	0.2374	0.0606	0.0474	0.0564	0.1149
	"吕"字形, m=6, n=10	0.1579	0.0719	0.0487	0.0691	0.2708	0.0691	0.0487	0.0719	0.1579
8	矩形, m=3, n=8	0.1450	0.0752	0.0648	0.0901	0.2893	0.0901	0.0648	0.0752	0.1450
	"吕"字形, m=8, n=4	0.3360	0.1029	0.0689	0.1173	0.1928	0.1173	0.0689	0.1029	0.3360
9	矩形, m=4, n=7	0.1597	0.0774	0.0613	0.0816	0.2374	0.0816	0.0613	0.0774	0.1597
	"吕"字形, m=8, n=5	0.2986	0.0916	0.0629	0.0835	0.2118	0.0835	0.0629	0.0916	0.2986

序号	组合形式和参数	$\alpha/(°)$								
		0	22.5	45	67.5	90	112.5	135	157.5	180
10	矩形, $m=8$, $n=4$	0.2374	0.0710	0.0576	0.0703	0.1450	0.0703	0.0576	0.0710	0.2374
	"吕"字形, $m=8$, $n=6$	0.2680	0.0886	0.0606	0.0923	0.2271	0.0923	0.0606	0.0886	0.2680
11	矩形, $m=9$, $n=4$	0.2374	0.0733	0.0527	0.0649	0.1332	0.0649	0.0527	0.0733	0.2374
	"吕"字形, $m=8$, $n=7$	0.2431	0.0796	0.0523	0.0901	0.2394	0.0901	0.0523	0.0796	0.2431
12	矩形, $m=8$, $n=5$	0.2030	0.0607	0.0499	0.0618	0.1450	0.0618	0.0499	0.0607	0.2030
	"吕"字形, $m=8$, $n=8$	0.2226	0.0737	0.0478	0.0667	0.2496	0.0667	0.0478	0.0737	0.2226
13	矩形, $m=4$, $n=11$	0.1149	0.0564	0.0474	0.0606	0.2374	0.0606	0.0474	0.0564	0.1149
	"吕"字形, $m=8$, $n=9$	0.2054	0.0700	0.0452	0.0659	0.2582	0.0659	0.0452	0.0700	0.2054
14	矩形, $m=6$, $n=8$	0.1450	0.0544	0.0451	0.0546	0.1783	0.0546	0.0451	0.0544	0.1450
	"吕"字形, $m=8$, $n=10$	0.1908	0.0656	0.0417	0.0656	0.2653	0.0656	0.0417	0.0656	0.1908
15	矩形, $m=4$, $n=7$	0.1597	0.0774	0.0613	0.0816	0.2374	0.0816	0.0613	0.0774	0.1597
	"吕"字形, $m=10$, $n=4$	0.3686	0.0836	0.0653	0.1030	0.1712	0.1030	0.0653	0.0836	0.3686
16	矩形, $m=8$, $n=4$	0.2374	0.0710	0.0576	0.0703	0.1450	0.0703	0.0576	0.0710	0.2374
	"吕"字形, $m=10$, $n=5$	0.3328	0.0732	0.0588	0.0818	0.1916	0.0818	0.0588	0.0732	0.3328
17	矩形, $m=6$, $n=6$	0.1783	0.0653	0.0579	0.0653	0.1783	0.0653	0.0579	0.0653	0.1783
	"吕"字形, $m=10$, $n=6$	0.3023	0.0649	0.0551	0.0854	0.2086	0.0854	0.0551	0.0649	0.3023

注：表中压制带内$|\varphi|$的平均值是在自变量$0 \leqslant \Delta t_x / T \leqslant 1$区间的计算结果。

（4）总体上看"吕"字形面积组合衰减干扰波提高信噪比能力不如平行四边形面积组合，但在$\alpha=45°\sim67.5°$及其附近个方向上，"吕"字形面积组合衰减干扰波提高信噪比能力仍具有优势。

4.4　三角形面积组合

如图 4.4.1 所示，测线沿平行 X 轴方向铺设，有三角形面积组合共有 m（正整数）行，行距为 Δy（纵向组内距），检波器行与测线平行，并将三角形底边上的检波器行编为第 1 行。则第 1 行、第 2 行、第 3 行、…、第 m 行分别有检波点数（$2m-1$）个，（$2m-3$）个、…、3 个、1 个，全部检波器组成等腰三角形，其底边上检波点数 $n_{\mathrm{d}}=2m-1$，各行中点检波器都在三角形底边中垂线上。同行检波器间距（横向检波点距）为 Δx，$\Delta y=R\Delta x$，R 为纵横检波点距比，为常数、正值。地震波以视速度为 V^* 沿地面 AB 方向传播，AB 方位角为 α。从测线逆时针转向 AB 的 α 为正，图 4.4.1 中的 α 就为正值。三角形面积组合也称半菱形面积组合。

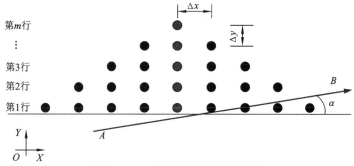

图 4.4.1　三角形面积组合示意图

图面为地平面，图中圆点表示地平面上的检波器，其中蓝色圆点表示各行中点检波器，扫描封底二维码见彩图

4.4.1　组合响应分析

由图 4.4.1 可知，三角形面积组合共有 5 个参数：行数 m、横向检波点距 Δx、纵向检波点距 Δy、纵横检波点距比 R 及三角形底边的检波点数 n_{d}，独立的只有 3 个。知道 m 和 n_{d} 中的任一个，并知道 Δx、Δy 及 R 中的任两个便可得到其余两个参数。其中：

$$n_{\mathrm{d}}=2m-1 \tag{4.4.1}$$

由图 4.4.1 可见，每行检波器都可构成一个简单线性组合。设第 1 行中点检波器波至时间 t，输出地震脉冲的振动函数 $f_1(t)$、频谱 $g(\mathrm{j}\omega)$、振幅谱 $|g(\mathrm{j}\omega)|$，则在 AB 方向上第 2 行中点处检波器波至时间比第 1 行中点检波器波至时间滞后 Δt_{v}：

$$\Delta t_{\mathrm{v}}=\frac{\Delta y\sin\alpha}{V^*}=\Delta t_y\sin\alpha \tag{4.4.2}$$

式中：$\Delta y=R\Delta x$；$\Delta t_y=\dfrac{\Delta y}{V^*}$。

第 3 行，第 4 行，…，第 m 行中点处检波器波至时间依次比第 1 行中点处检波器波至时间滞后 $2\Delta t_v$，$3\Delta t_v$，…，$(m-1)\Delta t_v$。同一行中相邻二检波器波至时差 Δt_n 为

$$\Delta t_n = \frac{\Delta x \cos\alpha}{V^*} = \Delta t_x \cos\alpha \qquad (4.4.3)$$

$$\begin{cases} \Delta t_x = \dfrac{\Delta x}{V^*} \\[2mm] \Delta t_x = \dfrac{\Delta t_y}{R} \\[2mm] \Delta t_n = \dfrac{\Delta t_y \cos\alpha}{R} \\[2mm] R\Delta t_x = \Delta t_y \end{cases} \qquad (4.4.4)$$

$$\Delta t_v = \frac{\Delta y \sin\alpha}{V^*} = \frac{R\Delta t_x \sin\alpha}{V^*} \qquad (4.4.5)$$

根据频谱时延定理：

第 2 行中点处检波器输出信号的频谱 $g(j\omega)e^{-j\omega\Delta t_v}$；

第 3 行中点处检波器输出信号的频谱 $g(j\omega)e^{-j\omega 2\Delta t_v}$；

……

第 $\dfrac{m+1}{2}$ 行（中间行）中点处检波器输出信号的频谱 $g(j\omega)e^{-j\omega\frac{m-1}{2}\Delta t_v}$；

……

第 m 行中点处检波器输出信号的频谱 $g(j\omega)e^{-j\omega(m-1)\Delta t_v}$。

根据式（1.1.19）和式（1.1.21）可直接写出各行简单线性组合输出信号的频谱 $G_i(j\omega)$，$(i=1,\ 2,\ 3,\ \cdots,\ m)$：

第 1 行简单线性组合输出信号的频谱为

$$G_1(j\omega) = \frac{\sin\dfrac{(2m-1)\omega\Delta t_n}{2}}{\sin\dfrac{\omega\Delta t_n}{2}} g(j\omega)$$

第 2 行简单线性组合输出信号的频谱为

$$G_2(j\omega) = \frac{\sin\dfrac{(2m-3)\omega\Delta t_n}{2}}{\sin\dfrac{\omega\Delta t_n}{2}} g(j\omega)e^{-j\omega\Delta t_v}$$

第 3 行简单线性组合输出信号的频谱为

$$G_3(j\omega) = \frac{\sin\dfrac{(2m-5)\omega\Delta t_n}{2}}{\sin\dfrac{\omega\Delta t_n}{2}} g(j\omega)e^{-j\omega 2\Delta t_v}$$

……

第 $\dfrac{m+1}{2}$ 行（中间行）简单线性组合输出信号的频谱为

$$G_{\frac{m+1}{2}}(j\omega) = \frac{\sin\left(\dfrac{m\omega\Delta t_n}{2}\right)}{\sin\left(\omega\dfrac{\Delta t_n}{2}\right)}g(j\omega)e^{-j\omega\frac{m-1}{2}\Delta t_v}$$

......

第 $m-1$ 行简单线性组合输出信号的频谱为

$$G_{m-1}(j\omega) = \frac{\sin\dfrac{3\omega\Delta t_n}{2}}{\sin\dfrac{\omega\Delta t_n}{2}}g(j\omega)e^{-j\omega(m-2)\Delta A_v}$$

第 m 行简单线性组合（实际只有 1 个检波器）输出信号的频谱为

$$G_m(j\omega) = g(j\omega)e^{-j\omega(m-1)\Delta t_v}$$

根据频谱的线性叠加定理（董敏煜，2006；陆基孟 等，1982；罗伯特 等，1980），三角形面积组合总输出信号的频谱 $G_T(j\omega)$ 为

$$\begin{aligned}
G_T(j\omega) &= \sum_{i=1}^{m} G_i(j\omega)\left\{\frac{\sin\dfrac{(2m-1)\omega\Delta t_n}{2}}{\sin\dfrac{\omega\Delta t_n}{2}}g(j\omega) + \frac{\sin\dfrac{(2m-3)\omega\Delta t_n}{2}}{\sin\dfrac{\omega\Delta t_n}{2}}g(j\omega)e^{-j\omega\Delta t_v}\right. \\
&\left. +\cdots+ \frac{\sin\left(\dfrac{m\omega\Delta t_n}{2}\right)}{\sin\left(\dfrac{\omega\Delta t_n}{2}\right)}g(j\omega)e^{-j\omega\frac{m-1}{2}\Delta t_v} +\cdots+ \frac{\sin\dfrac{3\omega\Delta t_n}{2}}{\sin\dfrac{\omega\Delta t_n}{2}}g(j\omega)e^{-j\omega(m-2)\Delta t_v} + g(j\omega)e^{-j\omega(m-1)\Delta t_v}\right\} \\
&= g(j\omega)\sum_{i=1}^{m}\left[\frac{\sin\left[\dfrac{(2m-2i+1)\omega\Delta t_n}{2}\right]}{\sin\dfrac{\omega\Delta t_n}{2}}e^{-j\omega(i-1)\Delta t_v}\right]
\end{aligned}$$

$$(4.4.6)$$

式（4.4.6）虽然是按照图 4.4.1 中各行序号导出的三角形面积组合输出信号的频谱，但是这一结果与检波器行的序号上下顺序无关，当把检波器行序号 1 设为三角形顶点，序号 m 设在三角形底边（即与图 4.4.1 所示序号增大方向相反）仍可得到上式同样结果，证明从略，这说明上式是三角形面积组合本身特性的表达。

将中间行中点处检波器输出信号的频谱为 $g_{cc}(j\omega)$：

$$g_{cc}(j\omega) = g(j\omega)e^{-j\omega\frac{m-1}{2}\Delta t_v} \tag{4.4.7}$$

三角形面积组合总输出信号的频谱 $G_T(j\omega)$ 可进一步变化为

$$G_T(j\omega) = g(j\omega)\left(\sum_{i=1}^{m}\left\{\frac{\sin\left[\dfrac{(2m-2i+1)\omega\Delta t_n}{2}\right]e^{-j(i-1)\omega\Delta t_v}}{\sin\left(\dfrac{\omega\Delta t_n}{2}\right)}\right\}\right)$$

$$= g(\mathrm{j}\omega)\mathrm{e}^{-\mathrm{j}\frac{m-1}{2}\omega\Delta t_{\mathrm{v}}}\left\{\sum_{i=1}^{m}\left[\frac{\sin\left[\dfrac{(2m-2i+1)\omega\Delta t_{\mathrm{n}}}{2}\right]\mathrm{e}^{\mathrm{j}\frac{m-2i+1}{2}\omega\Delta t_{\mathrm{v}}}}{\sin\left(\dfrac{\omega\Delta t_{\mathrm{n}}}{2}\right)}\right]\right\}$$

$$= g_{\mathrm{cc}}(\mathrm{j}\omega)=\left\{\sum_{i=1}^{m}\left[\frac{\sin\left[\dfrac{(2m-2i+1)\omega\Delta t_{\mathrm{n}}}{2}\right]}{\sin\left(\dfrac{\omega\Delta t_{\mathrm{n}}}{2}\right)}\mathrm{e}^{\mathrm{j}\frac{m-2i+1}{2}\omega\Delta t_{\mathrm{v}}}\right]\right\} \tag{4.4.8}$$

$$= g_{\mathrm{cc}}(\mathrm{j}\omega)P_{\mathrm{T}}(\mathrm{j}\omega)$$

式中：

$$P_{\mathrm{T}}(\mathrm{j}\omega)=\sum_{i=1}^{m}\left\{\frac{\sin\left[\dfrac{(2m-2i+1)\omega\Delta t_{\mathrm{n}}}{2}\right]}{\sin\left(\dfrac{\omega\Delta t_{\mathrm{n}}}{2}\right)}\mathrm{e}^{\mathrm{j}\frac{m-2i+1}{2}\omega\Delta t_{\mathrm{v}}}\right\} \tag{4.4.9}$$

则

$$G_{\mathrm{T}}(\mathrm{j}\omega)=P_{\mathrm{T}}(\mathrm{j}\omega)g(\mathrm{j}\omega)\mathrm{e}^{-\mathrm{j}\omega\frac{m-1}{2}\Delta t_{\mathrm{v}}} \tag{4.4.10}$$

式（4.4.9）表明 $P_{\mathrm{T}}(\mathrm{j}\omega)$ 是个复数。式（4.4.10）中 $g_{\mathrm{cc}}(\mathrm{j}\omega)$ 是第 $\dfrac{m+1}{2}$ 行，即中间行中点处单个检波器输出信号的频谱，可见 $P_{\mathrm{T}}(\mathrm{j}\omega)$ 为三角形面积组合对中间行中点处单个检波器输出信号频谱的放大倍数。式（4.4.10）表明三角形面积组合输出信号的频谱 $G_{\mathrm{T}}(\mathrm{j}\omega)$ 与 $P_{\mathrm{T}}(\mathrm{j}\omega)$ 不同相，这意味着中间行中点处不是三角形面积组合等效检波器的位置。

$$\left|G_{\mathrm{T}}(\mathrm{j}\omega)\right|=\left|P_{\mathrm{T}}(\mathrm{j}\omega)\right|\left|g_{\mathrm{cc}}(\mathrm{j}\omega)\right|=P_{\mathrm{T}}\left|g_{\mathrm{cc}}(\mathrm{j}\omega)\right| \tag{4.4.11}$$

其中：

$$P_{\mathrm{T}}=\left|P_{\mathrm{T}}(\mathrm{j}\omega)\right|=\frac{\left|G_{\mathrm{T}}(\mathrm{j}\omega)\right|}{\left|g_{\mathrm{cc}}(\mathrm{j}\omega)\right|} \tag{4.4.12}$$

式中：P_{T} 为 $P_{\mathrm{T}}(\mathrm{j}\omega)$ 的模。

$\left|G_{\mathrm{T}}(\mathrm{j}\omega)\right|$ 是三角形面积组合总输出信号的振幅谱，$\left|g_{\mathrm{cc}}(\mathrm{j}\omega)\right|$ 是中间行中点处单个检波器输出信号的振幅谱，可见 P_{T} 的物理意义是三角形面积组合对中间行中点单个检波器输出信号振幅谱的放大倍数。实际上组合里任一检波器的振幅谱都等于 $\left|g_{\mathrm{cc}}(\mathrm{j}\omega)\right|$，因此 P_{T} 也就是三角形面积组合对任意单个检波器输出信号振幅谱的放大倍数。根据式（4.4.6）有

$$P_{\mathrm{T}}(\mathrm{j}\omega)=\sum_{i=1}^{m}\left\{\frac{\sin\left[\dfrac{(2m-2i+1)\omega\Delta t_{\mathrm{n}}}{2}\right]}{\sin\left(\dfrac{\omega\Delta t_{\mathrm{n}}}{2}\right)}\mathrm{e}^{\mathrm{j}\frac{m-2i+1}{2}\omega\Delta t_{\mathrm{v}}}\right\}$$

$$=\sum_{i=1}^{m}\left[\frac{\sin\dfrac{(2m-2i+1)\omega\Delta t_{\mathrm{n}}}{2}\cos\dfrac{(m-2i+1)\omega\Delta t_{\mathrm{v}}}{2}}{\sin\dfrac{\omega\Delta t_{\mathrm{n}}}{2}}\right.$$

$$+ j \frac{\sin \frac{(2m-2i+1)\omega \Delta t_\mathrm{n}}{2} \sin \frac{(m-2i+1)\omega \Delta t_\mathrm{v}}{2}}{\sin \frac{\omega \Delta t_\mathrm{n}}{2}} \Bigg]$$

（4.4.13）

根据式（4.4.4）将式（4.4.13）中的 Δt_n、Δt_v 统一换为 Δt_x，可以得到：

$$
P_\mathrm{T} = \Bigg| \Bigg\{ \Bigg[\sum_{i=1}^m \frac{\sin \frac{(2m-2i+1)\omega \Delta t_\mathrm{n}}{2} \cos \frac{(m-2i+1)\omega \Delta t_\mathrm{v}}{2}}{\sin \left(\frac{\omega \Delta t_\mathrm{n}}{2} \right)} \Bigg]^2 + \Bigg[\sum_{i=1}^m \frac{\sin \frac{(2m-2i+1)\omega \Delta t_\mathrm{n}}{2} \sin \frac{(m-2i+1)\omega \Delta t_\mathrm{v}}{2}}{\sin \left(\frac{\omega \Delta t_\mathrm{n}}{2} \right)} \Bigg]^2 \Bigg\}^{\frac{1}{2}}
$$

$$
= \Bigg| \Bigg\{ \Bigg[\sum_{i=1}^m \frac{\sin \frac{(2m-2i+1)\omega \Delta t_\mathrm{n} \cos \alpha}{2} \cos \frac{(m-2i+1)\omega R \Delta t_x \sin \alpha}{2}}{\sin \left(\frac{\omega \Delta t_x \cos \alpha}{2} \right)} \Bigg]^2
$$

$$
+ \Bigg[\sum_{i=1}^m \frac{\sin \frac{(2m-2i+1)\omega \Delta t_x \cos \alpha}{2} \sin \frac{(m-2i+1)\omega R \Delta t_x \sin \alpha}{2}}{\sin \left(\frac{\omega \Delta t_x \cos \alpha}{2} \right)} \Bigg]^2 \Bigg\}^{\frac{1}{2}} \Bigg|
$$

（4.4.14）

当 $\Delta x = \Delta y = 0$ 或/和 $V^* \to \infty$ 时，$\Delta t_\mathrm{n} = \Delta t_\mathrm{v} = 0$，$P_\mathrm{T}$ 达极限值为 m^2。由此便可写出三角形面积组合响应函数：

$$
|\varphi_\mathrm{T}| \frac{P_\mathrm{T}}{m^2} = \frac{|G_\mathrm{T}(\mathrm{j}\omega)|}{m^2 |g_\mathrm{cc}(\mathrm{j}\omega)|}
$$

$$
= \frac{1}{m^2} \Bigg| \Bigg\{ \Bigg[\sum_{i=1}^m \frac{\sin \frac{(2m-2i+1)\omega \Delta t_x \cos \alpha}{2} \cos \frac{(m-2i+1)\omega R \Delta t_x \sin \alpha}{2}}{\sin \frac{\omega \Delta t_x \cos \alpha}{2}} \Bigg]^2
$$

（4.4.15）

$$
+ \Bigg[\sum_{i=1}^m \frac{\sin \frac{(2m-2i+1)\omega \Delta t_x \cos \alpha}{2} \sin \frac{(m-2i+1)\omega R \Delta t_x \sin \alpha}{2}}{\sin \frac{\omega \Delta t_x \cos \alpha}{2}} \Bigg]^2 \Bigg\}^{\frac{1}{2}} \Bigg|
$$

为了不同类型面积组合间的特性对比，将式（4.4.15）改写为 $\frac{\Delta t_x}{T}$ 的函数：

$$
|\varphi_\mathrm{T}| = \frac{1}{m^2} \Bigg| \Bigg\{ \Bigg[\sum_{i=1}^m \frac{\sin \left[(2m-2i+1)\pi \frac{\Delta t_x}{T} \cos \alpha \right] \cos \left[(m-2i+1) \frac{R \pi \Delta t_x}{T} \sin \alpha \right]}{\sin \left(\frac{\pi \Delta t_x}{T} \cos \alpha \right)} \Bigg]^2
$$

$$+\left[\sum_{i=1}^{m}\frac{\sin\left[(2m-2i+1)\pi\frac{\Delta t_x}{T}\cos\alpha\right]\sin\left[(m-2i+1)\frac{R\pi\Delta t_x}{T}\sin\alpha\right]}{\sin\left(\frac{\pi\Delta t_x}{T}\cos\alpha\right)}\right]^2\Bigg\}\Bigg|^{\frac{1}{2}} \quad (4.4.16)$$

也可写为（证明略）

$$|\varphi_T|=\frac{1}{m^2}\Bigg|\Bigg\{\left[\sum_{i=1}^{m}\left(\frac{\sin\left[(2i-1)\pi\frac{\Delta t_x}{T}\cos\alpha\right]\cos\left[(m-2i+1)R\pi\frac{\Delta t_x}{T}\sin\alpha\right]}{\sin\left[\pi\frac{\Delta t_x}{T}\cos\alpha\right]}\right)\right]^2$$

$$+\left(\sum_{i=1}^{m}\left\{\frac{\sin\left[(2i-1)\pi\frac{\Delta t_x}{T}\cos\alpha\right]\sin\left[(m-2i+1)R\pi\frac{\Delta t_x}{T}\sin\alpha\right]}{\sin\left[\pi\frac{\Delta t_x}{T}\cos\alpha\right]}\right\}\right)^2\Bigg\}^{\frac{1}{2}}\Bigg| \quad (4.4.17)$$

三角形面积组合主要参数有 5 个：m、Δx、Δy、R 及 n_d，独立的只有 3 个。下面讨论波的传播方向，m，R 对三角形面积组合响应的影响。

4.4.2 波传播方向的影响

设方位角为 $\eta=180°+\alpha$ 并将其代入式（4.4.17），得

$$|\varphi_T|=\frac{1}{m^2}\Bigg|\Bigg\{\left[\sum_{i=1}^{m}\left(\frac{\sin\left[(2i-1)\pi\frac{\Delta t_x}{T}\cos\eta\right]\cos\left[(m-2i+1)R\pi\frac{\Delta t_x}{T}\sin\eta\right]}{\sin\left[\pi\frac{\Delta t_x}{T}\cos\eta\right]}\right)\right]^2$$

$$+\left[\sum_{i=1}^{m}\left(\frac{\sin\left[(2i-1)\pi\frac{\Delta t_x}{T}\cos\eta\right]\sin\left[(m-2i+1)R\pi\frac{\Delta t_x}{T}\sin\eta\right]}{\sin\left[\pi\frac{\Delta t_x}{T}\cos\eta\right]}\right)\right]^2\Bigg\}^{\frac{1}{2}}\Bigg|$$

$$=\frac{1}{m^2}\Bigg|\Bigg\{\left[\sum_{i=1}^{m}\left(\frac{\sin\left[(2i-1)\pi\frac{\Delta t_x}{T}\cos\alpha\right]\cos\left[(m-2i+1)R\pi\frac{\Delta t_x}{T}\sin\alpha\right]}{\sin\left[\pi\frac{\Delta t_x}{T}\cos\alpha\right]}\right)\right]^2$$

$$+\left[\sum_{i=1}^{m}\left(\frac{\sin\left[(2i-1)\pi\dfrac{\Delta t_x}{T}\cos\alpha\right]\sin\left[(m-2i+1)R\pi\dfrac{\Delta t_x}{T}\sin\alpha\right]}{\sin\left[\pi\dfrac{\Delta t_x}{T}\cos\alpha\right]}\right)\right]^2\Bigg\}^{\frac{1}{2}}\Bigg| \qquad (4.4.18)$$

上式指出，$180°+\alpha$ 与 α 的三角形面积组合响应相同。这就是说 $\alpha=180°\sim360°$ 方向内三角形面积组合响应将重复 $\alpha=0°\sim180°$ 方向内的三角形面积组合响应。表 4.4.1 给出了多个不同参数的三角形面积组合响应的例子，这些例子证明了三角形面积组合响应随方位角变化的这种特点。这种特点说明，只要知道了 $\alpha=0°\sim180°$ 方向内的三角形面积组合响应，也就知道了整个 $\alpha=0°\sim360°$ 区间的三角形面积组合响应。以上分析也意味着，不管 R 多大，$\alpha=0°,180°,360°$ 的三角形组合响应相同，对应的通放带宽度相同，压制带内 $|\varphi_{\mathrm{T}}|$ 的平均值相同。

表 4.4.1　三角形面积组合（$R=1$）通放带宽度和压制带内 $|\varphi_{\mathrm{T}}|$ 的平均值随 α、m 的变化

分带	$\alpha/(°)$	$m=3$	$m=4$	$m=5$	$m=6$	$m=7$	$m=8$	$m=9$	$m=11$
通放带宽度	0	0.112 3	0.082 2	0.065 0	0.053 9	0.046 0	0.040 2	0.035 6	0.029 1
	22.5	0.118 0	0.086 4	0.068 4	0.056 7	0.048 4	0.042 3	0.037 5	0.030 7
	45	0.136 2	0.100 2	0.079 4	0.065 9	0.056 3	0.049 2	0.043 7	0.035 7
	67.5	0.167 7	0.123 8	0.098 3	0.081 7	0.069 8	0.061 0	0.054 2	0.044 3
	90	0.191 6	0.141 2	0.112 1	0.093 1	0.079 6	0.069 5	0.061 7	0.050 4
	112.5	0.167 7	0.123 8	0.098 3	0.081 7	0.069 8	0.061 0	0.054 2	0.044 3
	135	0.136 2	0.100 2	0.079 4	0.065 9	0.056 3	0.049 2	0.043 7	0.035 7
	157.5	0.118 0	0.086 4	0.068 4	0.056 7	0.048 4	0.042 3	0.037 5	0.030 7
	180	0.112 3	0.082 2	0.065 0	0.053 9	0.046 0	0.040 2	0.035 6	0.029 1
	202.5	0.118 0	0.086 4	0.068 4	0.056 7	0.048 4	0.042 3	0.037 5	0.030 7
	225	0.136 2	0.100 2	0.079 4	0.065 9	0.056 3	0.049 2	0.043 7	0.035 7
	247.5	0.167 7	0.123 8	0.098 3	0.081 7	0.069 8	0.061 0	0.054 2	0.044 3
	270	0.191 6	0.141 2	0.112 1	0.093 1	0.079 6	0.069 5	0.061 7	0.050 4
	292.5	0.167 7	0.123 8	0.098 3	0.081 7	0.069 8	0.061 0	0.054 2	0.044 3
	315	0.136 2	0.100 2	0.079 4	0.065 9	0.056 3	0.049 2	0.043 7	0.035 7
	337.5	0.118 0	0.086 4	0.068 4	0.056 7	0.048 4	0.042 3	0.037 5	0.030 7
	360	0.112 3	0.082 2	0.065 0	0.053 9	0.046 0	0.040 2	0.035 6	0.029 1
压制带内 $|\varphi_{\mathrm{T}}|$ 的平均值	0	0.170 1	0.122 8	0.095 8	0.078 5	0.066 5	0.057 6	0.050 8	0.041 0
	22.5	0.185 6	0.125 1	0.092 8	0.073 7	0.060 8	0.051 6	0.044 6	0.034 9
	45	0.264 6	0.205 0	0.168 4	0.144 8	0.127 0	0.113 9	0.103 3	0.087 7
	67.5	0.204 7	0.125 9	0.102 3	0.080 6	0.067 1	0.057 8	0.049 9	0.039 7
	90	0.428 1	0.348 8	0.297 8	0.261 7	0.234 4	0.213 0	0.195 7	0.169 3

分带	α/（°）	$m=3$	$m=4$	$m=5$	$m=6$	$m=7$	$m=8$	$m=9$	$m=11$
压制带内$\|\varphi_{\mathrm{T}}\|$的平均值	112.5	0.204 7	0.125 9	0.102 3	0.080 6	0.067 1	0.057 8	0.049 9	0.039 7
	135	0.264 6	0.205 0	0.168 4	0.144 8	0.127 0	0.113 9	0.103 3	0.087 7
	157.5	0.185 6	0.125 1	0.092 8	0.073 7	0.060 8	0.051 6	0.044 6	0.034 9
	180	0.170 1	0.122 8	0.095 8	0.078 5	0.066 5	0.057 6	0.050 8	0.041 0
	202.5	0.185 6	0.125 1	0.092 8	0.073 7	0.060 8	0.051 6	0.044 6	0.034 9
	225	0.264 6	0.205 0	0.168 4	0.144 8	0.127 0	0.113 9	0.103 3	0.087 7
	247.5	0.204 7	0.125 9	0.102 3	0.080 6	0.067 1	0.057 8	0.049 9	0.039 7
	270	0.428 1	0.348 8	0.297 8	0.261 7	0.234 4	0.213 0	0.195 7	0.169 3
	292.5	0.204 7	0.125 9	0.102 3	0.080 6	0.067 1	0.057 8	0.049 8	0.039 7
	315	0.264 6	0.205 0	0.168 4	0.144 8	0.127 0	0.113 9	0.103 3	0.087 7
	337.5	0.185 6	0.125 1	0.092 8	0.073 7	0.060 8	0.051 6	0.044 6	0.034 9
	360	0.170 1	0.122 8	0.095 8	0.078 5	0.066 5	0.057 6	0.050 8	0.041 0

注：本表中数据都是在 $0 \leqslant \Delta t_r/T \leqslant 1$ 区间计算所得。

设两个方位角 ξ、ζ 互为补角，即 $\xi + \zeta = 180°$，则 $\xi = 180° - \zeta$，将 ζ 代入式（4.4.17）得

$$|\varphi_{\mathrm{T}}| = \frac{1}{m^2} \left\{ \left[\sum_{i=1}^{m} \left(\frac{\sin\left[(2i-1)\pi\dfrac{\Delta t_x}{T}\cos\xi\right]\cos\left[(m-2i+1)R\pi\dfrac{\Delta t_x}{T}\sin\xi\right]}{\sin\left(\pi\dfrac{\Delta t_x}{T}\cos\xi\right)} \right) \right]^2 \right.$$

$$\left. + \left[\sum_{i=1}^{m} \left(\frac{\sin\left[(2i-1)\pi\dfrac{\Delta t_x}{T}\cos\xi\right]\sin\left[(m-2i+1)R\pi\dfrac{\Delta t_x}{T}\sin\xi\right]}{\sin\left(\pi\dfrac{\Delta t_x}{T}\cos\xi\right)} \right) \right]^2 \right\}^{\frac{1}{2}}$$

$$\qquad (4.4.19)$$

$$= \frac{1}{m^2} \left\{ \left[\sum_{i=1}^{m} \left(\frac{\sin\left[(2i-1)\pi\dfrac{\Delta t_x}{T}\cos\zeta\right]\cos\left[(m-2i+1)R\pi\dfrac{\Delta t_x}{T}\sin\zeta\right]}{\sin\left(\pi\dfrac{\Delta t_x}{T}\cos\zeta\right)} \right) \right]^2 \right.$$

$$\left. + \left[\sum_{i=1}^{m} \left(\frac{\sin\left[(2i-1)\pi\dfrac{\Delta t_x}{T}\cos\zeta\right]\sin\left[(m-2i+1)R\pi\dfrac{\Delta t_x}{T}\sin\zeta\right]}{\sin\left(\pi\dfrac{\Delta t_x}{T}\cos\zeta\right)} \right) \right]^2 \right\}^{\frac{1}{2}}$$

上式指出，方位角分别为 ξ 与 ζ 的三角形面积组合响应相同，即互为补角的两个方位角的三角形面积组合响应相同。表（4.4.1）给出了多个不同参数的三角形面积组合响应的

例子，这些例子证明了三角形面积组合响应随方位角变化的这种特点。这种特点说明只要知道了 $\alpha=0°\sim90°$ 区间的三角形面积组合响应，也就知道了整个 $\alpha=0°\sim360°$ 区间的三角形面积组合响应。由式（4.4.18）和式（4.4.19）可以看出，R 变化不影响上述特点。

图 4.4.2 是 $R=1$ 的三角形面积组合对传播方向不同波的组合响应图。每幅小图各有 5 条曲线分别对应方位角 $\alpha=0°$，$22.5°$，$45°$，$67.5°$，$90°$。三幅图中响应曲线具有如下共同特点：①在 $0°\sim90°$ 方位区间，通放带宽度随 α 增大而变宽，这一特点清晰明确。②总体看压制带内曲线随 α 增大降低，但在 $0\leqslant\dfrac{\Delta t_x}{T}\leqslant1$ 区间压制带内 $|\varphi_{\mathrm{T}}|$ 的平均值随 α 变化复杂。

③在 $\dfrac{\Delta t_x}{T}=1$ 时 $\alpha=0°$ 和 $90°$ 两条曲线出现旁通带，其他三条曲线旁通带已在图面外（表 4.4.1），这是因为响应曲线随 α 变化而不同。

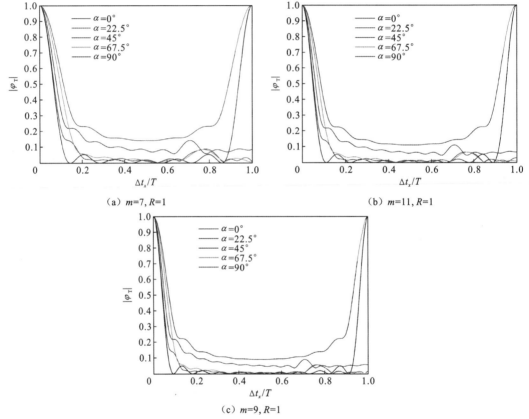

图 4.4.2　传播方向不同波的三角形面积组合响应图

4.4.3　检波器行数 m 的影响

检波器行数 m 对三角形面积组合响应曲线的影响明显。图 4.4.3 是波沿测线（$\alpha=0°$）方向传播时不同行数 m 的三角形面积组合响应曲线比较，可以看出这是一组等腰三角形加权组合的响应曲线，随 m 增大通放带宽度随之变窄，压制带内 $|\varphi_{\mathrm{T}}|$ 的平均值降低。图 4.4.4 是波沿垂直测线方向（$\alpha=90°$）传播时不同行数 m 的三角形面积组合响应曲线比较，随

着 m 的增大，通放带宽度也随之变窄，压制带内 $|\varphi_{\mathrm{T}}|$ 的平均值随之降低，而且通放带宽度变化和压制带 $|\varphi_{\mathrm{T}}|$ 的平均值的变化更明显，并可看到图 4.4.4 最显眼的特点是曲线无零点，压制带内 $|\varphi_{\mathrm{T}}|$ 的平均值比图 4.4.3（$\alpha=0°$ 时）大得多。

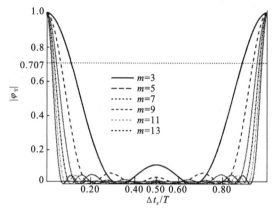

图 4.4.3　沿测线（$\alpha=0°$）方向不同 m 的三角形　　图 4.4.4　沿垂直测线（$\alpha=90°$）方向不同 m 的三
　　　　　面积组合（$R=1$）响应对比　　　　　　　　　　角形面积组合（$R=1$）响应对比

4.4.4　纵横检波点距比 R 的影响

图 4.4.5～图 4.4.8 是 $m=5$，α 为 $0°$、$22.5°$、$45°$、$90°$ 时，R 的变化对三角形面积组合响应的影响，由图可以看出 R 的变化对三角形面积组合响应有明显影响。

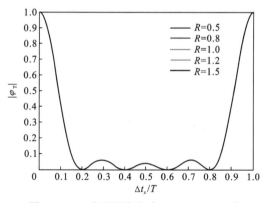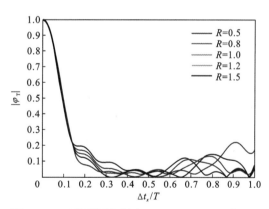

图 4.4.5　三角形面积组合 $m=5$，$\alpha=0°$ 时，　　　图 4.4.6　三角形面积组合 $m=5$，$\alpha=22.5°$ 时，
　　　　　R 变化的响应曲线　　　　　　　　　　　　　　　R 变化的响应曲线

图 4.4.5 是三角形面积组合 $m=5$，$\alpha=0°$ 时，$R=0.5, 0.8, 1.0, 1.2, 1.5$ 5 条响应曲线，图中只看到 1 条曲线，表示 5 条曲线完全重合，此时响应曲线形状特点与 R 无关。

图 4.4.6 是三角形面积组合 $m=5$，$\alpha=22.5°$ 时，$R=0.5, 0.8, 1.0, 1.2, 1.5$ 的响应曲线。当 R 逐渐增大时，通放带宽度随之逐渐变窄，但宽度变化很小（表 4.4.2），图中 5 条响应曲线通放带几乎重合。在压制带内，5 条响应曲线 $|\varphi_{\mathrm{T}}|$ 变化复杂。

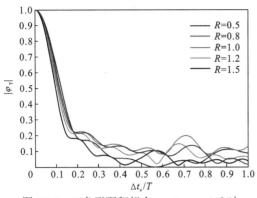

图 4.4.7　三角形面积组合 $m=5$，$\alpha=45°$ 时，
R 变化的响应曲线

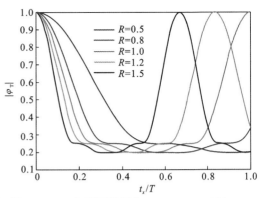

图 4.4.8　三角形面积组合 $m=5$，$\alpha=90°$ 时，
R 变化的响应曲线

表 4.4.2　三角形面积组合通放带宽度和压制带内 $|\varphi_{\mathrm{T}}|$ 的平均值随 R 和方位角 α 的变化

m	$\alpha/(°)$	通放带宽度						压制带内 $|\varphi_{\mathrm{T}}|$ 的平均值					
		$R=0.5$	$R=0.8$	$R=1.0$	$R=1.2$	$R=1.5$	$R=2.0$	$R=0.5$	$R=0.8$	$R=1.0$	$R=1.2$	$R=1.5$	$R=2.0$
3	0	0.112 3	0.112 3	0.112 3	0.112 3	0.112 3	0.112 3	0.112 3	0.170 1	0.170 1	0.170 1	0.170 1	0.170 1
	22.5	0.120 6	0.119 2	0.118 0	0.116 5	0.113 9	0.108 9	0.205 7	0.188 8	0.185 6	0.188 0	0.191 3	0.240 5
	45	0.152 1	0.143 2	0.136 2	0.129 0	0.118 2	0.102 0	0.207 0	0.243 8	0.264 6	0.242 5	0.155 4	0.160 0
	67.5	0.237 8	0.192 3	0.167 7	0.147 5	0.124 1	0.097 2	0.269 2	0.210 0	0.204 7	0.176 1	0.187 1	0.223 6
	90	0.383 1	0.239 5	0.191 6	0.159 6	0.127 7	0.095 8	0.428 0	0.424 3	0.428 1	0.431 7	0.428 0	0.428 1
5	0	0.065 0	0.065 0	0.065 0	0.065 0	0.065 0	0.065 0	0.095 8	0.095 8	0.095 8	0.095 8	0.095 8	0.095 8
	22.5	0.069 9	0.069 1	0.068 4	0.067 6	0.066 2	0.063 4	0.100 5	0.092 6	0.092 8	0.093 7	0.098 5	0.125 0
	45	0.088 3	0.083 4	0.079 5	0.075 3	0.069 2	0.059 8	0.110 1	0.114 3	0.168 4	0.134 3	0.094 5	0.076 8
	67.5	0.138 9	0.112 7	0.098 3	0.086 6	0.072 8	0.057 0	0.187 1	0.115 6	0.102 3	0.091 0	0.097 0	0.108 1
	90	0.224 2	0.140 1	0.112 1	0.093 4	0.074 7	0.056 1	0.297 8	0.270 4	0.297 8	0.319 7	0.297 8	0.297 8
6	0	0.053 9	0.053 9	0.053 9	0.053 9	0.053 9	0.053 9	0.078 5	0.078 5	0.078 5	0.078 5	0.078 5	0.078 5
	22.5	0.057 9	0.057 3	0.056 7	0.056 0	0.054 9	0.052 6	0.079 8	0.073 0	0.073 7	0.074 5	0.078 3	0.098 8
	45	0.073 2	0.069 1	0.065 9	0.062 5	0.057 4	0.049 7	0.089 8	0.117 6	0.144 8	0.106 6	0.077 3	0.063 5
	67.5	0.115 3	0.093 6	0.081 7	0.071 9	0.060 4	0.047 3	0.161 1	0.094 1	0.080 6	0.070 9	0.077 1	0.082 3
	90	0.186 1	0.116 3	0.093 1	0.077 5	0.062 0	0.046 5	0.261 6	0.234 7	0.261 7	0.282 4	0.261 6	0.261 6
7	0	0.046 0	0.046 0	0.046 0	0.046 0	0.046 0	0.046 0	0.066 5	0.066 5	0.066 5	0.066 5	0.066 5	0.066 5
	22.5	0.049 4	0.048 9	0.048 4	0.047 9	0.046 9	0.044 9	0.065 1	0.060 5	0.060 8	0.061 6	0.066 3	0.082 0
	45	0.062 5	0.059 1	0.056 3	0.053 4	0.049 1	0.042 5	0.074 5	0.099 6	0.127 0	0.088 0	0.063 5	0.052 8
	67.5	0.098 5	0.080 0	0.069 8	0.061 5	0.051 7	0.040 5	0.140 9	0.081 2	0.067 1	0.059 2	0.062 4	0.066 9
	90	0.159 1	0.099 5	0.079 6	0.066 3	0.053 0	0.039 8	0.159 1	0.208 4	0.234 4	0.253 9	0.234 4	0.234 5

| m | α/(°) | 通放带宽度 | | | | | | 压制带内 $\vert\varphi_{\text{T}}\vert$ 的平均值 | | | | | |
		R=0.5	R=0.8	R=1.0	R=1.2	R=1.5	R=2.0	R=0.5	R=0.8	R=1.0	R=1.2	R=1.5	R=2.0
9	0	0.035 6	0.035 6	0.035 6	0.035 6	0.035 6	0.035 6	0.050 8	0.050 8	0.050 8	0.050 8	0.050 8	0.050 8
	22.5	0.038 3	0.037 9	0.037 5	0.037 1	0.036 3	0.034 8	0.046 3	0.043 8	0.044 6	0.045 6	0.049 1	0.064 1
	45	0.048 5	0.045 8	0.043 7	0.041 4	0.038 1	0.032 9	0.056 3	0.075 3	0.103 3	0.067 5	0.046 8	0.038 0
	67.5	0.076 4	0.062 1	0.054 2	0.047 7	0.040 1	0.031 4	0.112 4	0.059 6	0.049 9	0.043 6	0.045 5	0.047 0
	90	0.123 4	0.077 2	0.061 7	0.051 4	0.041 1	0.030 9	0.195 7	0.170 1	0.195 7	0.214 4	0.195 7	0.195 8
11	0	0.029 1	0.029 1	0.029 1	0.029 1	0.029 1	0.029 1	0.041 0	0.041 0	0.041 0	0.041 0	0.041 0	0.041 0
	22.5	0.031 3	0.031 0	0.030 7	0.030 3	0.029 7	0.028 4	0.035 7	0.034 1	0.034 9	0.035 8	0.039 0	0.051 3
	45	0.039 6	0.037 4	0.035 7	0.033 9	0.031 1	0.026 9	0.044 7	0.059 8	0.087 7	0.056 6	0.038 3	0.029 3
	67.5	0.062 4	0.050 7	0.044 3	0.039 0	0.032 8	0.025 7	0.092 3	0.048 2	0.039 7	0.034 3	0.035 2	0.036 3
	90	0.100 9	0.063 0	0.050 4	0.042 0	0.033 6	0.025 2	0.169 3	0.144 9	0.169 3	0.186 7	0.169 3	0.169 2

注：本表中数据都是在 $0 \leqslant \Delta t_i/T \leqslant 1$ 区间计算所得。

图 4.4.7 是三角形面积组合 $m=5$，$\alpha=45°$ 时，$R=0.5, 0.8, 1.0, 1.2, 1.5$ 的组合响应曲线。由图可见，当 R 从 0.5 逐渐增大到 1.5 时，通放带宽度随之逐渐变窄，通放带宽度变化比 $\alpha=22.5°$ 时更大。在压制带内 $\vert\varphi_{\text{T}}\vert$ 的变化变化也比 $\alpha=22.5°$ 时更大。

图 4.4.8 是三角形面积组合 $m=5$，$\alpha=90°$ 时，$R=0.5, 0.8, 1.0, 1.2, 1.5$ 的响应曲线。可见当 R 从 0.5 逐渐增大到 1.5 时，曲线通放带宽度随之明显变窄。压制带宽度也随 R 增大而变窄，$R=1.0, 1.2, 1.5$ 3 条曲线出现旁通带，并且旁通带的峰值横坐标的增大而减小，$R<1$ 时旁通带已在图面外。在压制带内 $\vert\varphi_{\text{T}}\vert$ 的平均值变化复杂，5 条响应曲线都在压制带中点左右出现与横轴平行的一段，而且 5 条响应曲线平行横轴的一段的 $\vert\varphi_{\text{T}}\vert$ 的平均值相等，都是 0.2，为最低值。

总之，通放带宽度随 R 增大而变窄（$\alpha=0°, 180°, 360°$ 时除外），这一特点简单明确（表 4.4.2）。压制带内 $\vert\varphi_{\text{T}}\vert$ 的平均值随 R 变化复杂，无明显规律（$\alpha=0°, 180°, 360°$ 时除外）。方位角 $\alpha=0°, 180°, 360°$ 时三角形组合响应曲线不随 R 变化（表 4.4.2），因为 $\alpha=0°, 180°, 360°$ 时三角形面积组合已退化成等腰三角形加权组合，它的特点与 R 无关。进一步研究指出，上述特点不随组合行数 m 变化。

4.4.5 三角形面积组合与矩形面积组合的对比

图 4.4.9 是沿测线方向三角形面积组合（$m=6$，$R=1$）与矩形面积组合（$m=n=6$，$R=1$）响应对比图。二者的方位角 α 都是 $0°$，二者使用的检波器数都为 36。可见三角形面积组合通放带宽度（0.053 9）比矩形面积组合（0.074 7）窄。在压制带内，三角形面积组合压制带内 $\vert\varphi_{\text{T}}\vert$ 的平均值（0.078 5）比矩形面积组合压制带内 $\vert\varphi_{\text{Re}}\vert$ 的平均值（0.178 3）小得多（表 4.4.3）。这是因为在沿测线方向上，$m=6$，$R=1$ 的三角形面积组合等效于参数 m 相

同的等腰三角形加权组合（检波点数为 11，灵敏度分布为 1、2、3、4、5、6、5、4、3、2、1），而 $m=n=6$ 的矩形面积组合只相当于 $n=6$ 的简单线性组合。这一比较结果说明在沿测线方向上，三角形面积组合将高速干扰波置于压制带内的能力强于矩形面积组合，同时三角形面积组合对落入压制带内地震波的衰减力度也强于矩形面积组合。更多例子证明，在使用相同数目检波器情况下，在沿测线方向上，三角形面积组合衰减干扰波提高信噪比的能力优于矩形面积组合。

表 4.4.3　检波器点相同，R 都为 1 的三角形面积组合响应与矩形面积组合响应比较

分带	序号	组合及参数	$\alpha/(°)$								
			0	22.5	45	67.5	90	112.5	135	157.5	180
通放带宽度	1	三角形 $m=3$	0.112 3	0.118 0	0.136 2	0.167 7	0.191 6	0.167 7	0.136 2	0.118 0	0.112 3
		矩形 $m=n=3$	0.155 3	0.157 0	0.158 8	0.157 0	0.155 3	0.157 0	0.158 8	0.157 0	0.155 3
	2	三角形 $m=4$	0.082 2	0.086 4	0.100 2	0.123 8	0.141 2	0.123 8	0.100 2	0.086 4	0.082 2
		矩形 $m=n=4$	0.113 8	0.115 0	0.116 2	0.115 0	0.113 8	0.115 0	0.116 2	0.115 0	0.113 8
	3	三角形 $m=5$	0.065 0	0.068 4	0.079 4	0.098 3	0.112 1	0.098 3	0.079 4	0.068 4	0.065 0
		矩形 $m=n=5$	0.090 2	0.091 0	0.091 9	0.091 0	0.090 2	0.091 0	0.091 9	0.091 0	0.090 2
	4	三角形 $m=6$	0.053 9	0.056 7	0.065 9	0.081 7	0.093 1	0.081 7	0.065 9	0.056 7	0.053 9
		矩形 $m=n=6$	0.074 7	0.075 4	0.076 2	0.075 4	0.074 7	0.075 4	0.076 2	0.075 4	0.074 7
	5	三角形 $m=7$	0.046 0	0.048 4	0.056 3	0.069 8	0.079 6	0.069 8	0.056 3	0.048 4	0.046 0
		矩形 $m=n=7$	0.063 8	0.064 4	0.065 1	0.064 4	0.063 8	0.064 4	0.065 1	0.064 4	0.063 8
	6	三角形 $m=8$	0.040 2	0.042 3	0.049 2	0.061 0	0.069 5	0.061 0	0.049 2	0.042 3	0.040 2
		矩形 $m=n=8$	0.055 7	0.056 3	0.056 8	0.056 3	0.055 7	0.056 3	0.056 8	0.056 3	0.055 7
	7	三角形 $m=9$	0.035 6	0.037 5	0.043 7	0.054 2	0.061 7	0.054 2	0.043 7	0.037 5	0.035 6
		矩形 $m=n=9$	0.049 5	0.049 9	0.050 4	0.049 9	0.049 5	0.049 9	0.050 4	0.049 9	0.049 5
压制带内 $\mid\varphi\mid$ 的平均值	1	三角形 $m=3$	0.170 1	0.185 6	0.264 6	0.204 7	0.428 1	0.204 7	0.264 6	0.185 6	0.170 1
		矩形 $m=n=3$	0.289 3	0.143 3	0.127 5	0.143 3	0.289 3	0.143 3	0.127 5	0.143 3	0.289 3
	2	三角形 $m=4$	0.122 8	0.125 1	0.205 0	0.125 9	0.348 8	0.125 9	0.205 0	0.125 1	0.122 8
		矩形 $m=n=4$	0.237 4	0.115 3	0.096 6	0.115 3	0.237 4	0.115 3	0.096 6	0.115 3	0.237 4
	3	三角形 $m=5$	0.095 8	0.092 8	0.168 4	0.102 3	0.297 8	0.102 3	0.168 4	0.092 8	0.095 8
		矩形 $m=n=5$	0.203 0	0.082 7	0.073 0	0.082 7	0.203 0	0.082 7	0.073 0	0.082 7	0.203 0
	4	三角形 $m=6$	0.078 5	0.073 7	0.144 8	0.080 6	0.261 7	0.080 6	0.144 8	0.073 7	0.078 5
		矩形 $m=n=6$	0.178 3	0.065 3	0.057 9	0.065 3	0.178 3	0.065 3	0.057 9	0.065 3	0.178 3
	5	三角形 $m=7$	0.066 5	0.060 8	0.127 0	0.067 1	0.234 4	0.067 1	0.127 0	0.060 8	0.066 5
		矩形 $m=n=7$	0.159 7	0.056 1	0.049 5	0.056 1	0.159 7	0.056 1	0.049 5	0.056 1	0.159 7
	6	三角形 $m=8$	0.057 6	0.051 6	0.113 9	0.057 8	0.213 0	0.057 8	0.113 9	0.051 6	0.057 6
		矩形 $m=n=8$	0.145 0	0.046 5	0.042 9	0.046 5	0.145 0	0.046 5	0.042 9	0.046 5	0.145 0
	7	三角形 $m=9$	0.050 8	0.044 6	0.103 3	0.049 9	0.195 7	0.049 9	0.103 3	0.044 6	0.050 8
		矩形 $m=n=9$	0.133 2	0.040 9	0.037 1	0.040 9	0.133 2	0.040 9	0.037 1	0.040 9	0.133 2

图 4.4.10 是三角形面积组合（$m=6$，$R=1$）与矩形面积组合（$m=n=6$，$R=1$）特性曲线对比图，二者的方位角 α 都是 22.5°，二者使用的检波器数都为 36。可见三角形面积组合通放带宽度（0.056 7）比矩形面积组合（0.075 4）窄。在压制带内，三角形面积组合压制带内 $|\varphi_T|$ 的平均值（0.073 7）比矩形面积组合 $|\varphi_{Re}|$ 的平均值（0.065 3）大（表 4.4.3）。

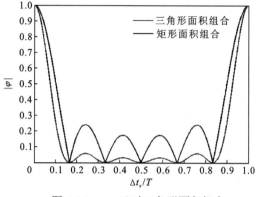

图 4.4.9　$\alpha=0°$ 时三角形面积组合
（$m=6$，$R=1$）与矩形面积组合响应曲线

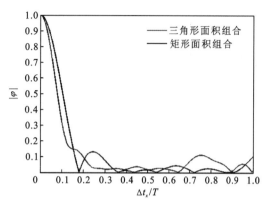

图 4.4.10　$\alpha=22.5°$ 时三角形面积组合
（$m=6$，$R=1$）与矩形面积组合响应曲线

图 4.4.11 是方位角 α 都是 45° 情况下三角形形面积组合（$m=6$，$R=1$）与矩形面积组合（$m=n=6$，$R=1$）响应对比图，二者使用的检波器数都是 36。可见三角形面积组合通放带宽度比矩形面积组合窄一点，与 $\alpha=22.5°$ 时通放带宽度差相比，此时的宽度差缩小了。在压制带内，三角形面积组合曲线完全处于矩形面积组合曲线之上，表明 $\alpha=45°$ 时压制带内三角形面积组合 $|\varphi_T|$ 的平均值大于矩形面积组合 $|\varphi_{Re}|$ 的平均值，并且 $\alpha=45°$ 时压制带内 $|\varphi_{Re}|$ 的平均值与 $|\varphi_T|$ 的平均值的差别比 $\alpha=22.5°$ 时的差别明显扩大了（表 4.4.3）。

图 4.4.12 是方位角 α 都是 67.5° 情况下三角形面积组合（$m=6$，$R=1$）与矩形面积组合（$m=n=6$，$R=1$）响应对比图，二者使用的检波器数都是 36。可见三角形面积组合通放带宽度（0.081 7）比矩形面积组合（0.075 4）宽一点。在压制带内，总体看三角形面积组合曲线处于矩形面积组合曲线之上，实际计算结果证明三角形面积组合压制带内 $|\varphi_T|$ 的平均值（0.080 6）比矩形面积组合 $|\varphi_{Re}|$ 的平均值（0.065 3）高（表 4.4.3）。

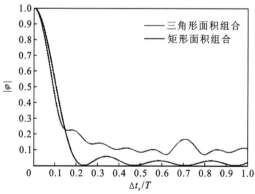

图 4.4.11　$\alpha=45°$ 时三角形面积组合
（$m=6$，$R=1$）与矩形面积组合响应曲线

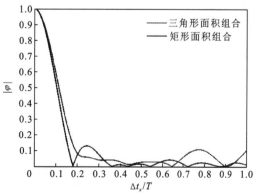

图 4.4.12　$\alpha=67.5°$ 时三角形面积组合
（$m=6$，$R=1$）与矩形面积组合响应曲线

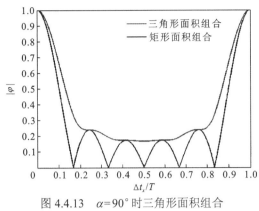

图 4.4.13　$\alpha = 90°$ 时三角形面积组合

（$m=6$，$R=1$）与矩形面积组合响应曲线

图 4.4.13 是方位角 α 都为 90° 情况下三角形面积组合（$m=6$，$R=1$）与矩形面积组合（$m=n=6$，$R=1$）响应曲线对比图，使用的检波器数都是 36 个。由图可见三角形面积组合通放带宽度比矩形面积组合宽，三角形面积组合响应曲线构成矩形面积组合响应曲线所有波瓣的包络线。这是由于 $\alpha = 90°$ 时矩形面积组合退化为 $n=6$ 的简单线性组合，而三角形面积组合相当于一种复合线性组合。具体计算结果给出在压制带内，三角形面积组合 $|\varphi_T|$ 的平均值为 0.261 7，而矩形面积组合 $|\varphi_{Re}|$ 的平均值为 0.178 3，后者比前者低许多（表 4.4.3）。

图 4.4.12 和图 4.4.13 两幅图的对比结果说明在 67.5°≤α≤90°，矩形面积组合通放带比三角形面积组合通放带窄；矩形面积组合压制带内 $|\varphi_{Re}|$ 的平均值比三角形面积组合 $|\varphi_T|$ 的平均值小。这个结果意味着这种情况下使用相同数量检波器，三角形面积组合衰减干扰波提高信噪比的能力比矩形面积组合差。

表 4.4.3 列出了 7 组三角形面积组合与矩形面积组合通放带宽度及压制带内 $|\varphi|$ 的平均值的对比，每组内两种组合的检波点数相同，R 都为 1。由表 4.4.3 可知，在 0°≤α≤180° 区间，只有当方位角 67.5°≤α≤112.5° 及其附近时，三角形面积组合通放带比矩形面积组合通放带宽；在其他方向上三角形面积组合通放带都比矩形面积组合通放带的窄。具体数据指出，约 66.7% 的方向区间三角形面积组合通放带都比矩形面积组合通放带的窄，说明在 0°≤α≤180° 区间内三角形面积组合将较高速度干扰波置于压制带内的能力比矩形面积组合强。

由表 4.4.3 可见，在 0°≤α≤180°，只有当方位角 $\alpha = 0°$ 和 $\alpha = 180°$ 及邻近方向上，三角形面积组合压制带内 $|\varphi_T|$ 的平均值比矩形面积组合的小；在其他方向上三角形面积组合压制带内 $|\varphi_T|$ 的平均值都比矩形面积组合 $|\varphi_{Re}|$ 的大。具体数据指出，约 88.9% 的方向区间矩形面积组合压制带内 $|\varphi_{Re}|$ 的平均值比三角形面积组合 $|\varphi_T|$ 的平均值小。说明三角形面积组合对落入压制带内干扰波的压制力度比矩形面积组合的差得多。因此可以说，在使用相同数目检波器条件下，三角形面积组合在平行测线（$\alpha = 0°$）方向上衰减干扰波提高信噪比的性能优于矩形面积组合，在其他方向上都不如矩形面积组合。上述对比结论适用于整个 0°≤α≤360°。进一步研究证明上述结论具有普适性。

4.4.6　三角形面积组合与平行四边形面积组合的对比

表 4.4.4 给出了三角形面积组合（$m=7$，$R=1$）通放带宽度及压制带内 $|\varphi_T|$ 的平均值与 I 型平行四边形面积组合通放带宽度及压制带内 $|\varphi_{PI}|$ 的平均值对比，共 5 组。由表可知，在整个 0°≤α≤180° 内，约有 64.4% 区间 I 型平行四边形面积组合比三角形面积组合的通放带宽度窄，表明三角形面积组合将干扰波置于压制带内的能力不如 I 型平行四边形面积

组合。约有 71.1%区间三角形面积组合压制带内$|\varphi_T|$的平均值比 I 型平行四边形面积组合压制带内$|\varphi_{PI}|$的平均值高，另有 13.3%两种组合压制带内$|\varphi_T|$的平均值与$|\varphi_{PI}|$的平均值相等，这说明三角形面积组合衰减落入压制带内干扰波的能力更不如 I 型平行四边形面积组合。显然，I 型平行四边形面积组合衰减干扰波提高信噪比的性能明显优于三角形面积组合。更多例子数据分析支持上述结论。

表 4.4.4　三角形面积组合响应与 I 型平行四边形面积组合响应对比

分带	序号	组合参数	$\alpha/(°)$								
			0	22.5	45	67.5	90	112.5	135	157.5	180
通放带宽度	1	三角形 $m=3$	0.112 3	0.118 0	0.136 2	0.167 7	0.191 6	0.167 7	0.136 2	0.118 0	0.112 3
		平行四边形 $m=2$，$n=4$	0.105 0	0.119 8	0.161 0	0.255 2	0.250 0	0.164 2	0.122 0	0.105 7	0.105 0
	2	三角形 $m=4$	0.082 2	0.086 4	0.100 2	0.123 8	0.141 2	0.123 8	0.100 2	0.086 4	0.082 2
		平行四边形 $m=4$，$n=4$	0.082 2	0.108 0	0.161 0	0.174 9	0.113 8	0.084 1	0.072 9	0.072 4	0.082 2
	3	三角形 $m=5$	0.065 0	0.068 4	0.079 4	0.098 3	0.112 1	0.098 3	0.079 4	0.068 4	0.065 0
		平行四边形 $m=5$，$n=5$	0.065 0	0.085 4	0.127 5	0.138 4	0.090 2	0.066 6	0.057 7	0.057 3	0.065 0
	4	三角形 $m=6$	0.053 9	0.056 7	0.065 9	0.081 7	0.093 1	0.081 7	0.065 9	0.056 7	0.053 9
		平行四边形 $m=6$，$n=6$	0.053 9	0.070 8	0.105 7	0.114 6	0.074 7	0.055 2	0.047 8	0.047 5	0.053 9
	5	三角形 $m=7$	0.046 0	0.048 4	0.056 3	0.069 8	0.079 6	0.069 8	0.056 3	0.048 4	0.046 0
		平行四边形 $m=6$，$n=8$	0.045 5	0.064 7	0.105 7	0.092 3	0.055 7	0.041 8	0.037 2	0.038 2	0.045 5
压制带内$|\varphi|$的平均值	1	三角形 $m=3$	0.170 1	0.185 6	0.264 6	0.204 7	0.428 1	0.204 7	0.264 6	0.185 6	0.170 1
		平行四边形 $m=2$，$n=4$	0.164 1	0.128 5	0.222 4	0.176 0	0.372 9	0.184 7	0.159 5	0.186 3	0.164 1
	2	三角形 $m=4$	0.122 8	0.125 1	0.205 0	0.125 9	0.348 8	0.125 9	0.205 0	0.125 1	0.122 8
		平行四边形 $m=4$，$n=4$	0.122 8	0.087 1	0.222 4	0.118 6	0.237 4	0.118 6	0.088 3	0.103 2	0.122 8
	3	三角形 $m=5$	0.095 8	0.092 8	0.168 4	0.102 3	0.297 8	0.102 3	0.168 4	0.092 8	0.095 8
		平行四边形 $m=5$，$n=5$	0.095 8	0.072 4	0.182 3	0.095 6	0.203 0	0.106 2	0.076 0	0.083 4	0.095 8
	4	三角形 $m=6$	0.078 5	0.073 7	0.144 8	0.080 6	0.261 7	0.080 6	0.144 8	0.073 7	0.078 5
		平行四边形 $m=6$，$n=6$	0.078 5	0.055 1	0.153 8	0.076 7	0.178 3	0.075 2	0.051 3	0.062 6	0.078 5
	5	三角形 $m=7$	0.066 5	0.060 8	0.127 0	0.067 1	0.234 4	0.067 1	0.127 0	0.060 8	0.066 5
		平行四边形 $m=6$，$n=8$	0.061 2	0.046 1	0.127 8	0.072 3	0.178 3	0.064 0	0.042 9	0.050 2	0.061 2

进一步研究指出，I 型和 II 型平行四边形面积组合与三角形面积组合性能对比结果相同，只是优势方向有别，这是 I 型与 II 型平行四边形面积组合特有的相互关系决定的。

4.4.7　两个特例

特例 1　在$\alpha=0°$方向上 $m=3$，$R=1$ 的三角形面积组合响应如图 4.4.14 所示。

容易证明 $m=3$，$R=1$ 的三角形面积组合在$\alpha=0°$时退化为 $m=3$ 的等腰三角形加权组合。

特例 2　在$\alpha=90°$方向上$m=3$，$R=1$的三角形面积组合响应。

将$\alpha=90°$，$m=3$，$R=1$代入式（4.4.14）得：

$$\left.\varphi_{\mathrm{T}}\right|_{\substack{\alpha=90° \\ R=1 \\ m=3}}=\frac{1}{9}\left|\left(9-8\cos^2\frac{\pi\Delta t_x}{T}+80\cos^4\frac{\pi\Delta t_x}{T}\right)^{\frac{1}{2}}\right|$$

$\alpha=90°$时$m=3$，$R=1$的三角形面积组合响应如图4.4.15所示。

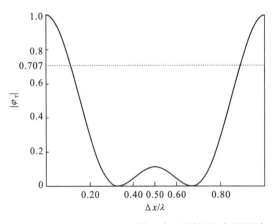

图4.4.14　$m=3$，$R=1$的三角形面积组合沿测线　图4.4.15　$m=3$，$R=1$的三角形面积组合沿垂直
（$\alpha=0°$）方向传播波的响应　　　　　　测线（$\alpha=90°$）方向传播波的响应

4.4.8　小结

（1）互为补角的两个方位角，对应的三角形面积组合响应相同。

（2）通放带宽度随纵横组内距之比R的增大而变窄，压制带内$|\varphi_{\mathrm{T}}|$平均值随R变化复杂，无明显规律（$\alpha=0°$，$180°$，$360°$时除外）。

（3）在检波点数相同的情况下，三角形面积组合衰减干扰波提高信噪比的性能不如矩形面积组合。但在$\alpha=0°$和$\alpha=180°$及邻近方向上，三角形面积组合仍占优势。

（4）在检波点数相同的情况下，平行四边形面积组合衰减干扰波提高信噪比性能明显优于三角形面积组合。但三角形面积组合在$\alpha=45°$（或$\alpha=135°$）及附近方向上仍占优势。

4.5　鱼骨形组合

美国著名地球物理学家 Sheriff 等（1995）在其 *Exploration Seismology*（《勘探地震学》）一书第 I 册的"地震组合法"一节中，给出两个异型面积组合，分别为"鱼骨形组合"（herring-bone）和"鸟爪形组合"（crow's foot array），除给出检波器地面展布图外，原著没有说明出处，也没有给出文字描述，更没有给出这两种组合响应解析表达式。原著对其参数也无任何说明。本节讨论鱼骨形组合。

4.5.1 鱼骨形组合响应函数

鱼骨形组合检波器地平面展布图如图 4.5.1 所示，取坐标如图，X 轴与测线重合，Y 轴垂直向上，原点 O。在测线两边各有 2 条与测线成 β 角的直线，从测线呈鱼刺状散开。每条"鱼刺"上各有 m 个检波器，间距 Δx，其中一个检波器位于测线上，编为 1 号，其他检波器随着远离测线依次编为 2，3，$\cdots$，m。这样，测线上有 4 个 1 号检波器，间距也为 Δx，分别位于 O、O_2、O_3、O_4。波沿地面 AB 方向以视速度 V^* 传播，AB 方位角 α（图 4.5.1），由 X 轴正方向（测线方向）逆时针旋转到 AB 正方向的方位角 α 为正，例如图 4.5.1 中的 α 就是正值。

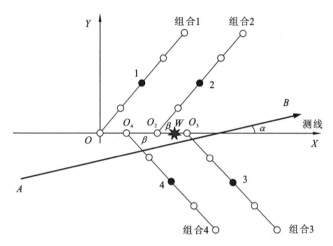

图 4.5.1　地平面上鱼骨形组合检波器展布示意图

扫描封底二维码见彩图

鱼骨组合可分解为 4 个简单线性组合，分别编为 1、2、3、4 号，简称为组合 1、2、3、4（图 4.5.1）。其输出信号分别表示为 $F_1(t)$、$F_2(t)$、$F_3(t)$、$F_4(t)$；各个简单线性组合里每个检波器输出信号为 $f_{i\xi}(t)$，其下标 i=1, 2, 3, 4，为 4 个简单线性组合序号；ξ=1, 2, 3, $\cdots$, m 是各个简单线性组合里单个检波器序号。将整个鱼骨组合输出信号表示为 $F_Y(t)$，则

$$F_Y(t) = \sum_{i=1}^{4} F_i(t) = \sum_{\xi=1}^{m} f_{1\xi}(t) + \sum_{\xi=1}^{m} f_{2\xi}(t) + \sum_{\xi=1}^{m} f_{3\xi}(t) + \sum_{\xi=1}^{m} f_{4\xi}(t) = \sum_{i=1}^{4}\sum_{\xi=1}^{m} f_{i\xi}(t) \qquad (4.5.1)$$

以 $G_1(j\omega)$、$G_2(j\omega)$、$G_3(j\omega)$、$G_4(j\omega)$ 分别表示 $F_1(t)$、$F_2(t)$、$F_3(t)$、$F_4(t)$ 的频谱；以 $G_Y(j\omega)$ 表示 $F_Y(t)$ 的频谱，根据频谱的线性叠加定理（董敏煜，2006；陆基孟 等，1982；罗伯特 等，1980）有

$$G_Y(j\omega) = \sum_{i=1}^{4} G_i(j\omega) \qquad (4.5.2)$$

在国内大多数地震勘探教科书中，对简单线性组合都做了详细阐述，根据频谱理论证明了一个简单线性组合输出信号的频谱 $G_{line}(j\omega)$ 等于其中点单个检波器输出信号频谱 $g_c(j\omega)$ 乘以复变系数 $P_{line}(j\omega)$（朱广生 等，2005；何樵登，1986；陆基孟 等，1982）：

$$G_{line}(j\omega) = g_c(j\omega)P_{line}(j\omega) \qquad (4.5.3)$$

式中：

$$P_{\text{line}}(j\omega) = \frac{\sin\dfrac{m\omega\Delta t}{2}}{\sin\dfrac{\omega\Delta t}{2}} \qquad (4.5.4)$$

$$g_c(j\omega) = g_1(j\omega)e^{\frac{-j\omega(m-1)\Delta t}{2}} \qquad (4.5.5)$$

式中：$g_1(j\omega)$ 为简单线性组合里第 1 个检波器输出信号的频谱；式（4.5.3）、式（4.5.4）中下标 "line" 是表示 $G_{\text{line}}(j\omega)$ 和 $P_{\text{line}}(j\omega)$ 属于简单线性组合，因此每个简单线性组合可看成它的中点（图 4.5.1 中 1、2、3、4 四个红点）的一个等效检波器，等效检波器输出信号的频谱等于该简单线性组合输出信号的频谱。整个鱼骨组合就相当于由这 4 个等效检波器构成，它们分布在测线两边，每边两个，分别称为等效检波器 1、2、3、4。

式（4.5.3）、式（4.5.4）中 Δt 是相应组合里相邻检波器波至时差，在独立使用的简单线性组合中是相邻检波器沿测线方向波至时差，在鱼骨面积组合里是指在波沿地面传播方向上的波至时差。现在鱼骨组合已分解为 4 个简单线性组合，它们的 $g_c(j\omega)$、$g_1(j\omega)$、Δt 都是不同的，因此须将其中任意第 i 个简单线性组合对应的 $g_c(j\omega)$、$g_1(j\omega)$ 和 Δt 分别改写为 $g_{ci}(j\omega)$、$g_{Oi}(j\omega)$ 和 Δt_i，这样式（4.5.3）～式（4.5.5）便改写为

$$G_{\text{line},i}(j\omega) = g_{ci}(j\omega)P_{\text{line},i}(j\omega) \qquad (4.5.6)$$

$$g_{ci}(j\omega) = g_{Oi}(j\omega)e^{\frac{-j\omega(m-1)\Delta t_i}{2}} \qquad (4.5.7)$$

$$P_{\text{line},i}(j\omega) = \frac{\sin\dfrac{m\omega\Delta t_i}{2}}{\sin\dfrac{\omega\Delta t_i}{2}} \qquad (4.5.8)$$

式中：$G_{\text{line},i}(j\omega)$ 为第 i 个简单线性组合的输出信号频谱；$g_{Oi}(j\omega)$ 为第 i 个组合里第 1 号检波器（也就是在测线上 O_i 点）输出信号的频谱；$P_{\text{line},i}(j\omega)$ 是其复变系数；$g_{ci}(j\omega)$ 是它中点上单个检波器输出信号的频谱；Δt_i 为组合 i 里相邻检波器在 AB 方向上的波至时差。

将式（4.5.6）～式（4.5.8）代入式（4.5.2），得鱼骨组合总输出信号的频谱 $G_Y(j\omega)$：

$$G_Y(j\omega) = \sum_{i=1}^{4} G_{\text{line},i}(j\omega) = \sum_{i=1}^{4} \frac{\sin\dfrac{m\omega\Delta t_i}{2}}{\sin\dfrac{\omega\Delta t_i}{2}} g_{ci}(j\omega) = \sum_{i=1}^{4} \frac{\sin\dfrac{m\omega\Delta t_i}{2}}{\sin\dfrac{\omega\Delta t_i}{2}} g_{Oi}(j\omega)e^{\frac{-j\omega(m-1)\Delta t_i}{2}} \qquad (4.5.9)$$

这里的目的是用组合参数和地震波参数构建鱼骨形组合的响应函数，式（4.5.9）表明要达此目标必须先知道 Δt_i 等。下面先讨论 Δt_i 等与鱼骨形组合参数及波传播方向的关系。

由图 4.5.1 可写出四个简单线性组合等效检波器的位置坐标：

等效检波器 1 坐标

$$x_1 = 0.5(m-1)a\cos\beta, \quad y_1 = 0.5(m-1)a\sin\beta \qquad (4.5.10)$$

等效检波器 2 坐标

$$x_2 = 0.5(m-1)a\cos\beta + 2a, \quad y_2 = 0.5(m-1)a\sin\beta \qquad (4.5.11)$$

等效检波器 3 坐标

$$x_3 = 0.5(m-1)a\cos\beta + 3a, \quad y_3 = -0.5(m-1)a\sin\beta \qquad (4.5.12)$$

等效检波器 4 坐标

$$x_4 = 0.5(m-1)a\cos\beta + a, \quad y_4 = -0.5(m-1)a\sin\beta \qquad (4.5.13)$$

由式（4.5.10）～式（4.5.13）可知，这 4 个点构成一个平行四边形，将其对角线交点记为 W，则可写出 W 点的坐标 x_W，y_W：

$$x_W = \frac{(m-1)a\cos\beta + 3a}{2}, \quad y_W = 0 \qquad (4.5.14)$$

式（4.5.14）说明 W 点在测线（X 轴）上，容易证明 W 点也是鱼骨形组合所有单个检波器在 X 轴上投影点区的中点。如果这个平行四边形四角上都是单个检波器，它就是一个简单的平行四边形面积组合，平行四边形面积组合的等效检波器位置就是其对角线的交点（参见 3.3 节）。现在四角上分别是不同简单线性组合的等效检波器，从而引起一个特殊问题。组合 i 的 1 号检波器输出信号的频谱 $g_{Oi}(j\omega)$，就是测线（X 轴）上 O_i 点（见图 4.5.1）检波器输出信号的频谱；以 g_O 表示组合 1 的 1 号检波器输出信号的频谱，以 Δt_{Oi} 表示 O_i 点相对 O 点的波至时间滞后值，则

$$g_{O1}(j\omega) = g_O(j\omega) \qquad (4.5.15)$$

$$g_{O2}(j\omega) = g_O(j\omega)e^{-j\omega\Delta_{O2}} \qquad (4.5.16)$$

$$g_{O3}(j\omega) = g_O(j\omega)e^{-j\omega\Delta t_{O3}} \qquad (4.5.17)$$

$$g_{O4}(j\omega) = g_O(j\omega)e^{-j\omega\Delta t_{O4}} \qquad (4.5.18)$$

将式（4.5.15）～式（4.5.18）代入式（4.5.9）则有

$$
\begin{aligned}
G_Y(j\omega) &= \frac{\sin\dfrac{m\omega\Delta t_1}{2}}{\sin\dfrac{\omega\Delta t_1}{2}}g_{O1}(j\omega)e^{\frac{-j(m-1)\omega\Delta t_1}{2}} + \frac{\sin\dfrac{m\omega\Delta t_2}{2}}{\sin\dfrac{\omega\Delta t_2}{2}}g_{O2}(j\omega)e^{\frac{-j(m-1)\omega\Delta t_2}{2}} \\
&\quad + \frac{\sin\dfrac{m\omega\Delta t_3}{2}}{\sin\dfrac{\omega\Delta t_3}{2}}g_{O3}(j\omega)e^{\frac{-j(m-1)\omega\Delta t_3}{2}} + \frac{\sin\dfrac{m\omega\Delta t_4}{2}}{\sin\dfrac{\omega\Delta t_4}{2}}g_{O4}(j\omega)e^{\frac{-j(m-1)\omega\Delta t_4}{2}} \\
&= \frac{\sin\dfrac{m\omega\Delta t_1}{2}}{\sin\dfrac{\omega\Delta t_1}{2}}g_O(j\omega)e^{\frac{-j(m-1)\omega\Delta t_1}{2}} + \frac{\sin\dfrac{m\omega\Delta t_2}{2}}{\sin\dfrac{\omega\Delta t_2}{2}}g_O(j\omega)e^{-j\omega\Delta t_{O2}}e^{\frac{-j(m-1)\omega\Delta t_2}{2}} \\
&\quad + \frac{\sin\dfrac{m\omega\Delta t_3}{2}}{\sin\dfrac{\omega\Delta t_3}{2}}g_O(j\omega)e^{-j\omega\Delta t_{O3}}e^{\frac{-j(m-1)\omega\Delta t_3}{2}} + \frac{\sin\dfrac{m\omega\Delta t_4}{2}}{\sin\dfrac{\omega\Delta t_4}{2}}g_O(j\omega)e^{-j\omega\Delta t_{O4}}e^{\frac{-j(m-1)\omega\Delta t_4}{2}} \\
&= \frac{\sin\dfrac{m\omega\Delta t_1}{2}}{\sin\dfrac{\omega\Delta t_1}{2}}g_O(j\omega)e^{\frac{-j(m-1)\omega\Delta t_1}{2}} + \frac{\sin\dfrac{m\omega\Delta t_2}{2}}{\sin\dfrac{\omega\Delta t_2}{2}}g_O(j\omega)e^{\frac{-j\omega[(m-1)\Delta t_2 + 2\Delta t_{O2}]}{2}} \\
&\quad + \frac{\sin\dfrac{m\omega\Delta t_3}{2}}{\sin\dfrac{\omega\Delta t_3}{2}}g_O(j\omega)e^{\frac{-j\omega[(m-1)\Delta t_3 + 2\Delta t_{O3}]}{2}} + \frac{\sin\dfrac{m\omega\Delta t_4}{2}}{\sin\dfrac{\omega\Delta t_4}{2}}g_O(j\omega)e^{\frac{-j\omega[(m-1)\Delta t_4 + 2\Delta t_{O4}]}{2}}
\end{aligned}
$$

$$(4.5.19)$$

将 $\dfrac{a}{V^*}$ 记为 Δt_a，则由图（4.5.1）可知

$$\Delta t_{O1} = 0 \tag{4.5.20}$$

$$\Delta t_{O2} = \frac{2a\cos\alpha}{V^*} = 2\Delta t_a \cos\alpha \tag{4.5.21}$$

$$\Delta t_{O3} = \frac{3a\cos\alpha}{V^*} = 3\Delta t_a \cos\alpha \tag{4.5.22}$$

$$\Delta t_{O4} = \frac{a\cos\alpha}{V^*} = \Delta t_a \cos\alpha \tag{4.5.23}$$

将组合 i 对应的一根"鱼刺"状直线记为 ρ_{Oi}，波的传播方向 AB 与直线 ρ_{Oi} 间夹角记为 ζ_i，为求取 ζ_i 需要先给出直线 ρ_{Oi} 的斜率 $K_{\rho i}$，由图 4.5.1 可知直线 ρ_{O1}，ρ_{O2}，ρ_{O3}，ρ_{O4} 的斜角分别为 β，β，$2\pi-\beta$，$2\pi-\beta$，AB 的斜角是 α，这些斜角是按 X 轴正方向逆时针旋转至直线 ρ_{Oi} 计算的。由斜角可直接写出对应直线的斜率

$$K_{ab} = \tan\alpha \tag{4.5.24}$$

$$K_{\rho 1} = \tan\beta \tag{4.5.25}$$

$$K_{\rho 2} = \tan\beta \tag{4.5.26}$$

$$K_{\rho 3} = \tan(2\pi - \beta) = -\tan\beta \tag{4.5.27}$$

$$K_{\rho 4} = -\tan\beta \tag{4.5.28}$$

由式（4.5.24）～式（4.5.28）可得

$$\tan\zeta_1 = \frac{K_{\rho 1} - K_{ab}}{1 + K_{\rho 1} K_{ab}} = \frac{\tan\beta - \tan\alpha}{1 + \tan\beta\tan\alpha} = \tan(\beta - \alpha) \tag{4.5.29}$$

$$\tan\zeta_2 = \tan(\beta - \alpha) \tag{4.5.30}$$

$$\tan\zeta_3 = \frac{K_{p3} - K_{ab}}{1 + K_{\rho 3} K_{ab}} = -\frac{\tan\beta + \tan\alpha}{1 - \tan\beta\tan\alpha} = -\tan(\alpha + \beta) \tag{4.5.31}$$

$$\tan\zeta_4 = -\tan(\alpha + \beta) \tag{4.5.32}$$

由式（4.5.29）～式（4.5.32）得

$$\cos^2\zeta_1 = \frac{1}{1 + \tan^2\zeta_1} = \frac{1}{1 + \tan^2(\beta - \alpha)} = \cos^2(\beta - \alpha) \tag{4.5.33}$$

$$\cos^2\zeta_2 = \cos^2(\beta - \alpha) \tag{4.5.34}$$

$$\cos^2\zeta_3 = \frac{1}{1 + \tan^2\zeta_3} = \frac{1}{1 + \tan^2(\alpha + \beta)} = \cos^2(\alpha + \beta) \tag{4.5.35}$$

$$\cos^2\zeta_4 = \frac{1}{1 + \tan^2\zeta_4} = \cos^2(\alpha + \beta) \tag{4.5.36}$$

根据式（4.5.33）～式（4.5.36）便可得到各简单线性组合里相邻检波器波至时差：

$$\Delta t_1 = \frac{a\cos\zeta_1}{V^*} = \frac{a\cos(\alpha - \beta)}{V^*} = \Delta t_a \cos(\alpha - \beta) \tag{4.5.37}$$

$$\Delta t_2 = \frac{a\cos\zeta_2}{V^*} = \Delta t_a \cos(\alpha - \beta) = \Delta t_1 \tag{4.5.38}$$

$$\Delta t_3 = \frac{a\cos\zeta_2}{V^*} = \frac{a\cos(\alpha + \beta)}{V^*} = \Delta t_a \cos(\alpha + \beta) \tag{4.5.39}$$

$$\Delta t_4 = \frac{a\cos\zeta_4}{V^*} = \Delta t_a \cos(\alpha + \beta) = \Delta t_3 \tag{4.5.40}$$

将式（4.5.20）～式（4.5.23）和式（4.5.37）～式（4.5.40）代入式（4.5.19）得

$$G_{Y}(j\omega) = g_{O}(j\omega)\left\{\frac{\sin\dfrac{m\omega\Delta t_1}{2}}{\sin\dfrac{\omega\Delta t_1}{2}}\left(e^{\frac{-j\omega(m-1)\Delta t_1}{2}} + e^{\frac{-j\omega[(m-1)\Delta t_2 + 2\Delta t_{O2}]}{2}}\right)\right.$$

$$\left. + \frac{\sin\dfrac{m\omega\Delta t_3}{2}}{\sin\dfrac{\omega\Delta t_3}{2}}\left(e^{\frac{-j\omega[(m-1)\Delta t_3 + 2\Delta t_{O3}]}{2}} + e^{\frac{-j\omega[(m-1)\Delta t_4 + 2\Delta t_{O4}]}{2}}\right)\right\}$$

$$= g_{O}(j\omega)\left\{\frac{2\sin\dfrac{m\omega\Delta t_a + \cos(\alpha - \beta)}{2}\cos(\omega\Delta t_a\cos\alpha)}{\sin\dfrac{\omega\Delta t_a\cos(\alpha - \beta)}{2}}\right.$$

$$\left[\cos\frac{(m-1)\omega\Delta t_a\cos(\alpha - \beta) + 2\omega\Delta t_a\cos\alpha}{2}\right. \qquad (4.5.41)$$

$$\left. - j\sin\frac{(m-1)\omega\Delta t_a\cos(\alpha - \beta) + 2\omega\Delta t_a\cos\alpha}{2}\right]$$

$$+ \frac{2\sin\dfrac{m\omega\Delta t_a + \cos(\alpha + \beta)}{2}\cos(\omega\Delta t_a\cos\alpha)}{\sin\dfrac{\omega\Delta t_a\cos(\alpha + \beta)}{2}}$$

$$\left[\cos\frac{(m-1)\omega\Delta t_a\cos(\alpha + \beta) + 4\omega\Delta t_a\cos\alpha}{2}\right.$$

$$\left.\left. - j\sin\frac{(m-1)\omega\Delta t_a\cos(\alpha + \beta) + 4\omega\Delta t_a\cos\alpha}{2}\right]\right\}$$

$$= g_{O}(j\omega)P_{Y}^{*}(j\omega)$$

式中：

$$P_{Y}^{*}(j\omega) = \frac{2\sin\dfrac{m\omega\Delta t_a\cos(\alpha - \beta)}{2}\cos(\omega\Delta t_a\cos\alpha)}{\sin\dfrac{\omega\Delta t_a\cos(\alpha - \beta)}{2}}\left[\cos\frac{(m-1)\omega\Delta t_a\cos(\alpha - \beta) + 2\omega\Delta t_a\cos\alpha}{2}\right.$$

$$\left. - j\sin\frac{(m-1)\omega\Delta t_a\cos(\alpha - \beta) + 2\omega\Delta t_a\cos\alpha}{2}\right] + \frac{2\sin\dfrac{m\omega\Delta t_a\cos(\alpha + \beta)}{2}\cos(\omega\Delta t_a\cos\alpha)}{\sin\dfrac{\omega\Delta t_a\cos(\alpha + \beta)}{2}}$$

$$\left[\cos\frac{(m-1)\omega\Delta t_a\cos(\alpha + \beta) + 4\omega\Delta t_a\cos\alpha}{2} - j\sin\frac{(m-1)\omega\Delta t_a\cos(\alpha + \beta) + 4\omega\Delta t_a\cos\alpha}{2}\right]$$

$$= 2\cos(\omega\Delta t_a\cos\alpha)\left\{\frac{\sin\dfrac{m\omega\Delta t_a\cos(\alpha - \beta)}{2}}{\sin\dfrac{\omega\Delta t_a\cos(\alpha - \beta)}{2}}\cos\frac{\omega\Delta t_a[(m-1)\cos(\alpha - \beta) + 2\cos\alpha]}{2}\right.$$

$$+\frac{\sin\dfrac{m\omega\Delta t_a\cos(\alpha+\beta)}{2}}{\sin\dfrac{\omega\Delta t_a\cos(\alpha+\beta)}{2}}\cos\dfrac{\omega\Delta t_a[(m-1)\cos(\alpha+\beta)+4\cos\alpha]}{2}\Biggr\}$$

$$-\mathrm{j}2\cos(\omega\Delta t_a\cos\alpha)\Biggl\{\frac{\sin\dfrac{m\omega\Delta t_a\cos(\alpha-\beta)}{2}}{\sin\dfrac{\omega\Delta t_a\cos(\alpha-\beta)}{2}}\sin\dfrac{\omega\Delta t_a[(m-1)\cos(\alpha-\beta)+2\cos\alpha]}{2}$$

$$+\frac{\sin\dfrac{m\omega\Delta t_a\cos(\alpha+\beta)}{2}}{\sin\dfrac{\omega\Delta t_a\cos(\alpha+\beta)}{2}}\sin\dfrac{\omega\Delta t_a(m-1)\cos(\alpha+\beta)+4\omega\Delta t_a\cos\alpha}{2}\Biggr\}$$

$$(4.5.42)$$

以 Δt_{OW} 表示波从 O 点传播到 W 点的旅行时，以 $g_W(\mathrm{j}\omega)$ 表示 W 点单个检波器输出信号的频谱，根据式（4.5.14）可得

$$\Delta t_{OW}=\frac{x_W\cos\alpha}{V^*}=\frac{[(m-1)a\cos\beta+3a]\cos\alpha}{2V^*}=\frac{\Delta t_a[(m-1)\cos\beta+3]\cos\alpha}{2}\qquad(4.5.43)$$

$$g_W(\mathrm{j}\omega)=g_O(\mathrm{j}\omega)\mathrm{e}^{-\mathrm{j}\omega\Delta t_{OW}}\qquad(4.5.44)$$

以 $P_Y(\mathrm{j}\omega)$ 表示 $P_Y^*(\mathrm{j}\omega)\,\mathrm{e}^{\mathrm{j}\omega\Delta t_{OW}}$：

$$P_Y(\mathrm{j}\omega)=P_Y^*(\mathrm{j}\omega)\mathrm{e}^{\mathrm{j}\omega\Delta t_{OW}}\qquad(4.5.45)$$

以 P_Y 表示 $P_Y(\mathrm{j}\omega)$ 的模，以 P_Y^* 表示 $P_Y^*(\mathrm{j}\omega)$ 的模，则根据频谱的时移定理（董敏煜，2006；陆基孟 等，1982；罗伯特 等，1980）：

$$P_Y=P_Y^*\qquad(4.5.46)$$

将式（4.5.42）～式（4.5.44）代入式（4.5.45）得

$$P_Y^*(\mathrm{j}\omega)=\mathrm{e}^{\mathrm{j}\omega\Delta t_{OW}}\Biggl\{\frac{2\sin\dfrac{m\omega\Delta t_a\cos(\alpha-\beta)}{2}\cos(\omega\Delta t_a\cos\alpha)}{\sin\dfrac{\omega\Delta t_a\cos(\alpha-\beta)}{2}}\Biggl[\cos\dfrac{\omega\Delta t_a(m-1)\cos(\alpha-\beta)+2\omega\Delta t_a\cos\alpha}{2}$$

$$-\mathrm{j}\sin\dfrac{\omega\Delta t_a(m-1)\cos(\alpha-\beta)+2\omega\Delta t_a\cos\alpha}{2}\Biggr]+\frac{2\sin\dfrac{m\omega\Delta t_a\cos(\alpha+\beta)}{2}\cos(\omega\Delta t_a\cos\alpha)}{\sin\dfrac{\omega\Delta t_a\cos(\alpha+\beta)}{2}}$$

$$\Biggl[\cos\dfrac{\omega\Delta t_a(m-1)\cos(\alpha+\beta)+4\omega\Delta t_a\cos\alpha}{2}-\mathrm{j}\sin\dfrac{\omega\Delta t_a(m-1)\cos(\alpha+\beta)+4\omega\Delta t_a\cos\alpha}{2}\Biggr]\Biggr\}$$

$$=\frac{2\sin\dfrac{m\omega\Delta t_a\cos(\alpha-\beta)}{2}\cos(\omega\Delta t_a\cos\alpha)}{\sin\dfrac{\omega\Delta t_a\cos(\alpha-\beta)}{2}}\Biggl[\mathrm{e}^{-\mathrm{j}\frac{\omega\Delta t_a(m-1)\cos(\alpha-\beta)+2\omega\Delta t_a\cos\alpha}{2}+\mathrm{j}\omega\Delta t_{OW}}\Biggr]$$

$$+\frac{2\sin\dfrac{m\omega\Delta t_a\cos(\alpha+\beta)}{2}\cos(\omega\Delta t_a\cos\alpha)}{\sin\dfrac{\omega\Delta t_a\cos(\alpha+\beta)}{2}}\Biggl[\mathrm{e}^{-\mathrm{j}\frac{\omega\Delta t_a(m-1)\cos(\alpha+\beta)+4\omega\Delta t_a\cos\alpha}{2}+\mathrm{j}\omega\Delta t_{OW}}\Biggr]$$

$$= 2\cos\frac{[\omega\Delta t_a(m-1)\sin\alpha\sin\beta - \omega\Delta t_a\cos\alpha]\cos(\Delta t_a\cos\alpha)}{2}\left[\frac{\sin\dfrac{m\omega\Delta t_a\cos(\alpha-\beta)}{2}}{\sin\dfrac{\omega\Delta t_a\cos(\alpha-\beta)}{2}} + \frac{\sin\dfrac{m\omega\Delta t_a\cos(\alpha+\beta)}{2}}{\sin\dfrac{\omega\Delta t_a\cos(\alpha+\beta)}{2}}\right]$$

$$- \mathrm{j}2\sin\frac{[\omega\Delta t_a(m-1)\sin\alpha\sin\beta - \omega\Delta t_a\cos\alpha]\cos(\omega\Delta t_a\cos\alpha)}{2}$$

$$\left[\frac{\sin\dfrac{m\omega\Delta t_a\cos(\alpha-\beta)}{2}}{\sin\dfrac{\omega\Delta t_a\cos(\alpha-\beta)}{2}} + \frac{\sin\dfrac{m\omega\Delta t_a\cos(\alpha+\beta)}{2}}{\sin\dfrac{\omega\Delta t_a\cos(\alpha+\beta)}{2}}\right]$$

$$（4.5.47）$$

$$G_Y(\mathrm{j}\omega) = g_W(\mathrm{j}\omega)P_Y(\mathrm{j}\omega)$$

$$= g_W(\mathrm{j}\omega)\left\{2\cos\frac{[\omega\Delta t_a(m-1)\sin\alpha\sin\beta - \omega\Delta t_a\cos\alpha]\cos(\omega\Delta t_a\cos\alpha)}{2}\right.$$

$$\left[\frac{\sin\dfrac{m\omega\Delta t_a\cos(\alpha-\beta)}{2}}{\sin\dfrac{\omega\Delta t_a\cos(\alpha-\beta)}{2}} + \frac{\sin\dfrac{m\omega\Delta t_a\cos(\alpha+\beta)}{2}}{\sin\dfrac{\omega\Delta t_a\cos(\alpha+\beta)}{2}}\right]$$

$$（4.5.48）$$

$$- \mathrm{j}2\sin\frac{[\omega\Delta t_a(m-1)\sin\alpha\sin\beta - \omega\Delta t_a\cos\alpha]\cos(\omega\Delta t_a\cos\alpha)}{2}$$

$$\left.\left[\frac{\sin\dfrac{m\omega\Delta t_a\cos(\alpha-\beta)}{2}}{\sin\dfrac{\omega\Delta t_a\cos(\alpha-\beta)}{2}} - \frac{\sin\dfrac{m\omega\Delta t_a\cos(\alpha+\beta)}{2}}{\sin\dfrac{\omega\Delta t_a\cos(\alpha+\beta)}{2}}\right]\right\}$$

$P_Y(\mathrm{j}\omega)$ 的模 P_Y 为

$$P_Y = \left|2\cos\frac{\omega\Delta t_a[(m-1)\sin\alpha\sin\beta - \cos\alpha]}{2}\left[\frac{\sin\dfrac{m\omega\Delta t_a\cos(\alpha-\beta)}{2}\cos(\omega\Delta t_a\cos\alpha)}{\sin\dfrac{\omega\Delta t_a\cos(\alpha-\beta)}{2}}\right.\right.$$

$$\left. + \frac{\sin\dfrac{m\omega\Delta t_a\cos(\alpha+\beta)}{2}\cos(\omega\Delta t_a\cos\alpha)}{\sin\dfrac{\omega\Delta t_a\cos(\alpha+\beta)}{2}}\right] - \mathrm{j}2\sin\frac{\omega\Delta t_a[(m-1)\sin\alpha\sin\beta - \cos\alpha]}{2}$$

$$\left.\left[\frac{\sin\dfrac{m\omega\Delta t_a\cos(\alpha-\beta)}{2}\cos(\omega\Delta t_a\cos\alpha)}{\sin\dfrac{\omega\Delta t_a\cos(\alpha-\beta)}{2}} - \frac{\sin\dfrac{m\omega\Delta t_a\cos(\alpha+\beta)}{2}\cos(\omega\Delta t_a\cos\alpha)}{\sin\dfrac{\omega\Delta t_a\cos(\alpha+\beta)}{2}}\right]\right|$$

$$= 2\cos(\omega\Delta t_a\cos\alpha)\left\{\frac{\sin^2\dfrac{m\omega\Delta t_a\cos(\alpha-\beta)}{2}}{\sin^2\dfrac{\omega\Delta t_a\cos(\alpha-\beta)}{2}} + \frac{\sin^2\dfrac{m\omega\Delta t_a\cos(\alpha+\beta)}{2}}{\sin^2\dfrac{\omega\Delta t_a\cos(\alpha+\beta)}{2}}\right.$$

$$+2\cos[\omega\Delta t_a((m-1)\sin\alpha\sin\beta-\cos\alpha)]\frac{\sin\dfrac{m\omega\Delta t_a\cos(\alpha-\beta)}{2}\sin\dfrac{m\omega\Delta t_a\cos(\alpha+\beta)}{2}}{\sin\dfrac{\omega\Delta t_a\cos(\alpha-\beta)}{2}\sin\dfrac{\omega\Delta t_a\cos(\alpha+\beta)}{2}}\Bigg\}^{\frac{1}{2}}$$

（4.5.49）

将 $P_Y(j\omega)$ 的辐角记为 γ ，有：

$$\gamma=\arctan\dfrac{\sin\dfrac{[\omega\Delta t_a(m-1)\sin\alpha\sin\beta-\omega\Delta t_a\cos\alpha]\cos(\omega\Delta t_a\cos\alpha)}{2}\left[\dfrac{\sin\dfrac{m\omega\Delta t_a\cos(\alpha-\beta)}{2}}{\sin\dfrac{\omega\Delta t_a\cos(\alpha-\beta)}{2}}-\dfrac{\sin\dfrac{m\omega\Delta t_a\cos(\alpha+\beta)}{2}}{\sin\dfrac{\omega\Delta t_a\cos(\alpha+\beta)}{2}}\right]}{\cos\dfrac{[\omega\Delta t_a(m-1)\sin\alpha\sin\beta-\omega\Delta t_a\cos\alpha]\cos(\omega\Delta t_a\cos\alpha)}{2}\left[\dfrac{\sin\dfrac{m\omega\Delta t_a\cos(\alpha-\beta)}{2}}{\sin\dfrac{\omega\Delta t_a\cos(\alpha-\beta)}{2}}+\dfrac{\sin\dfrac{m\omega\Delta t_a\cos(\alpha+\beta)}{2}}{\sin\dfrac{\omega\Delta t_a\cos(\alpha+\beta)}{2}}\right]}$$

（4.5.50）

则

$$P_Y(j\omega)=P_Y e^{j\gamma}$$

（4.5.51）

将 $\Delta t_a=0$ 时的 P_Y 记为 $P_{Y,t_a=0}=0$ ，由式（4.5.49）可得：

$$P_{Y,\Delta t_a=0}=2\cos(\omega\Delta t_a\cos\alpha)\Bigg(\frac{\sin^2\dfrac{m\omega\Delta t_a\cos(\alpha-\beta)}{2}}{\sin^2\dfrac{\omega\Delta t_a\cos(\alpha-\beta)}{2}}+\frac{\sin^2\dfrac{m\omega\Delta t_a\cos(\alpha+\beta)}{2}}{\sin^2\dfrac{\omega\Delta t_a\cos(\alpha+\beta)}{2}}$$

$$+2\cos\{\omega\Delta t_a[(m-1)\sin\alpha\sin\beta-\cos\alpha]\}\frac{\sin\dfrac{m\omega\Delta t_a\cos(\alpha-\beta)}{2}\sin\dfrac{m\omega\Delta t_a\cos(\alpha+\beta)}{2}}{\sin\dfrac{\omega\Delta t_a\cos(\alpha-\beta)}{2}\sin\dfrac{\omega\Delta t_a\cos(\alpha+\beta)}{2}}\Bigg)^{\frac{1}{2}}$$

$$=2(m^2+m^2+2mm)^{\frac{1}{2}}=4m$$

（4.5.52）

易知 $4m$ 是 P_Y 的最大值。将 $\dfrac{P_Y}{P_{Y,\Delta t_a=0}}$ 记为 φ_Y ，则

$$\varphi_Y=\frac{P_Y}{4m}=\frac{\cos(\omega\Delta t_a\cos\alpha)}{2m}\Bigg(\frac{\sin^2\dfrac{m\omega\Delta t_a\cos(\alpha-\beta)}{2}}{\sin^2\dfrac{\omega\Delta t_a\cos(\alpha-\beta)}{2}}+\frac{\sin^2\dfrac{m\omega\Delta t_a\cos(\alpha+\beta)}{2}}{\sin^2\dfrac{\omega\Delta t_a\cos(\alpha+\beta)}{2}}$$

$$+2\cos\{\omega\Delta t_a[(m-1)\sin\alpha\sin\beta-\cos\alpha]\}\frac{\sin\dfrac{m\omega\Delta t_a\cos(\alpha-\beta)}{2}\sin\dfrac{m\omega\Delta t_a\cos(\alpha+\beta)}{2}}{\sin\dfrac{\omega\Delta t_a\cos(\alpha-\beta)}{2}\sin\dfrac{\omega\Delta t_a\cos(\alpha+\beta)}{2}}\Bigg)^{\frac{1}{2}}$$

（4.5.53）

由此可得 φ_Y 的绝对值 $|\varphi_Y|$ ，即鱼骨形组合响应函数（或称方向特性函数）：

$$|\varphi_Y| = \left| \frac{\cos(\omega \Delta t_a \cos\alpha)}{2m} \left(\frac{\sin^2 \dfrac{m\omega \Delta t_a \cos(\alpha-\beta)}{2}}{\sin^2 \dfrac{\omega \Delta t_a \cos(\alpha-\beta)}{2}} + \frac{\sin^2 \dfrac{m\omega \Delta t_a \cos(\alpha+\beta)}{2}}{\sin^2 \dfrac{\omega \Delta t_a \cos(\alpha+\beta)}{2}} \right.\right.$$

$$\left.\left. +2\cos\{\omega \Delta t_a[(m-1)\sin\alpha\sin\beta - \cos\alpha]\} \frac{\sin \dfrac{m\omega \Delta t_a \cos(\alpha-\beta)}{2} \sin \dfrac{m\omega \Delta t_a \cos(\alpha+\beta)}{2}}{\sin \dfrac{\omega \Delta t_a \cos(\alpha-\beta)}{2} \sin \dfrac{\omega \Delta t_a \cos(\alpha+\beta)}{2}} \right)^{\frac{1}{2}} \right|$$

(4.5.54)

为了便于绘图,将式(4.5.54)改写为 $|\varphi_Y| \sim \dfrac{\Delta t_a}{T}$ 的函数形式:

$$|\varphi_Y| = \left| \frac{\cos\left(2\pi \dfrac{\Delta t_a}{T} \cos\alpha\right)}{2m} \left(\frac{\sin^2 \left[m\pi \dfrac{\Delta t_a}{T} \cos(\alpha-\beta)\right]}{\sin^2 \left[\pi \dfrac{\Delta t_a}{T} \cos(\alpha-\beta)\right]} + \frac{\sin^2 \left[m\pi \dfrac{\Delta t_a}{T} \cos(\alpha+\beta)\right]}{\sin^2 \left[\pi \dfrac{\Delta t_a}{T} \cos(\alpha+\beta)\right]} \right.\right.$$

$$\left.\left. +2\cos\left\{2\pi \dfrac{\Delta t_a}{T}[(m-1)\sin\alpha\sin\beta - \cos\alpha]\right\} \frac{\sin\left[m\pi \dfrac{\Delta t_a}{T} \cos(\alpha-\beta)\right] \sin\left[m\pi \dfrac{\Delta t_a}{T} \cos(\alpha+\beta)\right]}{\sin\left[\pi \dfrac{\Delta t_a}{T} \cos(\alpha-\beta)\right] \sin\left[\pi \dfrac{\Delta t_a}{T} \cos(\alpha+\beta)\right]} \right)^{\frac{1}{2}} \right|$$

(4.5.55)

4.5.2 鱼骨形组合等效检波器位置的不确定性及其影响

1. 鱼骨形组合等效检波器位置的不确定性

式(4.5.47)表明,复变系数 $P_Y(j\omega)$ 一般是个复数,只有在 α 和 β 中任一个为 0,或 $\alpha = 90°$ 时,式中虚部为 0,$P_Y(j\omega)$ 为实数,此时 $G_Y(j\omega)$ 与 $g_w(j\omega)$ 同相,鱼骨形组合等效检波器位置就是测线上的 W 点,但在 $\beta = 0$ 情况下,鱼骨形组合本身已退化为沿测线的等腰梯形加权组合。

式(4.5.50)表明 $P_Y(j\omega)$ 的辐角 γ 一般不为 0,而是 Δt_a 的函数,也就是每条"鱼刺"上的检波器间距 Δx、方位角 α、β、V^*,及 m 等参数的函数。在组合参数确定时,γ 是 α、V^* 的函数。将式(4.5.51)代入式(4.5.48),鱼骨形组合输出信号的频谱可写为

$$G_Y(j\omega) = g_w(j\omega)P_Y(j\omega) = g_w(j\omega)P_Y e^{j\gamma} = g_\gamma(j\omega)P_Y \qquad (4.5.56)$$

式中:

$$g_\gamma(j\omega) = g_w(j\omega)e^{j\gamma} \qquad (4.5.57)$$

式(4.5.56)表示,鱼骨形组合输出信号的频谱 $G_Y(j\omega)$ 等效于测线上 W 点(即鱼骨形组合所有检波器在测线上投影的中点)单个检波器输出信号的频谱 $g_w(j\omega)$ 与复变系数

$P_Y(j\omega)$ 的乘积，但一般情况下 $G_Y(j\omega)$ 与 $g_W(j\omega)$ 不同相，二者有个相位差 γ，也就是说鱼骨形组合等效检波器位置一般不在 W 点。因此，鱼骨形组合总输出信号的频谱 $G_Y(j\omega)$ 等于鱼骨形组合在另外某点 α 上单个检波器输出信号的频谱 $g_\gamma(j\omega)$ 乘以复变系数的模 P_Y。所以可将鱼骨形组合看成 α 点的一个等效检波器，其输出信号的频谱为 $G_Y(j\omega)$。但这个点 α 是角 γ 的函数，因此是 α、β、V^* 及 m 等参数的函数，γ 一般不为 0。在组合参数确定时 γ 也要随波的传播方向和视速度而变化。所以鱼骨形组合不仅对不同方向波的衰减程度不同，而且对应的等效检波器位置一般也是不同的，$\alpha=0°$ 或 $\alpha=90°$ 时除外。即一般情况下，鱼骨形组合等效检波器位置具有不确定性。$\alpha=0°$ 或 $\alpha=90°$ 时鱼骨形组合的复变系数是个实数（见 4.5.3 小节特例），此时等效检波器的位置是确定的，就是 W 点，即鱼骨形组合所有检波器在测线上投影区间的中点。

2. 鱼骨形组合响应函数与等效检波器位置无关

由式（4.5.41）有

$$G_Y = |G_Y(j\omega)| = |g_O(j\omega)||P_Y^*(j\omega)| = g_O P_Y^* \tag{4.5.58}$$

式中：$g_O(j\omega)$ 为坐标原点 O 的单个检波器输出信号的频谱；g_O 为其振幅谱。

由式（4.5.48）有

$$G_Y = |G_Y(j\omega)| = |g_W(j\omega)||P_Y(j\omega)| = g_W P_Y \tag{4.5.59}$$

式中：$g_W(j\omega)$ 为测线上 W 点单个检波器输出信号频谱；g_W 为其振幅谱。由于组合内所有单个检波器输出信号的振幅谱都相等，因此 $g_O = g_W$，又因式（4.5.46）指出 $P_Y = P_Y^*$，于是有

$$g_O P_Y^* = g_W P_Y \tag{4.5.60}$$

式（4.5.60）说明虽然在不同的表达式[式（4.5.58）、式（4.5.59）]中，鱼骨形组合输出信号频谱 $G_Y(j\omega)$ 的复变系数是不同的复数，致使其等效检波器位置具有不确定性，但式（4.5.58）、式（4.5.59）中复变系数的模是相等的确定的，复变系数的模与等效检波器的位置无关。因此鱼骨形组合响应函数 $|\varphi_Y|$ 与等效检波器位置无关，鱼骨形组合衰减干扰波能力也就与等效检波器的位置无关。

4.5.3　鱼骨形组合响应特例

1. 方位角 $\alpha=0°$ 时鱼骨形组合等效检波器位置是确定的

将方位角 $\alpha=0°$ 代入式（4.5.47）得

$$P_Y(j\omega) = 2\cos\frac{[-\omega\Delta t_a]\cos(\omega\Delta t_a)}{2}\left(2\sin\frac{m\omega\Delta t_a\cos\beta}{2}\bigg/\sin\frac{\omega\Delta t_a\cos\beta}{2}\right) \tag{4.5.61}$$

式（4.5.61）指出复变系数 $P_Y(j\omega)$ 在 $\alpha=0°$ 时是个实数，根据式（4.5.48）可知此时鱼骨形组合输出信号的频谱 $G_Y(j\omega)$ 与 W 点单个输出信号的频谱 $g_W(j\omega)$ 同相，这就是说 $\alpha=0°$ 时 W 点（鱼骨形组合所有检波器在测线上投影点区间的中点）就是此时鱼骨形组合等效检波器的位置，这个位置仅由组合本身参数决定，与其他参数无关。

2. $\beta = 0°$ 时鱼骨形组合等效检波器位置是确定的

将 $\beta = 0°$ 代入式（4.5.47）得

$$P_Y(j\omega) = 2\cos\frac{\left[-\omega\Delta t_a\cos\alpha\right]\cos(\omega\Delta t_a\cos\alpha)}{2}\left(2\sin\frac{m\omega\Delta t_a\cos\alpha}{2}\Bigg/\sin\frac{\omega\Delta t_a\cos\alpha}{2}\right) \quad (4.5.62)$$

式（4.5.62）指出复变系数 $P_Y(j\omega)$ 在 $\beta = 0°$ 时是个实数，根据式（4.5.48）可知此时鱼骨形组合输出信号的频谱 $G_Y(j\omega)$ 与 W 点单个输出信号的频谱 $g_W(j\omega)$ 同相，这就是说 $\beta = 0°$ 时 W 点就是此时鱼骨形组合等效检波器的位置，这个位置仅由组合本身参数决定而与其他参数无关。需要指出的是，在 $\beta = 0°$ 情况下，鱼骨形组合本身已退化为等腰梯形加权组合，包括等腰三角形加权组合，它是 $m = 4$ 时等腰梯形加权组合的一个特例。

3. $\beta = 90°$ 时鱼骨形组合等效检波器位置是确定的

将 $\beta = 90°$ 代入式（4.5.47）得

$$P_Y(j\omega) = 2\cos\frac{\left[\omega\Delta t_a(m-1)\sin\alpha - \omega\Delta t_a\cos\alpha\right]\cos(\omega\Delta t_a\cos\alpha)}{2}$$
$$\left(2\sin\frac{m\omega\Delta t_a\sin\alpha}{2}\Bigg/\sin\frac{\omega\Delta t_a\sin\alpha}{2}\right) \quad (4.5.63)$$

式（4.5.63）表明 $\beta = 90°$ 时复变系数是个实数，根据式（4.5.48）可知此时鱼骨形组合输出信号的频谱 $G_Y(j\omega)$ 与 W 点单个输出信号的频谱 $g_W(j\omega)$ 同相，这就是说 W 点（鱼骨形组合所有检波器在测线上投影点区间的中点）就是此时鱼骨形组合等效检波器的位置，这个位置仅由组合本身参数决定，与其他参数无关。应该指出的是，在 $\beta = 90°$ 情况下，鱼骨形组合本身已变得不像"鱼骨"组合了。

4. $\beta = 0°$ 时鱼骨形组合退化为等腰梯形加权组合

在 $\beta = 0°$ 情况下，鱼骨形组合所有检波器都分布在测线（X 轴）上，如图 4.5.2 所示。图中 4 排圆点中的每一个都表示一个检波器，可以看到这时鱼骨形组合退化为等腰梯形加权组合。图 4.5.2 为鱼骨形组合 $m = 5$，$\beta = 0°$ 时检波器在地面的分布，各检波点权系数分别为 1、2、3、4、4、3、2、1。

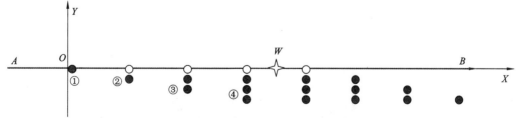

图 4.5.2　$\beta = 0°$ 时 $m = 5$ 的鱼骨形组合检波器在地面的分布示意图

图中 4 排检波器（圆点）实际上是叠合的，仅为显示它们的分布特征而将它们分开画

当 $\beta = 0°$，$m = 4$ 时，等腰梯形加权组合进一步退化为等腰三角形加权组合，检波点数 $n = m + 3 = 7$，组内距等于 Δx，最高权系数为 m，即 4。其各检波点权系数按 1、2、3、4、3、2、1 变化。

当 $\beta = 0°$，$m > 4$ 时，鱼骨形组合退化成等腰梯形加权组合，其组内距等于 α，检波点数 $n = m + 3$，最高权系数都是 4，即它的各检波点灵敏度按 1、2、3、4、4、…、4、3、2、1 变化，并且无论检波器点 n 有多大，最高权系数的检波点数为 $m - 3$。

当 $\beta = 0°$，$m = 3$ 时，鱼骨形组合退化为等腰梯形加权组合，组内距等于 α，检波点数 $n = m + 3$，即 6，最高灵敏度是 m，即 3，最高权系数的检波点数为 $m - 1 = 2$。

当 $\beta = 0°$，$m = 2$ 时，鱼骨形组合退化为等腰梯形加权组合，其组内距等于 α，检波点数 $n = m + 3 = 5$，最高权系数为 $m = 2$，最高权系数的检波点数为 $m + 1 = 3$。

当然也可以将 $\beta = 0°$ 代入式（4.5.55），可证明其结果得到等腰梯形加权组合响应式。

4.5.4　鱼骨形组合衰减干扰波的特点

由于鱼骨形组合响应函数解析表达式较为复杂，参数较多，难以具体分析其特性与各个参数关系，也就难以直接用来分析鱼骨形组合衰减干扰波的性能。因此采用绘制和分析方向响应曲线的方法。图 4.5.3 所示的是一个鱼骨形组合的响应曲线，纵坐标为 $|\varphi_Y|$，横坐标为 $\Delta t_a / T$，具体参数见图 4.5.3。采用与简单线性组合相同的定义将鱼骨形组合响应曲线分为通放带、压制带、旁通带、次瓣。为了清晰显示鱼骨形组合响应曲线的通放带和压制带的边界，选用了图 4.5.3 中的这条较简单的曲线。实际鱼骨形组合响应曲线大多形状复杂，有的变化怪异，不像矩形面积组合等响应曲线变化那么规律。

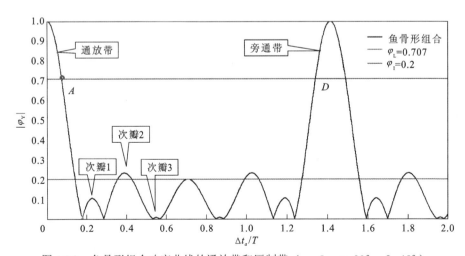

图 4.5.3　鱼骨形组合响应曲线的通放带和压制带（$m = 5$，$\alpha = 90°$，$\beta = 45°$）

这条曲线对应的鱼骨形组合共用了 20 个检波器，图中 A 点为通放带右边界，通过 A 点的红色直线平行于横轴，

扫描封底二维码见彩图

1. 每根"鱼刺"上检波器数 m 的影响

图 4.5.4 为沿测线方向（$\alpha=0°$）$\beta=45°$ 的鱼骨形组合响应随 m 的变化曲线，由图可见随 m 增大，通放带宽度变窄，说明增加检波器数目 m 提高了阻止高速干扰波进入通放带的能力。压制带向左扩大，表示将高速干扰波置于压制带的能力增强。压制带内次瓣峰值及 $|\varphi_Y|$ 平均值随检波器数目 m 增加而减小（表 4.5.1），表明增加检波器数目可提高对落入压制带内干扰波的压制强度。这些特点说明在 $\alpha=0°$ 方向上增加检波器数目 m 可全面地提高鱼骨形组合衰减干扰波性能。

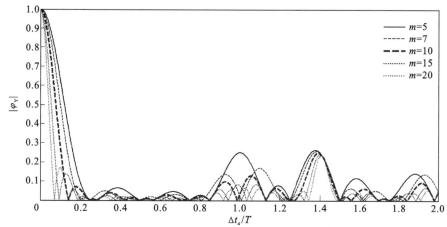

图 4.5.4　波沿测线方向（$\alpha=0°$）传播时鱼骨形组合（$\beta=45°$）响应随 m 的变化

表 4.5.1　$\beta=45°$ 时鱼骨形组合响应与参数 m 及 α 的关系

m	通放带宽度 $\Delta t_a / T$					压制带内 $|\varphi_Y|$ 的平均值				
	$\alpha=0°$	$\alpha=22.5°$	$\alpha=45°$	$\alpha=67.5°$	$\alpha=90°$	$\alpha=0°$	$\alpha=22.5°$	$\alpha=45°$	$\alpha=67.5°$	$\alpha=90°$
4	0.095	0.106	0.116	0.111	0.097	0.115	0.162	0.297	0.155	0.166
5	0.087	0.095	0.096	0.084	0.074	0.094	0.127	0.297	0.134	0.142
7	0.072	0.076	0.063	0.057	0.050	0.075	0.101	0.301	0.108	0.110
10	0.056	0.056	0.042	0.038	0.034	0.057	0.082	0.303	0.080	0.084
15	0.040	0.038	0.030	0.024	0.022	0.043	0.061	0.305	0.059	0.061
20	0.030	0.028	0.022	0.017	0.016	0.035	0.049	0.306	0.047	0.048

图 4.5.5 是 $\beta=45°$ 的鱼骨形组合在 $\alpha=45°$ 方向上的响应随 m 的变化曲线，由图可见，随着检波器数 m 增大，通放带宽度都变窄，压制带向左扩大，意味着将较高速度干扰波置于压制带内的能力提升。压制带内曲线最明显特点是大起大落，次瓣峰值 $|\varphi_Y|$ 高达 0.5，使压制带内 $|\varphi_Y|$ 的平均值明显升高，说明这种参数的鱼骨形组合对落入压制带的干扰波压制能力低且很不稳定。具体计算指出，压制带内 $|\varphi_Y|$ 的平均值随 m 增大而略微增大（表 4.5.1），但仅仅是小数点后第 3 位尾数的差别，因此可以认为此时压制带内 $|\varphi_Y|$ 的平均值基本保持不变。这些特点都指出，在 $\alpha=\beta=45°$ 情况下，鱼骨形组合衰减干扰波的能力很低，并且性能很不稳定。但总体看来增加检波器数 m 仍可提高压制干扰波的性能。

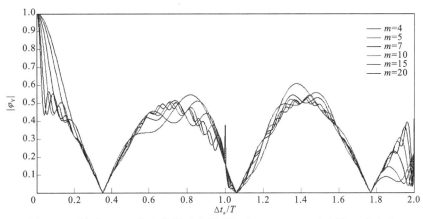

图 4.5.5　波沿 $\alpha=45°$ 方向传播时鱼骨形组合（$\beta=45°$）响应随 m 的变化

如图 4.5.6 所示，对于沿垂直测线方向传播的波，鱼骨形组合（$\beta=45°$）随着检波器数 m 的增大，通放带宽度随之变窄，压制带随 m 增大而向左扩大，可将速度较高的干扰波置于压制带。图 4.5.6 最醒目的特点是所有曲线具有相同变化周期 $\Delta t_a / T = \sqrt{2}$，这是因为对于沿垂直测线方向的波，鱼骨形组合相当于一个复合线性组合，即其检波点线具有数目为 $2m-1$ 个检波点（每个检波点有 2 个检波器）的简单线性组合再加上它中点上 2 个检波器的复合线性组合，因为 $\beta=45°$ 故旁通带峰值横坐标为 $\Delta t_a / T = \sqrt{2}$。压制带内次瓣左右对称，数目不等，其峰值 $|\varphi_Y|$ 随检波器数 m 的增加而降低，并都小于 0.3，因此压制带内 $|\varphi_Y|$ 的平均值随 m 增大而降低，表明 m 增大可提高落入压制带内干扰波的压制力度，并提高衰减干扰波的稳定性，具体计算证明了这一特点（表 4.5.1）。图 4.5.6 比图 4.5.5 压制带内次瓣峰值低得多，稳定性更好，而比图 4.5.4 压制带内次瓣峰值高。也就是说 $\beta=45°$ 的鱼骨形组合压制沿 $\alpha=90°$ 方向传播的干扰波效果，比压制沿 $\alpha=45°$ 方向传播的干扰波效果明显好得多。

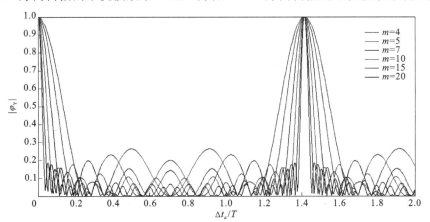

图 4.5.6　波沿垂直测线（$\alpha=90°$）方向传播时鱼骨形组合（$\beta=45°$）响应随 m 的变化

进一步分析揭示，鱼骨形组合响应随着检波器数 m 的增加，通放带宽度随之变窄，不管 α 大小，也无论 β 大小，同时压制带内 $|\varphi_Y|$ 的平均值随 m 增大而减小（表 4.5.1）。略有例外的是在 $\alpha=\beta=45°$ 时，虽然通放带宽度也随 m 增大而变窄，但压制带内 $|\varphi_Y|$ 的平均值却随 m 增大而略微增大，虽然每次增值很小（表 4.5.1）。这些特点说明，增加检波器数 m 能全面提高鱼骨形组合衰减干扰波的能力和稳定性。

1. "鱼刺"与测线夹角β的影响

图 4.5.7 是波沿测线（$\alpha=0°$）方向传播时，鱼骨形组合（$m=5$）响应随β变化曲线。由图可见，在$m=5$，$\alpha=0°$情况下，随着β增大通放带宽度逐渐变宽。进一步研究发现，约在$\alpha<23°$条件下，不论m如何变化，通放带宽度都随着β增大而变宽（表 4.5.2），说明在这种情况下，β增大会降低鱼骨形组合将高速干扰波置于压制带的能力。图 4.5.7 中压制带内次瓣峰值和$|\varphi_Y|$的平均值随着β增大而明显变化，但$|\varphi_Y|$的平均值与β关系复杂（表 4.5.2），表明对落入压制带内干扰波的衰减力度随着β增大而变化。按压制带内$|\varphi_Y|$的平均值由低到高排列，对应的β依次为 45°、15°、30°、90°，说明$\alpha=0°$时，$\beta=90°$、$m=5$的鱼骨形组合衰减干扰波能力最差，实际上$\beta=90°$的鱼骨形组合无论每根"鱼刺"上检波器数m多大，对沿测线传播（$\alpha=0°$）的干扰波来说只相当于 4 个检波器数的简单线性组合。

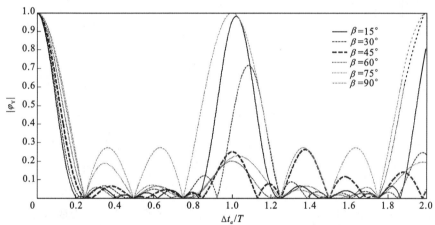

图 4.5.7　波沿测线（$\alpha=0°$）方向传播时，鱼骨形组合（$m=5$）响应随参数β的变化

表 4.5.2　$\alpha=0°$时鱼骨形组合响应与其参数m和β的关系

m	通放带宽度 $\Delta t_a/T$					压制带内 $|\varphi_Y|$ 的平均值				
	$\beta=15°$	$\beta=22.5°$	$\beta=45°$	$\beta=67.5°$	$\beta=90°$	$\beta=15°$	$\beta=22.5°$	$\beta=45°$	$\beta=67.5°$	$\beta=90°$
4	0.083 6	0.085 3	0.094 6	0.107 3	0.113 9	0.122	0.121	0.115	0.093	0.238
5	0.073 6	0.075 5	0.086 5	0.103 7	0.113 8	0.100	0.103	0.094	0.078	0.238
7	0.058 0	0.060 0	0.072 0	0.095 6	0.113 8	0.084	0.087	0.075	0.061	0.238
10	0.044 8	—	0.055 8	—	0.113 8	—	0.074	0.057	0.051	0.238
15	0.029 7	0.031 0	0.039 6	0.065 0	0.113 8	0.055	0.059	0.043	0.035	0.238
20	—	—	0.030 4	—	0.113 8	—	—	0.035	—	0.238

图 4.5.8 是波沿$\alpha=45°$方向传播时，鱼骨形组合（$m=5$）响应随β变化曲线。由图可见，β增大时，通放带宽度随之变窄，尽管宽度变化不大，但规律性清晰，表明此种鱼骨形组合将高速干扰波置于压制带的能力随β增大有所提高。压制带内的次瓣峰值随β增大明显变化，压制带内$|\varphi_Y|$平均值也随之变化，但这些变化与β关系更复杂，说明对落入压制带内干扰波的压制强度与β关系复杂，按压制能力从高到低排列，对应的β依次为 90°、

60°、30°、15°、75°、45°。对于沿 α=45°方向传播的波，β=45°鱼骨形组合衰减干扰波能力最低，其原因是对这个方向波的衰减完全依赖与这个方向平行的两根"鱼刺"的贡献，而另两根"鱼刺"与这个传播方向垂直，这两根"鱼刺"上检波器的强烈负面作用抵消了前两根"鱼刺"衰减干扰波的大部分贡献；与之相反，β=90°时，波的传播方向与所有 4 根"鱼刺"都构成 45°的锐角，组合中所有检波器都对衰减干扰波做出贡献，因此鱼骨形组合在 β=90°时对 α=45°方向干扰波压制相对最强。

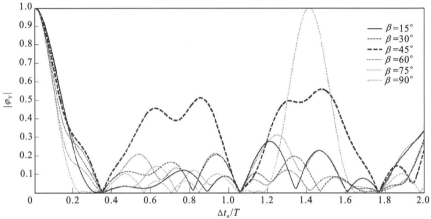

图 4.5.8　波沿 α=45°方向传播时，鱼骨形组合（m=5）响应随参数 β 的变化

图 4.5.9 是对于沿垂直测线方向（α = 90°）传播的波，鱼骨形组合（m=5）响应随 β 的变化。由图可见，β 增大时，通放带宽度随之变窄，变化明显。特别是 β=15°时的通放带宽度约为 β=30°时的 2 倍，表明此种鱼骨形组合阻止高速干扰波进入通放带的能力随 β 增大而提高。曲线旁通带随 β 增大而明显左移，不同 β 的曲线在一个周期内都有 9 个波瓣，左右对称分布，最左边是主通带，最右边是旁通带，中间 7 个次瓣。序号相同次瓣的峰值高度相同，而横坐标不同。β=90°曲线的旁通带出现在最左边，横坐标为 $\Delta t_a / T$ =1，往右依次是 β=75°、β=60°、β=45°、β=30°曲线的旁通带，而 β=15°曲线的旁通带峰值横坐标大于 2，可绘出了图 4.5.9 的画面。这是由于 m=5 的鱼骨形组合无论 β 多大，检波器在波的传播方向（α=90°）上都有 9 个投影点，中间一点有 4 个检波器投影，其余 8 个点各有

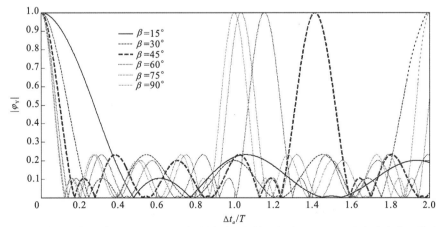

图 4.5.9　波沿垂直测线（α=90°）方向传播时，鱼骨形组合（m=5）响应随参数 β 的变化

2 个检波器投影。只是不同 β 对应的投影点间距不同，β 越大，投影点间距越大，其中 $\beta=90°$ 的间距最大。因压制带内序号相同的次瓣峰值相同，使压制带内 $|\varphi_Y|$ 的平均值稳定，受 β 影响很小，说明对于沿垂直测线方向（$\alpha=90°$）传播的干扰波，只要"鱼骨"上检波器数 m 不变，无论 β 多大，鱼骨形组合对落入压制带的干扰波压制强度都保持稳定。

表 4.5.2 给出了 $\alpha=0°$ 时鱼骨形组合响应与 β 的关系，由表可得两点认识：①当 β 不变时，通放带宽度随检波器数 m 增加而变窄，说明增加检波器数 m 可将更高速度的干扰波置于压制带内，$\beta=90°$ 时例外。②当 $\alpha=0°$ 时，无论检波器数 m 多大，通放带宽度都随 β 增大而增大，表明在波的传播方向接近测线的情况下，"鱼刺"与测线夹角 β 增大会将这些方向上的较高速度干扰波放进通放带。当 β 增大到 90° 时通放带宽度增大到 $\Delta t_a / T = 0.1138$，并不随 m 变化。这是因为当 $\beta=90°$ 时在 $\alpha=0°$ 的方向上鱼骨形组合只相当于 4 个检波器的简单线性组合，不管每根"鱼刺"上检波器数 m 多大。进一步研究揭示，在 α 较小（约在 $\alpha<23°$）时，通放带宽度随 β 增大而变宽，说明 β 增大会将较高速度干扰波放进通放带；在 α 较大（约在 $\alpha>23°$）时，通放带宽度随 β 增大而变窄，说明 β 增大能将较高速度干扰波置于压制带。压制带内 $|\varphi_Y|$ 平均值与 β 关系复杂，无论 α 大小，压制带内 $|\varphi_Y|$ 平均值随 β 增大都起伏变化不定。说明 β 增大对落入压制带干扰波的衰减力度变化无常。表 4.5.2 给出了 $\alpha=0°$ 时鱼骨形组合压制带内 $|\varphi_Y|$ 平均值与 β、m 的关系。由表可见在 $\alpha=0°$ 检波器数 m 不变的情况下，随着 β 增大，压制带内 $|\varphi_Y|$ 平均值变化不定。表 4.5.2 还指出，在 $\alpha=0°$ 而 β 不变时，压制带内 $|\varphi_Y|$ 平均值随着检波器数 m 的增大而逐渐减小。这说明，m 的增大可提高鱼骨形组合衰减干扰波能力。

4.5.5　鱼骨形组合与矩形面积组合的对比

从前面讨论过的 8 种面积组合中已经知道，矩形面积组合是性能最好的两种面积组合之一，也是实际生产中采用的面积组合方法中最多的一种。这里将鱼骨形组合和矩形面积组合衰减干扰波提高信噪比的性能进行比较。

图 4.5.10 给出了 $\alpha=0°$ 时鱼骨形组合与矩形面积组合响应曲线比较。鱼骨形组合参数为 $m=5$，$\beta=45°$，矩形面积组合参数为 $m=5$，$n=5$，$R=1$。前者用了 20 个检波器，后者用了 25 个检波器。由图可见，两条曲线通放带几乎完全重合，具体计算显示，鱼骨形组合通放带宽度为 0.0865，矩形面积组合通放带宽度为 0.0902，鱼骨形组合通放带略窄，表明两种组合将高速干扰波置于压制带的能力几乎是一致的，鱼骨形组合略微强点。在通放带右边界至 $\Delta t_a / T = 2$ 区间，鱼骨形组合响应曲线次瓣高度几乎全部小于矩形面积组合，具体计算数据指出，在压制带内，鱼骨形组合 $|\varphi_Y|$ 的平均值为 0.0943，矩形面积组合 $|\varphi_{Re}|$ 的平均值为 0.2030，显然鱼骨形组合 $|\varphi_Y|$ 的平均值比矩形面积组合 $|\varphi_{Re}|$ 平均值小得多，说明鱼骨形组合对落入压制带内干扰波的压制力度明显强于矩形面积组合，就衰减干扰波总体性能看，鱼骨形组合明显比矩形面积组合好得多。如将图 4.5.10 中矩形面积组合换成 $m=4$，$n=5$，$R=1$，$\alpha=0°$，得到的图与图 4.5.10 一样，计算数据也相同。

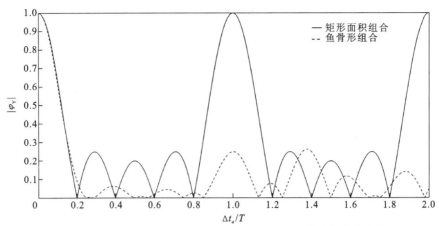

图 4.5.10　α=0°时鱼骨形组合响应与矩形面积组合响应曲线比较

矩形面积组合：$m=5$，$n=5$，$α=0°$，$R=1$
鱼骨形组合：$m=5$，$α=0°$，$β=45°$

图 4.5.11 是 $α=22.5°$ 时，将鱼骨形组合与矩形面积组合响应曲线比较，鱼骨形组合 $m=5$，$β=45°$，矩形面积组合 $m=4$，$n=5$，$R=1$，两种组合使用的检波器都是 20 个。由图可见，两种组合通放带几乎重合，鱼骨形组合通放带比矩形面积组合的略微宽一点，具体计算数据指出，鱼骨形组合通放带宽度 $Δt_a/T=0.0954$ 与矩形面积组合通放带宽度 $Δt_a/T=0.0933$ 几乎相等，鱼骨形组合通放带比矩形面积组合的略微宽一点，表明鱼骨形组合将较高速度干扰波置于压制带内的能力比矩形面积组合略微差一点。在通放带右边界以右至 $Δt_a/T ≤ 2$ 区间，鱼骨形组合的次瓣峰高度几乎都高于矩形面积组合次瓣峰高度。具体计算数据指出，鱼骨形组合压制带内 $|φ_Y|$ 平均值（0.1270）大于矩形面积组合压制带内 $|φ_{Re}|$ 的平均值（0.0777），说明鱼骨形组合对落入压制带内干扰波的压制强度比矩形面积组合低。由此可知，无论是将较高速度干扰波置于压制带内的能力，还是对落入压制带内干扰波的压制能力，矩形面积组合都全面优于鱼骨形组合，也就是说，对于沿 $α=22.5°$ 方向传播的干扰波，矩形面积组合衰减干扰波的总体性能优于鱼骨形组合。

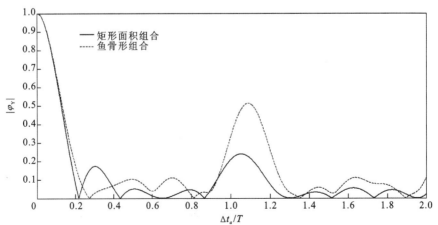

图 4.5.11　α=22.5°时鱼骨形组合响应与矩形面积组合响应曲线比较

矩形面积组合：$m=4$，$n=5$，$α=22.5°$，$R=1$
鱼骨形组合：$m=5$，$α=22.5°$，$β=45°$

图 4.5.12 是 $\alpha=45°$ 时鱼骨形组合与矩形面积组合响应曲线比较，鱼骨形组合参数为 $m=5$，$\beta=45°$；矩形面积组合参数是 $m=4$，$n=5$，$R=1$，两种组合使用的检波器都是 20 个。由图可见，两种组合通放带几乎重合，具体计算数据给出，鱼骨形组合通放带宽度为 $\Delta t_a/T=0.0959$，矩形面积组合通放带宽度为 $\Delta t_a/T=0.1019$，表明两种组合将较高速度干扰波置于压制带的能力几乎没有差别，鱼骨形组合的略好点。在通放带右边界以右至 $\Delta t_a/T \leqslant 2$ 区间，鱼骨形组合的次瓣几乎全部位于矩形面积组合次瓣峰之上，鱼骨形组合压制带内 $|\varphi_Y|$ 的平均值为 0.2969，明显大于矩形面积组合压制带内 $|\varphi_{Re}|$ 的平均值（0.1012），说明在 $\alpha=45°$ 情况下矩形面积组合对落入压制带内干扰波的压制强度比鱼骨形组合强得多。可见对于沿 $\alpha=45°$ 方向传播的干扰波，矩形面积组合衰减干扰波的总体性能比鱼骨形组合好得多。

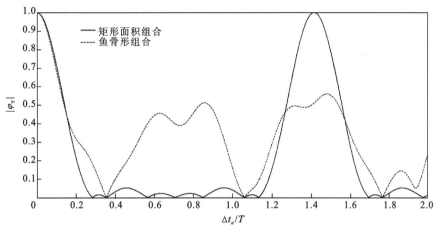

图 4.5.12 $\alpha=45°$ 时鱼骨形组合响应与矩形面积组合响应曲线比较

矩形面积组合：$m=4$，$n=5$，$\alpha=45°$，$R=1$

鱼骨形组合：$m=5$，$\alpha=45°$，$\beta=45°$

在 $\alpha=45°$ 时，鱼骨形组合的不良表现，其根源在于 $\alpha=\beta=45°$，两对"鱼刺"中有一对垂直于干扰波传播路径，对衰减干扰波起负面作用。实际上凡是两对"鱼刺"中有一对垂直于干扰波传播路径的鱼骨形组合都表现不佳，尤以在 $\alpha=\beta=45°$ 表现最差。

图 4.5.13 是 $\alpha=67.5°$ 时，鱼骨形组合与矩形面积组合响应曲线比较，鱼骨形组合 $m=5$，$\beta=45°$，矩形面积组合 $m=4$，$n=5$，$R=1$，两种组合使用的检波器都是 20 个。由图可见，鱼骨形组合通放带比矩形面积组合窄，具体计算数据显示，鱼骨形组合通放带宽度 $\Delta t_a/T=0.0844$，矩形面积组合通放带宽度 $\Delta t_a/T=0.1106$，即鱼骨形组合通放带宽度比矩形面积组合窄，表明鱼骨形组合将高速干扰波置于压制带的能力比矩形面积组合强。在通放带右边界以右至 $\Delta t_a/T \leqslant 2$ 区间，鱼骨形组合的次瓣高度大多高于矩形面积组合次瓣峰高度，具体计算数据指出，在压制带内鱼骨形组合 $|\varphi_Y|$ 的平均值为 0.1335，明显大于矩形面积组合 $|\varphi_{Re}|$ 平均值（0.0691），说明此时鱼骨形组合对落入压制带干扰波的压制力度明显比矩形面积组合的低，因此总体上看此时矩形面积组合性能优于鱼骨形组合。说明在 $\alpha=67.5°$ 方向上矩形面积组合衰减干扰波提高信噪比的总体性能比鱼骨形组合好。

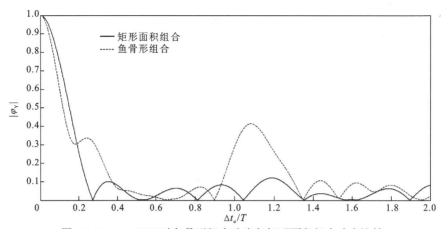

图 4.5.13　α=67.5°时鱼骨形组合响应与矩形面积组合响应比较

矩形面积组合：m=4，n=5，α=67.5°，R=1

鱼骨形组合：m=5，α=67.5°，β=45°

　　图 4.5.14 是 $\alpha=90°$ 时，鱼骨形组合（$m=5$，$\beta=45°$）响应与矩形面积组合（$m=4$，$n=5$，$R=1$）响应比较，两种组合使用的检波器都是 20 个。计算数据指出，鱼骨形组合通放带宽度 $\Delta t_a/T=0.074\,2$ 比矩形面积组合通放带宽度 $\Delta t_a/T=0.1138$ 窄，鱼骨形组合旁通带也比矩形面积组合的窄。并且鱼骨形组合次瓣峰值比矩形面积组合次瓣峰值低。具体计算数据指出，在压制带内，鱼骨形组合 $|\varphi_Y|$ 的平均值为 0.141\,5，明显小于矩形面积组合 $|\varphi_{\mathrm{Re}}|$ 平均值（0.237\,8）。说明在图 4.5.14 的组合参数下，鱼骨形组合将高速干扰波置于压制带内的能力比矩形面积组合强，对落入压制带内的干扰波衰减强度也比矩形面积组合强。事实上，此时的矩形面积组合等效于只有 4 个检波器的简单线性组合。

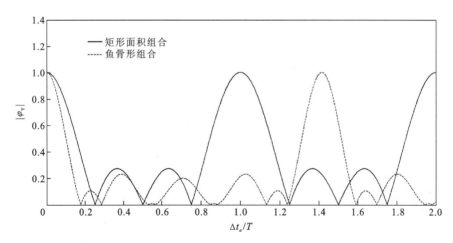

图 4.5.14　α=90°时鱼骨形组合响应与矩形面积组合响应比较

矩形面积组合：m=4，n=5，α=90°，R=1

鱼骨形组合：m=5，α=90°，β=45°

　　总之，在 0°≤α≤90°区间，对于压制沿测线及相近方向传播的波和沿垂直测线及相近方向传播的波，鱼骨形组合性能明显比矩形面积组合好得多；在 22.5°≤α≤67.5°范围内，矩形面积组合性能优于鱼骨形组合，特别在α=45°方向时矩形面积组合总体性能比鱼骨形组合好得多。可以说，在衰减干扰波提高信噪比的能力上，这两种组合方法各有所长，全方位看矩形面积组合更占优势。

4.5.6　小结

（1）鱼骨形组合响应特性曲线变化多端，形态复杂。

（2）"鱼刺"上检波器数 m 增大时，可以提高将较高速干扰波置于压制带的能力，同时可以增强压制干扰波力度及稳定性，并且这一规律不受 β 大小的影响。

（3）在 α 较小（约 $\alpha < 23°$）时，β 增大会将较高速干扰波放进通放带；在 α 较大（约 $\alpha \geqslant 23°$）时，β 增大会将较高速度干扰波置于压制带。压制带内 $|\varphi_{\mathrm{Y}}|$ 的平均值与 β 关系复杂，无论 α 大小，压制带内 $|\varphi_{\mathrm{Y}}|$ 的平均值与 β 都无简单明显规律性。

（4）鱼骨形组合与矩形面积组合衰减干扰波提高信噪比的能力比较，在沿测线和相近方向上及垂直测线及相近方向上鱼骨形组合优于矩形面积组合，在其他方向区间，矩形面积组合优于鱼骨形组合，虽然各有优势方向，但全方位看矩形面积组合性能优于鱼骨形组合。

（5）鱼骨形组合等效检波器位置具有不确定性，鱼骨形组合响应函数与等效检波器位置不确定性无关。

（6）当 $\beta = 0°$ 时鱼骨形组合退化成等腰梯形加权组合（$m \neq 4$）或等腰三角形加权组合（$m = 4$）。

4.6　鸟爪形组合

鸟爪形组合（crow's foot array）是 Sheriff 等（1995）在其 *Exploration Seismology*（《勘探地震学》）一书第 I 册的"地震组合法"一节中给出的另一个异型组合，除给出检波器地面展布图外，原著没有给出文字描述，也没有说明出处，更没有给出这种组合响应解析表达式。原著对其参数也无任何说明，对"鸟爪"的"脚跟"上安置了 1 个检波器还是安置了 3 个检波器也没有说明。本节将讨论鸟爪形组合。为得到具有普适性的结果，将鸟爪形组合参数，即"鸟爪"的"脚趾"间夹角 β，每个"脚趾"上的检波器数 n（不包括"脚跟"上的检波器），"脚趾"上的检波器间距 a（也称"组内距"），以及波沿地面的传播方向都设为可变参数。取坐标如图 4.6.1，测线沿 X 轴布置，Y 轴正方向垂直向上，"脚跟"位于坐标原点 O，并将"脚跟"O 处只有 1 个检波器的称为 I 型鸟爪形组合，"脚跟"O 点有 3 个检波器的称为 II 型鸟爪形组合。图中 AB 表示地震波沿地面的传播方向，方位角 α，由 X 轴正方向逆时针旋转到 AB 正方向的方位角 α 为正，图 4.6.1 中的 α 就是正值。

4.6.1　I 型鸟爪形组合响应

图 4.6.1 中 I 型鸟爪形组合可分解为 3 个沿不同方向布置的简单线性组合，将它们分别

称为第 1 组合、第 2 组合、第 3 组合。其中第 3 组合位于测线上，有 $n+1$ 个检波器，包括"脚跟"上的一个。另两个简单线性组合各有 n 个检波器，不包括"脚跟"上的那个检波器。第 3 组合里检波器序号以"脚跟"O 点检波器为 1 号，并沿直线向远离"脚跟"方向依次编为 2 号、3 号，在第 1 组合，第 2 组合里以靠"脚跟"最近的检波器为 1 号，并沿直线向远离"脚跟"方向依次编为 2 号、3 号。

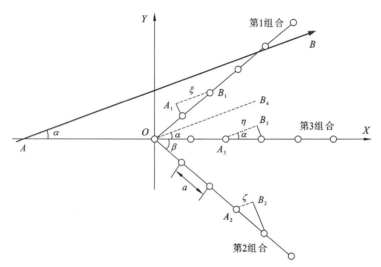

图 4.6.1 I 型鸟爪形组合检波器地平面展布图

图中 A_1B_1，A_2B_2，A_3B_3 及 OB_4 都是 AB 的平行线

在 1.1 节简单线性组合中已经证明，一个简单线性组合输出信号的频谱 $G_{\text{line}}(\mathrm{j}\omega)$ 等于其中点单个检波器输出信号频谱 $g_{\mathrm{c}}(\mathrm{j}\omega)$ 乘以复变系数 $P_{\text{line}}(\mathrm{j}\omega)$。

$$G_{\text{line}}(\mathrm{j}\omega) = g_{\mathrm{c}}(\mathrm{j}\omega)P_{\text{line}}(\mathrm{j}\omega) \tag{4.6.1}$$

根据式（1.1.13）及式（1.1.14），上式中

$$P_{\text{line}}(\mathrm{j}\omega) = \sin\frac{m\omega\Delta t}{2}\bigg/\sin\frac{\omega\Delta t}{2} \tag{4.6.2}$$

$$g_{\mathrm{c}}(\mathrm{j}\omega) = g_1(\mathrm{j}\omega)\mathrm{e}^{\frac{-\mathrm{j}\omega(m-1)\Delta t}{2}} \tag{4.6.3}$$

式中：$g_1(\mathrm{j}\omega)$ 为简单线性组合里第 1 个检波器输出信号的频谱；下标"line"表明式中 $G_{\text{line}}(\mathrm{j}\omega)$ 和 $P_{\text{line}}(\mathrm{j}\omega)$ 属于简单线性组合。

根据 1.1 节，简单线性组合可看成其中点处一个等效检波器，等效检波器输出信号频谱为该简单线性组合输出信号的频谱。这样可直接写出上述 3 个简单线性组合输出信号的频谱。

第 1 组合输出信号的频谱可写为

$$G_1(\mathrm{j}\omega) = \frac{\sin\left(\omega\dfrac{n\Delta t_1}{2}\right)}{\sin\left(\omega\dfrac{\Delta t_1}{2}\right)}g_{1\mathrm{c}}(\mathrm{j}\omega) \tag{4.6.4}$$

式中：Δt_1 为第 1 组合里第 i 个检波器波至时间比第 $i-1$ 个检波器波至时间的滞后值；$g_{1\mathrm{c}}(\mathrm{j}\omega)$

为第 1 组合中点单个检波器输出信号的频谱。

$$g_{1c}(j\omega) = g_1(j\omega)e^{-j\omega\frac{n-1}{2}\Delta t_1} \qquad (4.6.5)$$

式中：$g_1(j\omega)$ 为第 1 组合里 1 号检波器输出信号的频谱。

第 2 线性组合输出信号的频谱可写为

$$G_2(j\omega) = \frac{\sin\left(\omega\frac{n\Delta t_2}{2}\right)}{\sin\left(\omega\frac{\Delta t_2}{2}\right)} g_{2c}(j\omega) \qquad (4.6.6)$$

式中：Δt_2 为第 2 组合中第 i 个检波器波至时间比第 i-1 个检波器波至时间的滞后值；$g_{2c}(j\omega)$ 为第 2 组合中点单个检波器输出信号的频谱。

$$g_{2c}(j\omega) = g_2(j\omega)e^{-j\omega\frac{n-1}{2}\Delta t_2} \qquad (4.6.7)$$

式中：$g_2(j\omega)$ 为第 2 组合里 1 号检波器输出信号的频谱。

第 3 组合输出信号的频谱可写为

$$G_3(j\omega) = \frac{\sin\frac{(n+1)\omega\Delta t_3}{2}}{\sin\frac{\omega\Delta t_3}{2}} g_{3c}(j\omega) \qquad (4.6.8)$$

式中：Δt_3 为第 3 组合里第 i 个检波器波至时间比第 i-1 个检波器波至时间的滞后值；$g_{3c}(j\omega)$ 为第 3 组合的中点单个检波器输出信号的频谱。

$$g_{3c}(j\omega) = g_0(j\omega)e^{-j\omega\frac{n}{2}\Delta t_3} \qquad (4.6.9)$$

式中：$g_0(j\omega)$ 为"脚跟"O 点单个检波器输出信号的频谱。

分别将第 1、第 2、第 3 组合的相邻检波器间距 a 在波传播方向上的投影用 ξ、ζ、η 表示，由图 4.6.1 易知：

$$\xi = a\cos(\alpha - \beta) \qquad (4.6.10)$$
$$\zeta = a\cos(\beta + \alpha) \qquad (4.6.11)$$
$$\eta = a\cos\alpha \qquad (4.6.12)$$

由此得

$$\Delta t_1 = \frac{\xi}{V^*} = \frac{a\cos(\alpha - \beta)}{V^*} = \Delta t_a \cos(\alpha - \beta) \qquad (4.6.13)$$

$$\Delta t_2 = \frac{\zeta}{V^*} = \frac{a\cos(\beta + \alpha)}{V^*} = \Delta t_a \cos(\beta + \alpha) \qquad (4.6.14)$$

$$\Delta t_3 = \frac{\eta}{V^*} = \frac{a\cos\alpha}{V^*} = \Delta t_a \cos\alpha \qquad (4.6.15)$$

$$\Delta t_a = \frac{a}{V^*} \qquad (4.6.16)$$

将 I 型鸟爪形组合总输出信号的频谱记为 $G_{Cf}(j\omega)$，根据频谱的线性叠加定理（董敏煜，2006；陆基孟 等，1982；罗伯特 等，1980）则有

$$G_{Cf}(j\omega) = G_1(j\omega) + G_2(j\omega) + G_3(j\omega)$$

$$= \frac{\sin\dfrac{n\omega\Delta t_1}{2}}{\sin\dfrac{\omega\Delta t_1}{2}} g_{1c}(j\omega) + \frac{\sin\dfrac{n\omega\Delta t_2}{2}}{\sin\dfrac{\omega\Delta t_2}{2}} g_{2c}(j\omega) + \frac{\sin\dfrac{(n+1)\omega\Delta t_3}{2}}{\sin\dfrac{\omega\Delta t_x}{2}} g_{3c}(j\omega) \quad (4.6.17)$$

由图 4.6.1 可看出，第 1 组合中 1 号检波器波至时间，比第 3 组合中 O 点检波器波至时间滞后 Δt_1，因此 $g_1(j\omega)$ 与 $g_O(j\omega)$ 的关系为

$$g_1(j\omega) = g_O(j\omega)e^{-j\omega\Delta t_1} \quad (4.6.18)$$

同理

$$g_2(j\omega) = g_O(j\omega)e^{-j\omega\Delta t_2} \quad (4.6.19)$$

因此

$$g_{1c}(j\omega) = g_O(j\omega)e^{-j\omega\Delta t_1}e^{-j\omega\frac{n-1}{2}\Delta t_1} = g_O(j\omega)e^{-j\omega\frac{n+1}{2}\Delta t_1} \quad (4.6.20)$$

同理

$$g_{2c}(j\omega) = g_O(j\omega)e^{-j\omega\frac{n+1}{2}\Delta t_2} \quad (4.6.21)$$

将式（4.6.9）、式（4.6.20）、式（4.6.21）代入式（4.6.17）得

$$G_{Cf}(j\omega) = \frac{\sin\left(\omega\dfrac{n\Delta t_1}{2}\right)}{\sin\left(\omega\dfrac{\Delta t_1}{2}\right)} g_O(j\omega)e^{-j\omega\frac{n+1}{2}\Delta t_1} + \frac{\sin\left(\omega\dfrac{n\Delta t_2}{2}\right)}{\sin\left(\omega\dfrac{\Delta t_2}{2}\right)} g_O(j\omega)e^{-j\omega\frac{n+1}{2}\Delta t_2}$$

$$+ \frac{\sin\left[\omega\dfrac{(n+1)\Delta t_3}{2}\right]}{\sin\left(\omega\dfrac{\Delta t_3}{2}\right)} g_O(j\omega)e^{-j\omega\frac{n+1}{2}\Delta t_3}$$

$$= g_{3c}(j\omega)\left[\frac{\sin\left(\omega\dfrac{n\Delta t_1}{2}\right)}{\sin\left(\omega\dfrac{\Delta t_1}{2}\right)} e^{-j\omega\left(\frac{n+1}{2}\Delta t_1 - \frac{n}{2}\Delta t_3\right)} + \frac{\sin\left(\omega\dfrac{n\Delta t_2}{2}\right)}{\sin\left(\omega\dfrac{\Delta t_2}{2}\right)} e^{-j\omega\left(\frac{n+1}{2}\Delta t_2 - \frac{n}{2}\Delta t_3\right)} \right. \quad (4.6.22)$$

$$\left. + \frac{\sin\left[\omega\dfrac{(n+1)\Delta t_3}{2}\right]}{\sin\left(\omega\dfrac{\Delta t_3}{2}\right)} \right]$$

$$= g_{3c}(j\omega)P_{Cf}(j\omega)$$

式中：

$$P_{Cf}(j\omega) = \frac{\sin\left(\omega\dfrac{n\Delta t_1}{2}\right)}{\sin\left(\omega\dfrac{\Delta t_1}{2}\right)} e^{-j\omega\left(\frac{n+1}{2}\Delta t_1 - \frac{n}{2}\Delta t_3\right)} + \frac{\sin\left(\omega\dfrac{n\Delta t_2}{2}\right)}{\sin\left(\omega\dfrac{\Delta t_2}{2}\right)} e^{-j\omega\left(\frac{n+1}{2}\Delta t_2 - \frac{n}{2}\Delta t_3\right)} + \frac{\sin\left[\omega\dfrac{(n+1)\Delta t_3}{2}\right]}{\sin\left(\omega\dfrac{\Delta t_3}{2}\right)}$$

$$= \left[\frac{\sin\dfrac{n\omega\Delta t_a \cos(\beta-\alpha)}{2}\cos\dfrac{\omega\Delta t_a[(n+1)\cos(\beta-\alpha)-n\cos\alpha]}{2}}{\sin\dfrac{\omega\Delta t_a\cos(\beta-\alpha)}{2}} \right.$$

$$+ \frac{\sin \dfrac{n\omega\Delta t_a \cos(\alpha+\beta)}{2} \cos \dfrac{\omega\Delta t_a[(n+1)\cos(\alpha+\beta)-n\cos\alpha]}{2}}{\sin \dfrac{\omega\Delta t_{a1}\cos(\alpha+\beta)}{2}} + \frac{\sin \dfrac{(n+1)\omega\Delta t_a \cos\alpha}{2}}{\sin \dfrac{\omega\Delta t_a \cos\alpha}{2}} \Bigg]$$

$$- j \Bigg\{ \frac{\sin \dfrac{n\omega\Delta t_a \cos(\beta-\alpha)}{2} \sin \dfrac{\omega\Delta t_a[(n+1)\cos(\beta-\alpha)-n\cos\alpha]}{2}}{\sin \dfrac{\omega\Delta t_a \cos(\beta-\alpha)}{2}}$$

$$+ \frac{\sin \dfrac{n\omega\Delta t_a \cos(\alpha+\beta)}{2} \sin \dfrac{\omega\Delta t_a[(n+1)\cos(\alpha+\beta)-n\cos\alpha]}{2}}{\sin \dfrac{\omega\Delta t_{a1}\cos(\alpha+\beta)}{2}} \Bigg\}$$

$$\tag{4.6.23}$$

式（4.6.22）表示，Ⅰ型鸟爪形组合总输出信号的频谱 $G_{\mathrm{Cf}}(\mathrm{j}\omega)$ 等于第 3 组合（沿测线的检波器组）中点处单个检波器输出信号频谱 $g_{3\mathrm{c}}(\mathrm{j}\omega)$ 乘以复变系数 $P_{\mathrm{Cf}}(\mathrm{j}\omega)$，或者说，Ⅰ型鸟爪形组合将沿测线检波器组的中点单个检波器输出信号频谱 $g_{3\mathrm{c}}(\mathrm{j}\omega)$ 放大 $P_{\mathrm{Cf}}(\mathrm{j}\omega)$ 倍。

将Ⅰ型鸟爪形组合"脚跟" O 点单个检波器输出信号的振幅谱记为 g_O，由于组合里各个检波器输出信号的唯一差别仅仅是波至时间不同，因此易知 g_O 也是组合里任一检波器输出信号的振幅谱，包括三个简单线性组合中点单个检波器输出信号的振幅谱。

将Ⅰ型鸟爪形组合输出信号的振幅谱记为 G_{Cf}，将复变系数 $P_{\mathrm{Cf}}(\mathrm{j}\omega)$ 的模记为 P_{Cf}，则

$$G_{\mathrm{Cf}} = |G_{\mathrm{Cf}}(\mathrm{j}\omega)| = |g_{3\mathrm{c}}(\mathrm{j}\omega)| |P_{\mathrm{Cf}}(\mathrm{j}\omega)| = g_O P_{\mathrm{Cf}} \tag{4.6.24}$$

式（4.6.24）表示，Ⅰ型鸟爪形组合输出信号振幅谱等于任一单个检波器输出信号振幅谱 g_O 乘以 P_{Cf}，即复变系数 $P_{\mathrm{Cf}}(\mathrm{j}\omega)$ 模 P_{Cf} 的物理意义是Ⅰ型鸟爪形组合对单个检波器输出信号振幅谱的放大倍数。由式（4.6.23）复变系数的模 P_{Cf} 为

$$P_{\mathrm{Cf}} = \Bigg\| \Bigg\{ \Bigg[\frac{\sin\left(\dfrac{n\omega\Delta t_1}{2}\right)}{\sin\left(\dfrac{\omega\Delta t_1}{2}\right)} \cos\left(\frac{n+1}{2}\omega\Delta t_1 - \frac{n}{2}\omega\Delta t_3\right) + \frac{\sin\left(\dfrac{n\omega\Delta t_2}{2}\right)}{\sin\left(\dfrac{\omega\Delta t_2}{2}\right)} \cos\left(\frac{n+1}{2}\omega\Delta t_2 - \omega\frac{n}{2}\Delta t_3\right) + \frac{\sin\left(\dfrac{(n+1)\omega\Delta t_3}{2}\right)}{\sin\left(\omega\dfrac{\Delta t_3}{2}\right)} \Bigg]^2$$

$$+ \Bigg[\frac{\sin\left(\dfrac{n\omega\Delta t_1}{2}\right)}{\sin\left(\dfrac{\omega\Delta t_1}{2}\right)} \sin\left(\frac{n+1}{2}\omega\Delta t_1 - \omega\frac{n}{2}\Delta t_3\right) + \frac{\sin\left(\dfrac{n\omega\Delta t_2}{2}\right)}{\sin\left(\dfrac{\omega\Delta t_2}{2}\right)} \sin\left(\frac{n+1}{2}\omega\Delta t_2 - \omega\frac{n}{2}\Delta t_3\right) \Bigg]^2 \Bigg\}^{\frac{1}{2}} \Bigg\|$$

$$= \Bigg\| \Bigg\{ \frac{\sin\dfrac{n\omega\Delta t_a \cos(\beta-\alpha)}{2} \cos\left[\dfrac{(n+1)\omega\Delta t_a \cos(\beta-\alpha)}{2} - \dfrac{\omega n\Delta t_a \cos\alpha}{2}\right]}{\sin\dfrac{\omega\Delta t_a \cos(\beta-\alpha)}{2}}$$

$$+ \frac{\sin\dfrac{n\omega\Delta t_a \cos(\alpha+\beta)}{2} \cos\left[\dfrac{(n+1)\omega\Delta t_a \cos(\alpha+\beta)}{2} - \dfrac{n\omega\Delta t_a \cos\alpha}{2}\right]}{\sin\dfrac{\omega\Delta t_a \cos(\alpha+\beta)}{2}} + \frac{\sin\dfrac{(n+1)\omega\Delta t_a \cos\alpha}{2}}{\sin\dfrac{\omega\Delta t_a \cos\alpha}{2}} \Bigg\}^2$$

$$+\left\{\frac{\sin\dfrac{n\omega\Delta t_a\cos(\beta-\alpha)}{2}\sin\left[\dfrac{(n+1)\omega\Delta t_a\cos(\beta-\alpha)}{2}-\dfrac{\omega n\Delta t_a\cos\alpha}{2}\right]}{\sin\dfrac{\omega\Delta t_a\cos(\beta-\alpha)}{2}}\right.$$

$$\left.+\frac{\sin\dfrac{n\omega\Delta t_a\cos(\alpha+\beta)}{2}\sin\left[\dfrac{(n+1)\omega\Delta t_a\cos(\alpha+\beta)}{2}-\dfrac{n\omega\Delta t_a\cos\alpha}{2}\right]}{\sin\dfrac{\omega\Delta t_a\cos(\alpha+\beta)}{2}}\right\}^2\Bigg\}^{\frac{1}{2}}\Bigg| \qquad (4.6.25)$$

当 $\Delta t_a = 0$ 时， $\Delta t_1 = \Delta t_2 = \Delta t_3 = 0$ ，则

$$\lim_{\Delta t_a\to 0}P_{\mathrm{Cf}}=3n+1 \qquad (4.6.26)$$

此时 P_{Cf} 达最大值 $3n+1$。为比较不同 n 的 I 型鸟爪形组合性能，将 P_{Cf} 作归一化处理后记为 $|\varphi_{\mathrm{Cf}}|$，有：

$$|\varphi_{\mathrm{Cf}}|=\frac{P_{\mathrm{B}}}{3n+1}$$

$$=\frac{1}{3n+1}\Bigg|\Bigg(\left\{\frac{\sin\dfrac{n\omega\Delta t_a\cos(\beta-\alpha)}{2}\cos\left[\dfrac{(n+1)\omega\Delta t_a\cos(\beta-\alpha)}{2}-\dfrac{\omega n\Delta t_a\cos\alpha}{2}\right]}{\sin\dfrac{\omega\Delta t_a\cos(\beta-\alpha)}{2}}\right.$$

$$\left.+\frac{\sin\dfrac{n\omega\Delta t_a\cos(\alpha+\beta)}{2}\cos\left[\dfrac{(n+1)\omega\Delta t_a\cos(\alpha+\beta)}{2}-\dfrac{n\omega\Delta t_a\cos\alpha}{2}\right]}{\sin\dfrac{\omega\Delta t_a\cos(\alpha+\beta)}{2}}+\frac{\sin\dfrac{(n+1)\omega\Delta t_a\cos\alpha}{2}}{\sin\dfrac{\omega\Delta t_a\cos\alpha}{2}}\right\}^2$$

$$+\left\{\frac{\sin\dfrac{n\omega\Delta t_a\cos(\beta-\alpha)}{2}\sin\left[\dfrac{(n+1)\omega\Delta t_a\cos(\beta-\alpha)}{2}-\dfrac{\omega n\Delta t_a\cos\alpha}{2}\right]}{\sin\dfrac{\omega\Delta t_a\cos(\beta-\alpha)}{2}}\right.$$

$$\left.+\frac{\sin\dfrac{n\omega\Delta t_a\cos(\alpha+\beta)}{2}\sin\left[\dfrac{(n+1)\omega\Delta t_a\cos(\alpha+\beta)}{2}-\dfrac{n\omega\Delta t_a\cos\alpha}{2}\right]}{\sin\dfrac{\omega\Delta t_a\cos(\alpha+\beta)}{2}}\right\}^2\Bigg)^{\frac{1}{2}}\Bigg|$$

$$(4.6.27)$$

$|\varphi_{\mathrm{Cf}}|$ 就是通常说的组合响应或方向特性函数，为绘图及与其他组合响应作对比，将上式改写为 $\dfrac{\Delta t_a}{T}$ 的函数，令式中

$$\frac{\sin\left\{[n\pi\cos(\beta-\alpha)]\dfrac{\Delta t_a}{T}\right\}\cos\left\{[(n+1)\pi\cos(\beta-\alpha)-n\pi\cos\alpha]\dfrac{\Delta t_a}{T}\right\}}{\sin\left\{[\pi\cos(\beta-\alpha)]\dfrac{\Delta t_a}{T}\right\}}=\varPsi_1$$

$$\frac{\sin\left\{[n\pi\cos(\alpha+\beta)]\dfrac{\Delta t_a}{T}\right\}\cos\left\{[(n+1)\pi\cos(\alpha+\beta)-n\pi\cos\alpha]\dfrac{\Delta t_a}{T}\right\}}{\sin\left\{[\pi\cos(\alpha+\beta)]\dfrac{\Delta t_a}{T}\right\}}=\Psi_2$$

$$\frac{\sin\left\{[(n+1)\pi\cos\alpha]\dfrac{\Delta t_a}{T}\right\}}{\sin\left[(\pi\cos\alpha)\dfrac{\Delta t_a}{T}\right]}=\Psi_3$$

$$\frac{\sin\left\{[n\pi\cos(\beta-\alpha)]\dfrac{\Delta t_a}{T}\right\}\sin\left\{[(n+1)\pi\cos(\beta-\alpha)-n\pi\cos\alpha]\dfrac{\Delta t_a}{T}\right\}}{\sin\left\{[\pi\cos(\beta-\alpha)]\dfrac{\Delta t_a}{T}\right\}}=\Psi_4 \qquad (4.6.28)$$

$$\frac{\sin\left\{[n\pi\cos(\alpha+\beta)]\dfrac{\Delta t_a}{T}\right\}\sin\left\{[(n+1)\pi\cos(\alpha+\beta)-n\pi\cos\alpha]\dfrac{\Delta t_a}{T}\right\}}{\sin\left\{[\pi\cos(\alpha+\beta)]\dfrac{\Delta t_a}{T}\right\}}=\Psi_5$$

则

$$|\varphi_{Cf}|=\frac{1}{3n+1}\left|[(\Psi_1+\Psi_2+\Psi_3)^2+(\Psi_4+\Psi_5)^2]^{\frac{1}{2}}\right| \qquad (4.6.29)$$

这样便可以 n、α、β 为参数,以 $\Delta t_a/T$ 为自变量绘制 I 型鸟爪形组合响应图,用于分析 I 型鸟爪形组合的特点。

4.6.2 I 型鸟爪形组合等效检波器位置的不确定性

根据式(2.10.16)可写出复变系数 $P_{Cf}(j\omega)$ 的辐角 θ:

$$\theta=\arctan\left(\frac{-\left\{\dfrac{\sin\dfrac{n\omega\Delta t_a\cos(\beta-\alpha)}{2}\sin\dfrac{\omega\Delta t_a[(n+1)\cos(\beta-\alpha)-n\cos\alpha]}{2}}{\sin\dfrac{\omega\Delta t_a\cos(\beta-\alpha)}{2}}+\dfrac{\sin\dfrac{n\omega\Delta t_a\cos(\alpha+\beta)}{2}\sin\dfrac{\omega\Delta t_a[(n+1)\cos(\alpha+\beta)-n\cos\alpha]}{2}}{\sin\dfrac{\omega\Delta t_a\cos(\alpha+\beta)}{2}}\right\}}{\dfrac{\sin\dfrac{n\omega\Delta t_a\cos(\beta-\alpha)}{2}\cos\dfrac{\omega\Delta t_a[(n+1)\cos(\beta-\alpha)-n\cos\alpha]}{2}}{\sin\dfrac{\omega\Delta t_a\cos(\beta-\alpha)}{2}}+\dfrac{\sin\dfrac{n\omega\Delta t_a\cos(\alpha+\beta)}{2}\cos\dfrac{\omega\Delta t_a[(n+1)\cos(\alpha+\beta)-n\cos\alpha]}{2}}{\sin\dfrac{\omega\Delta t_a\cos(\alpha+\beta)}{2}}+\dfrac{\sin\left[\dfrac{\omega\Delta t_a(n+1)\cos\alpha}{2}\right]}{\sin\left(\dfrac{\omega\Delta t_a\cos\alpha}{2}\right)}}\right)$$

$$(4.6.30)$$

可以看到 θ 是 Δt_a 的函数，也就是 α、V^*、β 及 n 等参数的函数。当组合参数确定时，θ 是 α、V^* 的函数，根据欧拉公式，$P_{Cf}(j\omega)$ 可写为

$$P_{Cf}(j\omega) = P_{Cf}e^{j\theta} \qquad (4.6.31)$$

则

$$G_{Cf}(j\omega) = g_{3c}(j\omega)P_{Cf}(j\omega) = g_O(j\omega)e^{-j\omega\frac{n}{2}\Delta t_3 + \theta}P_{Cf} = g_{c\theta}(j\omega)P_{Cf} \qquad (4.6.32)$$

式中：

$$g_{c\theta}(j\omega) = g_O(j\omega)e^{-j\omega\frac{n}{2}\Delta t_3 + \theta} \qquad (4.6.33)$$

$g_{c\theta}(j\omega)$ 表示沿测线的第 3 组合某点上单个检波器输出信号的频谱，为了叙述方便将这个点称为 α 点。式（4.6.32）表示，I 型鸟爪形组合输出信号的频谱 $G_{Cf}(j\omega)$ 是第 3 组合中点单个检波器输出信号频谱 $g_{3c}(j\omega)$ 与复变系数 $P_{Cf}(j\omega)$ 的乘积，并且 $G_{Cf}(j\omega)$ 与 $g_{3c}(j\omega)$ 有个相位差 θ。式（4.6.30）指出一般情况下 θ 不为 0，$G_{Cf}(j\omega)$ 与 $g_{3c}(j\omega)$ 不同相，说明 I 型鸟爪形组合的等效检波器位置不在沿测线的第 3 组合中点上，而是在测线某点 α 上。因此可以将 I 型鸟爪形组合看成测线上 α 点的一个等效检波器，其输出信号的频谱为 $G_{Cf}(j\omega)$。但 α 点的坐标是角 θ 的函数，也就是 V^*、a、α、β 及 n 等参数的函数，θ 一般不为 0。在组合参数确定时 θ 也要随波的传播方向和视速度等参数而变化。也就是说，I 型鸟爪形组合不仅对不同方向波的衰减力度不同，而且对应的等效检波器的位置一般情况下也是不同的，只知道 α 点在沿测线的第 3 组合的某点上，但不知 α 点的具体横坐标。等效检波器的具体位置具有不确定性，这种不确定性将对后续地震数据处理造成影响，其影响程度尚待研究。

由式（4.6.32），I 型鸟爪形组合的振幅谱为

$$G_{Cf} = |g_O(j\omega)| \left| e^{-j\omega\frac{n}{2}\Delta t_3 + \theta} \right| P_{Cf} = g_O P_{Cf} \qquad (4.6.34)$$

式（4.6.34）表明，虽然一般情况下 I 型鸟爪形组合的等效检波器的位置具有不确定性，但组合输出信号的振幅谱仍然是单个检波器输出信号振幅谱 g_O 的 P_{Cf} 倍，组合响应函数 $|\varphi_{Cf}|$ 不受等效检波器位置不确定性的影响，I 型鸟爪形组合衰减干扰波的强度与等效检波器位置无关。

4.6.3 I 型鸟爪形组合响应的特点

像其他面积组合一样，由于鸟爪形组合响应解析表达式复杂，并且参数较多，难以根据解析表达式分析其组合响应特性与各个参数关系，因此采用绘制响应特性曲线分析的方法。图 4.6.2 是两个 I 型鸟爪形组合响应曲线，纵坐标为 $|\varphi_{Cf}|$，横坐标为 $\Delta t_a/T$，具体参数见图 4.6.2。关于组合响应特性曲线的通放带、旁通带、压制带、次瓣等术语沿用教科书（陆基孟 等，2009，1982；朱广生 等，2005；何樵登，1986）和相关专著（Sheriff et al.，1995）中的定义。图中 A 点是通放带右边界，并标示出红色曲线的靠近通放带右边界的 3 个次瓣。由图 4.6.2 可见，两条曲线在 $0 \leqslant \Delta t_a/T \leqslant 2$ 区间都没见旁通带，二者皆无零点（响应曲线无零点并非鸟爪形组合的普遍规律，参见图 4.6.4 等）。可以看到，波的传播方向仅仅相差 150，其响应曲线就产生很大差别。

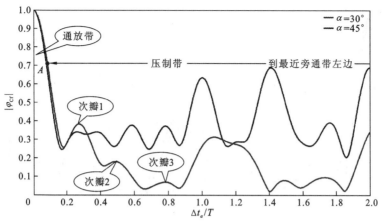

图 4.6.2　I 型鸟爪形组合方向特性曲线的通放带、压制带、旁通带及次瓣示意图（$n=5$，$\beta=45°$）

二者在 $0 \leqslant \Delta t_a/T \leqslant 2$ 区间都没见到旁通带，也无零点，扫描封底二维码见彩图

4.6.4　"鸟脚趾"间角度 β 对 I 型鸟爪形组合响应的影响

图 4.6.3 是波沿测线方向（$\alpha=0°$ 或 $180°$）传播时的 I 型鸟爪形组合响应的一组曲线，组合参数为 $n=5$，$\beta=0°, 22.5°, 45°, 67.5°, 90°$，表示"鸟脚趾"间张开角度 β 对 I 型鸟爪形组合响应的影响。图中 5 条曲线分别对应 5 个不同 β。由图 4.6.3 可见，5 条曲线的通放带变化不大，说明 β 的变化对通放带宽度影响不大。β 依次为 $0°$、$22.5°$、$45°$、$67.5°$ 的 4 条曲线的通放带右边界依次右移，通放带依次略有变宽。而 $\beta=90°$ 曲线的通放带只比 $22.5°$ 曲线的略宽一点，二者几乎重合，但比 $\beta=45°$ 和 $\beta=67.5°$ 曲线的都窄。通放带最窄的是 $\beta=0°$ 的曲线（此时鸟爪形组合已退化为复合线性组合），最宽的是 $\beta=67.5°$ 曲线的通放带。这说明除 $\beta=90°$ 及其附近方向外，β 增大对阻止高速干扰波进入通放带的能力略有降低，但影响不大。而在 $\Delta t_a/T=1$ 附近，$\beta=90°$ 曲线旁通带的左边界在最左，$\beta=0°$ 曲线左边界在右，$\beta=90°$ 旁通带比 $\beta=0°$ 的旁通带略宽，相对 $\beta=0°$ 和 $\beta=90°$ 的旁通带，$\beta=22.5°$ 曲线旁通带更窄，并右移在 $1.1 \geqslant \Delta t_a/T \geqslant 1$ 附近，其峰值 $0.7071 \leqslant |\varphi_{Cf}| \leqslant 0.8$。$\beta=67.5°$ 曲线在区间 $0 \geqslant \Delta t_a/T \geqslant 2$ 没有形成旁通带，但其次瓣峰值较高，因此在图 4.6.3 的情况下，这条曲线在通放带以右都是压制带。$\beta=45°$ 的响应曲线旁通带出现在横坐标 $\Delta t_a/T=1.4142$ 附近，其峰值纵坐标仅仅比旁通带阈值 0.7071 略大一点。$\beta=90°$ 的响应曲线 $|\varphi_{Cf}|$ 的最小值也大于 0.600，其压制干扰波能力最低。$\beta=0°$ 的压制带最窄，$\beta=22.5°$ 曲线的压制带比 $\beta=0°$ 的压制带宽，但二者都比 $\beta=45°, 67.5°$ 两条曲线压制带窄。然而，如考虑地震波是脉冲波，实际上在通放带右边界以右都可看成压制带，但 $\beta=90°$ 的曲线除外。$\beta=90°$ 曲线的通放带和旁通带的独特表现原因是 $\beta=90°$ 的鸟爪形组合检波器展布图形已不像"鸟爪"而是一个躺倒了的字母"T"。这些特点说明，I 型鸟爪形组合响应受到 β 影响无明显规律。更多不同参数 I 型鸟爪形组合的计算结果支持上述分析。由图 4.6.2～图 4.6.5 可以看出，区间 $0 \leqslant \Delta t_a/T \leqslant 2$ 与 $0 \leqslant \Delta t_a/T \leqslant 1$ 区间计算出的压制带内 $|\varphi_{Cf}|$ 的平均值是不同的，但通放带边界值不会变化。

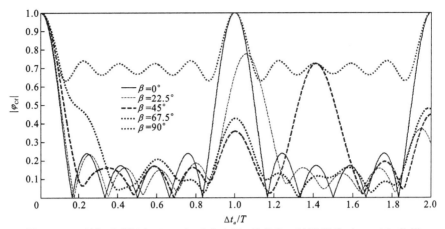

图 4.6.3 I 型鸟爪形组合（n=5）响应向随β的变化，波沿测线（α=0°）传播

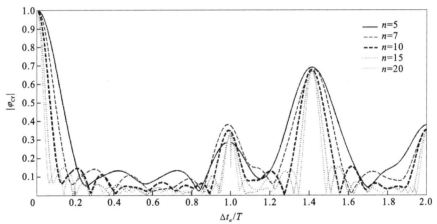

图 4.6.4 I 型鸟爪形组合"脚趾"上检波器数 n 对响应特性曲线的影响（α=0°，β=45°）

波沿 X 轴（测线）正方向传播

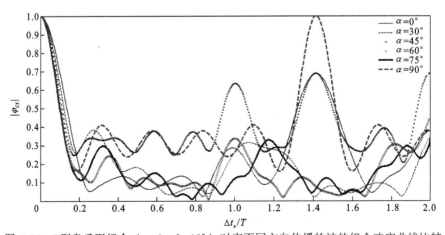

图 4.6.5 I 型鸟爪形组合（n=5，β=45°）对应不同方向传播的波的组合响应曲线比较

4.6.5 "脚趾"上检波器数 n 对 I 型鸟爪形组合响应的影响

图 4.6.4 是 $\beta=45°$，$\alpha=0°$ 不同 n 的 I 型鸟爪形组合响应图，可见在 $0 \leqslant \Delta t_a / T \leqslant 2$ 区间内 $n=5, 7, 10, 15, 20$ 的 5 条响应曲线都没有出现旁通带，但在 $\Delta t_a / T = \sqrt{2}$ 处的次瓣高度几乎达到旁通带阈值 $|\varphi_{Cf}|=0.7071$。对应 $n=5, 7, 10, 15, 20$ 的 5 条曲线通放带宽度随 n 增大逐渐变窄（表 4.6.1），具体计算数据指出，在 $0 \leqslant \Delta t_a / T \leqslant 2$ 区间，对应 $n=5, 7, 10, 15, 20$，压制带内 $|\varphi_{Cf}|$ 平均值分别为 0.2240、0.1879、0.1439、0.1042、0.0848，清晰表明压制带内 $|\varphi_{Cf}|$ 平均值随 n 增大而减小（表 4.6.1），还可看到 n 增大到原来的 4 倍，$|\varphi_{Cf}|$ 平均值减小了 0.1392。在 $\alpha=\beta=45°$，$n=4, 5, 7, 10, 15, 20$ 时，具体计算数据揭示，在 $0 \leqslant \Delta t_a / T \leqslant 2$ 区间内都没有出现旁通带，通放带以右都是压制带。n 逐渐增大时，通放带宽度逐渐变窄。对应 $n=4, 5, 7, 10, 15, 20$ 压制带内 $|\varphi_{Cf}|$ 平均值分别为 0.3943、0.3817、0.3702、0.3596、0.3502、0.3475，同样清晰显示压制带内 $|\varphi_{Cf}|$ 平均值随 n 增大而减小，但 n 增大为原来的 5 倍，$|\varphi_{Cf}|$ 的平均值仅仅减小了 0.0476，降低的幅度不大。在 $0 \leqslant \Delta t_a / T \leqslant 2$ 区间内，I 型鸟爪形组合当组合参数为 $\beta=45°$，$\alpha=90°$，$n=4, 5, 7, 10, 15, 20$ 情况下，通放带宽度也是随 n 增大而变窄，压制带内 $|\varphi_{Cf}|$ 平均值却随 n 增大而跳跃式变化（表 4.6.1）。

更多例子的大量数据揭示，I 型鸟爪形组合随"脚趾"上检波器数 n 的增加其通放带宽度随之变窄，其规律性明显，不论方位角多大。压制带内 $|\varphi_{Cf}|$ 平均值随 n 的变化复杂。$\alpha=90°$ 时压制带内 $|\varphi_{Cf}|$ 的平均值随 n 增大呈跳跃式变化，时而减小时而增大。在其他方向上压制带内 $|\varphi_{Cf}|$ 的平均值随 n 增大而减小。这些特点意味着 n 增大能将更高视速度的波置于压制带内，对落入压制带内干扰波的衰减力度随 n 增大而增强，但 $\alpha=90°$ 时例外（表 4.6.1）。

4.6.6 波的传播方向不同时 I 型鸟爪形组合响应的变化

图 4.6.5 是在 $0 \leqslant \Delta t_a / T \leqslant 2$ 区间内，方位角 $\alpha=0°, 30°, 45°, 60°, 75°, 90°$ 时，$n=5$，$\beta=45°$ 的 I 型鸟爪形组合对应的 6 条响应曲线图。由图可见，6 条曲线的通放带边界差别较小，但比 β 对通放带的影响略大一点。具体计算数据显示，α 从 $0°$ 逐渐增大到 $90°$ 时，曲线通放带宽度随 α 增大而变窄，表示 $0° \leqslant \alpha \leqslant 90°$，$\alpha$ 较大的高速干扰波较容易落入压制带。由图还可看到，在 $0 \leqslant \Delta t_a / T \leqslant 2$ 区间内，只有 $\alpha=90°$ 的曲线出现旁通带，其峰值横坐标 $\Delta t_a / T = \sqrt{2}$，此处还有另外 2 条曲线的次瓣幅度也很高，但都没有达到旁通带的高度阈值。方位角 α 对压制带内 $|\varphi_{Cf}|$ 平均值有明显影响，但却无明显规律。更多计算数据指出，I 型鸟爪形组合对沿 $\alpha=45°$ 方向和沿垂直测线方向传播的干扰波衰减能力最低。并可证明互为补角的两个方位角其鸟爪形组合响应相同（表 4.6.1），无论 I 型还是 II 型，证明从略。

4.6.7 I 型鸟爪形组合与矩形面积组合响应的对比

表 4.6.1 给出了 16 组 I 型鸟爪形组合响应与矩形面积组合响应对比结果，表中所有 I 型鸟爪形组合都比矩形面积组合多用一个检波器。由表可见，约有 69% I 型鸟爪形组合通

表 4.6.1　I 型鸟爪形组合响应与矩形面积组合响应对比

序号	组合方式及参数	$\|\varphi\|$								
		$\alpha=0°$	$\alpha=22.5°$	$\alpha=45°$	$\alpha=67.5°$	$\alpha=90°$	$\alpha=112.5°$	$\alpha=135°$	$\alpha=157.5°$	$\alpha=180°$
1	I 型鸟爪形，$n=3$，$\beta=45°$，检波点总数=10	0.155 1	0.143 8	0.125 7	0.114 2	0.110 5	0.114 2	0.125 7	0.143 8	0.155 1
	矩形，$m=3$，$n=3$，$R=1$，检波点总数=9	0.155 3	0.157 0	0.158 8	0.157 0	0.155 3	0.157 0	0.158 8	0.157 0	0.155 3
2	I 型鸟爪形，$n=4$，$\beta=45°$，检波点总数=13	0.120 2	0.111 7	0.098 0	0.089 2	0.086 2	0.089 2	0.098 0	0.111 7	0.120 2
	矩形，$m=3$，$n=4$，$R=1$，检波点总数=12	0.113 8	0.118 7	0.132 4	0.148 6	0.155 3	0.148 6	0.132 4	0.118 7	0.113 8
3	I 型鸟爪形，$n=5$，$\beta=45°$，检波点总数=16	0.098 1	0.091 4	0.080 3	0.073 2	0.070 8	0.073 2	0.080 3	0.091 4	0.098 1
	矩形，$m=3$，$n=5$，$R=1$，检波点总数=15	0.090 2	0.095 3	0.112 0	0.139 4	0.155 3	0.139 4	0.112 0	0.095 3	0.090 2
4	I 型鸟爪形，$n=6$，$\beta=45°$，检波点总数=19	0.082 7	0.077 1	0.067 9	0.061 9	0.059 9	0.061 9	0.067 9	0.077 1	0.082 7
	矩形，$m=3$，$n=6$，$R=1$，检波点总数=18	0.074 7	0.079 5	0.096 4	0.130 0	0.155 3	0.130 0	0.096 4	0.079 5	0.074 7
5	I 型鸟爪形，$n=7$，$\beta=45°$，检波点总数=22	0.071 6	0.066 8	0.059 0	0.053 8	0.052 0	0.053 8	0.059 0	0.066 8	0.071 6
	矩形，$m=3$，$n=7$，$R=1$，检波点总数=21	0.064 0	0.068 3	0.084 5	0.120 9	0.155 3	0.120 9	0.084 5	0.068 3	0.064 0
6	I 型鸟爪形，$n=8$，$\beta=45°$，检波点总数=25	0.063 1	0.058 9	0.052 1	0.047 6	0.046 1	0.047 6	0.052 0	0.058 9	0.063 1
	矩形，$m=3$，$n=8$，$R=1$，检波点总数=24	0.055 7	0.059 8	0.074 8	0.112 3	0.155 3	0.112 3	0.074 8	0.059 8	0.055 7
7	I 型鸟爪形，$n=9$，$\beta=45°$，检波点总数=28	0.056 3	0.052 8	0.046 6	0.042 5	0.041 2	0.042 5	0.046 6	0.052 8	0.056 3
	矩形，$m=3$，$n=9$，$R=1$，检波点总数=27	0.049 5	0.053 2	0.067 1	0.104 4	0.155 3	0.104 4	0.067 1	0.053 2	0.049 5
8	I 型鸟爪形，$n=10$，$\beta=45°$，检波点总数=31	0.050 9	0.047 8	0.042 1	0.038 6	0.037 2	0.038 6	0.042 1	0.047 8	0.050 9
	矩形，$m=3$，$n=10$，$R=1$，检波点总数=30	0.044 7	0.048 1	0.061 0	0.097 4	0.155 4	0.097 4	0.061 0	0.048 1	0.044 7
9	I 型鸟爪形，$n=11$，$\beta=45°$，检波点总数=34	0.046 5	0.043 5	0.038 5	0.034 9	0.034 1	0.034 9	0.038 5	0.043 5	0.046 5
	矩形，$m=3$，$n=11$，$R=1$，检波点总数=33	0.040 5	0.043 6	0.055 6	0.090 9	0.155 3	0.090 9	0.055 6	0.043 6	0.040 5
10	I 型鸟爪形，$n=12$，$\beta=45°$，检波点总数=37	0.042 7	0.040 0	0.035 5	0.032 4	0.031 3	0.032 4	0.035 5	0.040 0	0.042 7
	矩形，$m=3$，$n=12$，$R=1$，检波点总数=36	0.037 0	0.039 9	0.051 1	0.085 1	0.155 3	0.085 1	0.051 1	0.039 9	0.037 0

通放带宽度

序号		组合方式及参数	$\|\varphi\|$								
			$\alpha=0°$	$\alpha=22.5°$	$\alpha=45°$	$\alpha=67.5°$	$\alpha=90°$	$\alpha=112.5°$	$\alpha=135°$	$\alpha=157.5°$	$\alpha=180°$
通放带宽度	11	I型鸟爪形，$n=13$，$\beta=45°$，检波点总数$=40$	0.039 5	0.037 0	0.032 9	0.030 0	0.029 1	0.030 0	0.032 9	0.037 0	0.039 5
		矩形，$m=3$，$n=13$，$R=1$，检波点总数$=40$	0.034 2	0.036 9	0.047 4	0.080 0	0.155 3	0.080 0	0.047 4	0.036 9	0.034 2
	12	I型鸟爪形，$n=14$，$\beta=45°$，检波点总数$=43$	0.036 8	0.034 5	0.030 5	0.028 0	0.027 1	0.028 0	0.030 5	0.034 5	0.036 8
		矩形，$m=3$，$n=14$，$R=1$，检波点总数$=42$	0.031 8	0.034 3	0.044 1	0.075 3	0.155 3	0.075 3	0.044 1	0.034 3	0.031 8
	13	I型鸟爪形，$n=15$，$\beta=45°$，检波点总数$=46$	0.034 4	0.032 2	0.028 5	0.026 2	0.025 4	0.026 2	0.028 5	0.032 2	0.034 4
		矩形，$m=3$，$n=15$，$R=1$，检波点总数$=45$	0.029 6	0.032 1	0.041 3	0.071 1	0.155 3	0.071 1	0.041 3	0.032 1	0.029 6
	14	I型鸟爪形，$n=17$，$\beta=45°$，检波点总数$=52$	0.030 5	0.028 6	0.025 3	0.023 2	0.022 5	0.023 2	0.025 3	0.028 6	0.030 5
		矩形，$m=3$，$n=17$，$R=1$，检波点总数$=51$	0.026 1	0.028 2	0.036 5	0.063 8	0.153 3	0.063 8	0.036 5	0.028 2	0.026 1
	15	I型鸟爪形，$n=18$，$\beta=45°$，检波点总数$=55$	0.028 8	0.027 0	0.024 0	0.021 9	0.021 3	0.021 9	0.024 0	0.027 0	0.028 8
		矩形，$m=3$，$n=18$，$R=1$，检波点总数$=54$	0.024 8	0.026 7	0.034 6	0.060 8	0.155 3	0.060 8	0.034 6	0.026 7	0.024 8
	16	I型鸟爪形，$n=20$，$\beta=45°$，检波点总数$=61$	0.026 0	0.024 4	0.021 6	0.019 8	0.019 2	0.019 8	0.021 6	0.024 4	0.026 0
		矩形，$m=3$，$n=20$，$R=1$，检波点总数$=60$	0.022 3	0.024 2	0.031 2	0.055 3	0.155 3	0.055 3	0.031 2	0.024 2	0.022 3
压制带内$\|\varphi\|$的平均值	1	I型鸟爪形，$n=3$，$\beta=45°$，检波点总数$=10$	0.216 3	0.264 0	0.366 7	0.181 0	0.314 2	0.181 0	0.366 7	0.264 0	0.216 3
		矩形，$m=3$，$n=3$，$R=1$，检波点总数$=9$	0.289 3	0.143 3	0.127 5	0.143 3	0.289 3	0.143 3	0.127 5	0.143 3	0.289 3
	2	I型鸟爪形，$n=4$，$\beta=45°$，检波点总数$=13$	0.193 4	0.208 0	0.356 3	0.148 6	0.309 9	0.148 6	0.356 3	0.208 0	0.193 4
		矩形，$m=3$，$n=4$，$R=1$，检波点总数$=12$	0.237 4	0.121 3	0.097 1	0.142 7	0.289 3	0.142 7	0.097 1	0.121 3	0.237 4
	3	I型鸟爪形，$n=5$，$\beta=45°$，检波点总数$=16$	0.150 8	0.175 7	0.349 7	0.129 7	0.313 0	0.129 7	0.349 7	0.175 7	0.150 8
		矩形，$m=3$，$n=5$，$R=1$，检波点总数$=15$	0.203 0	0.105 2	0.084 4	0.115 5	0.289 3	0.115 5	0.084 4	0.105 2	0.203 0
	4	I型鸟爪形，$n=6$，$\beta=45°$，检波点总数$=19$	0.136 2	0.150 3	0.348 2	0.112 3	0.320 4	0.112 3	0.348 2	0.150 3	0.136 2
		矩形，$m=3$，$n=6$，$R=1$，检波点总数$=18$	0.178 3	0.092 4	0.077 3	0.102 4	0.289 3	0.102 4	0.077 3	0.092 4	0.178 3
	5	I型鸟爪形，$n=7$，$\beta=45°$，检波点总数$=22$	0.129 7	0.132 9	0.346 6	0.100 8	0.321 2	0.100 8	0.346 6	0.132 9	0.129 7
		矩形，$m=3$，$n=7$，$R=1$，检波点总数$=21$	0.159 7	0.082 7	0.069 5	0.107 8	0.289 3	0.107 8	0.069 5	0.082 7	0.159 7

序号	组合方式及参数	$\lvert\varphi\rvert$								
		$\alpha=0°$	$\alpha=22.5°$	$\alpha=45°$	$\alpha=67.5°$	$\alpha=90°$	$\alpha=112.5°$	$\alpha=135°$	$\alpha=157.5°$	$\alpha=180°$
6	I型鸟爪形，$n=8$，$\beta=45°$，检波点总数=25	0.1141	0.1203	0.3433	0.0890	0.3205	0.0890	0.3433	0.1203	0.1141
	矩形，$m=3$，$n=8$，$R=1$，检波点总数=24	0.1450	0.0752	0.0648	0.0901	0.2893	0.0901	0.0648	0.0752	0.1450
7	I型鸟爪形，$n=9$，$\beta=45°$，检波点总数=28	0.1030	0.1094	0.3424	0.0811	0.3233	0.0811	0.3424	0.1094	0.1030
	矩形，$m=3$，$n=9$，$R=1$，检波点总数=27	0.1332	0.0692	0.0608	0.0810	0.2893	0.0810	0.0608	0.0692	0.1332
8	I型鸟爪形，$n=10$，$\beta=45°$，检波点总数=31	0.0992	0.1012	0.3424	0.0748	0.3250	0.0748	0.3424	0.1012	0.0992
	矩形，$m=3$，$n=10$，$R=1$，检波点总数=30	0.1233	0.0643	0.0566	0.0776	0.2893	0.0776	0.0566	0.0643	0.1233
9	I型鸟爪形，$n=11$，$\beta=45°$，检波点总数=34	0.0925	0.0953	0.3411	0.0700	0.3244	0.0700	0.3411	0.0953	0.0925
	矩形，$m=3$，$n=11$，$R=1$，检波点总数=33	0.1149	0.0601	0.0539	0.0696	0.2893	0.0696	0.0539	0.0601	0.1149
10	I型鸟爪形，$n=12$，$\beta=45°$，检波点总数=37	0.0843	0.0887	0.3400	0.0654	0.3252	0.0654	0.3400	0.0887	0.0843
	矩形，$m=3$，$n=12$，$R=1$，检波点总数=36	0.1078	0.0566	0.0513	0.0676	0.2893	0.0676	0.0513	0.0566	0.1078
11	I型鸟爪形，$n=13$，$\beta=45°$，检波点总数=40	0.0805	0.0853	0.3400	0.0628	0.3266	0.0628	0.3400	0.0853	0.0805
	矩形，$m=3$，$n=13$，$R=1$，检波点总数=39	0.1017	0.0536	0.0486	0.0643	0.2893	0.0643	0.0486	0.0536	0.1017
12	I型鸟爪形，$n=14$，$\beta=45°$，检波点总数=43	0.0775	0.0803	0.3396	0.0588	0.3266	0.0588	0.3396	0.0803	0.0775
	矩形，$m=3$，$n=14$，$R=1$，检波点总数=42	0.0961	0.0510	0.0466	0.0615	0.2893	0.0615	0.0466	0.0510	0.0961
13	I型鸟爪形，$n=15$，$\beta=45°$，检波点总数=46	0.0721	0.0768	0.3387	0.0563	0.3266	0.0563	0.3387	0.0768	0.0721
	矩形，$m=3$，$n=15$，$R=1$，检波点总数=45	0.0914	0.0487	0.0448	0.0604	0.2893	0.0604	0.0448	0.0487	0.0914
14	I型鸟爪形，$n=17$，$\beta=45°$，检波点总数=52	0.0666	0.0695	0.3384	0.0508	0.3280	0.0508	0.3384	0.0695	0.0666
	矩形，$m=3$，$n=17$，$R=1$，检波点总数=51	0.0833	0.0444	0.0413	0.0548	0.2893	0.0548	0.0413	0.0444	0.0833
15	I型鸟爪形，$n=18$，$\beta=45°$，检波点总数=55	0.0604	0.0636	0.3376	0.0465	0.3283	0.0465	0.3376	0.0636	0.0604
	矩形，$m=3$，$n=18$，$R=1$，检波点总数=54	0.0797	0.0426	0.0400	0.0534	0.2893	0.0534	0.0400	0.0426	0.0797
16	I型鸟爪形，$n=20$，$\beta=45°$，检波点总数=61	0.0588	0.0609	0.3376	0.0448	0.3288	0.0448	0.3376	0.0609	0.0588
	矩形，$m=3$，$n=20$，$R=1$，检波点总数=60	0.0736	0.0393	0.0372	0.0502	0.2893	0.0502	0.0372	0.0393	0.0736

压制带内 $\lvert\varphi\rvert$ 的平均值

注：表中通放带宽度及压制带内 $\lvert\varphi\rvert$ 平均值是在 $0<\Delta t_a/T\leqslant1$ 区间计算所得。

放带宽度比矩形面积组合通放带宽度窄，前者宽度甚至仅为后者的 1/8；约有 65%矩形面积组合压制带内$|\varphi_{Re}|$平均值比 I 型鸟爪形组合压制带内$|\varphi_{Cf}|$平均值小，前者甚至不到后者的 1/9。这说明 I 型鸟爪形组合将较高速度干扰波置于压制带内的能力比矩形面积组合强，而矩形面积组合对落入压制带内干扰波的压制力度比 I 型鸟爪形组合强。考虑在评估一个检波器组合性能时，对落入压制带内干扰波的压制能力的权系数比将干扰波置于压制带内的能力的权系数大得多，又考虑这一结果是在 I 型鸟爪形组合比矩形面积组合多用 1 个检波器情况下得到的。因此可以说，矩形面积组合衰减干扰波提高信噪比的能力比 I 型鸟爪形组合强。值得注意的是，在$\alpha=0°$，180°情况下，即波沿测线方向传播时，I 型鸟爪形组合性能全面优于矩形面积组合。

4.6.8　I 型鸟爪形组合与鱼骨形组合响应的对比

足够多例子的计算数据揭示，除个别数据外，约有 80% I 型鸟爪形组合的通放带宽度都比鱼骨形组合的窄，说明 I 型鸟爪形组合将干扰波置于压制带内的能力比鱼骨形组合强。相反，除个别数据外，约有 80% I 型鸟爪形组合压制带内$|\varphi_{Cf}|$平均值都高于鱼骨形组合压制带内$|\varphi_Y|$平均值，说明鱼骨形组合对落入压制带内干扰波的压制力度比 I 型鸟爪形组合强。在评估一个检波器组合性能时，对落入压制带内干扰波的压制能力的权系数比将干扰波置于压制带内能力的权系数大得多，并且上述对比结果是在 I 型鸟爪形组合比鱼骨形组合多用 1 到多个检波器情况下得到的。因此全面评价这两种组合衰减干扰波提高信噪比的性能，显然鱼骨形组合优于 I 型鸟爪形组合。

4.6.9　II 型鸟爪形组合

II 型鸟爪形组合与 I 型鸟爪形组合的区别仅在于检波器布置略有不同。II 型在"鸟脚跟"O点（图 4.6.1）放置 3 个检波器，而 I 型在O点仅有 1 个检波器，因此 II 型鸟爪形组合的第 1、第 2 组合和沿测线的第 3 组合具有相同检波器数$n+1$。其余同 I 型情况完全一样。用类似于 I 型鸟爪形组合响应分析方法可得到 II 型鸟爪形组合响应函数$|\varphi_{Cf}|$为

$$|\varphi_{Cf}|=\frac{1}{3n+3}\left|[(\Psi_1^*+\Psi_2^*+\Psi_3^*)^2+(\Psi_4^*+\Psi_5^*)^2]^{\frac{1}{2}}\right| \qquad (4.6.35)$$

式中：

$$\Psi_1^*=\frac{\sin\left\{[(n+1)\pi\cos(\alpha-\beta)]\dfrac{\Delta t_a}{T}\right\}\cos\left\{n\pi[\cos(\alpha-\beta)-\cos\alpha]\dfrac{\Delta t_a}{T}\right\}}{\sin\left\{[\pi\cos(\alpha-\beta)]\dfrac{\Delta t_a}{T}\right\}}$$

$$\Psi_2^*=\frac{\sin\left\{[(n+1)\pi\cos(\alpha+\beta)]\dfrac{\Delta t_a}{T}\right\}\cos\left\{n\pi[\cos(\alpha+\beta)-\cos\alpha]\dfrac{\Delta t_a}{T}\right\}}{\sin\left\{[\pi\cos(\alpha+\beta)]\dfrac{\Delta t_a}{T}\right\}}$$

$$\Psi_3^* = \frac{\sin\left\{[(n+1)\pi\cos\alpha]\dfrac{\Delta t_a}{T}\right\}}{\sin\left[(\pi\cos\alpha)\dfrac{\Delta t_a}{T}\right]}$$

$$\Psi_4^* = \frac{\sin\left\{[(n+1)\pi\cos(\alpha-\beta)]\dfrac{\Delta t_a}{T}\right\}\sin\left\{n\pi[\cos(\alpha-\beta)-\cos\alpha]\dfrac{\Delta t_a}{T}\right\}}{\sin\left\{[\pi\cos(\alpha-\beta)]\dfrac{\Delta t_a}{T}\right\}}$$

$$\Psi_5^* = \frac{\sin\left\{[(n+1)\pi\cos(\alpha+\beta)]\dfrac{\Delta t_a}{T}\right\}\sin\left\{n\pi[\cos(\alpha+\beta)-\cos\alpha]\dfrac{\Delta t_a}{T}\right\}}{\sin\left\{[\pi\cos(\alpha+\beta)]\dfrac{\Delta t_a}{T}\right\}} \tag{4.6.36}$$

根据上式便可以 n、α、β 为参数，以 $\Delta t_a/T$ 为自变量绘制 II 型鸟爪形组合响应图 $|\varphi_{\mathrm{Cf}}|\text{-}\Delta t_a/T$，并进一步分析 II 型鸟爪形组合响应的特点。

4.6.10　II 型鸟爪形组合与 I 型鸟爪形组合的对比

图 4.6.6 是 I 型与 II 型鸟爪形组合响应对比图。两种组合的参数都是 $n=5$，$\alpha=45°$，$\beta=45°$，只是 II 型鸟爪形组合在"鸟脚跟" O 点比 I 型多 2 个检波器。如图 4.6.6 所示，二者通放带几乎重合，具体计算数据显示，II 型鸟爪形组合曲线通放带比 I 型鸟爪形组合的稍微宽一点，意味着在防止高视速度干扰波进入通放带能力上，I 型鸟爪形组合比 II 型略强；在 $0 \leqslant \dfrac{\Delta t_a}{T} \leqslant 2$ 方向内，II 型鸟爪形组合曲线整个位于 I 型鸟爪形组合曲线之上。I 型鸟爪形组合的曲线峰值始终没有达到旁通带阈值 0.707 1，而 II 型鸟爪形组合在 $\sqrt{2} \leqslant \dfrac{\Delta t_a}{T} \leqslant 2$ 方向的两个峰值都超过旁通带阈值。具体计算数据指出，II 型鸟爪形组合压制带内 $|\varphi_{\mathrm{Cf}}|$ 的平均值为 0.432 6，I 型鸟爪形组合 $|\varphi_{\mathrm{Cf}}|$ 的平均值为 0.381 7，说明对落入压制带内的干扰波，I 型鸟爪形组合比 II 型鸟爪形组合具有更强的压制力度。而且这都是在 I 型鸟爪形组合比 II 型少用 2 个检波器情况下获得的，因此可以说在此参数下 I 型鸟爪形组合整体性能全面优于 II 型鸟爪形组合。

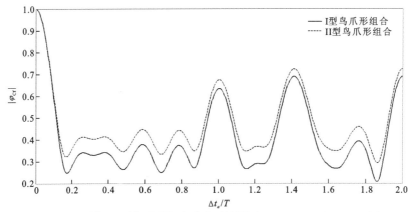

图 4.6.6　I 型与 II 型鸟爪形组合响应对比图（$n=5$，$\alpha=45°$，$\beta=45°$）

进一步研究揭示，在其他参数情况下，Ⅰ型鸟爪形组合衰减干扰波性能同样好于或略好于Ⅱ型鸟爪形组合。进一步研究结果还表明，当每个鸟脚趾上的检波器数 n 增多时（如 $n=7$，$n=10$ 等），仍然明确清晰地显示出Ⅰ型鸟爪形组合比Ⅱ型鸟爪形组合具有更强的衰减干扰波能力，只是两种组合响应曲线差别变小。只有在两种组合参数都是 $\alpha=\beta=0°$，Ⅱ型鸟爪形组合与Ⅰ型鸟爪形组合衰减干扰波的总体性能相当，几乎没有差别。但当 $\beta=0°$ 时，鸟爪形组合已退化成复合线性组合，不称其为鸟爪形组合了。Ⅱ型鸟爪形组合比Ⅰ型鸟爪形组合多用了 2 个检波器，结果反而效果更差，真是"画蛇添足"了。

前文已证明，全方位看，矩形面积组合衰减干扰波比Ⅰ型鸟爪形组合更具优势，而Ⅰ型鸟爪形组合又优于Ⅱ型鸟爪形组合，因此矩形面积组合衰减干扰波能力优于Ⅱ型鸟爪形组合。平行四边形面积组合衰减干扰波能力略优于矩形面积组合，因此平行四边形面积组合衰减干扰波能力更优于Ⅰ型和Ⅱ型鸟爪形组合。

4.6.11　小结

（1）Ⅰ型和Ⅱ型鸟爪形组合响应曲线都是周期性曲线，周期随组合参数变化急剧变化。

（2）Ⅰ型鸟爪形组合 n 增大时通放带宽度变窄，将较高速度干扰波置于压制带内的能力提高。

（3）Ⅰ型鸟爪形组合压制带内 $|\varphi_{Cf}|$ 的平均值随 n 增大而减小，衰减干扰波提高信噪比能力提高，但 $\alpha=90°$ 时除外。

（4）β 对曲线特点影响明显但无明确规律。

（5）$\alpha \leqslant 90°$ 时 α 增大通放带宽度随之变窄；α 对压制带内 $|\varphi_{Cf}|$ 的平均值影响明显但无明确规律。

（6）Ⅱ型鸟爪形组合响应特点与Ⅰ型鸟爪形组合相同。Ⅰ型鸟爪形组合衰减干扰波提高信噪比的能力全面比Ⅱ型鸟爪形组合强。

（7）鸟爪形组合衰减干扰波提高信噪比的能力不如矩形面积组合，更不如平行四边形面积组合。

（8）鸟爪形组合衰减干扰波提高信噪比的能力不如鱼骨形组合。

（9）一般情况下鸟爪形组合（包括Ⅰ型和Ⅱ型）等效检波器的位置具有不确定性，具体位置随组合参数和波的传播方向及视速度变化。但鸟爪形组合响应特点与等效检波器位置无关。

第5章 震源组合

尽管地震勘探组合法首先是从炸药震源组合激发开始的（Owen，1975），但因地震勘探对作为人工震源的炸药爆炸要求特殊，炸药爆炸机理复杂，人们至今对炸药组合爆炸的控制研究仍然不够。海上地震勘探的震源有其特殊性，许多相关问题仍在研究中。

5.1 地震勘探的震源

地震勘探的震源可分为两大类，一类是炸药震源，另一类是非炸药震源。从 1921 年世界第一个地震队成立（Keppner，1991；Owen，1975）至今，地震勘探方法已经使用了百余年。前 80 年炸药震源一直是陆上地震勘探的主要震源。历史最悠久的非炸药震源应数落重法震源（重锤），1881 年英国人 Milne 就在日本进行过落重法试验（郑建中，1982；Owen，1975）。21 世纪以来，出于对安全和环境保护及成本的考虑，陆上非炸药震源得到了快速发展，2009 年上半年全球陆上地震勘探工作量的 80%是使用可控震源完成的。虽然炸药震源在地震勘探中已失去主要地位，基于两类震源各自优缺点，以及陆上工区的多样性和复杂性，非炸药震源并不能完全取代炸药震源。关于炸药震源和陆上非炸药震源的基本性质及特点，常见的地震勘探教科书和相关专著中已有叙述，这里不再赘言。

用炸药爆炸激发起的地震波，其强度与炸药量不是正比关系。当药量增加到一定程度时，地震波的强度增加有限。但在地震地质条件恶劣地区，单点炸药激发得不到足够强的有效波，而靠增大炸药量又解决不了问题，此时需将炸药分成若干小包安置在不同激发点上同时引爆，即进行组合爆炸。这是从提高有效波强度方面考虑，须进行组合爆炸。而在干扰波特别发育的地区，即使用大量检波器进行组合检波，也不能得到令人满意的地震记录，因此需要同时使用检波器组合和震源组合。震源组合相对压制干扰波，提高信噪比，以配合组合检波获得合格资料，这是从压制干扰方面考虑需要进行震源组合。或因各种原因炸药震源不得不进行组合激发。

当今世界各国环境保护法律法规越来越严苛，使用炸药震源时，组合激发应更加慎重，因为组合爆炸不仅对环境破坏严重，而且成本高昂，在我国东部地区已极少使用炸药震源。但西部沙漠戈壁等地、西南地区的偏远山区、中部交通不便山区，以及世界其他交通困难地区如南美洲的热带雨林、人烟稀少的偏远山区仍然在使用炸药震源，只有在不得已时才采用组合爆炸，以获得合格的野外地震记录。例如中国石油化工集团地球物理有限公司江汉分公司在 2019 年 7～8 月，在宜昌附近山区一条 2D 测线施工时遇到地表砾岩出露，为了获得合格地震记录不得已使用炸药震源，并作双井组合激发，获得良好效果。有试验已经证明炸药震源能够获得比可控震源更好的成果，在交通条件允许情况下，考虑环境保护、安全及生产成本等因素，最终选择用可控震源进行生产，例如在西藏羌塘盆地（李忠雄 等，2017），又如在新疆塔里木盆地塔中地区（倪宇东 等，2011）。

5.2 炸药震源的组合激发

5.2.1 地震勘探震源组合的起源

地震勘探震源组合起源于炸药的组合爆炸。1920 年 4 月 Haseman 和 Karcher、Eckhadt 及 McCollum 等组建了地质工程公司（Geological Engineering Company），1922 年该公司财政上的靠山 Marland 石油公司停止了财政支持，Burton McCollum 接手地质工程公司，并接过了地质工程公司的专利和其他财产以及债务。随后 McCollum 经过与大西洋炼油公司（Atlantic Refining Com.）谈判，双方各占 50%股份。接着，McCollum 在墨西哥的 Tanpico 东南地区进行地震折射法勘探，1924 年 2 月开始野外工作。后来 Atlantic 的首席地质师 Brantlyz（1965）详细描述了这一艰辛的历程，他写道："包括地震仪在内的仪器全都是离散部件地震波用黄色炸药爆炸产生。炸药放在 6～15 英尺①深，直径 6 英寸②的人工的钻孔内并捣紧。炸药量从几磅③到 1 t。当使用大炸药量时需要分在几个钻孔内同时激发"（Owen，1975），显然这就是"组合爆炸"，虽然当时没有"组合爆炸"或"震源组合"这样的概念，更没有这样的术语。

5.2.2 炸药震源组合分析

首先指出，讨论地震勘探震源组合时有两个假设条件，一个是整个组合产生的地震波可视为一个点震源产生的；另一个是震源组合里各个震源激发的地震信号是完全一样的，唯一差别是到达同一个检波器的相位不同。例如井中炸药组合爆炸，每个炮井炸药爆炸产生的地震信号是相同的，同一个检波器接收到各个炮井产生的地震波只有波至时间差别，在时域的波形是一样的。

对于面波之类的规则干扰波，根据几何地震学的互换原理，对某个接收点讲，n 个炸药震源组合，同时激发，其组合响应与组合图形相同的 n 个检波器组合接收二者的响应函数是一样的。图 5.2.1 是震源线性组合与检波器线性组合对应关系示意图，震源线性组合响应可根据检波器线性组合响应式（1.1.14）写出，炸药震源组合响应 $|\varphi_s|$ 为

$$|\varphi_s| = \frac{1}{m} \left| \frac{\sin \dfrac{\omega m \Delta t}{2}}{\sin \dfrac{\omega \Delta t}{2}} \right| \tag{5.2.1}$$

式中：m 为炸药震源组合中的震源数（例如 9 口井炸药线性组合爆炸，$m=9$）；Δt 为相邻震源产生的地震波到达同一检波点波至时差。同理，各种震源面积组合响应与检波器面积组合响应关系相对应。

---

① 1 英尺≈30.48 cm
② 1 英寸≈2.54 cm
③ 1 磅≈0.45 kg

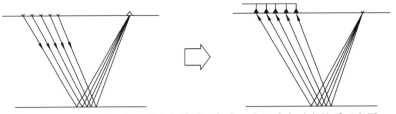

图 5.2.1　震源组合（左）响应与检波器组合（右）响应对应关系示意图

和检波器组合一样，组合激发响应，对于干扰波和有效波是同样起作用的。因此，应适当选择组合参数，不要使有效波落入压制带。必须特别强调的是，震源组合的两个假设条件的第 1 个比较容易做到，第 2 个假设条件不是各种震源组合都能做到的，例如气枪组合。

对于地震随机干扰，深入分析震源组合特点后可知，震源组合衰减随机干扰的性能与检波器组合并不完全一致。检波器组合法压制随机噪声的最基本条件是，同时接收到的随机噪声是互不相关的，并且检波器数 n 足够大。在检波器组合中，当检波点数 n 足够大并且组内距大于相关半径时，组内各检波器接收到的随机干扰（包括自然存在的微震和人类活动引起的文化噪声，即震源激发前就已存在的随机噪声，以及震源激发本身引起的次生随机噪声）就是互不相关的。同时 n 足够大才能满足统计响应的条件。

对于震源组合讲，震源激发前就已存在的随机噪声（包括自然存在的微震和人类活动引起的文化噪声）与震源激发无关，震源组合对到达检波器的这类随机干扰是否能"互不相关"无能为力，因此震源组合对这类激发前就已存在的随机干扰无压制作用。震源组合只对震源本身引起的次生随机噪声具有衰减能力。

对于地震随机干扰，早期的文献认为"n 检波器组合使无规则噪声的衰减与 $\sqrt{n}$ 成正比（这一结论与检波器组合图形无关）。每道用 n 个检波器组合，同时用 m 个爆炸点组合爆炸，信噪比的改善与 $\sqrt{mn}$ 成正比"（Dobrin，1960）。后一句话隐含"m 个爆炸点组合爆炸使无规则噪声的衰减与 $\sqrt{m}$ 成正比"观点。

上段文字可以看到有关震源组合衰减随机干扰的观点是由检波器组合导出的，因此必须先回顾一下关于检波器组合的统计响应。本书 1.3 节已做了详细分析，结论如下。

（1）如随机干扰是相互独立、检波点数 n 足够大，则组合后信噪比 K_Σ 与组合前的信噪比 K 之比为

$$\frac{K_\Sigma}{K} = \sqrt{n} \tag{5.2.2}$$

式（5.2.2）表明若随机干扰是相互独立的，检波器数 n 足够大，则组合后的信噪比是组合前信噪比的 $\sqrt{n}$ 倍，或者说 n 个检波器组合使信噪比提高为原来的 $\sqrt{n}$ 倍。当然，此时说"检波器组合使无规则噪声的衰减与 $\sqrt{n}$ 成正比"也是正确的。

（2）在随机干扰非相互独立，而 n 足够大的情况下，组合后信噪比 K_Σ 与组合前的信噪比 K 之比为

$$\frac{K_\Sigma}{K} = \frac{\sqrt{n}}{\sqrt{1+\beta}} \tag{5.2.3}$$

其中

$$\beta = \frac{1}{n}\sum_{i=1}^{n}\sum_{\substack{j=1 \\ i \ne j}}^{n} R_{ij} \tag{5.2.4}$$

式中：R_{ij} 为任意两个随机变量 ζ_i 和 ζ_j 的相关系数。

可见，此时 n 个检波器组合（n 足够大）后信噪比 K_Σ 与组合前的信噪比 K 之比小于 $\sqrt{n}$。检波器数 n 不变时，K_Σ/K 是相关系数 R_{ij} 的函数，R_{ij} 越小 K_Σ/K 越大。R_{ij} 为 0，$\beta=0°$，则 $K_\Sigma/K=\sqrt{n}$，因为此时回到了第（1）种情况。不难看出，式（5.2.2）可以看成式（5.2.3）的特例，即 R_{ij} 为 0 时的特例。也就是说式（5.2.3）可以看成是通式。这里为了使问题更明确一些，我们分两种情况作了叙述。

在第（2）种情况下，说"无规则噪声的衰减与 $\sqrt{n}$ 成正比"仍然是正确的。当然说得更严谨些、更准确些更好。

单独使用震源组合对震源激发引起的次生随机干扰具有衰减能力，根据统计分析，同样分两种情况。

（1）如震源激发引起的次生随机干扰是相互独立的、震源数 m 足够大，则组合后信噪比 K_Σ 与组合前的信噪比 K 之比为

$$\frac{K_\Sigma}{K}=\sqrt{m} \tag{5.2.5}$$

式（5.2.5）说明若震源激发引起的随机干扰是相互独立的，震源单元数 m 足够大，则组合后的信噪比是组合前信噪比的 $\sqrt{m}$ 倍，或者说 m 个震源组合激发使信噪比提高为原来的 $\sqrt{m}$ 倍。当然，此时说"震源组合使无规则噪声的衰减与 $\sqrt{m}$ 成正比"也是正确的。

（2）在震源激发引起的次生随机干扰非独立而震源数 m 足够大情况下，组合后信噪比 K_Σ 与组合前的信噪比 K 之比为

$$\frac{K_\Sigma}{K}=\frac{\sqrt{m}}{\sqrt{1+\beta}} \tag{5.2.6}$$

其中

$$\beta=\frac{1}{m}\sum_{i=1}^{m}\sum_{\substack{j=1\\i\neq j}}^{m}R_{ij} \tag{5.2.7}$$

式中：R_{ij} 为任意两个随机变量 ζ_i 和 ζ_j 的相关系数。

由式（5.2.6）可见，此时 m 个震源组合（m 足够大）后信噪比 K_Σ 与组合前的信噪比 K 之比小于 $\sqrt{m}$。震源数 m 不变时，K_Σ/K 是相关系数 R_{ij} 的函数。R_{ij} 越小 K_Σ/K 越大，R_{ij} 为 0，则 $K_\Sigma/K=\sqrt{m}$，此时回到了第（1）种情况。在第（2）种情况下，说"无规则噪声的衰减与 $\sqrt{m}$ 成正比"仍然是正确的。当然说得更准确、更严谨些更好。

最后要强调的是，上述震源组合衰减随机干扰的结论与震源组合图形无关，只要震源数 m 相同，m 足够大，不管是线性组合还是矩形面积组合，或者是鸟爪形组合等，其衰减随机噪声的效果都是一样的。

5.2.3 炸药震源组合爆炸时相邻震源间距离的选择

组合爆炸时，震源点间距离的选择，原则上与组合检波相同。但在井中、坑中等使用炸药震源时，应当注意以下问题。

由于炸药爆炸时将产生一个永久变形的非弹性区（空穴加永久变形带，图 5.2.2），组合爆炸的经验表明，相邻炮点距离 Δx 应大于震源非弹性区的半径之和（图 5.2.3）。因为当

Δx 小于二震源非弹性区半径和时，二震源非弹性区将部分重叠，二震源互相作用，将消耗更多能量。非弹性区半径 r 可由下面经验公式确定。

$$r = 1.5Q^{\frac{1}{3}} \tag{5.2.8}$$

式中：Q 为药量。

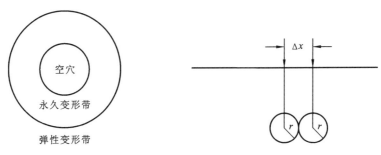

图 5.2.2　理想点状炸药震源引爆后产生的圆球状　　　图 5.2.3　组合爆炸时相邻二井的值
空穴永久塑性变形带和弹性变形带示意图　　　　　　　　小距离要求示意图

　　当然，相邻震源距离不能太远，否则就起不到震源组合作用。此外，某些非炸药震源作组合激发时，有自身特殊考虑，这将依震源性质而定。

5.2.4　炸药组合激发和组合检波联合使用

　　在一些低信噪比地区，例如沙漠地区，单用组合检波或单用震源组合都不能获得到令人满意信噪比的记录，采用联合使用检波器组合和震源组合方法可取得更好结果（黄洪泽，1984；Dobrin，1960）。当震源组合激发和检波器组合联合使用时，称为联合组合。

　　联合组合对规则干扰波，对面波之类规则干扰波，联合组合响应 $|\varphi_{U}|$ 为检波器组合响应 $|\varphi_{Q}|$ 与震源组合响应 $|\varphi_{O}|$ 的乘积即

$$|\varphi_{U}| = |\varphi_{O}||\varphi_{Q}| \tag{5.2.9}$$

　　这个结论不难理解，因 n 个检波器的组合检波作用，使检波器组合输出信号的振幅谱增大为单个检波器输出信号振幅谱的 P_{Q} 倍，例如 n 个检波器的简单线性组合，其 P_{Q} 为

$$P_{Q} = \left| \frac{\sin \dfrac{\omega n \Delta t_{Q}}{2}}{\sin \dfrac{\omega \Delta t_{Q}}{2}} \right| \tag{5.2.10}$$

式中：Δt_{Q} 为相邻检波器接收到的地震波波至时差。

　　对各单个检波器接收到的震源组合激发的波将产生组合响应，即 m 个震源单元（对于炸药震源是指 m 个爆炸点，对于可控震源是指 m 台可控震源）的组合激发时单个检波器输出信号的振幅谱增大为单个震源单元激发时振幅谱的 P_{O} 倍，例如 m 个震源的简单线性组合，其 P_{O} 为

$$P_O = \left| \frac{\sin \frac{\omega m \Delta t_O}{2}}{\sin \frac{\omega \Delta t_O}{2}} \right| \qquad (5.2.11)$$

式中：Δt_O 是同一检波器接收到的相邻震源激发的地震波的波至时差。

这样 m 个震源单元组合激发 n 个检波器组合接收，联合组合的总输出信号振幅谱，增大为单个震源单元激发单个检波器接收输出信号振幅谱的 $P_O P_Q$ 倍。将 $P_O P_Q$ 作归一化处理便得到联合组合响应

$$\frac{P_O P_Q}{n_O n_Q} = |\varphi_O \,\| \varphi_Q| = |\varphi_U| \qquad (5.2.12)$$

上式即式（5.2.9）。当然，组合图形不同 P_O 及 P_Q 就不同。

前面已经指出，对于震源组合讲，对震源激发前就已存在的随机噪声无衰减作用。震源组合只对震源本身引起的次生随机噪声具有衰减能力。并给出了单独震源组合对震源激发本身引起的次生随机噪声衰减分析。由此容易得出检波器组合与震源组合联合衰减随机干扰波效果。

（1）如检波器接收到的随机干扰是相互独立、检波点数 n 足够大，同时炸药震源激发引起的次生随机干扰是相互独立、炸药震源数 m 足够大，则联合组合后信噪比 K_Σ 与组合前的信噪比 K 之比为

$$\frac{K_\Sigma}{K} = \sqrt{mn} \qquad (5.2.13)$$

式（5.2.13）表示这种情况下，联合组合后的信噪比是组合前信噪比的 $\sqrt{mn}$ 倍，但需要说明的是，这个结论只适用于震源激发引起的次生随机干扰。当然，此时说"震源组合使无规则噪声的衰减与 $\sqrt{mn}$ 成正比"也是正确的，并只适用于震源激发引起的次生随机干扰。

（2）如检波器接收到的随机干扰非相互独立而检波点数 n 足够大，同时震源激发引起的次生随机干扰非相互独立而震源数 m 足够大，则联合组合后信噪比 K_Σ 与联合组合前的信噪比 K 之比为

$$\frac{K_\Sigma}{K} = \frac{\sqrt{n}}{\sqrt{1+\beta_Q}} \frac{\sqrt{m}}{\sqrt{1+\beta_O}} = \frac{\sqrt{mn}}{\sqrt{(1+\beta_Q)(1+\beta_O)}} \qquad (5.2.14)$$

其中

$$\beta_Q = \frac{1}{n} \sum_{i=1}^{n} \sum_{\substack{j=1 \\ i \neq j}}^{n} R_{ij} \qquad (5.2.15)$$

$$\beta_O = \frac{1}{m} \sum_{i=1}^{m} \sum_{\substack{j=1 \\ i \neq j}}^{m} R_{ij} \qquad (5.2.16)$$

式（5.2.15）中 R_{ij} 为检波器接收到的随机噪声中的任意两个变量 ζ_i 和 ζ_j 的相关系数。式（5.2.16）中 R_{ij} 是炸药震源组合激发出的次生随机噪声中任意两个变量 ζ_i 和 ζ_j 的相关系数。由式（5.2.14）可见，这种情况下采用 n 个检波器组合同时采用 m 个炸药震源组合，联合组合后信噪比 K_Σ 与组合前的信噪比 K 之比小于 $\sqrt{mn}$。检波器数 n 和震源数 m 不变时，K_Σ / K 是两种相关系数 R_{ij} 的函数，两种 R_{ij} 越小 K_Σ / K 越大。两种 R_{ij} 都为零，则 $K_\Sigma / K = \sqrt{mn}$，因

为此时回到了第(1)种情况。在第(2)种情况下，说联合组合时"无规则噪声的衰减与 $\sqrt{mn}$ 成正比"仍然是正确的。

同样，最后要强调的是，上述检波器组合与炸药震源组合衰减随机干扰的结论，与检波器组合图形及震源组合图形无关，只要检波器数 n 和炸药震源数 m 不变，不管两种组合是什么图形，其衰减随机噪声的效果都是一样的。

5.2.5 炸药震源组合与地震分辨率

震源组合像检波器组合一样，其目的都是提高信噪比，但同时会降低地震分辨率，但炸药组合爆炸对分辨率的影响还有自己的特点。

因此在选择组合参数时，从保护地震分辨率角度讲，n 越少越好，Δx 越小越好。尤其是震源组合，能用单炮激发时就不要用组合激发，以利于提高分辨率和信号保真度。但在信噪比、高分辨率和高保真度三者中，首先要考虑的是要有起码的信噪比。特别是一些低信噪比地区，无论是数据采集还是处理，都应将提高信噪比放在首位，在具有一定信噪比的条件下，努力做到高分辨率和高保真（李庆忠，2015；胜利油田地质处，1974）。实际生产和研究证明，适当选择组合参数是可以做到这一点的。中石油东方地球物理公司在吐哈盆地台北凹陷的可控震源试验就证明了这一点（倪宇东 等，2014）。

上面分析指出震源组合会降低分辨率，但须注意，在组合时假设各个震源产生的地震波波形、能量等特征参数完全一样，在一定距离外的观测点上，将 m 个炸药震源产生的地震波组合效果与单个震源得到的结果相比较，这时候组合后的分辨率肯定比单个震源的分辨率低。但是，若将 Q kg 炸药单井爆炸产生的地震波与 m 口井组合爆炸，每井炸药量 Q/m 产生的地震波相对比，结论可能是不一样的。在黄土塬地区就有这种的实例（吕公河 等，2001）。小井距小药量多井组合爆炸后的地震波主频比单井大药量（药量等于组合井总药量）的主频高，频带宽度也比单井的宽，也就是说组合爆炸的分辨率更高。这是因为单井激发时，炸药量增大导致主频降低，可能比组合引起的主频降低还要多。

5.3 陆上可控震源组合

可控震源始于 20 世纪 50 年代美国大陆石油公司（Continental Oil Company）和苏联（倪宇东 等，2014，2011；林宁 等，1986；Waters，1978；Dobrin，1960）。因可控震源具有安全、环保的特点，并且其出力大小、频率范围、扫描时间、相位等参数可根据工区地表及深层地震地质条件决定。因此可控震源在地震勘探领域占有重要地位，2009 年上半年全球陆上地震勘探工作量的 80% 是使用可控震源完成的。当今中国"安全生产，绿色环保"已成为社会共识，已在国内大规模推广使用的可控震源恰恰符合"安全生产，绿色环保"的思想，可控震源将会代替大部分炸药震源（倪宇东，2014，2011）。可控震源数据采集方法有常规采集方法、高效采集技术和高保真采集技术等，每种方法又细分为多种方法。

常规采集方法是指在野外只用一套或一组可控震源激发地震波，通过地面记录系统完成地震波场记录的地震采集方法。这种方法效率虽然较低，但没有可控震源机械干扰、邻炮干扰等噪声，有利于保护互相关单炮记录的信噪比。因此目前常规采集方法仍然作为最重要的一种施工方法被大量使用，一般生产规模小于 500 km²，采用较大面元的项目都使用这种方法（倪宇东 等，2014）。野外施工时采用多台可控震源组合激发，在同一炮点上可做多次扫描。这组可控震源依次在每个炮点上同时激发，向大地发送扫描信号，扫描信号经大地滤波形成带有地质信息的振动信号返回地面。地震采集仪器记录振动信号，并按照炮检距从小到大的顺序把不同道记录的振动信号排列成振动记录，振动记录与扫描信号做互相关运算从而压缩振动信号形成通常看到的可控震源地震相关单炮记录，即共炮点道集。考虑能量均衡与相关子波的一致性，同一项目一般采用相同的扫描信号。可控震源的组合台数、组合方式、出力大小、扫描方式及参数的选择，要综合考虑噪声的压制效果、工区地表条件及地层对有效信号的吸收与衰减特征等因素。当然也可以只用一台可控震源施工（倪宇东 等，2014），但作业方式要做相应变化。

图 5.3.1 是可控震源常规采集方法野外施工示意图，图中采用 2 台可控震源组合激发的形式，震源组在第 i 炮点激发扫描信号 S_i，S_i 通过震源平板向大地传播，经过大地滤波作用形成振动信号 S'_{ij} 返回到地面，并通过第 j 个检波器记录到磁带中，S'_{ij} 与 S_i 做互相关处理，最终得到含有两个波阻抗界面 r_1、r_2 信息的可控震源相关地震道 x_{ij}。震源组完成第 i 炮生产后，转移到第 $i+1$ 炮点位置，重复上面过程直到完成所有炮点生产（倪宇东 等，2014）。

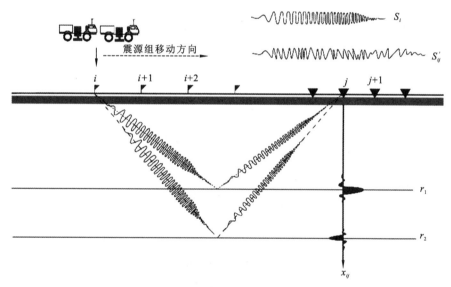

图 5.3.1　可控震源常规采集方法野外施工示意图（倪宇东 等，2014）

5.3.1　单独使用可控震源组合激发

可控震源与炸药震源在组合激发与组合接收参数等的选择原理上是相同的（倪宇东 等，2014）。在数据采集阶段，无论是常规采集方法还是高效采集技术或高保真采集技术，凡是 m 台可控震源同时激发时，在检波器排列上任一个检波器都会先后接收到这 m 个可控震源同时激发产生的地震波，就已经实现了可控震源组合激发。

1. 对面波之类的规则干扰波

对某个接收点而言，n 个可控震源同时组合激发，其组合响应（或者叫"方向特性"）与组合图形相同的 n 个检波器组合响应是一样的。例如，m 个可控震源沿测线等间距排列，同时激发，即作可控震源简单线性组合，其组合响应可根据检波器简单线性组合响应式（1.1.14），直接写出可控震源简单线性组合响应 $|\varphi_V|$：

$$|\varphi_V| = \frac{1}{m} \left| \frac{\sin \dfrac{m\omega\Delta t}{2}}{\sin \dfrac{\omega\Delta t}{2}} \right| \tag{5.3.1}$$

式中：Δt 为相邻可控震源产生的地震波到达同一检波器的波至时差。同理，各种可控震源面积组合响应与同图形检波器面积组合响应相同。

2. 对于随机噪声

虽然可控震源有各种各样作业方法，但无论何种具体方法，对可控震源组合激发而言，震源激发前就已存在的随机噪声（包括"自然存在的微震"和人类活动引起的"文化噪声"）与 m 台可控震源同时激发无关，同时激发的 m 台可控震源对到达检波器的这类随机干扰能否"互不相关"无能为力，因此对这类激发前就已存在的随机干扰无压制作用。同时激发的 m 台可控震源只对可控震源激发引起的次生随机噪声具有衰减能力。m 台可控震源同时激发的统计效应与炸药震源组合统计效应一样，可分为两种情况。

（1）可控震源激发引起的次生随机干扰是相互独立的，可控震源数 m 足够大的情况下，则组合后信噪比 K_Σ 与组合前的信噪比 K 之比为

$$\frac{K_\Sigma}{K} = \sqrt{m} \tag{5.3.2}$$

式（5.3.2）说明若可控震源激发引起的次生随机干扰是相互独立的，可控震源数 m 足够大，则组合后的信噪比是组合前信噪比的 $\sqrt{m}$ 倍，或者说 m 个可控震源组合使信噪比提高为原来的 $\sqrt{m}$ 倍。

（2）可控震源激发引起的次生随机干扰非独立而可控震源数 m 足够大的情况下，组合后信噪比 K_Σ 与组合前的信噪比 K 之比为

$$\frac{K_\Sigma}{K} = \frac{\sqrt{m}}{\sqrt{1+\beta}} \tag{5.3.3}$$

其中

$$\beta = \frac{1}{m} \sum_{i=1}^{m} \sum_{\substack{j=1 \\ i \neq j}}^{m} R_{ij} \tag{5.3.4}$$

式中：R_{ij} 为可控震源激发引起的次生随机噪声中任意两个随机变量 ζ_i 和 ζ_j 的相关系数。

由式（5.3.3）可见，此时 m 个可控震源组合激发后信噪比 K_Σ 与组合前的信噪比 K 之比小于 $\sqrt{m}$。可控震源数 m 不变时，K_Σ / K 为相关系数 R_{ij} 的函数。R_{ij} 越小 K_Σ / K 越大，R_{ij} 为 0，则 $K_\Sigma / K = \sqrt{m}$。

必须强调的是，可控震源组合衰减可控震源激发引起的次生随机干扰的效果与可控震源组合图形无关，只要可控震源数 m 相同，不管是线性组合还是矩形面积组合，或者是鸟

爪形组合等，其衰减随机噪声的效果都是一样的。

可控震源在同一个炮点作 m 次扫描，如在后续处理时做了垂直叠加（或具有与垂直叠加等效的其他处理），对于反射波而言，在理想情况下近似垂直地面到达检波器，也就是说垂直叠加时，到达同一个检波器的同一个反射波近似同相叠加，而到达这个检波器的随机干扰是非同相叠加，因此提高了信噪比。这里的"随机干扰"指的是所有各种随机噪声，包括"自然存在的微震"和"文化噪声"，以及可控震源激发引起的次生随机噪声。提高信噪比的具体效果与这些随机噪声条件而定。如这些随机噪声是相互独立的，扫描次数 m 足够大，则信噪比提高按式（5.3.2）计算；如这些噪声非相互独立的，而扫描次数 m 足够大，信噪比提高按式（5.3.3）计算。如扫描次数 m 不能视为"足够大"，信噪比提高就不能按式（5.3.2）或式（5.3.3）计算，但可以确定的是 m 次扫描仍然会对衰减这些随机噪声做出贡献，只是达不到式（5.3.2）或式（5.3.3）计算的那么高。

5.3.2 可控震源组合与检波器组合联合组合

虽然野外数据采集阶段可控震源组合激发时很少同时采用检波器组合，但室内处理阶段通常需要做检波器组合。室内检波器组合处理在原理上与野外数据采集时的检波器组合是相同的，差别仅在于室内检波器组合的组内距是道距的整数倍。因此讨论可控震源组合激发与检波器组合联合组合仍有必要。

对规则干扰波而言，联合组合时，对面波之类规则干扰波，联合组合响应 $|\varphi_U|$ 等于检波器组合响应 $|\varphi_Q|$ 与可控震源组合响应 $|\varphi_V|$ 的乘积即

$$|\varphi_U| = |\varphi_V||\varphi_Q| \tag{5.3.5}$$

前文已经指出，可控震源组合只对可控震源本身引起的次生随机噪声具有衰减能力，由此容易得出检波器组合和可控震源组合联合衰减随机干扰波效果。

（1）如检波器接收到的随机干扰是相互独立的，组合内的检波点数 n 足够大，同时震源激发引起的次生随机干扰是相互独立的，震源数 m 足够大，则联合组合后信噪比 K_Σ 与组合前的信噪比 K 之比为

$$\frac{K_\Sigma}{K} = \sqrt{mn} \tag{5.3.6}$$

上式表示这种情况下，联合组合后的信噪比是组合前信噪比的 $\sqrt{mn}$ 倍，但需要说明的是，这个结论只适用于震源激发引起的次生随机干扰。

（2）如检波器接收到的随机干扰非相互独立而检波点数 n 足够大，同时可控震源激发引起的次生随机干扰非相互独立而可控震源数 m 足够大，则联合组合后信噪比 K_Σ 与联合组合前的信噪比 K 之比为

$$\frac{K_\Sigma}{K} = \frac{\sqrt{mn}}{\sqrt{(1+\beta_Q)(1+\beta_V)}} \tag{5.3.7}$$

其中

$$\beta_Q = \frac{1}{n}\sum_{i=1}^{n}\sum_{\substack{j=1 \\ i \neq j}}^{n} R_{ij} \tag{5.3.8}$$

$$\beta_{\mathrm{V}} = \frac{1}{m} \sum_{i=1}^{m} \sum_{\substack{j=1 \\ i \neq j}}^{m} R_{ij} \qquad\qquad (5.3.9)$$

式 (5.3.8) 中 R_{ij} 为检波器接收到的随机噪声中的任意两个 ζ_i 和 ζ_j 的相关系数。式 (5.3.9) 中 R_{ij} 是可控震源组合激发出的次生随机噪声中任意两个 ζ_i 和 ζ_j 的相关系数。由式 (5.3.7) 可见，这种情况下采用 n 个检波器组合同时采用 m 个可控震源组合，联合组合后信噪比 K_Σ 与联合组合前的信噪比 K 之比小于 $\sqrt{mn}$。检波器数 n 和可控震源数 m 不变时，K_Σ / K 为两种相关系数 R_{ij} 的函数，两种 R_{ij} 越小 K_Σ / K 越大。两种 R_{ij} 都为 0，则 $K_\Sigma / K = \sqrt{mn}$。

同样，上述检波器组合与可控震源组合衰减随机干扰的结论，与检波器组合图形和可控震源组合图形都无关，只要检波器数 n 和可控震源数 m 不变，不管两种组合是什么图形，其衰减随机噪声的效果都是一样的。

最后要强调三点。①可控震源组合的统计响应是最主要的，且效果显著；对规则噪声的组合响应是次要的，效果弱，而且可控震源处理本身也有更有效的方法衰减面波之类规则噪声。②可控震源组合像检波器组合一样会降低地震分辨率。但有实例证明，可控震源方法本身的后续处理阶段有方法克服地震分辨率降低。中国石油集团东方地球物理勘探有限责任公司 2009 年在吐哈盆地可控震源高保真二维地震采集野外试验中，通过地面力信号与振动信号反褶积运算获得的高保真可控震源采集法的叠加剖面，其信噪比高于常规相关方法叠加剖面，分辨率也高于相关方法叠加剖面（倪宇东 等，2014）。这个实例说明，地面力与振动信号反褶积方法可补偿可控震源组合导致的分辨率降低，甚至超过可控震源组合导致的分辨率降低。③可控震源组合激发比起炸药震源组合爆炸有一个最大优点，就是可控震源激发产生的地震信号具有良好的一致性，炸药震源组合激发产生的地震信号几乎完全做不到这一点。炸药震源无论是井中组合激发，还是土坑炮组合激发，即使每口井（或土坑）炸药量严格相等，也不可能使激发的地震波保持良好的一致性，因为影响炸药震源激发效果的因素众多，除炸药量外，还有激发井深、激发岩性、炸药包形状、长度、炸药包松紧，井间距及邻井影响。

5.4 海上气枪震源及其组合

为了保护海洋环境，海上地震勘探在 1967 年底后已极少使用炸药震源（Dobrin，1960；Lombardi，1955），现在，气枪震源成为海上地震勘探最重要的震源。海上地震勘探震源激发地震波时会产生特有的干扰波，如气泡响应导致的重复冲击；虚反射（也称"鬼波"）即水中震源激发的地震波向上传播到海面产生的反射波，以及高频交混回响等。早期海上地震勘探关注的是反重复冲击和高频交混回响，并不太注意虚反射，甚至认为虚反射"有功"，因为虚反射能加强中深层反射波的能量。在地球物理勘探教科书和相关专著（陆基孟 等，2009，1982；朱广生 等，2005；Sheriff et al.，1995；何樵登，1986；Waters，1978；Dobrin，1960；顾尔维奇，1959，1957）在海上地震干扰波部分或其他章节几乎无一例外地讨论气泡效应和虚反射。随着高分辨率、高精度、高效及深海地震勘探的深入发展，人们更加关注并深入研究虚反射（陈宝书 等，2017；夏季 等，2017；李洪建 等，2016；Dragoset，

2000；Lombardi，1955）。伴随海洋勘探装备的快速发展（阮福明 等，2017；赵伟 等，2012），以及后期数据处理技术的不断进步，包括震源在内的海洋地震勘探和油气田开发新方法研究成果不断出现（Landrø et al.，2017；杨光亮 等，2008；杨怀春 等，2004；陈浩林 等，2003；Dragoset，2000），事实上，气枪组合震源的利用已成功扩展到深部地壳研究（金震 等，2018；张金淼，2018；夏季 等，2017；姚道平 等，2016）。

5.4.1　气枪震源基本术语

气枪震源子波：气枪在水下激发时产生的特征声波（characteristic sound）称为压力子波或气枪震源子波。

声波强度（或称峰值强度）：是以压力单位表示的直达波峰值的测量值。该值是描述压力子波的两个最重要参数之一。

气泡周期：是指相邻两个气泡脉冲间的时间。该值是描述压力子波两个最重要参数中的另一个。

峰谷压力（或称峰峰值）：从直达波波峰到鬼波波峰的测量值（峰谷强度），像峰值强度一样是描述压力子波两个最重要的参数之一。

初泡比：直达波的峰-谷强度除以剩余气泡脉冲的峰-谷强度，常用缩写 PBR（primordial bubble ratio）表示。

近场压力：将水听器放置在距空气枪 1 m 左右的位置，现场在海面虚反射到达之前接收到完整的气枪子波，避免海面虚反射影响，得到比较准确的空气枪激发信号。近场子波测试是对单枪进行的子波信号测量。

远场压力：在距离气枪震源足够远的位置，用现场测试的方法测量到的或用数值模拟计算出的海洋气枪震源输出的压力。所谓"足够远"，指气枪组合里各支气枪发出的声波同时或近于同时到达检波器，时差小于一个采样间隔。对于一般水平的气枪组合和 1 ms 的采样间隔，远场距离约为 300 m。

相干枪：选择两支或两支以上容量相同气枪同时激发，当单枪之间距离较小并接近于气泡半径的 2 倍时，两个气泡相切，产生相互抑制作用，能有效地衰减气泡强度；首脉冲因同相叠加而得到最大加强。相干枪实际上是组合尺寸最小的气枪组合。

气枪子阵列：小规模的气枪组合。

调谐气枪组合（或称协调组合）：当相邻两单枪之间的距离大于一定距离时（相邻单枪间距大于气泡半径的 5～6 倍，或更大），两枪产生的气泡互不影响。各单枪首脉冲相位差近似为零，后续气泡脉冲之间相位差较大，叠加后使首脉冲增强，后续气泡脉冲相对削弱。

5.4.2　单支气枪激发产生的震源子波

气枪在工作时沉放在水面以下 2～10 m 处，接到指令后打开电磁阀门，高压空气骤然从几个排气孔中喷出，产生一个高压气泡，形成压力波在水体中传播。这种压力波称之为气枪压力子波。单支气枪激发时，高压气泡一边上升一边因能量释放和静水压力作用而反复胀缩，形成一连串的气泡，直至冲出水面破裂。单支气枪激发的气枪压力子波包括三个主要部分：①首脉冲，指的是通常所说的直达波，即气枪排气孔刚刚打开时产生的声波；②震源虚反射（震源鬼波），是直达波在水面产生的反射波，其极性与直达波相反，因为水面与空气分界界面的反射系数是负值；③气枪激发时在水中产生的气泡反复胀缩引起的一连串气泡脉冲。每个气泡脉冲都包含该气泡脉冲的声波和紧跟其后的一个由该气泡在水面的反射波鬼波（李绪宣 等，2013，2012，2009；全海燕 等，2011；杨光亮 等，2008；杨怀春 等，2004；陈浩林 等，2003；Dragoset，2000；顾尔维奇，1959，1957）。

单支气枪所激发的波，其频率受气枪沉放深度、气枪启动压力、气室容积等控制。激发时水的深度越大频率越高，枪内启动压力越大频率越低，气室容积越大频率越低。

实际地震勘探中基本不用单支气枪作震源，其原因是：①单支气枪的尺寸一般较小，通常为 $10\sim500\ \text{in}^{3}$[①]，也有达到 $1\ 645\ \text{in}^{3}$ 的（Brandsater et al.，1979），甚至达到 $2\ 000\ \text{in}^{3}$ 的（金震 等，2018；夏季 等，2017；姚道平 等，2016）），激发出的子波很弱；②对油气地震勘探等浅层地震勘探而言，单支气枪激发出的压力子波只有最前面的首脉冲是有效波，其后的鬼波及一连串气泡脉冲都是干扰波。这些干扰波在后续处理阶段很难消除。因此使用气枪做震源时，一般采用尺寸不等的多支气枪组合同时激发或编码激发，组合的气枪数目动则数十支，甚至更多。这不光可以提高震源的子波的强度，而且可以相对削弱干扰波，提高信噪比，甚至提高分辨率。

5.4.3　气枪组合

根据枪距和组合中有无相干枪，气枪组合主要有两种形式，一种是调谐阵列组合，另一种是相干阵列组合。从气枪是否都布置在同一个水平面内，可将气枪组合分为气枪平面组合和气枪立体组合。前者气枪全部布置在同一个水平面内；后者气枪布置在多个水平面内。评价气枪组合指标主要有：气枪震源远场压力子波的峰值、初泡比、压力子波的频谱、气枪组合激发的方向性等。

图 5.4.1 是气枪组合震源的一个例子，图面平行于海平面，组合总面积为 $240\ \text{m}^{2}$。由图可见，这个气枪组合震源是一个相干阵列组合，单支气枪容量 $20\sim100\ \text{in}^{3}$ 不等，总容量 $2\ 660\ \text{in}^{3}$，压力 $2\ 000\ \text{bar/in}^{3}$。用 PGS-Nucleus 软件作数值模拟结果表明该气枪组合性能良好。

远场压力子波的峰值越大说明该气枪阵列激发的能量越强。初泡比越大表示气枪组合激发能量的信噪比就越高。远场子波的频谱，要求其频谱曲线圆滑，频带宽，有足够的高、低频能量（不同勘探目标对高、低频要求不同）。气枪组合激发的方向特性，衡量气枪激发能量传播的方向是否符合设计目的。

图 5.4.2 显示的方向特性左右对称，等值线呈近似椭圆状，长轴与拖缆平行。对于拖缆法，这个方向特性图表示其气枪组合方向特性良好。对于海底电缆法宽方位地震数据采集，要求气枪组合是个点震源，其空间方向特性图是圆球状，对应方向特性俯视图是同心圆状（金震 等，2018）。

---

① $1\ \text{in}^{3}\approx0.000\ 016\ \text{m}^{3}$

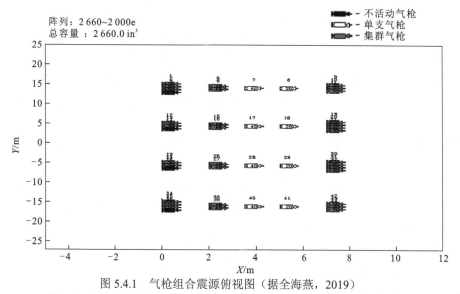

图 5.4.1　气枪组合震源俯视图（据全海燕，2019）

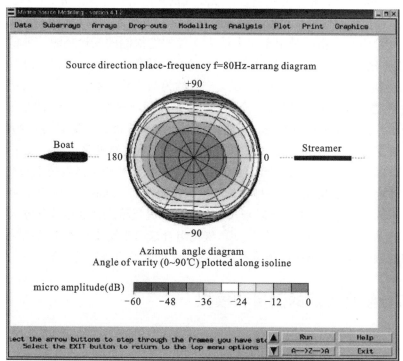

图 5.4.2　气枪组合激发能量方向特性俯视图（据全海燕，2019）

图中左侧黑色箭头状图形为震源船，箭头表示船航行方向，右侧黑色粗线为地震拖缆

调谐阵列组合：采用多支容量不同的气枪组合同时激发，要求相邻单支气枪间距大于气泡半径的 5～6 倍（陈浩林 等，2003），也有说大于气泡平衡半径 10 倍（杨光亮 等，2008），所有气枪都在同一水平面内，也就是说所有气枪沉放深度相同。这样两枪产生的气泡彼此无影响。组合激发时各枪首脉冲因初至相同而明显增强；不同容量气枪的气泡脉冲因震荡周期不同相消干涉被有效削弱，信噪比得以提高。调谐阵列组合效果可用初泡比（PBR）来衡量（Dragoset，2000）。因调谐阵列组合的可靠性，并有利于压力子波特征的描述，在

20 世纪最后 20 年几乎所有海上地震勘探震源都使用调谐阵列组合。

相干阵列组合：由不同容量相干枪和单支气枪构成相干枪子阵列（小群），再由多个相干枪子阵列组合而成。通常所有气枪都布置在同一个水平面内。当今，几乎所有海上地震勘探震源用的都是相干阵列组合，这是因为过去流行的调谐阵列组合要求相邻枪距大，而如果整个组合尺寸太大，这个组合就不能视为点震源，也就破坏了组合的基本假设。调谐阵列组合的枪数有限，初泡比提高有限。

气枪立体组合：指的是三维气枪组合。对气枪立体组合相干阵列组合的研究已经引起人们很大兴趣。有的研究指出，气枪立体组合具有如下优点：①气枪立体组合中的凸形模型、梯形立体组合、平行四边形立体组合等可有效地压制鬼波，较好地抑制鬼波引起的陷波作用；②有的气枪立体组合的模型可以提高高频能量，增加有效带宽，提高分辨率；③可减少工作中的故障，延长气枪使用寿命（李绪宣 等，2013，2009）。调谐阵列组合的所有气枪都分布在同一个水平面内，相对于气枪立体组合可称为气枪平面组合，现在实际生产中采用的相干阵列组合也都是平面组合。

以上调谐阵列组合、相干阵列组合，以及气枪立体组合等大多用于相对较浅地层的研究，例如油气勘探开发研究，单枪容量一般仅数十立方英寸，最大也就百余立方英寸。

大容量气枪组合：指的是用于海上地壳深部构造探测的气枪震源。单枪容量大多为 2 000 in^3，工作压力 2 000 psi（13.8 MPa），总枪数一般仅为数支，总容量约 10 000 in^3。大容量气枪组合多为平面组合，尺寸并不大，一般约为数十平方米（金震 等，2018；夏季 等，2017；姚道平 等，2016）。大容量气枪震源用于地壳深部探测时，利用的是气泡脉冲，其原因是气泡脉冲能量集中在低频段，垂直穿透深，水平传播远（夏季 等，2017），对深部地壳探测来讲是有效波。在油气勘探和油气田开发时，气泡脉冲是一种令人烦恼的干扰波。

气枪组合延迟激发：作为海洋地震的最重要震源，气枪组合激发技术研究也越来越深入。早期对气枪组合的描述是"各种容量气枪同步激发"（Dobrin，1960），随着现代海洋地震勘探技术的快速进步，21 世纪以来人们进一步研究气枪组合延迟激发技术（李绪宣 等，2013；全海燕 等，2011）。研究结果证明，气枪组合延迟激发技术可改善远场子波的频谱，提高子波的低频段能量、高频段能量及虚反射产生的陷波点频段的能量。

5.4.4 气枪组合震源的测量和模拟

就目前文献所见到的气枪平面组合都是矩形面积组合，但不同于检波器矩形面积组合中每个检波器都是完全相同的，气枪矩形面积组合中各支气枪尺寸不同。因此，难以对气枪矩形面积组合给出一个统一公式描述其技术性能。只能就一个个大小不同、各个气枪具体位置坐标不同、气枪参数等各不相同的具体气枪组合进行现场测量，或数值模拟。前者工作费力、耗时、耗资高；后者虽然费用较低，但仍然费力、耗时，需耐心工作。

国外地震工业使用计算机模拟软件研究气枪震源组合始于 20 世纪 80 年代中期（Dragoset，2000），至今已有三十多年了。目前，国内地震勘探研究者和工程师们大多使用 PGS-Nucleus 软件进行数值模拟（李绪宣 等，2012，2009），也有根据自己研究的理论公式编写软件进行数值模拟的（赵伟 等，2012；杨光亮 等，2008）。研究证明，无论是使用商业软件作数值模拟，还是用自己编写的软件作数值模拟，数值模拟得到的气枪压力子波与现场测量得到的气枪压力子波差别很小（李绪宣 等，2012；杨光亮 等，2008）。

5.4.5 气枪组合与检波器组合联合使用问题

在数据采集阶段不存在气枪组合震源与检波器组合联合使用问题，因为现在的海上拖缆地震勘探或高密度采样的高精度地震勘探等，每道只用 1 个检波器（李绪宣 等，2016；赵伟 等，2012），不做检波器组合。因此，也就没有检波器组合和气枪组合震源联合使用问题。气枪组合也无法像炸药震源那样套用检波器组合响应公式，得到联合组合响应，这是因为检波器组合响应是归一化组合输出信号的振幅谱与单个检波器输出信号振幅谱的比值（参见第 1 章和第 2 章），而气枪组合测量或模拟计算得到的是气枪组合激发的远场压力子波峰值、压力子波的初泡比、压力子波的频谱、气枪组合激发的方向性图等。因此尽管室内处理阶段须做检波器组合，也无法给出联合组合响应。尽管如此，毋庸置疑的一点是既用气枪震源组合，同时又采用检波器组合（无论数据采集时或室内处理阶段）可以更好地提高信噪比，但要考虑任何组合都会降低地震分辨率。

参 考 文 献

陈宝书, 陶杰, 李松康, 等, 2017. 基于确定性子波处理的鬼波压制方法. 中国海上油气, 29(1): 39-45.

陈浩林, 宁书年, 熊金良, 等, 2003. 气枪阵列子波数值模拟. 石油地球物理勘探, 38(4): 342, 363-368.

董敏煜, 2006. 地震勘探信号分析. 东营: 石油大学出版社: 76-100.

冯德益, 范广伟, 1986. 国内外井下地震波观测与分析的现状综述, 天津: 井下地震学术讨论会暨工作会议: 5, 17-19.

甘布尔采夫, 等, 1955. 对比折射法. 俞寿朋, 译, 北京: 地质出版社.

顾尔维奇, 1957. 地震勘探教程(上册). 刘光鼎, 译. 北京: 地质出版社.

顾尔维奇, 1959. 地震勘探教程(下册). 刘光鼎, 译. 北京: 地质出版社.

郭建, 2007. 地震采集技术//中国石化石油勘探开发研究院南京石油物探研究所. 油气地球物理技术新进展: 第74届SEG年会论文概要. 北京: 石油工业出版社: 1-17.

何樵登, 1986, 地震勘探原理和方法. 北京: 地质出版社.

胡承元, 1998. 沙漠区高分辨率地震数据采集技术研究. 石油物探, 37(4): 1-13.

黄洪泽, 1964. 脉冲组合理论. 地球物理学报(1): 65-75.

黄洪泽, 1984. 研究沙漠区深层弱反射波的有效方法. 石油地球物理勘探(1): 21-33.

黄佩智, 陈首桑, 1981. 海洋地震勘探电火花震源的研究. 石油地球物理勘探, 16(5): 74-83.

加贝尔, 罗伯茨, 1980. 信号和线性系统. 狄其中, 魏景琳, 张昌义, 译. 北京: 石油工业出版社: 137-177.

江苏第六物探大队645队, 1975. 多次迭加法中组合检波的试验. 石油物探(1): 58-78.

金震, 李山有, 蔡辉腾, 等, 2018. 利用气枪地震资料对福建及台湾海峡南部地壳三维P波速度结构研究. 地球物理学报, 61(7): 2776-2787.

李洪建, 韩立国, 巩向博, 等. 2016. 基于格林函数理论的波场预测和鬼波压制方法. 地球物理学报, 59(3): 1113-1124.

李庆忠, 1983a. 论地震次生干扰: 兼论困难地区地震记录的改进方向. 石油地球物理勘探, 18(3): 207-225.

李庆忠. 1983b. 论地震次生干扰(续): 兼论困难地区地震记录的改进方向. 石油地球物理勘探, 18(4): 295-314.

李庆忠, 1986. 关于低信噪比地震资料的基本概念和质量改进方向. 石油地球物理勘探, 21(4): 343-364.

李庆忠, 2015. 寻找油气的物探理论与方法(第二分册). 青岛: 中国海洋大学出版社: 350-408.

李庆忠, 陈祖钧, 1984. 组合效应对反射波的压制和改造. 石油地球物理勘探, 19(1): 1-20.

李庆忠, 魏继东, 2007. 高密度地震采集中组合效应对高频截止频率的影响. 石油地球物理勘探, 42(4): 355, 363-369, 488.

李庆忠, 魏继东, 2008. 论检波器横向拉开组合的重要性. 石油地球物理勘探: 43(4): 375-382, 363.

李文彬, 王晓鸣, 赵国志, 等, 2002. 高分辨率地震勘探的垂向叠加震源研究. 南京理工大学学报(自然科学版), 26(1): 44-47.

李绪宣, 王建花, 杨凯, 等, 2012. 海上深水区气枪震源阵列优化组合研究与应用. 中国海上油气, 24(3): 1-6, 16.

李绪宣, 王建花, 张金淼, 等, 2013. 南海深水区地震资料采集设计和处理关键技术及其野外试验效果. 中国海上油气, 25(6): 8-14.

李绪宣, 温书亮, 顾汉民, 等, 2009. 海上气枪阵列震源子波数值模拟研究. 中国海上油气, 21(4): 215-220.

李绪宣, 朱振宇, 张金淼, 等, 2016. 中国海油地震勘探技术进展与发展方向. 中国海上油气, 28(1): 1-11.

李忠雄, 尹吴海, 蒋华中, 等, 2017. 羌塘盆地高密度高覆盖宽线采集技术试验. 石油物探, 56(5): 626-636.

林宁, 陶知非, 1986. 美国可控震源生产和技术发展简况. 国外油气勘探(2): 70-74.

凌云, 张汝杰, 高军, 2000. 方形干扰波调查方法研究. 石油地球物理勘探, 35(2): 175-184.

陆基孟, 等, 1982. 地震勘探原理. 北京: 石油工业出版社.

陆基孟, 王永刚, 2009. 地震勘探原理(第三版). 东营: 中国石油大学出版社.

吕公河, 张庆淮, 段卫星, 等, 2001. 黄土塬地区地震勘探采集技术. 石油物探, 40(2): 83, 84-91.

孟宪波, 1965. 地震勘探中灵敏度呈牛顿二项式系数分布的组合检波. 地球物理学报, 14(2): 115-125.

摩根, 莱恩, 1984. 实用地震数据采集技术. 刘颂威, 译. 北京: 石油工业出版社: 49-60.

倪宇东, 等, 2014. 可控震源地震勘探采集技术. 北京: 石油工业出版社: 52-104.

倪宇东, 王井富, 马涛, 等, 2011. 可控震源地震勘探采集技术的进展. 石油地球物理勘探, 46(3): 349-356.

全海燕, 陈小宏, 韦秀波, 等, 2011. 气枪阵列延迟激发技术探讨. 石油地球物理勘探, 46(4): 513-516.

阮福明, 吴秋云, 王斌曹, 等, 2017. 中国海油高精度地震勘探采集装备技术研制与应用. 中国海上油气, 29(3): 19-24, 141.

胜利油田地质处, 1974. 地震波的基本性质:复杂断块区的反射波、异常波与干扰波. 石油地球物理勘探 (Z1): 1.

孙鹨鸿, 左公宁, 2001. 用于井间地震的传输式电火花震源. 石油物探, 40(3): 57-60.

王梅生, 胡永贵, 王秋成, 等, 2009. 高密度地震数据采集中参数选取方法探讨. 地球物理进展, 32(6): 404-408.

王清源, 陈首燊, 1981. 电火花编码震源. 石油地球物理勘探, 16(1): 43-54.

王永刚, 段世民, 朱兆林, 等, 2003. 复杂地表条件下检波器组合的特性分析. 石油地球物理勘探, 38(2): 106, 126-130, 220.

魏国伟, 张慕刚, 魏铁, 等, 2008. 可控震源滑动扫描采集方法及应用. 石油地球物理勘探, 43(S2): 6, 7, 67-69, 177.

魏继东, 李庆忠, 2007. 检波器组内高差信息对高频信息压制的理论分析. 石油地球物理勘探, 42(5): 488, 597-602, 610.

夏季, 金星, 蔡辉腾, 等, 2017. 大容量气枪阵列子波时频特性及其影响因素. 地震研究, 40(1): 111-121.

杨光亮, 朱元清, 2008. 气枪震源深部探测子波模拟. 大地测量与地球动力学, 28(6): 91-95.

杨怀春, 高生军, 2004. 海洋地震勘探中空气枪震源激发特性研究. 石油物探, 43(4): 323-326.

姚道平, 张艺峰, 闫培, 等, 2016. 台湾海峡大容量气枪震源海陆联测初探. 地震学报, 38(2): 167-178, 328.

伊萨夫, 1964. 脉冲振动条件下地震检波器组合方向特性作用理论 II. 石油物探, 3(4): 15-25.

詹世凡, 冉贤华, 2000. 方形干扰波调查方法及应用. 石油地球物理勘探, 35(3): 307-314, 402.

张金淼, 2018. 海上双正交宽方位地震勘探技术研究与实践. 中国海上油气, 30(4): 66-74.

张明学, 2010. 地震勘探原理与解释. 北京: 石油工业出版社: 86-92.

赵伟, 等, 2012. 海上高精度地震勘探技术. 北京: 石油工业出版社.

郑建中, 1982. 日本地震学进展大事记. 国外地震动态(7): 11-15.

周如义, 魏铁, 张新峰, 等, 2008. 可控震源高效交替扫描作业技术及应用. 石油地球物理勘探, 43(S2): 9,

15-20, 177.

朱广生, 1981. 脉冲波多次复盖与组合检波统一公式. 江汉石油学院学报, 3(1): 32-50.

朱广生, 陈传仁, 桂志先, 2005. 勘探地震学教程. 武汉: 武汉大学出版社: 204-230.

庄益明, 孙培林, 2002. 垂直叠加技术在地震勘探中的应用. 中国煤田地质, 14(1): 71-72.

兹维达也夫, 1958. 地震勘探组合法. 傅存博, 谢明道, 译. 北京: 石油工业出版社.

左公宁, 1983. 陆地电火花震源的组合和垂直叠加效果. 石油地球物理勘探, 18(4): 331-338, 351.

Allen S J, 1980. Seismic method. Geophysics, 45(11): 1619-1633.

Brandsater H, Farestveit A, Ursin B, 1979. A new high-resolution or deep penetration airgun array. Geophysics, 44(5): 865-879.

Dobrin M B , 1960. Introduction to geophysical prospecting. 3rd ed. New York: McGraw-Hill: 1-107.

Dragoset B, 2000. Introduction to air guns and air-gun arrys. The Leading Edge, 19(8): 892-897.

Holzman M, 1963. Chebyshev optimized geophone arrays. Geophysics, 28(2): 145-155.

Keppner G, 1991. Ludger mintrop. The Leading Edge, 10(9): 21-28.

Landrø M, Hansteen F, Amundsen L, 2017. Detecting gas leakage using high-frequency signals generated by air-gun arrays. Geophysics, 82(2): A7-A12.

Lombaidi L V, 1955. Notes on the use of multiple geophones. Geophysics. 20(2): 215-226.

Neitzel E B, 1958. Seismic reflection records obtained by dropping a weight. Geophysics, 23(1): 58-80.

Okada H, Suto K, 2004. The microtremor survey method. Tulsa: SEG.

Owen E W, 1975. Trek of the oil finders: A history of exploration for petroleum. Tulsa: American Association of Petroleum Geologists Memoir.

Parr J O Jr, Mayne W H, 1955. A New method of patten shooting. Geophysics, 20(3): 539-565.

Sheriff R E, Geldart L P, 1995. Exploration seismology. Cambridge: Cambridge University Press: 139-144.

Waldie A D, 1956. Weight-drop technique: How it is working out. World Oil, 142(4): 148-158.

Waters K H, 1978. Reflection seismology: A tool for energy resource exploration. New York: Wiley.

附　　录

附录 1　式（1.1.3）的证明

由式（1.1.2）

$$F_{\Sigma}(\omega t) = A\sum_{i=1}^{n}\sin[\omega t - (i-1)\omega\Delta t]$$

$$F_{\Sigma}(\omega t)/A = \sum_{i=1}^{n}\sin[\omega t - (i-1)\omega\Delta t]$$

$$= \sum_{i=1}^{n}\sin(\omega t)\cos[(i-1)\omega\Delta t] - \sum_{i=1}^{n}\cos(\omega t)\sin[(i-1)\omega\Delta t]$$

$$= \sin(\omega t) + \sin(\omega t)\frac{\sin\dfrac{(n-1)\omega\Delta t}{2}\cos\dfrac{n\omega\Delta t}{2}}{\sin\dfrac{\omega\Delta t}{2}} - \cos(\omega t)\frac{\sin\dfrac{(n-1)\omega\Delta t}{2}\sin\dfrac{n\omega\Delta t}{2}}{\sin\dfrac{\omega\Delta t}{2}}$$

$$= \sin(\omega t) + \sin\frac{(n-1)\omega\Delta t}{2}\left[\frac{\sin(\omega t)\cos\dfrac{n\omega\Delta t}{2} - \cos(\omega t)\sin\dfrac{n\omega\Delta t}{2}}{\sin\dfrac{\omega\Delta t}{2}}\right]$$

$$= \frac{\sin(\omega t)\sin\dfrac{\omega\Delta t}{2} + \sin\left(\omega t - \dfrac{n\omega\Delta t}{2}\right)\sin\dfrac{(n-1)\omega\Delta t}{2}}{\sin\dfrac{\omega\Delta t}{2}}$$

$$= \frac{-\dfrac{1}{2}\left\{\cos\left(\omega t + \dfrac{\omega\Delta t}{2}\right) - \cos\left(\omega t - \dfrac{\omega\Delta t}{2}\right) + \cos\left(\omega t - \dfrac{\omega\Delta t}{2}\right) - \cos\left[\omega t - \dfrac{n\omega\Delta t}{2} - \dfrac{(n-1)\omega\Delta t}{2}\right]\right\}}{\sin\dfrac{\omega\Delta t}{2}}$$

$$= \frac{-\dfrac{1}{2}\left[\cos\left(\omega t + \dfrac{\omega\Delta t}{2}\right) - \cos\left(\omega t - \dfrac{\omega\Delta t}{2}\right) + \cos\left(\omega t - \dfrac{\omega\Delta t}{2}\right) - \cos\left(\omega t - n\omega\Delta t + \dfrac{\omega\Delta t}{2}\right)\right]}{\sin\dfrac{\omega\Delta t}{2}}$$

$$= \frac{\sin\dfrac{\omega t + \dfrac{\omega\Delta t}{2} + \omega t - n\omega\Delta t + \dfrac{\omega\Delta t}{2}}{2}\sin\dfrac{\omega t + \dfrac{\omega\Delta t}{2} - \omega t + n\omega\Delta t - \dfrac{\omega\Delta t}{2}}{2}}{\sin\dfrac{\omega\Delta t}{2}}$$

$$= \left\{\sin\left[\omega t - \frac{(n-1)\omega\Delta t}{2}\right]\right\}\frac{\sin\dfrac{n\omega\Delta t}{2}}{\sin\dfrac{\omega\Delta t}{2}}$$

证明式（1.1.3）成立，在推演过程中利用了式（1.1.4）。

附录2 式（1.2.13）的证明

由式（1.2.10）

$$K(\omega) = \left| \sqrt{n + \sum_{\substack{m=1 \\ m \neq i}}^{n} \left\{ \sum_{i=1}^{n} \cos[\omega(\Delta t_i - \Delta t_m)] \right\}} \right| = \left| \sqrt{\sum_{m=1}^{n} \left\{ \sum_{i=1}^{n} \cos[\omega(\Delta t_i - \Delta t_m)] \right\}} \right|$$

令

$$\Omega = \sum_{m=1}^{n} \left\{ \sum_{i=1}^{n} \cos[\omega(\Delta t_i - \Delta t_m)] \right\} \tag{A.2.1}$$

令

$$\Psi = \cos[\omega(\Delta t_i - \Delta t_m)] \tag{A.2.2}$$

式中 Δt_i、Δt_m 分别表示第 i 个、第 m 个检波器相对第 1 个检波器输出信号滞后时间

根据式（1.2.3）$\Delta t_i = (i-1)\Delta t$，则 $\Delta t_m = (m-1)\Delta t$，将 Δt_i、Δt_m 代入(A.2.2)

$$\Psi = \cos[\omega(\Delta t_i - \Delta t_m)] = \cos(\omega \Delta t_i)\cos(\omega \Delta t_m) + \sin(\omega \Delta t_i)\sin(\omega \Delta t_m)$$

$$= \cos[\omega(i\Delta t - \Delta t)]\cos[\omega(m\Delta t - \Delta t)] + \sin[\omega(i\Delta t - \Delta t)]\sin[\omega(m\Delta t - \Delta t)]$$

$$= [\cos(i\omega t)\cos(\omega \Delta t)\cos(m\omega \Delta t)\cos(\omega \Delta t) + \sin(i\omega \Delta t)\sin(\omega \Delta t)\cos(m\omega \Delta t)\cos(\omega \Delta t)$$

$$+ \cos(i\omega \Delta t)\cos(\omega \Delta t)\sin(m\omega \Delta t)\sin(\omega \Delta t) + \sin(i\omega \Delta t)\sin(\omega \Delta t)\sin(m\omega \Delta t)\sin(\omega \Delta t)]$$

$$+ [\sin(i\omega \Delta t)\cos(\omega \Delta t)\sin(m\omega \Delta t)\cos(\omega \Delta t) - \cos(i\omega \Delta t)\sin(\omega \Delta t)\sin(m\omega \Delta t)\cos(\omega \Delta t)$$

$$- \sin(i\omega \Delta t)\cos(\omega \Delta t)\cos(m\omega \Delta t)\sin(\omega \Delta t) + \cos(i\omega \Delta t)\sin(\omega \Delta t)\cos(m\omega \Delta t)\sin(\omega \Delta t)] \tag{A.2.3}$$

$$= \cos(i\omega \Delta t)\cos(m\omega \Delta t)\left[\cos^2(\omega \Delta t) + \sin^2(\omega \Delta t)\right] + \sin(i\omega \Delta t)\sin(m\omega \Delta t)$$

$$\left[\sin^2(\omega \Delta t) + \cos^2(\omega \Delta t)\right]$$

$$= \cos(i\omega \Delta t)\cos(m\omega \Delta t) + \sin(i\omega \Delta t)\sin(m\omega \Delta t)$$

将结果代入式（A.2.1）

$$\Omega = \sum_{m=1}^{n}\left[\sum_{i=1}^{n}\cos\omega(\Delta t_i - \Delta t_m)\right]$$

$$= \sum_{m=1}^{n}\left\{\sum_{i=1}^{n}[\cos(i\omega \Delta t)\cos(m\omega \Delta t) + \sin(i\omega \Delta t)\sin(m\omega \Delta t)]\right\}$$

$$= \sum_{m=1}^{n}\left[\cos(m\omega \Delta t)\frac{\sin\dfrac{m\omega \Delta t}{2}\cos\dfrac{(n+1)\omega \Delta t}{2}}{\sin\dfrac{\omega \Delta t}{2}} + \sin(m\omega \Delta t)\frac{\sin\dfrac{m\omega \Delta t}{2}\sin\dfrac{(n+1)\omega \Delta t}{2}}{\sin\dfrac{\omega \Delta t}{2}}\right]$$

$$= \frac{\sin^2\dfrac{n\omega \Delta t}{2}\cos^2\dfrac{(n+1)\omega \Delta t}{2}}{\sin^2\dfrac{\omega \Delta t}{2}} + \frac{\sin^2\dfrac{n\omega \Delta t}{2}\sin^2\dfrac{(n+1)\omega \Delta t}{2}}{\sin^2\dfrac{\omega \Delta t}{2}}$$

$$= \left(\frac{\sin\dfrac{n\omega \Delta t}{2}}{\sin\dfrac{\omega \Delta t}{2}}\right)^2\left[\cos^2\dfrac{(n+1)\omega \Delta t}{2} + \sin^2\dfrac{(n+1)\omega \Delta t}{2}\right]$$

$$\tag{A.2.4}$$

$$= \left(\frac{\sin \dfrac{n\omega\Delta t}{2}}{\sin \dfrac{\omega\Delta t}{2}} \right)^2$$

上式的演算过程中使用了三角级数求和公式（郑建中，1982）：

$$\sum_{\xi=1}^{n} \sin(\xi\omega\Delta t) = \frac{\sin \dfrac{n\omega\Delta t}{2} \sin \dfrac{(n+1)\omega\Delta t}{2}}{\sin \dfrac{\omega\Delta t}{2}}$$

$$\sum_{\xi=1}^{n} \cos(\xi\omega\Delta t) = \frac{\sin \dfrac{n\omega\Delta t}{2} \cos \dfrac{(n+1)\omega\Delta t}{2}}{\sin \dfrac{\omega\Delta t}{2}}$$

将式（A.2.4）代回（A.2.1）再代回式（1.2.10）得：

$$|K(\omega)| = \left| \sqrt{n + \sum_{\substack{m=1 \\ m\neq i}}^{n} \sum_{i=1}^{n} \cos[\omega(\Delta t_i - \Delta t_m)]} \right| = \left| \sqrt{\left(\frac{\sin \dfrac{n\omega\Delta t}{2}}{\sin \dfrac{\omega\Delta t}{2}} \right)^2} \right| = \left| \frac{\sin \dfrac{n\omega\Delta t}{2}}{\sin \dfrac{\omega\Delta t}{2}} \right|$$

附录3 式（1.2.24）的证明

由式（1.2.18）可写出组合中第 1 个检波器输出能量 E_1：

$$E_1 = \frac{1}{2\pi}\int_{-\infty}^{\infty} g_1^2(\omega)\mathrm{d}\omega = \frac{1}{2\pi}\int_{-\infty}^{\infty}\frac{A_0^2\pi}{4\beta^2}\left[\mathrm{e}^{-\frac{(\omega+\omega_0)^2}{4\beta^2}} + \mathrm{e}^{-\frac{(\omega-\omega_0)^2}{4\beta^2}}\right]^2 \mathrm{d}\omega$$

$$= \frac{1}{\pi}\int_{0}^{\infty}\frac{A_0^2\pi}{4\beta^2}\left[\mathrm{e}^{-\frac{(\omega+\omega_0)^2}{4\beta^2}} + \mathrm{e}^{-\frac{(\omega-\omega_0)^2}{4\beta^2}}\right]^2 \mathrm{d}\omega = \frac{A_0^2}{4\beta^2}\int_{0}^{\infty}\left[\mathrm{e}^{-\frac{(\omega+\omega_0)^2}{4\beta^2}} + \mathrm{e}^{-\frac{(\omega-\omega_0)^2}{4\beta^2}}\right]^2 \mathrm{d}\omega$$

$$= \frac{A_0^2}{4\beta^2}\int_{0}^{\infty}\left[\mathrm{e}^{-\frac{(\omega+\omega_0)^2}{2\beta^2}} + \mathrm{e}^{-\frac{(\omega-\omega_0)^2}{2\beta^2}} + 2\mathrm{e}^{-\frac{(\omega+\omega_0)^2}{4\beta^2}-\frac{(\omega-\omega_0)^2}{4\beta^2}}\right]\mathrm{d}\omega$$

$$= \frac{A_0^2}{4\beta^2}\left\{\int_{0}^{\infty}\mathrm{e}^{-\frac{(\omega+\omega_0)^2}{2\beta^2}}\mathrm{d}\omega + \int_{0}^{\infty}\mathrm{e}^{-\frac{(\omega-\omega_0)^2}{2\beta^2}}\mathrm{d}\omega + 2\int_{0}^{\infty}\mathrm{e}^{-\frac{(\omega^2+\omega_0^2)}{2\beta^2}}\mathrm{d}\omega\right\}$$

（A.3.1）

式（A.3.1）右端大括号中第 1 项积分为

$$\int_{0}^{\infty}\mathrm{e}^{-\frac{(\omega+\omega_0)^2}{2\beta^2}}\mathrm{d}\omega = \int_{0}^{\infty}\mathrm{e}^{-\frac{(\omega+\omega_0)^2}{2\beta^2}}\mathrm{d}(\omega+\omega_0) = \int_{\omega_0}^{\infty}\mathrm{e}^{-\frac{u^2}{2\beta^2}}\mathrm{d}u = \frac{\beta\sqrt{2\pi}}{2} - \int_{0}^{\omega_0}\mathrm{e}^{-\frac{u^2}{2\beta^2}}\mathrm{d}u \quad\text{（A.3.2）}$$

式（A.3.1）右端大括号中第 2 项积分为

$$\int_{0}^{\infty}\mathrm{e}^{-\frac{(\omega-\omega_0)^2}{2\beta^2}}\mathrm{d}\omega = \int_{0}^{\infty}\mathrm{e}^{-\frac{(\omega-\omega_0)^2}{2\beta^2}}\mathrm{d}(\omega-\omega_0) = \int_{-\omega_0}^{0}\mathrm{e}^{-\frac{u^2}{2\beta^2}}\mathrm{d}u + \int_{0}^{\infty}\mathrm{e}^{-\frac{u^2}{2\beta^2}}\mathrm{d}u = \frac{\sqrt{2\pi}\beta}{2} + \int_{-\omega_0}^{0}\mathrm{e}^{-\frac{u^2}{2\beta^2}}\mathrm{d}u$$

（A.3.3）

式（A.3.1）右端大括号中第 3 项积分为

$$2\int_{0}^{\infty}\mathrm{e}^{-\frac{(\omega^2+\omega_0^2)}{2\beta^2}}\mathrm{d}\omega = 2\mathrm{e}^{-\frac{\omega_0^2}{2\beta^2}}\int_{0}^{\infty}\mathrm{e}^{-\frac{\omega^2}{2\beta^2}}\mathrm{d}\omega = 2\frac{\sqrt{2}\beta\sqrt{\pi}}{2}\mathrm{e}^{-\frac{\omega_0^2}{2\beta^2}} = \sqrt{2\pi}\beta\mathrm{e}^{-\frac{\omega_0^2}{2\beta^2}} \quad\text{（A.3.4）}$$

将式（A.3.2）～式（A.3.4）代入式（A.3.1）得：

$$E_1 = \frac{A_0^2}{4\beta^2}\left\{\frac{\sqrt{2\pi}\beta}{2} - \int_{0}^{\omega_0}\mathrm{e}^{-\frac{u^2}{2\beta^2}}\mathrm{d}u + \frac{\sqrt{2\pi}\beta}{2} + \int_{-\omega_0}^{0}\mathrm{e}^{-\frac{u^2}{2\beta^2}}\mathrm{d}u + \sqrt{2\pi}\beta\mathrm{e}^{-\frac{\omega_0^2}{2\beta^2}}\right\}$$

$$= \frac{\sqrt{2\pi}A_0^2}{4\beta}\left(1 + \mathrm{e}^{-\frac{\omega_0^2}{2\beta^2}}\right) + \frac{A_0^2}{4\beta^2}\left(\int_{-\omega_0}^{0}\mathrm{e}^{-\frac{u^2}{2\beta^2}}\mathrm{d}u - \int_{0}^{\omega_0}\mathrm{e}^{-\frac{u^2}{2\beta^2}}\mathrm{d}u\right)$$

$$= \frac{\sqrt{2\pi}A_0^2}{4\beta}\left(1 + \mathrm{e}^{-\frac{\omega_0^2}{2\beta^2}}\right) + \frac{A_0^2}{4\beta^2}\left(\int_{-\omega_0}^{\omega_0}\mathrm{e}^{-\frac{u^2}{2\beta^2}}\mathrm{d}u - 2\int_{0}^{\omega_0}\mathrm{e}^{-\frac{u^2}{2\beta^2}}\mathrm{d}u\right)$$

$$= \frac{\sqrt{2\pi}A_0^2}{4\beta}\left(1 + \mathrm{e}^{-\frac{\omega_0^2}{2\beta^2}}\right)$$

（A.3.5）

上式右端第 2 项中被积函数 $\mathrm{e}^{-\frac{u^2}{2\beta^2}}$ 为偶函数，有

$$\int_{-\omega_0}^{\omega_0} e^{-\frac{u^2}{2\beta^2}} du = 2\int_0^{\omega_0} e^{-\frac{u^2}{2\beta^2}} du \qquad (A.3.6)$$

将式（A.3.6）代入式（A.3.5）得：

$$E_1 = \frac{\sqrt{2\pi} A_0^2}{4\beta}\left(1 + e^{-\frac{\omega_0^2}{2\beta^2}}\right) + \frac{A_0^2}{4\beta^2}\left(\int_{-\omega_0}^{\omega_0} e^{-\frac{u^2}{2\beta^2}} du - 2\int_0^{\omega_0} e^{-\frac{u^2}{2\beta^2}} du\right) = \frac{A_0^2 \sqrt{2\pi}}{4\beta}\left(1 + e^{-\frac{\omega_0^2}{2\beta^2}}\right)$$

式（1.2.24）得证。

附录4 式（1.2.25）的证明

根据式（1.2.19）：

$$E_\Sigma = \frac{1}{2\pi} \int_{-\infty}^{\infty} g_1^2(\omega) K(\omega)^2 \, \mathrm{d}\omega$$

将式（1.2.12）代入上式得：

$$\begin{aligned}
E_\Sigma &= \frac{1}{2\pi} \int_{-\infty}^{\infty} g_1^2(\omega)[K(\omega)]^2 \mathrm{d}\omega = \frac{1}{2\pi} \int_{-\infty}^{\infty} \left\{ ng_1^2(\omega) + g_1^2(\omega) \sum_{\substack{m=1 \\ m \neq i}}^{n} \left[\sum_{i=1}^{n} \cos(\omega \Delta t_{im}) \right] \right\} \mathrm{d}\omega \\
&= nE_1 + \frac{1}{2\pi} \int_{-\infty}^{\infty} \left\{ \frac{A_0 \sqrt{\pi}}{2\beta} \left[\mathrm{e}^{-\frac{(\omega+\omega_0)^2}{4\beta^2}} + \mathrm{e}^{-\frac{(\omega-\omega_0)^2}{4\beta^2}} \right] \right\}^2 \left\{ \sum_{\substack{m=1 \\ m \neq i}}^{n} \left[\sum_{i=1}^{n} \cos(\omega \Delta t_{im}) \right] \right\} \mathrm{d}\omega \\
&= nE_1 + \frac{1}{2\pi} \int_{-\infty}^{\infty} \frac{A_0^2 \pi}{4\beta^2} \left\{ \mathrm{e}^{-\frac{(\omega+\omega_0)^2}{2\beta^2}} + \mathrm{e}^{-\frac{(\omega-\omega_0)^2}{2\beta^2}} + 2\mathrm{e}^{-\left[\frac{(\omega+\omega_0)^2}{4\beta^2} + \frac{(\omega-\omega_0)^2}{4\beta^2}\right]} \right\} \left\{ \sum_{\substack{m=1 \\ m \neq i}}^{n} \left[\sum_{i=1}^{n} \cos(\omega \Delta t_{im}) \right] \right\} \mathrm{d}\omega \\
&= nE_1 + \frac{A_0^2}{8\beta^2} \int_{-\infty}^{\infty} \left[\mathrm{e}^{-\frac{(\omega+\omega_0)^2}{2\beta^2}} + \mathrm{e}^{-\frac{(\omega-\omega_0)^2}{2\beta^2}} + 2\mathrm{e}^{-\frac{\omega^2+\omega_0^2}{2\beta^2}} \right] \left\{ \sum_{\substack{m=1 \\ m \neq i}}^{n} \left[\sum_{i=1}^{n} \cos(\omega \Delta t_{im}) \right] \right\} \mathrm{d}\omega
\end{aligned}$$

$$\text{（A.4.1）}$$

为了书写方便，将上式略作变化：

$$\begin{aligned}
E_\Sigma - nE_1 &= \frac{A_0^2}{8\beta^2} \int_{-\infty}^{\infty} \left\{ \mathrm{e}^{-\frac{(\omega+\omega_0)^2}{2\beta^2}} + \mathrm{e}^{-\frac{(\omega-\omega_0)^2}{2\beta^2}} + 2\mathrm{e}^{-\frac{\omega^2+\omega_0^2}{2\beta^2}} \right\} \sum_{\substack{m=1 \\ m \neq i}}^{n} \left[\sum_{i=1}^{n} \cos(\omega \Delta t_{im}) \right] \mathrm{d}\omega \\
&= \frac{A_0^2}{8\beta^2} \sum_{\substack{m=1 \\ m \neq i}}^{n} \left\{ \sum_{i=1}^{n} \int_{-\infty}^{\infty} \mathrm{e}^{-\frac{(\omega+\omega_0)^2}{2\beta^2}} \cos(\omega \Delta t_{im}) \mathrm{d}\omega \right\} \\
&\quad + \frac{A_0^2}{8\beta^2} \sum_{\substack{m=1 \\ m \neq i}}^{n} \left[\sum_{i=1}^{n} \int_{-\infty}^{\infty} \mathrm{e}^{-\frac{(\omega-\omega_0)^2}{2\beta^2}} \cos(\omega \Delta t_{im}) \mathrm{d}\omega \right] \\
&\quad + \frac{A_0^2}{4\beta^2} \sum_{\substack{m=1 \\ m \neq i}}^{n} \left\{ \sum_{i=1}^{n} \int_{-\infty}^{\infty} \mathrm{e}^{-\frac{\omega^2+\omega_0^2}{2\beta^2}} \cos(\omega \Delta t_{im}) \mathrm{d}\omega \right\}
\end{aligned}$$

$$\text{（A.4.2）}$$

分别计算上式右端的 3 个积分，并在积分前先将被积函数的因子 $\cos(\omega \Delta t_{im})$ 作如下处理

$$\begin{aligned}
\cos(\omega \Delta t_{im}) &= \cos[(\omega + \omega_0)\Delta t_{im} - \omega_0 \Delta t_{im}] \\
&= \cos[(\omega + \omega_0)\Delta t_{im}] \cos(\omega_0 \Delta t_{im}) + \sin[(\omega + \omega_0)\Delta t_{im}] \sin(\omega_0 \Delta t_{im})
\end{aligned}$$

这样式（A.4.2）右边第 1 个积分为

$$\int_{-\infty}^{\infty} e^{-\frac{(\omega+\omega_0)^2}{2\beta^2}} \cos(\omega \Delta t_{im}) d\omega = \int_{-\infty}^{\infty} e^{-\frac{(\omega+\omega_0)^2}{2\beta^2}} \cos[(\omega+\omega_0)\Delta t_{im}]\cos(\omega_0 \Delta t_{im}) d\omega$$

$$+ \int_{-\infty}^{\infty} e^{-\frac{(\omega+\omega_0)^2}{2\beta^2}} \sin[(\omega+\omega_0)\Delta t_{im}]\sin(\omega_0 \Delta t_{im}) d\omega \qquad \text{(A.4.3)}$$

$$= \cos(\omega_0 \Delta t_{im}) \int_{-\infty}^{\infty} e^{-\frac{u^2}{2\beta^2}} \cos(u \Delta t_{im}) du$$

$$+ \sin(\omega_0 \Delta t_{im}) \int_{-\infty}^{\infty} e^{-\frac{u^2}{2\beta^2}} \sin(u \Delta t_{im}) du$$

可见式（A.4.3）右端第 2 项积分的被积函数为奇函数，故其积分为 0。于是得到：

$$\int_{-\infty}^{\infty} e^{-\frac{(\omega+\omega_0)^2}{2\beta^2}} \cos(\omega \Delta t_{im}) d\omega = \cos(\omega_0 \Delta t_{im}) \int_{-\infty}^{\infty} e^{-\frac{u^2}{2\beta^2}} \cos(u \Delta t_{im}) du$$

$$= 2\cos(\omega_0 \Delta t_{im}) \int_{0}^{\infty} e^{-\frac{u^2}{2\beta^2}} \cos[u \Delta t_{im}] du$$

$$= 2\cos(\omega_0 \Delta t_{im}) \frac{\sqrt{\pi}}{2\left(\frac{1}{\sqrt{2}\beta}\right)} e^{-\frac{\Delta t_{im}^2}{4\left(\frac{1}{2\beta^2}\right)}} \qquad \text{(A.4.4)}$$

$$= \sqrt{2\pi}\beta \left(e^{-\frac{\beta^2 \Delta t_{im}^2}{2}} \right) \cos(\omega_0 \Delta t_{im})$$

同理，式（A.4.2）右边第 2 个积分为

$$\int_{-\infty}^{\infty} e^{-\frac{(\omega-\omega_0)^2}{2\beta^2}} \cos(\omega \Delta t_{im}) d\omega = \int_{-\infty}^{\infty} e^{-\frac{(\omega-\omega_0)^2}{2\beta^2}} \cos[(\omega-\omega_0)\Delta t_{im}]\cos(\omega_0 \Delta t_{im}) d\omega$$

$$- \int_{-\infty}^{\infty} e^{-\frac{(\omega-\omega_0)^2}{2\beta^2}} \sin[(\omega-\omega_0)\Delta t_{im}]\sin(\omega_0 \Delta t_{im}) d\omega$$

$$= \cos(\omega_0 \Delta t_{im}) \int_{-\infty}^{\infty} e^{-\frac{u^2}{2\beta^2}} \cos(u \Delta t_{im}) du \qquad \text{(A.4.5)}$$

$$- \sin(\omega_0 \Delta t_{im}) \int_{-\infty}^{\infty} e^{-\frac{u^2}{2\beta^2}} \sin(u \Delta t_{im}) du$$

$$= \sqrt{2\pi}\beta \left(e^{-\frac{\beta^2 \Delta t_{im}^2}{2}} \right) \cos(\omega_0 \Delta t_{im})$$

将式（A.4.2）右边第 3 项积分同样处理得：

$$\int_{-\infty}^{\infty} e^{-\frac{\omega^2+\omega_0^2}{2\beta^2}} \cos(\omega \Delta t_{im}) d\omega = e^{-\frac{\omega_0^2}{2\beta^2}} \int_{-\infty}^{\infty} e^{-\frac{\omega^2}{2\beta^2}} \cos(\omega \Delta t_{im}) d\omega$$

$$= 2e^{-\frac{\omega_0^2}{2\beta^2}} \int_{0}^{\infty} e^{-\frac{\omega^2}{2\beta^2}} \cos(\omega \Delta t_{im}) d\omega$$

$$= 2e^{-\frac{\omega_0^2}{2\beta^2}} \frac{\sqrt{\pi}}{2\left(\frac{1}{\sqrt{2}\beta}\right)} e^{-\frac{\Delta t_{im}^2}{4\left(\frac{1}{2\beta^2}\right)}} \qquad （A.4.6）$$

$$= \sqrt{2\pi}\beta e^{-\frac{\omega_0^2}{2\beta^2}} e^{-\frac{\beta^2 \Delta t_{im}^2}{2}}$$

将式（A.4.4）～式（A.4.6）代入式（A.4.2），并将 nE_1 移到等号右边得：

$$E_\Sigma = nE_1 + \frac{A_0^2 \sqrt{2\pi}\beta}{8\beta^2} \sum_{\substack{m=1 \\ m \neq i}}^{n} \left\{ \sum_{i=1}^{n} \left[e^{-\frac{\beta^2 \Delta t_{im}^2}{2}} \cos(\omega_0 \Delta t_{im}) \right] \right\}$$

$$+ \frac{A_0^2 \sqrt{2\pi}\beta}{8\beta^2} \sum_{\substack{m=1 \\ m \neq i}}^{n} \left\{ \sum_{i=1}^{n} \left[e^{-\frac{\beta^2 \Delta t_{im}^2}{2}} \cos(\omega_0 \Delta t_{im}) \right] \right\}$$

$$+ \frac{A_0^2 \sqrt{2\pi}\beta}{4\beta^2} \sum_{\substack{m=1 \\ m \neq i}}^{n} \left\{ \sum_{i=1}^{n} e^{-\frac{\omega_0^2}{2\beta^2}} e^{-\frac{\beta^2 \Delta t_{im}^2}{2}} \right\}$$

$$= nE_1 + \frac{A_0^2 \sqrt{2\pi}}{4\beta} \sum_{\substack{m=1 \\ m \neq i}}^{n} \left\{ \sum_{i=1}^{n} \left[\cos(\omega_0 \Delta t_{im}) + e^{-\frac{\omega_0^2}{2\beta^2}} \right] e^{-\frac{\beta^2 \Delta t_{im}^2}{2}} \right\}$$

即式（1.2.25）得证。